ABOUT THE EDITORS

Afzal Ahmed and Honor Williams are currently based at the Mathematics Centre, University College, Chichester, the venue for CIEAEM 51, and were responsible for the construction of its scientific programme. Afzal Ahmed is Professor of Mathematics Education and Honor Williams is the Dean of the Faculty of Sciences.

Both Afzal and Honor began their careers as teachers of mathematics in secondary schools. They have worked together for fifteen years on national and international research and development projects concerned with Raising Achievement in Mathematics at school as well as at university level.

Jean Marie Kraemer works actively on the issues concerning cultural diversity in mathematics stemming from his early teaching career in the district of Metz in France and the French School of the Hague in the Netherlands. He has been an active member of the Realistic Mathematics Education Movement (REM). His extensive work with ethnic minorities in Europe has led to his present post with the National Institute of Evaluation in Education, Cito, Arnhem.

CULTURAL DIVERSITY IN MATHEMATICS (EDUCATION):
CIEAEM 51

"Talking of education, people have now a-days" (said he) "got a strange opinion that every thing should be taught by lectures. Now, I cannot see that lectures can do so much good as reading the books from which the lectures are taken. I know nothing that can be best taught by lectures, except where experiments are to be shewn. You may teach chymestry by lectures — You might teach making of shoes by lectures!"

James Boswell: *Life of Samuel Johnson, 1766*

"Mathematics possesses not only truth, but supreme beauty – a beauty cold and austere like that of sculpture, and capable of stern perfection, such as only great art can show.

Bertrand Russell in *The Principles of Mathematics* (1872-1970)

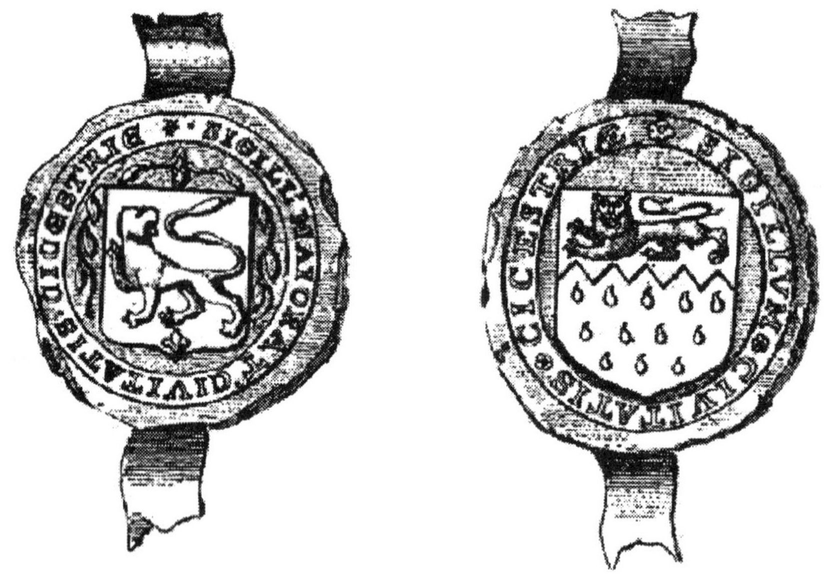

SICILLLUM MAIORAT CIVITATIS CICESTRIE
Mediaeval Seals of Mayors of Chichester, 1502 & 1530,
the design *motif* for the Horwood Publishing colophon

Cultural Diversity in Mathematics (Education): CIEAEM 51

Afzal Ahmed *and* **Honor Williams**
The Mathematics Centre
University College Chichester
West Sussex

and **Jean Marie Kraemer**
National Institute of Evaluation in Education
Cito, Arnhem
The Netherlands

Horwood Publishing
Chichester

First published in the year 2000 by
HORWOOD PUBLISHING LIMITED
International Publishers in Science and Technology
Coll House, Westergate, Chichester, West Sussex, PO20 6QL England

British Library Cataloguing in Publication Data
A catalogue record of this book is available from the British Library

ISBN 1-898563-68-3

Printed in Great Britain by Martins Printing Group, Bodmin, Cornwall

Table of Contents

Sub-Theme II / Sous-Thème II — Effective Co-operation Between Mathematicians, mathematics educators and users of mathematics / Une Coopération Efficace Entre les Enseignants et Ceux qui se Servent des Mathématiques

Workshops
Ateliers

Forum of Ideas
Foire aux Idées

CIEAEM

Commission International pour l'Etude et l'Amélioration de l'Enseignement des Mathématiques
International Commmission for the Study and Improvement of Mathematics Teaching

Since its foundation in 1950, the International Commission for the Study and Improvement of Mathematics Teaching (CIEAEM, Commission International pour l'Etude et l'Amélioration de l'Enseignement des Mathématiques) intended to investigate the actual conditions and future possibilities for changes and developments in mathematics education in order to improve the quality of teaching and learning mathematics. The annual meetings (rencontres) which are the essential means for realising this goal are characterised by exchange and constructive dialogue between researchers and educators in all domains of practice. In its work, the Commission follows the spirit and the humanist tradition of the founders of CIEAEM. The founders intended to integrate the scientific goal to conduct research in mathematics education with the main goal to improve the quality of mathematics education. By a new mathematics education, they wanted to achieve a society where people were able to use mathematics reasoning and tools in order to act rationally and think critically as citizens and as future scientists. A humanistic view on mathematics education should be developed which guards against technocratic attitudes as well as ideological blindness.

(50 years of CIEAEM: Manifesto 2000 for the Year of Mathematics)

Preface

The 51st meeting of the CIEAEM in July 1999 at Chichester, UK, facilitated the collaboration of delegates from over 30 countries, providing a variety of perspectives on the theme **Cultural Diversity in Mathematics (Education).**

These proceedings represent the diverse views of 'specialists' within their chosen field, but all of whom have a direct impact on helping to improve the quality of teaching and learning mathematics.

"CIEAEM meetings are the working place where teachers and researchers debate and collaborate intensively in an engaged and stimulating climate. Continuous exchange of research work, practical experiences and views around real problems and crucial themes raise critical and constructive discussions on developments in research in mathematics education as well as educational policy and practice in schools and teacher education institutions. Practitioners and researchers are treated as equal partners in this collaboration. CIEAEM emphasises that links between research and practice have to be re-constructed continuously by mutual efforts, and that changes in mathematics education have to be nourished by both, practice and theory, by critique and transformation of practice as well as critique and application of research into educational development." (50 years of CIEAEM, 2000, p6)

The papers in this book are arranged as sub-themes, workshops and a forum of ideas, but as readers will note, the inter-relatedness of many fundamental issues, questions, strategies and solutions recur throughout. Since the book ranges widely over a variety of topics, the editors have changed the order of the written contributions from the original order in which they were presented to best reflect the theme itself. For example, the Specially Invited Lectures have been grouped with the Forum of Ideas. Any grouping and ordering of papers which inevitably constitute inter-related issues beyond the bounds of ascribed themes has to be subjective.

The opening plenary papers provide a basis for identification of some important threads to follow through and Ken Ruthven's contribution *(Knots, ties and double-binds: Untangling the cultures of mathematics)* can be traced alongside the main theme. In Christine Keitel's paper, she refers to the need to broaden representation in international arenas. "We need to develop policies which would encourage greater representations of different perspectives and alternative research methodologies and ways of reporting (including multiple language presentations) at international conferences." The editors have attempted to respond to one aspect of this challenge by preserving the freedom of language and structure within individual contributions as a means of enhancing democratic forms of discourse.

We thank all the authors for their contributions and are particularly appreciative of the efforts made by those whose first language is neither English nor French.

Our thanks are also due to the members of the local team – Peter Armstrong, Martin Fitzpatrick, Chris Haines, Denise Harber, Christine Hill – and the members of the International Programme Committee – Joaquim Gimenez, Catherine Inchley, François Kalavassis, Christine Keitel, Joana Porfirio – for their contribution in reviewing of the abstracts and helping with the academic programme of the conference. We are grateful to Ellis Horwood (Horwood Publishing) for his personal interest, enthusiasm, encouragement and support.

We are indebted to Philip Robinson, The Director of University College Chichester for his personal involvement and support in hosting the conference and the help of all the staff involved.

We acknowledge Bildarchiv Preuβisher Kulturbesitz (bpk), Berlin, for supplying us the photographs for the front cover and granting us permission to print these.

Finally we thank Nicola St Clair, the Administrator of The Mathematics Centre, University College Chichester, for her energy, tolerance and hard work in the organisation of the conference and all the associated literature from the beginning to the end.

Honor Williams **Afzal Ahmed** **Jean-Marie Kraemer**

Introduction to the Theme

Honor Williams
Afzal Ahmed
The Mathematics Centre
University College Chichester, UK

The themes for CIEAEM conferences have varied greatly over the years, but there appears to be a discernible shift in focus from issues of structure and content in mathematics, to a concern with interdisciplinary education and the influence of technology, and more recently a growing interest in promoting dialogue amonng various contributors to mathematics education. The theme of this conference took the dialogue into a broader context

Each mathematical group, whether academics, educators or users, has their own particular perspective and mathematical sub-cultures, and all mathematics takes place within the culture of one of many wider communities. The sub-themes of the 51st conference invited participants to explore the models, theories and practices of a variety of mathematical cultures, and to develop a shared understanding of mathematics and mathematics education from these differing perspectives. The aim of this publication is to enrich our understanding by opening our eyes to the diversity of experience and interpretation evident and available in cultures other than our own mathematical environment.

We may find that to take advantage of other mathematical cultures we have to reassess our own perceptions and learn to accommodate different approaches. One of the most ambitious Millennium projects in the UK seeks to collect plants from all over the world and grow them in old china-clay workings in Cornwall. The project's success depends on engineering suitable climates for the plants. The rapidly disappearing national barriers and the prospects of global societies, aided by advances in information and communication technology, provide a further incentive to search for productive ways in which communities with different belief systems and priorities can learn from each other.

The theme of Cultural Diversity in Mathematics (Education) is a challenging one, not least when writing introductions to each of the sub-themes, for the issue then becomes self-referential. We have been conscious that our own experiences within particular cultures are bound to influence the ways in which we interpret the sub-themes, and therefore restrict the elaboration of issues to those we know or can imagine.

Sub-Theme I

Looking back, moving forward

Historical evidence for the development of mathematics indicates that early centres for mathematics existed in Egypt, Babylonia, China, India, and that, whilst these early mathematicians may have worked independently, their mathematics certainly informed the later centres of 16th century Italy, 17th century France, and then Europe generally.

Whilst the academic mathematics developed in these centres may or may not have survived as a recorded body of knowledge, the application of their mathematics is often evident in machines, buildings, artefacts and ornament. This evidence may simply reflect the cultural interests of the time, or it might indicate the way in which the culture influenced the direction of mathematical development at that time and in that place. It is also possible for mathematics educators to use such evidence to develop new approaches and insights in mathematics for students who otherwise might not appreciate the discipline.

Throughout history, centres for mathematics appear to have arisen at the current centres of economic and political power. Some may assert that this places the USA at the forefront of mathematical creativity today. Where will the key centres be in the next century? What will be the impact of the new technological culture?

The availability of relatively cheap and accessible technology, such as computers, hand-held calculators and the Internet, may already be influencing developments in mathematics and mathematics education and bridging cultures in ways which could not have been predicted by our parents.

The theme provided an opportunity to explore and articulate why we have arrived at our present position in terms of defining practices in mathematics and mathematics education, and to envisage the possibilities and boundaries in shaping future directions and developing co-operation both across and between cultures.

The working group utilised the experience of the participants and conference presentations to identify and consider some of the major historical influences and how pooled experiences, knowledge and wisdom can be channelled productively in order to preserve accumulated strengths within and across cultures. It also reflected on the evolution of mathematical thinking in relation to the development of cultures and the role of individual mathematicians through the ages. It was essential to consider the contribution of a range of mathematics cultures - Chinese, African, Indian, Islamic, European .... in order to understand the consequences for the development of mathematics and mathematics education when a particular culture is dominant.

Key questions

- How has the evolution of mathematics from different cultures contributed to mathematics and mathematics education today?
- What effect has the apparent dominance of Western culture had on the development of mathematics in a world-wide context?
- How could the new technologies be utilised to enrich co-operation and communication across cultures?
- What can we learn from our deliberations which will help us shape the development of future mathematics curricula?

Sub-Theme II

Effective co-operation between mathematicians, mathematics educators and users of mathematics

Mathematical abstraction and formalisation provide a basis from which the most powerful applications in solving human, social and scientific problems are derived. The same mathematical principles may be employed for problems from contexts as diverse as engineering, social dynamics, the stockmarket and medicine. Such versatility is possible since mathematical principles and techniques can be formulated free of context, and then applied in appropriate settings. Historical, national, or occupational cultures may initiate the development of a principle or be relevant to an application, but they have no bearing on the abstract form of the mathematics itself.

Cultural differences arise when people engage with mathematics in pursuit of a specific goal, and then interpret mathematics in a particular way. Thus academics, educators and users may differ in their interpretation of mathematics, and these differences may have a prejudicial effect on co-operation between the three groups.

It may be said that users of mathematics solely identify mathematics with effective techniques and are not conscious of the rigour of mathematics which guarantees the validity of the techniques used. Similarly it may be said that academic mathematicians are not sufficiently informed about applications of mathematics in business, industry, other areas of education and everyday life to see their own work from the user's viewpoint, and to value it for the practical applications as well as for academic scholarship. Somewhere between these two polarisations lies `mathematics education for the professions', and mathematics educators risk being caught between these different interpretations of mathematics.

Much has been written about the essential skills needed for the 21st century, including statements about the mathematical skills required by an educated work force. Opinions differ as to whether these skills should be taught in schools or the work place; and if the former, whether all pupils or only a `vocational' grouping should learn such skills. Different countries address this issue in different ways, but put simply the issue becomes a choice: should mathematical skills be taught *from* application or *for* application?

The principal concern of this theme was to clarify cultural and perceptual differences which inhibit effective co-operation among mathematicians, mathematics educators and users of mathematics and to determine our aspirations for the future. The group consided relationships between vocational and academic interpretations of mathematics and examined a number of mathematical contexts, such as vocational courses, everyday life, business and commerce, science, academic mathematics.

The working group was able to draw on the experiences of its members to explore whether there are differences between cultures in perceptions of mathematics for vocational education and for academic education and, if such differences are reconciled within the mathematics classroom, how this is achieved.

Key questions

- If academics and users do interpret mathematics differently, is there necessarily a clash of cultures, or are their views complementary?
- To what extent should users understand the mathematical basis for the techniques they use?
- How could academic mathematicians benefit from an increased knowledge of how their work is applied?
- What are the relative merits of teaching mathematical techniques followed by applications, or using a problem context to develop relevant techniques?

- Is there an essential core of mathematics which transfers across all users, cultures or societies?

Sub-Theme III

Coping with diversity of student/pupil interests, abilities, aptitudes and background

To paraphrase Shakespeare: 'some are born mathematicians, some achieve mathematical skill, and some have mathematics thrust upon them'. This conveys the diversity of student reaction to mathematics, but individual interests, abilities, aptitudes and backgrounds may underlie such reactions. Differentiation in the teaching and learning of mathematics also occurs within a cultural, political and economic context which influences, to a greater or lesser extent, the strategies used. Diversity among students and pupils has been at the root of most areas of pedagogical and educational psychological research in recent times. This theme explored the influence of research findings on the mathematics education of young people both as individuals and in groups.

Grouping students by chronological age and mathematical performance appears to be a common strategy both for whole classes and smaller groups, whilst mixed-ability groups are found more often than mixed-age groups. The different weighting given to individual, small group and whole class teaching may determine the choice of teaching approaches and the dominant learning styles in the classroom. However, assessment practices remain almost exclusively individually based.

Whole class, rather than individual teaching and learning methods, are prevalent in schools, whereas an expansion of autonomous learning in higher education is taking place, at least in Western cultures. Is the difference between the two sectors supported by an educational rationale, or is it the result of political and economic pressure?

The interpretation and dissemination of Piaget's work gave rise to an explosion in research into classrooms and pupils' learning and achievement. This in turn led to several research approaches being developed which resulted in theories concerned with individual perspectives, and teaching and learning preferences.

Rationales for differentiation in education should take account of learning contexts. Criteria used to assess and compare mathematical performance need to be seen to be equitable in terms of the age range and cultural background (gender, race, religion, economic and social circumstances) of pupils. For example, the increasing impact of information and communication technology on education in affluent urban societies, has little relevance for learners in poor rural economies.

The working group explored the extent to which the translation of research and development in mathematics education into classroom practice is influenced by philosophy and cultural considerations. The presentation of case studies focusing on classroom practice helped to provide the basis for drawing on the insightful observations of teachers, whilst others presented socio-political and cultural views on how best to group pupils for mathematics. Central to the theme was the discussion important ethical aspects surrounding working and researching in classroom situations, and what constitutes appropriate validation of this research activity.

Key questions

- Should we group pupils/students for learning purposes, and if so on what basis?
- How can teachers minimise disadvantages to pupils/students arising from their gender, race or other classifications?

- How can we take account of different beliefs to develop a shared understanding of the nature and role of mathematics?

Note

1. Rudduck, J. (1984) 'Introducing innovation to pupils', in Hopkins D. & Wideen M. (eds), **Alternative Perspectives on School Improvement,** Falmer Press

Description du thème

Honor Williams
Afzal Ahmed
The Mathematics Centre
University College Chichester, UK

Les thèmes des rencontres CIEAEM ont varié énormément au cours des années, mais un changement d'éclairage perceptible semble en train de se produire car l'étude de questions de structures et de fond fait place à une concentration sur l'éducation interdisciplinaire ainsi que sur l'influence de la technologie et plus récemment encore s'est montré un intérêt croissant pour la promotion d'un dialogue entre les différentes parties qui contribuent à l'enseignement des mathématiques. Le thème de cette rencontre permettra d'élargir la portée de ce dialogue. Chaque groupe de mathématiciens, qu'il s'agisse d'universitaires, d'enseignants ou d'utilisateurs, a sa propre perspective et ses cultures mathématiques secondaires; les mathématiques de tout ordre se poursuivent dans le contexte de la culture d'une communauté plus large. Les sous-thèmes de cette 51ème rencontre invitent les participants à explorer des modèles, des théories, et des pratiques d'une gamme de cultures mathématiques et de développer et de partager une compréhension des mathématiques et de son enseignement à partir de ces perspectives différentes. La rencontre vise à enrichir notre compréhension des mathématiques en nous ouvrant les yeux sur la variété d' expériences et d'interprétations qui se voient et qui sont disponibles dans des cultures autres que la nôtre.

Afin de pouvoir profiter de cultures qui nous sont étrangères il se peut que nous soyons contraints de revoir nos propres perceptions et d'apprendre à nous adapter à des approches nouvelles. Citons un des projets les plus ambitieux choisi pour marquer le millénium au Royaume Uni. Il est question de collectionner des plantes de partout dans le monde et de les cultiver dans d'anciennes mines de kaolin en Cornouailles. La réussite de ce projet dépendra de la création de climats propices à leur cultivation. La disparition rapide de frontières nationales ainsi que la perspective de la mondialisation, rendue possible par le progrès dans la technologie et l'informatique nous fournissent autant de motivations supplémentaires pour la recherche de moyens permettant à des sociétés dotées de convictions et de priorités différentes de s'entr'aider grâce à une meilleure compréhension réciproque.

Le thème de la diversité culturelle dans l'enseignement des mathématiques constitue un défi non moins lorsqu'il faut écrire une introduction à chacun des sous-thèmes car évidemment on y incorpore d'instinct ses propres préjugés culturels. Nous sommes conscients du fait que nos propres expériences, basées dans des cultures qui nous sont particulières, influencent inévitablement la manière dont nous interprétons différents sous-thèmes, ce qui par conséquent risque de limiter l'élaboration de sujets qui nous sont familiers et de ceux que nous sommes en mesure d'imaginer.

Sous-Thème I

Un regard en arrière, la réalisation du progrès

A l'égard du développement des mathématiques l'histoire témoigne de l'existence, à une époque lointaine, de centres d'excellence en Egypt, en Babylone, en Chine, en Inde. Elle nous montre d'ailleurs que le travail des mathématiciens qui s' y exerçaient indépendemment a certainement influencé les centres qui se sont développés plus tard dans l'Italie du 16ème siècle, la France du 17ème et ensuite en Europe en général.

Que les mathématiques théoriques qui se sont développées dans ces endroits aient survécu ou non sous forme d'un savoir attesté, l'application de ce savoir se manifeste très souvent de façon concrète: dans des machines, des édifices, des objets, et l'ornement. Il est possible que ceci reflète tout simplement l'intérêt culturel de l' époque ou bien il pourrait témoiger de la façon dont la culture a influencé le sens du développement des mathématiques à telle époque et dans tel endroit. D'ailleurs les enseignants ont la possibilité de se servir de ce témoignage pour développer des idées et des approches nouvelles dans le domaine des mathématiques au profit d'étudiants qui, autrement, risqueraient de ne pas apprécier la valeur de cette discipline.

A travers les siècles il semble que des centres consacrés à l'étude des mathématiques soient apparus là où se concentraient le pouvoir économique et politique. D'après certains ceci implique actuellement la prééminence automatique des États-Unis dans le domaine de l'activité créatrice en mathématiques. Il convient de se demander où se situeront donc les centres clé du siècle prochain? Quel sera l'impact d'une culture technologique nouvelle?

Il se peut que la disponibilté d'une technologie accessible et relativement peu chère sous forme d'ordinateurs, de calculatrices à main, et de l'internet soit déjà en train d'influencer les développements ainsi que la didactique dans le domaine des mathématiques tout en facilitant un rapprochement entre différentes cultures de manières difficilement envisageables par nos parents.

Ce sous-thème fournit aux participants l'occasion d'explorer et d'expliquer comment nous sommes arrivés là où nous en sommes dans le contexte des mathématiques et comment ont évolué nos pratiques d'éducateur. Il conviendra également d'explorer les possibilités ainsi que les limites qui détermineront les tendances futures et la co-opération entre différentes cultures aussi bien qu' à l'intérieur de celles-ci.

Le travail en groupe s'inspirera de l'expérience des participants ainsi que des présentations de la rencontre pour identifier et considérer quelques-unes des influences historiques majeures. Il sera également question d'explorer la façon dont l'expérience partagée, les connaissances et le savoir pourront être canalisés de manière efficace afin de conserver les acquis à l'intérieur d'une culture et entre elles. Il s'agira aussi d'étudier l'évolution de la pensée mathématique dans le contexte du développement des cultures et le rôle du mathématicien en tant qu'individu à travers les siècles. Afin de pouvoir comprendre les conséquences par rapport au développement des mathématiques et leur enseignement là où domine telle ou telle culture il sera indispensable d'explorer la contribution d'une gamme de cultures différentes: chinoise, africaine, indienne, musulmane, européenne.........

Questions clé

- Comment l'évolution des mathématiques dans différentes cultures a-t-elle contribué aux mathématiques et l'enseignement des mathématiques à l'heure actuelle?
- Quel a été l'effet de la dominance apparente de la culture occidentale sur le développement des mathématiques à l'échelle mondiale?
- Comment pourrait-on se servir des nouvelles technologies pour enrichir la coopération et la communication entre cultures différentes?

- Nos discussions que peuvent-elles nous apprendre d'utile quand il s'agira de définir l'avenir du programme de mathématiques?

Sous-Thème II

Une coopération efficace entre les enseignants et ceux qui se servent des mathématiques

On constate que l'abstraction et la formalisation mathématiques fournissent les bases où l'on puise les applications les plus efficaces susceptibles de résoudre des problèmes humains, sociaux et scientifiques. Les mêmes principes peuvent être utilisés lorsqu'il s'agit de résoudre des problèmes dans des champs aussi divers que l'ingénierie, la dynamique sociale, la Bourse, et la médecine. Une telle souplesse provient du fait que les principes et les techniques mathématiques se formulent libres de tout contexte et s'appliquent ensuite dans le cadre approprié. Bien que la culture liée à l'histoire, une nation, ou à une activité professionnelle quelconque soient à l'origine du développement d'un principe ou influence son application elles n'ont absolument rien à voir avec la forme abstraite des mathématiques en tant que telles.

Des différences culturelles apparaissent lorsqu'on se lance dans les mathématiques afin d'atteindre un but spécifique et que ce faisant on les interprète de façon particulière. C'est ainsi que les universitaires, les enseignants et les utilisateurs puissent ne pas s'entendre quand il s'agit de l'interprétation des mathématiques et que ces différences finissent par nuire à la coopération entre les trois groupes.

On pourrait dire que les utilisateurs des mathématiques se bornent à identifier les mathématiques à des techniquers efficaces, qu'ils ne sont pas conscients de la discipline qu'implique l'étude de cette matière et qui, elle, garantit la validité des techniques utilisées. On pourrait également dire que les universitaires ne sont pas suffisamment au courant des applications des mathématiques dans le commerce, dans l'industrie, dans l'éducation, là où les mathématiques ne s'enseignent pas en tant que telles pas plus que dans la vie quotidienne, d'où il s'ensuit qu'ils ne peuvent pas comprendre le point de vue de l'utilisateur, ni apprécier leur application pratique dans la même mesure que leur valeur intellectuelle. A quelque distance de ces deux extrêmes se situe la notion de l'enseignement des mathématiques comme outil professionnel. Ceux qui enseignent les mathématiques courent le risque de se trouver pris au piège entre ces différentes interprétations.

On a beaucoup écrit sur les compétences jugées indispensables à la vie du 21ème siècle, y compris des affirmations où on parle des compétences en mathématiques que nécessitera une main d'oeuvre qualifiée. Les opinons sont partagées en ce qui concerne l'endroit où doivent s'acquérir de telles compétences: à l'école ou là où s'exerce l'activité professionnelle. Si on opte pour la première possibilité faut-il que tous les élèves y soient astreints ou seulement ceux qui sont orientés vers l'enseignement dit professionnel? Différents pays y répondent de façon différente mais la question se résume au choix suivant: est-ce à partir de l'application ou dans un but de faciliter celle-ci qu'il faut enseigner les mathématiques ?

En explorant ce thème l'essentiel consiste à expliciter les différences de culture et de perception qui risqueraient d'empêcher une coopération efficace entre mathématiciens, enseignants, et utilisateurs et de décider des aspirations futures. Le groupe étudiera les rapports existant entre les interprétations des mathématiques de la part de ceux qui se consacrent à l'enseignement professionnel et ceux des mathématiciens qui préconisent l'aspect purement intellectuel, il examinera un certain nombre de contextes: la formation professionnelle, la vie quotidienne, le monde de l'entreprise et du commerce, les sciences, et l'étude théorique des mathématiques.

Le groupe puisera dans les expériences de ses membres afin de découvrir s'il existe bien des divergences dans différentes cultures en ce qui concerne les perceptions des mathématiques dans la formation professionnelle et l'enseignement général. Si de telles différences ont été concilées à l'intérieur de la classe de mathématiques il sera question de savoir comment cela s'est produit.

Questions clé

- Si en effet les universitaires et les utilisateurs interprètent différemment les mathématiques s'ensuit-il nécessairement un conflit ou bien ces deux points de vue se complimentent -ils?
- Dans quelle mesure faut-il que les utilisateurs comprennent les bases mathématiques des techniques dont ils se servent?
- Comment les mathématiciens pourraient -ils bénéficier d'une meilleure compréhension de la façon dont on se sert de leur travail?
- Quels sont les avantages relatifs qui résultent de l'enseignement des techniques mathématiques suivies de leur application ou bien de l'utilisation d'un problème comme point de départ pour développer les techniques appropriées?
- Existe-t-il un tronc commun de mathématiques indispensable à tout utilisateur, dans toutes les cultures, toutes les sociétés?

Sous-Thème III

Comment gérer la variété d'intérêts qui existent chez les élèves, ainsi que des niveaux, des aptitudes et des milieux divers?

Pour paraphraser Shakespeare: "certains sont nés mathématiciens, d'autres acquièrent des compétences en la matière, d'autres encore se voient imposés les mathématiques", ce qui résume les diverses façons dont réagissent les élèves devant l'apprentissage des mathématiques. Ajoutons que de telles réactions proviennent sans doute d'intérêts, de capacités, de compétences et de milieux propres à l'individu. La différentiation dans l'enseignement et l'apprentissage des mathématiques, elle aussi, s'accomplit dans un contexte culturel, politique et économique, fait qui influence dans une mesure plus ou moins grande les mesures appliquées. C'est la diversité qui existe chez les éléves et les étudiants qui, à l'époque récente a fait naître la majeure partie de la recherche dans les domaines de la didactique et de la psychologie de la didactique. Ce thème a pour but l'exploration de l'influence des résultats de ces recherches sur l'enseignement des mathématiques aux jeunes en tant qu'individus et par groupe.

Répartir en groupes les élèves selon leur âge et leurs résultats en mathématiques paraît constituer une formule courante qu'il s'agisse de classes entières ou de plus petits groupes. Par contre là où il existe des groupes d'élèves non homogènes ces derniers réunissent plus fréquemment des élèves d'aptitudes différentes que des élèves d'âges divers. L'importance accordée à l'enseignement d'individus, de petits groupes et de la classe entière pourrait bien déterminer le choix d'approches pédagogiques et les styles d'apprentissage qui dominent dans la classe. Pourtant les modalités de contrôle restent presqu'exclusivement basées sur le travail de l'individu.

C'est l'enseignement et l'apprentissage dans le cadre de la classe entière plutôt que le travail auprès de l'individu qui est répandu dans le primaire et le secondaire alors que dans l'enseignement supérieur, du moins dans les pays de culture occidentale, c'est une expansion de l'apprentissage autonome qui prévaut. Cette divergence provient-elle d'une logique pédagogique ou s'agit il plutôt de pression d'ordre politique ou économique?

L'interprétation et la diffusion du travail de Piaget produisit une explosion dans la recherche qui se consacre à la salle de classe, à l'apprentissage et aux niveaux atteints par les élèves. Ceci à son tour conduisit à la formulation de plusieurs approches dans la recherche qui aboutirent à des théories concernant les perspectives individuelles et les préférences en ce qui concerne l'enseignement et l'apprentissage.

Il faut que le raisonnement qui conduit à la différentiation dans le domaine de l'enseignement tienne compte du contexte pédagogique. On doit s'assurer que les critères dont on se sert pour contrôler et comparer les performances en mathématiques paraissent équitables vu la gamme d'âges et de milieux culturels des élèves (par rapport à leur sexe, leur race, leur religion, et leurs circonstances économiques et sociaux). Pour n'en citer qu'un exemple, l'impact croissant de l'informatique sur l'enseignement, impact qui se constate dans les sociétés urbaines aisées, ne touche guère ceux qui font leurs études dans des milieux ruraux pauvres.

Ce groupe de travail explorera la mesure dans laquelle l'intégration dans la pratique de la salle de classe des fruits de la recherche et du développement en mathématiques est influencée par la philosophie et par des considérations d'ordre culturel. Les études de cas présentées qui se consacreront à la pratique de la salle de classe contribueront à l'établissement d'un fond d'expériences réunissant les observations et les perceptions d'enseignants alors que d'autre membres du groupe apporteront des points de vue qui reposent sur une appréciation d'aspects sociologiques, politiques ou culturels, tout ceci dans un but de décider comment mieux regrouper les élèves pour l'étude des mathématiques. L'essentiel de ce sous-thème sera la discussion d'importantes considérations éthiques qui entourent le travail et la recherche dans le cadre de la salle de classe ainsi que la discussion au sujet des constituants d'une validation appropriée de cette activité de recherche.

Questions clé

- Faut-il répartir en groupes les élèves et les étudiants qui apprennent les mathématiques et si oui selon quels critères?
- Comment les enseignants peuvent-ils minimiser les désavantages que subissent les élèves et les étudiants à cause de leur sexe, leur race etc?
- Les comparaisons internationaux à l'égard du niveau atteint en mathématiques ont -ils tendance à promouvoir ou à gêner le développement de méthodes d'enseignement et d'apprentissage efficaces dans un contexte culturel précis?
- Comment accroître pour tous l'accès aux mathématiques?

Sous-Thème IV
Les cultures mathématiques dans différents secteurs scolaires

Les opinions sur la meilleure manière d'organiser l'apprentissage scolaire sont toutes aussi diverses que les structures et l' organisation qui ont été mises en place par différentes communautés pour réaliser leurs buts et aspirations. Il est évident que selon l'époque et en réponse à différentes influences qu'on aurait du mal à décrire comme le fruit d'une évolution continue ni comme suite à une recherche minutieuse différents pays et cultures ont organisé l'apprentissage des mathématiques de manières diverses.

Quelle que soit la matière en question il existe de nombreux facteurs qui créent des divergences dans le contexte de l'apprentissage dans différents secteurs scolaires. Peut-être que le plus significatif en ce qui concerne la scolarité obligatoire c'est le remplacement du généraliste par le professeur spécialiste alors que dans le système post-obligatoire c'est la liberté de choix qu'exerce l'élève quant aux matières dans lesquelles il décide de se spécialiser. Il est bien possible que ces changements constituent une conséquence inévitable ou une nécessité chez l'élève qui mûrit. Ou bien s'agit-il d'une manière pratique et efficace d'organiser la scolarité? Quelles qu'en soient les causes il faut tenir compte de leur impact sur l'enseignement des mathématiques. Des changements de culture à l'intérieur de la salle de classe peuvent se faire sentir comme autant d'étapes dans un processus vers le monde adulte ou bien des barrières qui rendent plus difficile la progression d'un secteur à l'autre.

Le programme établi à l'échelle nationale ne reconnaît peut-être pas les frontières entre différents secteurs mais le transfert qui s'opère entre le primaire et le secondaire nécessite la communication d'information au sujet des élèves qui va au dela de celle de simples notes et des résultats de tests de niveau à l'échelon national. Cependant le manque d'expérience de la part de l'enseignant quand il s'agit de comprendre la culture d'autres secteurs peut très bien limiter sa capacité de communiquer et de coopérer de manière efficace avec ses collègues qui travaillent dans d'autres secteurs. Il existe notamment une énorme divergence entre l'instituteur généraliste avec son approche centrée sur l'enfant et le spécialiste qui travaille dans le secondaire ou le supérieur qui se concentre surtout sur la matière qu'il enseigne. Ils ont tous deux leurs points forts et leurs points faibles. Il faut que des problèmes quelconques dans le domaine des mathématiques soient identifiés et des mesures prises afin d'assurer une transition sans heurt dans l'intérêt d'une continuité et d'une progression qui bénéficient à l'individu tout comme au groupe en tant que tel.

Le commerce et l'industrie, en tant que "consommateurs" qui reçoivent ceux qui sortent des écoles et des universités, ont toujours eu leur mot à dire au sujet de l'enseignement secondaire et supérieur. Une coopération plus efficace pourraient résulter d'une meilleure compréhension de ce qui, aux yeux de l'autre, constitue les mathématiques ainsi que des conséquences de ce point de vue pour leurs propres cas.

Le groupe de travail essayera d'explorer la gamme des cultures mathématiques qui existent dans différents établissements: primaire, secondaire, supérieur, école normale ainsi que la façon dont ces attitudes se rapportent et sont influencées par le monde du travail. La considération de ces facteurs exigera l'identification d'influences majeures et pourra éventuellement expliquer les structures et les idéologies ainsi que les pratiques et l'organisation mises en place pour l'enseignement des mathématiques.

Questions clé

- Comment maximiser les forts et minimiser les faiblesses qui existent dans les différents secteurs afin de pouvoir maintenir la continuité dans l'apprentissage des mathématiques?
- Une appréciation de l'action réciproque qui s'accomplit entre différents secteurs: la scolarité obligatoire, la scolarité post-obligatoire, le commerce et l'industrie.
- Quelles sont les manières les plus efficaces d'organiser la coopération entre les différents secteurs qui s'occupent de l'enseignement des mathématiques et comment mieux les développer?
- Quelles perspectives et quelles pratiques nouvelles la culture généraliste du primaire pourrait-elle apporter à l'enseignement post-obligatoire des mathématiques?

Sous-Thème V

Convictions et pratiques dans les mathématiques et l'enseignement des mathématiques

Les convictions en ce qui concerne la nature des mathématiques influencent très directement ce que l'on enseigne et la façon dont on l'enseigne. Les élèves, les enseignants, les mathématiciens, les auteurs de livres scolaires, les parents d'élèves et les politiciens exercent tous une influence sur la pratique pédagogie et en ce faisant ils transmettent à la salle de classe une partie de leurs propres convictions au sujet des mathématiques. Démêler les différentes influences, sans parler de l'identification de la mesure dans laquelle chacune d'entre elles influence le résultat est loin d'être facile.

Il est clair que la connaissance des mathématiques est perçue par les membres de toutes les sociétés comme élément culturel indispensable et résultat souhaitable de la scolarité. Pourtant le programme scolaire a souvent tendance à séparer les mathématiques qui s'enseignent à l'école de leurs racines culturelles. D'ailleurs les contrôles formelles limitent la possibilté d'évaluer le développpement d'une pensée qui pourrait se qualifier de mathématique. Il en résulte souvent une déception générale à l'égard des mathématiques telles qu'elles s'apprennent l'école.

Il paraît raisonnable de baser la pratique sur les convictions de ceux qui en sont concernés: qu'il s'agisse d'élèves, d'enseignants, de parents, d'employeurs ou de politiciens mais leurs convictions réflètent-elles les besoins d'un monde à la veille du 21ème siècle?

Selon Rudduck(1984)[2] par exemple:

".............. là où l'innovation n'aboutit à rien dans la classe c'est peut-être parce que les élèves, en tant que gardiens de la culture actuelle y exercent une force conservatrice très puissante. A moins de tenir compte des problèmes aux quels sont confrontés les élèves nous risquons de négliger un facteur significatif dans le processus d'innovation."

Alors que les convictions de l'individu à l'égard de l'enseignement et l'apprentissage des mathématiques évoluent dans le contexte de sa propre composition psychologique et politique ces convictions sont également ouvertes à la révision et au changement à mesure que l'individu réagit aux expériences de la vie à l'intérieur de telle ou telle culture.

On a tendance à croire que les convictions mènent à la pratique mais peut-être que l'enseignement des mathématiques serait plus approprié si la réalité quotidienne de l'utilisation des mathématiques (y compris l'abstraction) inspirait ces convictions et par la suite ce qui se pratique dans la salle de classe.

Dans la salle de classe les pratiques de l'individu seront affectées par d'autres influences et d'autres exigences. La quantité ainsi que la qualité des ressources dont il dispose peuvent influencer profondément à la fois ce qui s'enseigne et la façon dont ses convictions se traduisent. Il est possible que l'enseignant dispose de peu de possibilités pour négocier un compromis entre ses propres convictions, la pratique que dicte la loi et les réalités de la culture où il travaille. Comment tout ceci touche-t-il le rôle professionnel de l'enseignant?

Ce thème a pour but l'exploration d'une gamme de convictions et de pratiques ainsi que des forces qui les forment. Les groupes de travail discuteront notamment les moyens de maintenir intacte la continuité entre les convictions et les pratiques des enseignants de mathématiques ainsi que le décalage qu'il peut y avoir chez d'autres intéressés en ce qui concerne ce qu'ils croient et les pratiques qu'ils défendent.

Questions clé

- Dans quelle mesure les convictions et les pratiques qu'adoptent les enseignants de mathématiques sont-elles dictées par les individus ou par la société?

- Quels facteurs contribuent au décalage entre les convictions et la pratique des enseignants?
- Comment tenir compte de convictions différentes pour développer une entente en ce qui concerne la nature et le rôle des mathématiques?

Note

2 Ruddock J (1984): "Introducing innovation to pupils" in Alternative Perspectives on School Improvement (eds Hopkins D & Wideen M) Falmer Press

Bibliography/Références bibliographiques

Bishop, A. J. (1991) *Mathematical Enculturation*, Dordrecht:Kluwer Academic Publishers

Boaler, J. (1993) 'Encouraging the transfer of 'school' mathematics to the 'real world' through the integration of process and content, context and culture', *Educational Studies in Mathematics* **25**: 341-373.

Boyer, C. B. revised by Merzbach, Uta C. (1989) *A History of Mathematics, 2nd edition,* New York: John Wiley and Sons.

Corben, H. C. (1991) *The Struggle to Understand*, Prometheus Books.

D'Ambrosia, U. (1995) 'Multiculturalism and mathematics education', *International Journal of Mathematics for Education, Science and Technology*, **26** (3) 337-346.

Fauvel, J. and Gray, J. (Eds.) (1987) *The History of Mathematics - A Reader*, London: MacMillan Press in association with the Open University.

Frankenstein, M. and Powell, A. (Eds.) (1989) *Ethnomathematics: Challenging Eurocentrism in Mathematics Education*, SUNY Press.

Frankenstein, M. (1995) 'Class in the World Outside the Class' in Secada, W. Fennema, E. and Adajan, L. (Eds.) *Equity in Mathematics Education*, Cambridge University Press.

Joseph, G.G. (1990) *The Crest of the Peacock*, Penguin Books.

Kaiser, G., Luna, E., and Huntley, I. (Eds.) (1999*) International Comparisons in Mathematics Education* , London/Philadelphia: Falmer Press.

Keitel, C. and Kilpatrick, J. (1998) "The Rationality and Irrationality of International Comparative Studies" In publication.

Kline, M. (1987) *Mathematics in Western Culture,* Penguin Books.

Kninjik, G. (1996) *Exclusâo e Resistência: Educaçâo Mathemática e Legitimidade Cultural, Porto Alegre*: Artes Médicas, Brazil.

Noss, R. (1998) *New Cultures, New Numeracies - An Inaugural Lecture*, London: Institute of Education, University of London.

Nelson, D., Joseph, G. G., and Williams, J. (1993*) Multicultural Mathematics*, Oxford University Press.

Nunes, T. and Bryant, P. (1997) *Learning and Teaching Mathematics, an International Perspective*, Hove:Psychology Press Ltd.

Ormell, C. (1992) 'Seeing the Point of Mathematics', *International Journal of Mathematics for Education, Science and Technology*, **23** (5) 715-721.

Papert, S (1980) *Mindstorms: Children, Computers and Powerful Ideas*, Basic Books Inc.

Taylor, N. (1991) 'Independence and Interdependence: Analytical Vectors for Defining the Mathematics Curriculum of schools in a Democratic Society', *Educational Studies in Mathematics* **22,** 107-123.

Plenaries
Plénières

1

Knots, Ties and Double-binds: Untangling the Cultures of Mathematics

KENNETH RUTHVEN, University of Cambridge School of Education, UK

Aspects of cultural diversity in school mathematics are explored: relationships between scholarly and school mathematics; the framing of teaching and learning by task structures; representations of the mathematics of past generations and different social groups; the backgrounds of mathematics learners, and their experiences of mathematics education; questions of class, gender, ethnicity and ability. Such considerations create 'double-binds' for mathematics education: the disciplinary, technical, instructional, investigative, cultural, pluralist and differential double-binds are examined.

Certains aspects de la diversité culturelle dans l'enseignement mathématique sont explorés: les rapports entre les mathématiques savantes et scolaires; l'encadrement de l'enseignement et de l'apprentissage par les structures de tâche; les représentations des mathématiques des générations passées et de différents groupes sociaux; les milieux des élèves et leurs expériences de l'enseignement mathématique; des questions de classe, de genre, d'ethnie et d'aptitude. De telles considérations créent des 'doubles-contraintes' pour l'enseignement mathématique: les doubles-contraintes disciplinaire, technique, instructionnelle, investigative, culturelle, pluraliste et différentielle sont examinées.

I have interpreted my responsibility as opening speaker as one of provoking discussion rather than proposing conclusions. To go about this task I will survey a range of challenges for mathematics education; I will call on diverse voices to present differing standpoints on these challenges; and I will identify important practical dilemmas which these challenges raise for teachers of mathematics.

Concepts of culture

First, some words of caution about the idea of 'culture' itself. It has been described as 'one of the worst concepts ever formulated' (Luhmann reported in Bauersfeld, 1998: 375) or - only slightly more promisingly- as:

> one of the two or three most complicated words in the English language... mainly because it has now come to be used for important concepts in several distinct intellectual disciplines and... incompatible systems of thought... It is easy to react by selecting one 'true' or 'proper' or 'scientific' sense and dismissing other senses as loose or confused... [But] the range and overlap of meanings is significant. The complex of senses indicates a complex argument about the relations between general human development and a particular way of life, and between both and the works and practices of art and intelligence. (Williams, 1983: 87, 91)

My argument, then, will be that similarly complex strands of thinking about the cultures of mathematics and mathematics education create 'knots' for our practice. From our own backgrounds and experiences, we bring 'ties' which influence the way in which we go about 'untangling' such knots. And, in doing so, we find ourselves caught in 'double-binds', created by ties which pull in opposite directions.

7 Directions

A

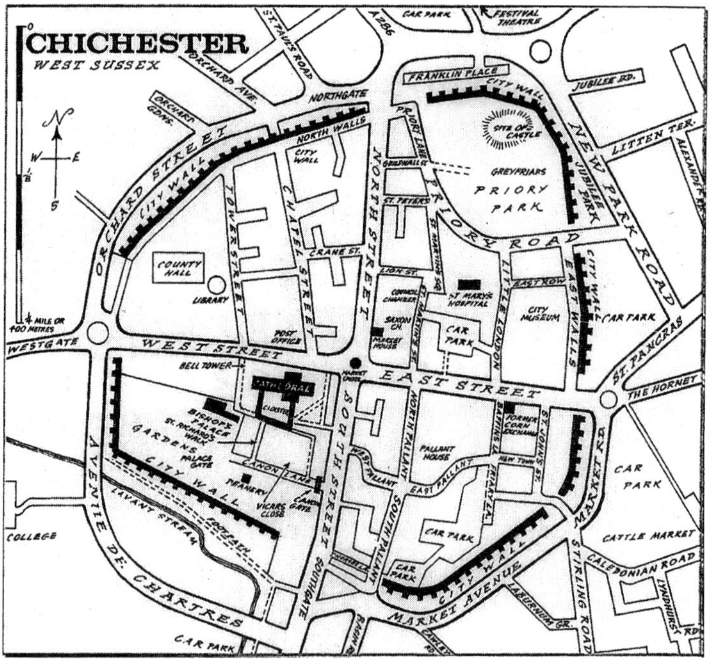

Chichester is a very old city that was first built by the Romans.

Here is a plan of Chichester – you can still see the city walls.

Most of the streets run roughly north to south or east to west.

A1 Roughly how far is it from Northgate to Southgate?

A2 This photograph shows a shop in North Street.

(a) Which direction does the shop face?

(b) Is Northgate to the north or south of the shop?

(c) Which direction is the camera facing?

A3 Suppose you have just come out of the shop.

(a) What street is opposite you?

(b) Do you turn left or right to get to the Market Cross?

Figure 1 [1]

A cultural artefact

Since we are meeting in Chichester, let us explore these issues more concretely through the textbook page shown in Figure 1. As you can see it is one of those textbooks which invites pupils to look out of the window. Hard to resist such an invitation! First, the map at the top of the page. This window shows a civic Chichester; the Chichester of historic monuments and public buildings. Then, at the foot of the page, the photograph of a street corner located within the map. This window shows another Chichester; the Chichester of Mr Slade's dry-cleaning shop; and is that a Chinese restaurant next door? The civic Chichester of the map is revealed, then, as a cultural construct reflecting an underlying cultural code; a code reflecting the metaphors of wealth and patrimony expressed in ideas of cultural treasure and cultural heritage. Face to face with this street corner, on the invisible margins of civic Chichester, we might be moved to challenge the power and privilege associated with such codes, their exclusivity and partiality, seeing them in terms of cultural selectivity, even cultural hegemony.

Enough of looking out the window. Back to the textbook page itself. It comes from what has probably been the most highly regarded and widely used secondary mathematics scheme in England over the last 15 years: SMP 11-16. The page itself typifies the guiding concern of the scheme that mathematics should be meaningful to pupils, reflected in the extensive reference to 'real life' contexts throughout the course (Ling, 1987: 40). More generally indeed, in England we now teach 'shape, space and measures' rather than 'geometry'; 'using and applying mathematics' rather than 'mathematical proof', or even -in the country of Newton- 'applied mathematics'. And it has become increasingly clear that much the same range of complex issues associated with 'culture' in general is raised by 'mathematics' in particular, not least that of contested meaning and reference. Indeed, the very suggestion that 'mathematics' might productively be recognised and treated as a cultural construct raises the hackles of those who take an objectified view of the field and -arguing by definition- privilege a particular objectification.

Disciplinary derivation and denial

A classic illustration of this mode of thinking is J. Dieudonné's address to the Royaumont seminar, in which he appealed for the 'modernisation' of school mathematics.

If the whole program I have in mind had to be summarised in one slogan it would be: Euclid must go!... [It has been] possible to reorganise the Euclidean corpus... separating what is fundamental from a chaotic heap of results with no significance except as scattered relics of clumsy methods or an obsolete approach... Everything else which now fills volumes of 'elementary geometry' -and by that I mean, for instance, everything about triangles (it is perfectly feasible and desirable to describe the whole theory without even defining a triangle!)...- has just as much relevance to what mathematicians... are doing today as magic squares or chess problems! (Dieudonné, 1961: 35-36)

Here, we find a typical programmatic discourse, valuing and devaluing, accepting and rejecting, all in the uncompromising terms of the chosen grand design. In particular, the assumption is that school mathematics can simply be derived from this disciplinary definition.

This assumed relationship between scholarly and school mathematics was challenged by H. Freudenthal, notably in his critique of modern mathematics, and in his later review of Y. Chevallard's elaboration of the idea of didactical transposition:

> La fausse perspective est celle d'en haut vers en bas au lieu de l'ordre inverse. Les mathématiques que la grande majorité de nos citoyens futurs doit apprendre, ne correspondent à aucun savoir savant dont elles seraient la transposée (didactique ou non), sinon au savoir savant d'un passé de nombreux siècles. Ce n'est pas à un savoir savant de nos jours que la plupart des élèves doivent être preparés, mais à un savoir-faire technologique (de degrés très divers). Le rôle des mathématiques 'savantes' dans cette culture technologique est plus modeste qu'on s'est imaginé... servante plutôt que maîtresse. (Freudenthal, 1986: 326-327)[2]

As Freudenthal acknowledges, scholarly mathematics can offer valuable organising frameworks for thinking systematically about mathematics, organising frameworks which are largely lacking elsewhere. Yet equally, much of scholarly mathematics has become so disembedded from its phenomenal grounding, so recursively redefined, that it cannot provide adequate referents for much of school, and out-of-school, mathematics. This constitutes *the disciplinary double-bind.*

Drawing constructs from disciplinary mathematics may help to systematise school mathematics, but may also suppress diversity of conceptions, their primary sources and wider purposes.

Cultural continuity and discontinuity

Chevallard extends this debate with his critique of the search for cultural resonance and continuity; a search which he associates with 'the English-speaking mathematical noosphere and its cultural satellites' (Chevallard, 1990: 18).

Culture conflicts and culture shocks... in the face of ... mathematics education may and do arise even in the case of... pupils from the upper classes of Western societies. They are not... a privilege of the slums and ghettos of former colonies or working class districts... (Chevallard, 1990: 4)

Culture conflicts in classroom situations, which used to be seen as inevitable and even beneficial, are now increasingly regarded as destructive of the learner's culture... A radical change that is increasingly advocated... consists in... the 'enculturation' of mathematics. It is...

a desperate attempt to prove that mathematics is not foreign to the child's everyday experience. (Chevallard, 1990: 6)

Chevallard is responding to the case for cultural universals advanced by A. Bishop in which he argues that certain fundamental activities are universal, in that they appear to be carried out by every cultural group, and intrinsic to the development of mathematical knowledge.

> Counting: [Using] a systematic way to compare and order discrete phenomena...
> Locating: Exploring one's spatial environment and conceptualising and symbolising that environment...
> Measuring: Quantifying qualities for the purposes of comparison and ordering...
> Designing: Creating a shape or design for an object or for any part of one's spatial environment...
> Playing: Devising, and engaging in, games and pastimes, with more or less formalised rules...
> Explaining: Finding ways to account for the existence of phenomena...
> (Bishop, 1988: 183-4)

Advancing a still stronger position, T. Nunes argues that there are important underlying commonalities of cognition in the form of cultural invariants:

> [T]he analysis of cultural influences on mathematical knowledge can demonstrate both differences and invariances in mathematical knowledge across cultures... Invariant mathematical structures are embedded in mathematical knowledge, regardless of whether mathematical knowledge is developed in or out of school. (Nunes, 1992: 558)

And this leads to the further suggestion that there is:

> a need to reconsider the social definition of mathematics as 'the activity of mathematicians'. The ownership of mathematical knowledge could be redistributed by concentrating on the principles used in reasoning rather than on particular mathematical moves... If giving up the distinction between practical and academic mathematical knowledge allows us to recognize children's reasoning abilities better and to help them develop these abilities in school, this loss of ownership will be certainly worth pursuing. (Nunes & Bryant, 1996: 112-113)

Returning to the textbook exploration of Chichester, we can recognise it as concerned with cultural universals of locating and measuring. The map itself employs a system of representational devices which allows us to 'rise above' Chichester and 'look down' on it. Mapping acts as a cultural amplifier -to use the term popularised by J. Bruner- for our locational and navigational thinking. So too, do the systems of measurement and orientation which underpin mapping. And -as the measurement scale at the upper left of the map vividly illustrates- there are important commonalities -in the form of shared logics of measurement- lying beneath superficial cultural diversity -in the form of different units of measure. Perhaps, indeed, we have already forgotten the contribution that imperial-metric biculturalism can make to understanding a range of mathematical concepts.

But now, let us visit an urban classroom, an hour or so from here, where pupils are tackling a task from the SMP series, very similar to the one we have already seen.

[The English-as-a-second-language] learners from Bangladesh... were all struggling with... exercises on finding one's way around Hereford with the help of photographs, diagrams and a street map. After several explanations about ring roads... steeples on churches... I did begin to wonder whether the mathematical value of this activity was being negated by the unfamiliar cultural... context. (Bishop, 1991: 33)

For these pupils, learning to negotiate the cathedral cities of England is more than a navigational exercise. It involves learning not just a new cultural geography, but a new culture of mathematics. Returning to the classroom:

One of the boys always appears restless in the class. He talks a lot with his friends and doesn't do much work... As I go to speak to him, he shows me a sheet of paper with algebraic equations on it, all solved correctly. (Bishop, 1991: 26)

How tempting, in teaching such pupils, to fall back on a technical culture of mathematics - one from which wider context and reference have been stripped away. Here we confront *the technical double-bind.*

Treating mathematics as a technical domain avoids the complexities of cultural context, but it also sacrifices the educative potential of cultural variation in mathematics, and of wider roots and referents.

Instructional and investigative cultures

But, even when mathematics is treated as a technical domain, it is open to very different didactical approaches. To explore the diversity of such didactical cultures, let us stay with 'shape, space and measures' or 'geometry' -as you will- and look at just a few approaches to a result whose name continues to capture the popular imagination long after its substance has been forgotten: 'Pythagoras theorem'.

In the kind of 'instructional' treatment shown in Figure 2, extracted from a north American text of the 1970s, 'Pythagoras' is stripped down to a system of basic elements: some standard terminology; a pair of mathematical kernels expressed in relational form; and -most critically- illustrated in procedural form through worked examples. Such kernels play an important part in mathematical thinking, underpinning possibilities both of automation and communication. But a certain danger lies in trying to make mathematics more readily teachable and testable, by reducing it to such kernels, and treating them as ends rather than means. Here we confront *the instructional double bind.*

Routinising mathematical reasoning creates forms which are more easily followed and adopted, but these forms may prove less readily fathomed and adapted.

In the 'investigative' treatment shown in Figure 3, extracted from a British resource book of the 1980s, the mathematically oversocialised will quickly find 'Pythagoras' concealed in dotty Cartesian space. Following the 1982 Cockcroft Report, the investigative subculture typified by this treatment -and associated with our Association of Teachers of Mathematics- had an important influence on the mainstream culture of mathematics education in Britain. From the handwritten presentation to the conversational style, this kind of 'starting point' invites personal response. However, this presents teachers with major challenges in balancing personal construction with cognitive socialisation, and in bridging from the former to the latter, within the organisational structures and constraints of schooling. Here, then, we confront *the investigative double-bind.*

Pythagorean Theorem

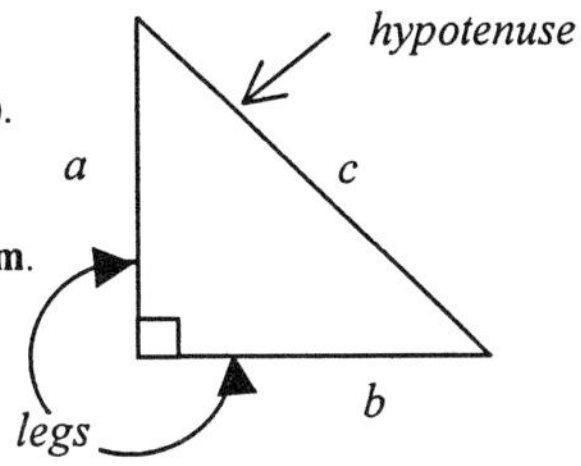

In a right triangle, the side opposite the right angle is called the hypotenuse, (c). It is always the longest side. The other sides (a and b) are called legs.

An important property of right triangles is known as the **Pythagorean Theorem**.

For any right triangle, the square of the length of the hypotenuse is equal to the sum of the sum of the squares of the lengths of the two sides.

Another way to write the Pythagorean theorem is to use an equation.

$$c^2 = a^2 + b^2$$

It is also true that if a triangle has this property, it is a right triangle. Is the triangle below a right triangle?

$$c^2 = a^2 + b^2$$
$$10^2 = 6^2 + 8^2$$
$$100 = 36 + 64$$
$$100 = 100$$

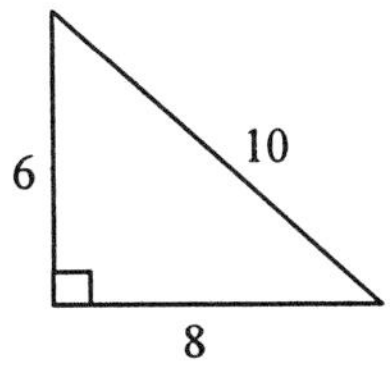

Yes, the triangle is a right triangle.

What is the length of the hypotenuse, if $a = 5$ and $b - 12$?

$$c^2 = a^2 + b^2$$
$$c^2 = 5^2 + 12^2$$
$$c^2 = 169$$
$$c = \sqrt{169}\text{ , or } 13$$

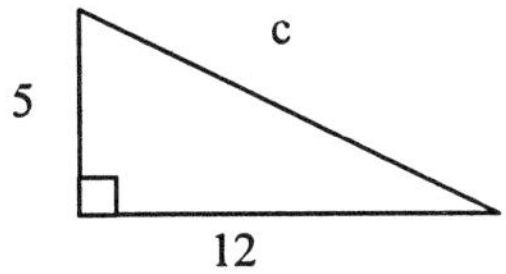

The length of the hypotenuse is $\sqrt{169}$, or 13

Figure 2 [3]

Sloping Squares

On a piece of squared or dotty paper, draw as many different sizes of square as you can, then find the area of each one.

There are lots of sloping squares like this one – each square must have its vertices on the points of the grid!

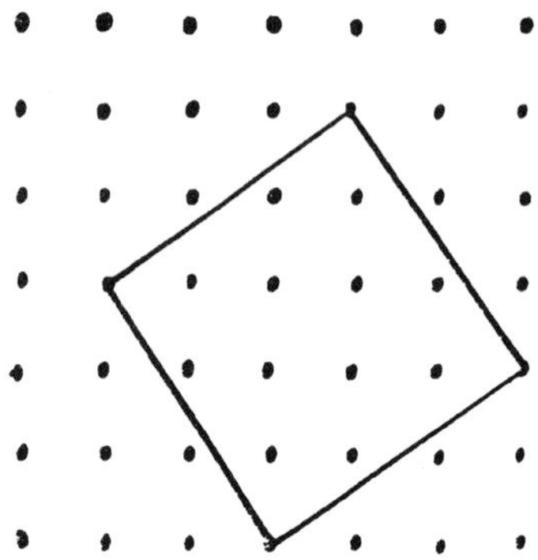

Can you find a way to describe to someone else which square you have drawn without showing the drawing?

Can you find a way to predict the area of a square from its description without needing to draw it?

Figure 3 [4]

Mathematising loosely structured situations supports sense-making and strategy-building, but the senses and strategies which pupils construct may prove counter-active to the learning anticipated by their teachers.

Indeed, in the process of institutionalisation, the investigative approach has undergone important transformations, which have tended to pull it back towards a more readily teachable and testable instructional model. The new SMP Interact course, for example, annotates the report of an investigation with advice to pupils: Say what the investigation is about; Say what you do; Be systematic; Show your working; Say what you find out; State any decisions you make; Write results in a table; Write about any patterns you see; Make a prediction and check it; Write about anything interesting you notice; Summarise your findings; Explain them if you can; If possible, extend your investigation [5]. On the one hand, this can be seen as making explicit what might otherwise remain a hidden set of values and expectations; a form of cultural capital. On the other, it can be seen as routinising what would be better left as a more open and adaptive process. In the classroom, of course, much depends on whether this report is treated illustratively as an example of how an investigation might be conducted and written up, or taken definitively as a model to be followed in conducting and writing up any investigation.

Contributory, contrived and confounded cultures

'Pythagoras' provides the occasion for many school texts to make a rare -and usually Eurocentric- nod towards the historical aspect of mathematics. The possibility of a much richer treatment is shown in Figure 4, extracted from a Hong Kong text of the 1980s. It neatly exploits the bicultural situation of its intended readers, drawing out diverse historical roots -and formative ideas- for the result, inviting pupils themselves to reconstruct something of the mathematical activity of Pythagoras and Shang Ko, and gently querying the attribution of the result to Pythagoras.

Nevertheless, questions can be raised about the assumptions underlying such a treatment.

Resultism declares all events of the past as mere precursors of today's facts... Resultism nevertheless has some tempting seductions. First [it] enables the mathematician to do the historical job in just the same way as his actual job... Second [it] removes the complications which arise from the variability of its objects under inquiry... [Third it] enables the teacher to present any tiny piece of original mathematical reasoning expecting the scholar to understand it... without knowing anything about the... historical situation... of that time. And last but not least resultism... contributes to the... popular illusion of a kingdom of mathematics. (Spalt, 1988: 282)

In effect, even when teaching seeks to acknowledge the cultural dimension of mathematics, continuing technical preoccupations may frame the treatment of these wider ideas. This gives rise to *the cultural double-bind.*

Construing culture in mathematical terms can easily be mistaken for construing mathematics in cultural terms.

6.2 PYTHAGORAS' OR SHANG KO'S THEOREM

The relation between the three sides of a right-angled triangle was found in the west by Pythagoras, a Greek mathematician, in about 550 B.C. Hence the theorem

> **"In a right-angled triangle, the square on the hypotenuse is equal to the sum of the squares on the other two sides."**

is known as **Pythagoras' theorem** (畢氏定理).

Pythagoras in his early years travelled in Egypt and learned quite a lot of the practical (實用的) mathematics of the Egyptians. However, from knowledge of special cases such as the 3-4-5 rope he was able to derive (引出) more general and abstract (抽象的) mathematical principles.

DS1 It was thought that Pythagoras while looking at some tiles on the pavement figured out diagrams such as the one shown here, from which he was able to derive the theorem. Can you tell why?

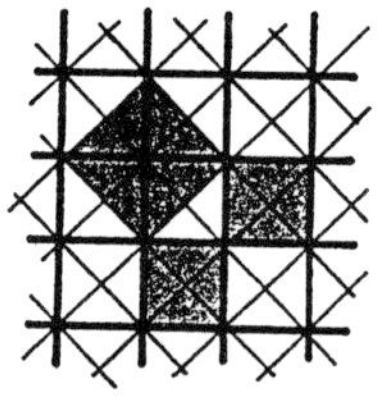

IN1 Try to find out some other mathematical discoveries found by Pythagoras.

The relation between the three sides of a right-angled triangle was known to Chinese people perhaps earlier than to the westerners. In *Chou Pei Suan Jing* (周髀算經), which was written in about 100 B.C., and possibly much earlier, it was mentioned that Chan Tse (陳子) and Shang Ko (商高), mathematicians both earlier than Pythagoras, talked about such relationship in several instances. For example: "Square the two shorter sides, add them together, the square root is then the hypotenuse. 勾股各自乘，并而開方除之得弦." The theorem was known as *Gou Gu Ding Li* (勾股定理).

EX1 There is a diagram in *Chou Pei Suan Jing:*

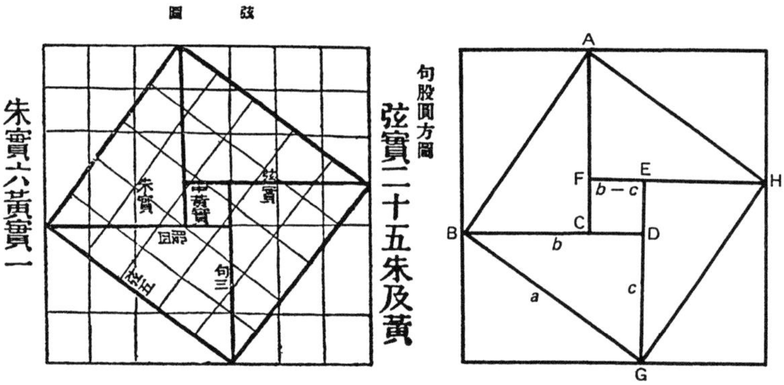

The explanation that goes with the diagram is partly given here:

Let a = 弦 , b = 股 , c = 勾 ,

$2bc$ = ΔABC (朱實) x 4

$(b-c)^2$ = $\square$CDEF (中黃實)

a^2 = $\square$ABGH (弦實)

Can you see why $a^2 = b^2 + c^2$?

The above is perhaps one of the earliest known proofs of Pythagoras' theorem.

Some people think the theorem should be named as **Shang Ko's theorem** (商高定理). Do you agree?

Figure 4 [6]

One widely discussed example of what many have seen as a contrived mathematisation of culture is the use of artefacts and traditional crafts -such as woven buttons- as referents for Pythagoras theorem (Gerdes, 1988). Chevallard criticises this approach, arguing that

> Any human product will naturally abide by the laws of geometry... but we have no reason to believe that the mathematics that one will eventually discover 'in them' ha[s]... been consciously put [there]...
>
> In any culture there are traces of what might have developed into mathematics... [b]ut very few cultures have gone any way towards developing fully fledged sciences...
>
> The striking thing... is the obstinate search for supposedly native mathematics, as if the presence or absence of mathematics in a given culture... were the standard by which a culture should be judged. (Chevallard, 1990: 7-8)

This issue of valorisation extends to cultural differentiation: if cultural references and associations bring a 'charge' to mathematics, such charges may prove negative for some and positive for others; and they may have the capacity to elicit conflict as well as establish commonality.

Cultural approaches to education in multicultural societies often assume that cultures are compatible and in harmony with themselves and with each other... [Little] has been written about conflicts in classrooms related to the different backgrounds of students and how students value their own and others' backgrounds. (Vithal & Skovsmose, 1997: 146)

It is tempting to view the cultural dimension of mathematics with a liberal optimism. Yet, more realistically, we confront *the pluralist double-bind.*

> ***If cultures can be valorised by virtue of mathematical accomplishment, and mathematical forms valorised by virtue of cultural affiliations, then cultures and mathematical forms can equally be devalorised in these terms.***

Codes, counter-culture and compromise

Further forms of valorisation and devalorisation have been examined by P. Dowling in his analysis of the cultural codes governing the popular mathematics scheme we met earlier: SMP 11-16. Dowling compared the G(reen) series of texts aimed at lower-attaining pupils with the Y(ellow) series aimed at the highest-attaining. He singles out the lightweight binding of the G series 'booklets'; their use of explicit and everyday language; their highly illustrated format and their use of photographs and cartoons; their mild sensationalism; the frequency of non-mathematical, even anti-academic jokes; and their emphasis on 'practical' activities. By contrast, he points to the -literally- weightier 'books' of the Y series; their cerebral jokes, linked to mathematical ideas; their celebration of the enigmatic and erudite; their use of esoteric mathematical language and symbolism. He concludes that:

> The division between the 'less able' and the 'more able' in the G and Y series is made in terms of opposite orientations to the intellectual or academic... As a result, G is able to connote... the 'manual', both through the emphasis on physical activities in the G books and through its connotation of the 'popular' press, which itself connotes 'manual labour' and 'working class'. Similarly, Y doubly connotes the 'intellectual' and therefore the 'professional and managerial classes'. (Dowling, 1991: 148)

Although Dowling's paper opens with an approving reference to the earlier work of P. Willis, it does not explore the pertinence of Willis' analysis of the negotiation of classroom cultures to understanding the differential character of the SMP texts. A significant feature of all SMP materials is the important role that classroom trialling plays in their development; and that includes concern for the receptivity and response of pupils. This introduces a subtle dynamic between reforming intentions and existing classroom cultures. Willis points to the energetic part that some pupils play in creating such cultures. Pupils emerge from his ethnography not as the 'cultural dopes' assumed by structural theories which take over official 'top-down' accounts of schools, but as active makers of classroom cultures revolving around 'having a laff' (P. Willis, 1977: 29):

> In the sense... that it is their own [counter-school] culture which most effectively prepares some working class lads for the manual giving of their labour power we may say that there is an element of self-damnation... experienced, paradoxically, as true learning, affirmation, appropriation, and as a form of resistance. (P. Willis, 1977: 2-3)

> The most 'successful' teachers... are those who have adapted... the basic [teaching] paradigm... just enough to contain the counter-culture... One of the main consequences of the 'new' methods has been to partially legitimise and routinise the counter-school culture and... the processes which it sponsors. (P. Willis, 1977: 83-84)

Such counter-school cultures tend, of course, to develop most strongly amongst those pupils who find themselves less valued by schools, particularly when they are grouped together into classes labelled as lower-attaining. It is here that we would expect the pedagogical accommodation described by Willis to be most prominent. The style of the SMP 11-16 texts, then, can be well understood in terms of this type of adaptation to the prevailing conditions of schooling.

Expectation, effectiveness and attribution

However, we must not forget the equally active part that teachers -corporately and individually- play in the creation of classroom cultures. In a recent study, J. Boaler examined the culture of a self-consciously 'traditional' secondary school serving a predominantly white working-class area. The way in which SMP 11-16 texts were actually used in the school appears to have been strongly influenced by teachers' assumptions about their pupils and the model of teaching and learning mathematics which they took to be appropriate for such pupils - an approach which was severely criticised in an ensuing school inspection (Boaler, personal communication).

> The structured and rule-bound nature of the school's mathematics approach seemed to have been exaggerated... because of the teachers' views about working class students ... [T]hey emphasised this approach... because they believed that the students were incapable of thought or understanding. (Boaler, 1997: 40)

What appears to be in operation here is a generalised expectation effect.

> In the teacher expectations literature there is evidence that in some classrooms low-achieving students receive less active and less meaningful teaching than high-achieving students. In our effectiveness research... we have found that some teachers are less active and less effective in teaching the entire classroom. (Good & Biddle, 1988: 130)

A key element of such limiting expectations is the assumption that pupils' capacity for learning is not amenable to change.

> Some teachers view intelligence as a fixed and stable entity. Other teachers view intelligence as incremental, as a repertoire... that can be increased. Teachers who hold an entity view of intelligence seem more likely to place students in a stable hierarchy ... and to treat these students differently on the basis of these expectations... However... teachers who hold an incremental view of intelligence communicate the belief that each student has the ability to improve regardless of current status, that individual differences in rates and modes of

learning are normal, and that students can learn from those who have already acquired certain skills. (Good & Biddle, 1988: 124)

While most attention has been focused on the limiting effects of ability stereotyping on teacher expectations (Ruthven, 1987), such stereotyping may be even stronger amongst pupils and their parents, with similarly negative effects on their expectations.

Counter-type, contestation and incomprehension

Other pupil characteristics -notably gender and ethnicity- may provoke similarly stereotyped and limiting expectations. More attention has been given to -and perhaps more progress made in confronting- such stereotypes. Nevertheless, actions may be interpreted -even by intended beneficiaries- as lending support to the very stereotypes they seek to counter, or as creating equally limiting inverse stereotypes. The following quotations from female pupils, as reported by S. Willis, illustrate such contestation:

I didn't really think I couldn't do math until they brought it to my attention.

It's just kind of assumed that guys will make the right choice, that they know what they want to do and they'll make the right choice. But girls are sort of waylaid, they're wandering off the track and they've got to be pushed back onto the right line.

Before we were told not to do it, now we're told we have to do it and if you want to be different you're out of it. Like back then if you did it you were strange, but now if you don't do it you're strange.

(Female pupils quoted by S. Willis, 1998: 9)

Another outcome of the laudable drive to eradicate group stereotypes leading to inappropriately differential expectations and treatment may be the creation of a stereotype of the 'universal learner', bringing with it inappropriately inflexible expectations and treatment. There may be good reasons to acknowledge and respect differences in the learning preferences of pupils, and to fail to do so -perhaps in the name of a 'culture-blind' approach may be to create new forms of educational disadvantage. In particular, teachers and pupils can bring very different assumptions about teaching and learning to their classroom encounters. Unless recognised and renegotiated, these may frustrate both parties and the effectiveness of teaching and learning. For example, according to one report:

> Australian teachers are puzzled by Chinese students' learning behaviour... Why do they 'always look to you for direction, authority, and control - to give them the best and quickest method for reaching an answer'?... For their own part, Chinese students are puzzled too. 'Why is Australian learning like playing? It's a waste of time', and 'Why do teachers like to divide us into groups to discuss, with them listening?', and 'Why do Australian students always ask questions to interrupt the teaching, which is what teachers are for?' (Chen, 1999: 5)

Diversity for commonality

It is considerations such as these which have led S. Willis and J. Johnston to conceptualise equity in terms of diverse routes to common ends.

Notwithstanding the best efforts of schools... the level and quality of student learning will vary... However, an essential feature... is that students are expected to achieve common outcomes, albeit at different times and in different ways... The important feature of outcomes is that they are regarded as superordinate to... any particular curriculum... Different curricula and pedagogical approaches might be... directed towards the same outcomes... [to] reflect differences between children and... between their communities... Common curricula almost inevitably result in uncommon outcomes and... common outcomes almost inevitably demand uncommon curricula. (Willis & Johnston, 1998: 125-126)

Together, these complex considerations about pupil differences and differentiation give rise to *the differential double-bind.*

Differentiating in conformity with the existing talents and leanings of pupils capitalises on such characteristics -but also confirms corresponding differences; differentiating so as to develop complementary talents and leanings challenges such differences -but must also contend with them.

Figure 5

Cutting the double-bind, or working within it

How great the temptation to surrender to one of the ties forming the double-bind, as shown in Figure 5; removing the tension by cutting the knot to form a 'not', denying or rejecting the other tie. The alternative is to accept the tension of working within the double-bind. And -in a very real sense- we are all caught within an overarching double-bind.

If we have nothing to say about what to do on Monday morning everything is yielded to a[n]... immobilising... tautology: nothing can be done until the basic structures of society are changed but the structures prevent us making any changes. There is no contradiction in asking practitioners to work on two levels simultaneously - to face immediate problems in doing 'the best' (as far as they can see it) for their clients whilst appreciating all the time that these very actions may help to reproduce the structures within which the problems arise. (P. Willis, 1977: 186)

In this talk, I have tried to map out some major tensions within mathematics education, related to issues of cultural diversity. Just as the plan of Chichester enables us to 'look down' on the city, the better to navigate around it, my hope is that mapping out these issues of cultural diversity will help us to 'rise above' them, and to find constructive ways of working within the tensions that I have outlined.

Notes and acknowledgements

1. Reproduced, with permission, from School Mathematics Project (1987) *SMP 11-16* Book G6 (Cambridge: Cambridge University Press) 44.

2. (My translation): The false perspective is that of top-down rather than bottom-up. The mathematics that the great majority of our future citizens need to learn, does not correspond to any scholarly knowledge of which it is the transposition... It is not in terms of scholarly knowledge of today that most pupils need to be prepared, but in terms of a technological know-

how (very diverse in degree). The role of scholarly mathematics in this technological culture is more modest than was imagined... servant rather than master.

3. Adapted from Duncan et al. (1983) *Houghton Mifflin Mathematics* Level 8 (Boston MA: Houghton Mifflin) 368. Permission sought.

4. Reproduced, with permission, from Association of Teachers of Mathematics (1987) *Working Investigationally: ideas for investigational approaches to standard topics* (Derby: ATM) 100.

5. School Mathematics Project (1999) *SMP Interact* Book c2 (part 3) 14-17. Unpublished draft materials.

6. Adapted from Yang, Y. H. (1978) *Mathematics* 2 (Hong Kong: Educational Publishing House) 91-93. Permission sought.

References

Bauersfeld, H. (1998) About the notion of culture in mathematics education. In Seeger, F., Voigt, J. & Waschescio, U. (eds.) *The Culture of the Mathematics Classroom* (Cambridge: Cambridge University Press) 375-389.

Bishop, A. J. (1988) Mathematics education in its cultural context, *Educational Studies in Mathematics* 19 (2) 179-191.

Bishop, A. J. (1991) Teaching mathematics to ethnic minority pupils in secondary schools. In Pimm, D. (ed.) *Teaching and Learning School Mathematics* (London: Hodder & Stoughton) 26-43.

Boaler, J. (1997) *Experiencing School Mathematics: Teaching styles, sex and setting* (Buckingham: Open University Press).

Chen, W. (1999) Chinese students in Australian education: Mutual learning; mutual benefits, *Peel Seeds* 45, 5-11.

Chevallard, Y. (1990) On mathematics education and culture: critical afterthoughts, *Educational Studies in Mathematics* 21 (1) 3-27.

Dieudonné, J. (1961) New thinking in school mathematics. In *New Thinking in School Mathematics* (OECD) 31-46

Dowling, P. (1996) A touch of class: ability, social class and intertext in SMP 11-16. In Pimm, D. (ed.) *Teaching and Learning School Mathematics* (London: Hodder & Stoughton) 137-152.

Freudenthal, H. (1986) Review of Chevallard, Y., La Transposition Didactique du Savoir Savant au Savoir Enseigné, *Educational Studies in Mathematics* 17 (3) 323-327.

Gerdes (1988) On culture, geometrical thinking and mathematics education, *Educational Studies in Mathematics* 19 (2) 137-162.

Good, T. & Biddle, B. (1988) Research and the improvement of mathematics instruction: The need for observational resources. In Grouws, D. (ed.) *Effective Mathematics Teaching* (Reston VA: National Council of Teachers of Mathematics/Lawrence Erlbaum Associates) 47-66.

Ling, J. (1987) SMP activity in the 11-16 sector: 1961-68. In Howson, G. (ed.) *Challenges and responses in mathematics* (Cambridge: Cambridge University Press) 34-48.

Nunes, T. (1992) Ethnomathematics and everyday cognition. In Grouws, D. (ed.) *Handbook of Research on Mathematics Teaching and Learning* (New York NY: Macmillan) 557-574.

Nunes, T. & Bryant, P. (1996) *Children Doing Mathematics* (Oxford: Blackwell).

Ruthven, K. (1987) 'Ability stereotyping in mathematics' *Educational Studies in Mathematics* 18 (3) 243-253.

Spalt, D. (1988) Review of Dhombres, J. et al., Mathématiques au fil des âges, *Educational Studies in Mathematics* 19 (2) 281-286.

Vithal, R. & Skovsmose, O. (1997) The end of innocence: a critique of 'ethnomathematics', *Educational Studies in Mathematics* 34 (2) 131-157.

Williams, R. (1983) *Keywords: A vocabulary of culture and society* (London: Flamingo).

Willis, P. (1977) *Learning to Labour: How working class kids get working class jobs* (Farnborough: Saxon House).

Willis, S. (1998) Perspectives on social justice, disadvantage and the mathematics curriculum. In Keitel, C. (ed.) *Social Justice and Mathematics Education: Gender, class and ethnicity and the politics of schooling* (Berlin: Freie Universität) 1-19.

Willis, S. & Johnston, J. (1998) Is it possible to base systematic curriculum reform on principles of social justice? In Keitel, C. (ed.) *Social Justice and Mathematics Education: Gender, class and ethnicity and the politics of schooling* (Berlin: Freie Universität) 123-134.

2

In Addition to the Mathematics - Goals for a Critical Mathematical Literacy Curriculum

MARILYN FRANKENSTEIN, University of Massachusetts, USA

In this paper Marilyn Frankenstein suggests ways that teachers can introduce math as a tool to interpret and challenge inequities in our society. Her teaching methods also make math more accessible and applicable because the math is learned in the context of real-life, meaningful experiences. This article is particularly useful for teachers who are creating an interdisciplinary math and social studies curriculum.
Professor Frankenstein's examples are based on her work teaching at the College of Public and Community Service, UMass/Boston. Her students are primarily working-class adults who did not receive adequate mathematics instruction when they were in high school. Many of them were tracked out of college preparation. Therefore, the ideas presented in this article can be applied to the secondary classroom.

Marilyn Frankenstein suggère dans cette présentation des voies qui permettent aux professeurs d'introduire les mathématiques comme un instrument qui permet d'interpréter et de combattre les inégalités dans notre société. Ses méthodes d'enseignement rendent aussi les mathématiques plus accessibles et mieux applicables dans la mesure où les activités mathématiques des élèves sont placées dans le contexte des experiences personnelles de la vie réelle. Cet article peut être particulièrement utile pour les professeurs qui désirent développer un curriculum interdisciplinaire de mathématiques et d'études sociales.
Les exemples donnés par Marilyn Frankenstein viennent de son enseignement au College Public and Community Service, UMass/Boston. Ses étudiants sont avant tout des 'working-class-adults' qui n'ont pas eu de formation mathématique adéquate au cours de leur enseignement secondaire. Beaucoup de ces étudiants ont perdu pied dans la suite de leurs études. Les idées présentées ici sont donc applicables dans le cadre de l'enseignement secondaire.

When my students examine data and questions such as the ones shown in Fig I they are introduced to the four goals of the criticalmathematical literacy curriculum.

1 Understanding the mathematics.
2 Understanding the mathematics of political knowledge.
3 Understanding the politics of mathematical knowledge.
4 Understanding the politics of knowledge.

Example: Unemployment Rate

In the United States, the unemployment rate is defined as the number of people unemployed, divided by the number of people in the labor force. Here are some figures from December 1994. (All numbers in thousands, rounded off to the nearest hundred thousand.)

ï In your opinion, which of these groups should be considered unemployed? Why?
ï Which should be considered part of the labor force? Why?
ï Given your selections, calculate the unemployment rate in 1994.

1. 101,400: Employed full-time

2. 19,000: Employed part-time, want part-time work

3. 4,000: Employed part-time, want full-time work

4. 5,600: Not employed, looked for work in last month, not on temporary layoff

5. 1,100: Not employed, on temporary layoff

6. 400: Not employed, want a job now, looked for work in last year, stopped looking because discouraged about prospects of finding work

7. 1,400: Not employed, want a job now, looked for work in last year, stopped looking for other reasons

8. 3,800: Not employed, want a job now, have not looked for work in the last year

9. 60,700: Not employed, don't want a job now (adults)

For discussion: The U.S. official definition counts 4 and 5 as unemployed and 1 through 5 as part of the labor force, giving an unemployment rate of 5.1%. If we count 4 through 8 plus half of 3 as unemployed, the rate would be 9.3%. Further, in 1994 the Bureau of Labor Statistics stopped issuing its U-7 rate, a measure which included categories 2 and 3 and 6 through 8, so now researchers will not be able to determine "alternative" unemployment rates (Saunders, 1994).

Figure I

Clearly, calculating the various percentages for the unemployment rate requires goal number one, an understanding of mathematics. Criticalmathematical literacy goes beyond this to include the other three goals mentioned above. The mathematics of political knowledge is illustrated here by reflecting on how the unemployment data deepens our understanding of the situation of working people in the United States. The politics of mathematical knowledge involves the choice of who counts as unemployed. In class, I emphasize that once we decide which categories make up the numerator (number of unemployed) and the denominator (total labor force), changing that fraction to a decimal fraction and then to a percent does not involve political struggle - that involves understanding the mathematics. But, the decision of who counts where does involve political struggle - so the unemployment rate is not a neutral description of the situation of working people in the United States. And, this discussion generalizes to a consideration of the politics of all knowledge.

In this paper, I will develop the meaning of each of these goals, focusing on illustrations of how to realize them in their interconnected complexity. Underlying all these ideas is my belief that the development of self-confidence is a prerequisite for all learning, and that self-confidence develops from grappling with complex material and from understanding the politics of knowledge.

Goal 1: Understanding the Mathematics

Almost all my students know how to do basic addition, subtraction, multiplication and division, although many would have trouble multiplying decimal fractions, adding fractions or doing long division. All can pronounce the words, but many have trouble succinctly expressing the main idea of a reading. Almost all have trouble with basic math word problems. Most have internalized negative self-images about their knowledge and ability in mathematics. In my beginning lessons I have students read excerpts where the main idea is supported by numerical details and where the politics of mathematical knowledge is brought to the fore. Then the curriculum moves on to the development of the Hindu-Arabic place-value numeral system, the meaning of numbers, and the meaning of the operations.

I start lessons with a graph, chart, or short reading which requires knowledge of the math skill scheduled for that day. When the discussion runs into a question about a math skill, I stop and teach that skill. This is a non-linear way of learning basic numeracy because questions often arise that involve future math topics. I handle this by previewing. The scheduled topic is formally taught. Other topics are also discussed so that students' immediate questions are answered and so that when the formal time comes for them in the syllabus, students will already have some familiarity with them. For example, if we are studying the meaning of fractions and find that in 1985, 2/100 of the Senate were women, we usually preview how to change this fraction to a percent. We also discuss how no learning is linear and how all of us are continually reviewing, recreating, as well as previewing in the ongoing process of making meaning. Further, there are other aspects about learning which greatly strengthen students' understandings of mathematics:

(a) breaking down the dichotomy between learning and teaching mathematics;
(b) considering the interactions of culture and the development of mathematical knowledge; and
(c) studying even the simplest of mathematical topics through deep and complicated questions.

These are explained in more detail below.

a) **Breaking Down the Dichotomy between Learning and Teaching Mathematics.** When students teach, rather than explain, they learn more mathematics, and they also learn about teaching. They are then empowered to proceed to learn more mathematics. As humanistic, politically concerned educators, we often talk about what we learn from our students when we teach. Peggy McIntosh (1990) goes so far as to define teaching as "the development of self through the development of others." Certainly when we teach we learn about learning. I also introduce research on math education so that students can analyze for themselves why they did not previously learn mathematics. I argue that learning develops through teaching and through reflecting on teaching and learning. So, students' mathematical understandings are deepened when they learn about mathematics teaching as they learn mathematics. Underlying this argument is Paulo Freire's concept that learning and teaching are part of the same process, and are different moments in the cycle of gaining existing knowledge, re-creating that knowledge and producing new knowledge (Freire, 1982).

Students gain greater control over mathematics problem-solving when, in addition to evaluating their own work, they can create their own problems. When students can understand what questions it makes sense to ask from given numerical information, and can identify decisions that are involved in creating different kinds of problems, they can more easily solve problems others create. Further, criticalmathematical literacy involves both interpreting and critically analyzing other people's use of numbers in arguments. To do the latter you need practice in determining what kinds of questions can be asked and answered from the available numerical data, and what kinds of situations can be clarified through numerical data. Freire's concept of problem-posing education emphasizes that problems with neat, pared down data and clear-cut solutions give a false picture of how mathematics can help us "read the world." Real life is messy, with many problems intersecting and interacting. Real life poses problems whose solutions require dialogue and collective action. Traditional problem-solving curricula isolate and simplify particular aspects of reality in order to give students practice in techniques. Freirian problem-posing is intended to reveal the inter-connections and complexities of real-life situations where "often, problems are not solved, only a better understanding of their nature may be possible" (Connolly, 1981). A classroom application of this idea is to have students create their own reviews and tests. In this way they learn to grapple with mathematics pedagogy issues such as: what are the key concepts and topics to include on a review of a particular curriculum unit? What are clear, fair and challenging questions to ask in order to evaluate understanding of those concepts and topics?

b) **Considering the Interactions of Culture and the Development of Mathematical Knowledge**. This aspect is best described with the following example. Example: When we are learning the algorithm for comparing the size of numbers, I ask students to think about how culture interacts with mathematical knowledge in the following situation:

Steven Lerman (1993) was working with two 5-year-olds in a London classroom. He recounts how they "were happy to compare two objects put in front of them and tell me why they had chosen the one they had [as bigger]. However, when I allocated the multilinks to them (the girl had 8 and the boy had 5) to make a tower...and I asked them who had the taller one, the girl answered correctly but the boy insisted that he did. Up to this point the boy had been putting the objects together and comparing them. He would not do so on this occasion and when I asked him how we could find out whose tower was the taller he became very angry. I asked him why he thought that his tower was taller and he just replied 'Because IT IS!' He would go no further than this and seemed to be almost on the verge of tears."

At first students try to explain the boy's answer by hypothesizing that each of the girl's links was smaller than each of the boy's or that she built a wider, shorter tower. But after reading the information, they see that this could not be the case, since the girl's answer was correct. We speculate about how the culture of sexism - that boys always do better or have more than girls - blocked the knowledge of comparing sizes that the boy clearly understood in a different situation.

c) **Studying Mathematical Topics through Deep and Complicated Questions**. Most educational materials and learning environments in the United States, especially those labeled as "developmental" or "remedial," consist of very superficial, easy work. They involve rote or formulaic problem-solving experiences. Students get trained to think about successful learning as getting high marks on school or standardized tests. I argue that this is a major reason that what is learned is not retained and not used. Further, making the curriculum more complicated, where each problem contains a variety of learning experiences, teaches in the non-linear, holistic way in which knowledge is developed in context. This way of teaching leads to a more clear understanding of the subject matter. Example: In the text below, Sklar and Sleicher demonstrate how numbers presented out of context can be very misleading. I ask students to read the text and discuss the calculations Sklar and Sleicher performed to get their calculation of the U.S. expenditure on the 1990 Nicaraguan election. ($17.5 million ˜ population of Nicaragua = $5 per person). This reviews their understanding of the meaning of the operations. Then I ask the students to consider the complexities of understanding the $17.5 million expenditure. This deepens their understanding of how different numerical descriptions illuminate or obscure the context of U.S. policy in Nicaragua, and how in real-life just comparing the size of the numbers, out of context, obscures understanding.

On the basis of relative population, Holly Sklar has calculated that the $17.5 million U.S. expenditure on the Nicaraguan election is $5 per person and is equivalent to an expenditure of $1.2 billion in the United States. That's one comparison all right, but it may be more relevant to base the comparison on the effect of the expenditure on the economy or on the election, i.e. to account for the difference in per capita income, which is at least 30/1 or an equivalent election expenditure in the United States of a staggering $30 billion! Is there any doubt that such an expenditure would decisively affect a U.S. election? (Sleicher, 1990)

Goal 2: Understanding the Mathematics of Political Knowledge

I argue, along with Freire (1970) and Freire and Macedo (1987), that the underlying context for critical adult education, and criticalmathematical literacy, is "to read the world." To accomplish this goal, students learn how mathematics skills and concepts can be used to understand the institutional structures of our society. This happens through:

a) understanding the different kinds of numerical descriptions of the world (such as fractions, percents, graphs) and the meaning of the sizes of numbers, and

b) using calculations to follow and verify the logic of someone's argument, to restate information, and to understand how raw data are collected and transformed into numerical descriptions of the world. The purpose underlying all the calculations is to understand better the information and the arguments and to be able to question the decisions that were involved in choosing the numbers and the operations.

Example A: I ask students to create and solve some mathematics problems using the information in the following article (In These Times, April 29-May 5, 1992). Doing the division problems implicit in this article deepens understanding of the economic data, and shows how powerfully numerical data reveal the structure of our institutions.

Drowning by numbers

It may be lonely at the top, but it can't be boring - at least not with all that money. Last week the federal government released figures showing that the richest 1 percent of American households was worth more than the bottom 90 percent combined. And while these numbers were widely reported, we found them so shocking that we thought they were worth repeating. So here goes: In 1989 the top 1 percent of Americans (about 934,000 households) combined for a net worth of $5.7 trillion; the bottom 90 percent (about 84 million households) could only scrape together $4.8 trillion in net worth.

Example B: Students practice reading a complicated graph and solving multiplication and division problems in order to understand how particular payment structures transfer money from the poor to the rich.[1]

The Rate Watcher's Guide (Morgan, 1980) details why under declining block rate structures, low-income citizens who use electricity only for basic necessities pay the highest rates, and large users with luxuries like trash compactors, heated swimming pools or central air-conditioning pay the lowest rates. A 1972 study conducted in Michigan, for example, found that residents of a poor urban area in Detroit paid 66% more per unit of electricity than did wealthy residents of nearby Bloomfield Hills. Researchers concluded that "approximately $10,000,000 every year leave the city of Detroit to support the quantity discounts of suburban residents." To understand why this happens, use the graph above which illustrates a typical "declining block rate" payment structure to (a) compute the bill of a family which uses 700 kwh of electricity per month and the bill of a family which uses 1400 kwh; (b) calculate each family's average cost per kwh; (c) discuss numerically how the declining block rate structure functions and what other kinds of payment structures could be instituted. Which would you support and why?

Example C: Students are asked to discuss how numbers support Helen Keller's main point and to reflect on why she sometimes uses fractions and other times uses whole numbers. Information about the politics of knowledge is included as a context in which to set her views.

Although Helen Keller was blind and deaf, she fought with her spirit and her pen. When she became an active socialist, a newspaper wrote that "her mistakes spring out of the...limits of her development." This newspaper had treated her as a hero before she was openly socialist. In 1911, Helen Keller wrote to a suffragist in England: "You ask for votes for women. What good can votes do when ten-elevenths of the land of Great Britain belongs to 200,000 people and only one-eleventh of the land belongs to the other 40,000,000 people? Have your men with their millions of votes freed themselves from this injustice?" (Zinn, 1980)

Example D: Students are asked to discuss what numerical understandings they need in order to decipher the following chart. They see that a recognition of how very small these decimal fractions are, so small that watches cannot even measure the units of time, illuminates the viciousness of time-motion studies in capitalist management strategies. Samples from time-and-motion studies, conducted by General Electric. Published in a 1960 handbook to provide office managers with standards by which clerical labor should be organized (Braverman, 1974).

Open and close	Minutes
Open side drawer of standard desk	0.014
Open center drawer	0.026
Close side drawer	0.015
Close center drawer	0.027
Chair activity	
Get up from chair	0.039
Sit down in chair	0.033
Turn in swivel chair	0.009

Goal 3: Understanding the Politics of Mathematical Knowledge

Perhaps the most dramatic example of the politics involved in seemingly neutral mathematical descriptions of our world is the choice of a map to visualize that world. Any two-dimensional map of our three-dimensional Earth will, of course, contain mathematical distortions. The political struggle/choice centers around which of these distortions are acceptable to us and what other understandings of ours are distorted by these false pictures. For example, the map with which most people are familiar, the Mercator map, greatly enlarges the size of "Europe"[2] and shrinks the size of Africa. Most people do not realize that the area of what is commonly referred to as "Europe" is smaller than 20% of the area of Africa. Created in 1569, the Mercator map highly distorts land areas, but preserves compass direction, making it very helpful to navigators who sailed from Europe in the sixteenth century.

When used in textbooks and other media, combined with the general (mis)perception that size relates to various measures of so-called "significance," the Mercator map distorts popular perceptions of the relative importance of various areas of the world. For example, when a U.S. university professor asked his students to rank certain countries by size they "rated the Soviet Union larger than the continent of Africa, though in fact it is much smaller" (Kaiser, 1991), associating "power" with size.

Political struggles to change to the Peter's projection, a more accurate map in terms of land area, have been successful with the United Nations Development Program, the World Council of Churches, and some educational institutions (Kaiser, 1991). However, anecdotal evidence from many talks I've given around the world suggest that the Mercator is still widely perceived as the way the world really looks.

As Wood (1992) emphasizes:

> The map is not an innocent witness...silently recording what would otherwise take place without it, but a committed participant, as often as not driving the very acts of identifying and naming, bounding and inventorying it pretends to no more than observe. In a variety of situations, statistical descriptions don't simply or neutrally record what's out there. There are political struggles/choices involved in: which data are collected; which numbers represent the most accurate data; which definitions should guide how the data are counted; which methods should guide how the data are collected; which ways the data should be disaggregated; and which are the most truthful ways to describe the data to the public.

Example E: Political struggle/choice over which numbers represent the most accurate data. To justify the Eurocentric argument that the Native American population could not have been so great, various "scholars" have concluded that about one million people were living in North America in 1500. Yet, other academics "argued on the basis of burial mound archeology and other evidence that the population of the Ohio River Valley alone had been [that] great," (Stiffarm & Lane, 1992) and that "a pre-contact North American Indian population of fifteen million is perhaps the best and most accurate working number available." Admitting the latter figure would also require admitting extensive agricultural institutions, as opposed to the less reliable hunting and gathering. Cultivators of land are "primarily sedentary rather than nomadic...and residents of permanent towns rather than wandering occupants of a barren wilderness."

Example F: Political struggle/choice over which definitions should guide how data are counted. In 1988, the U.S. Census Bureau introduced an "alternative poverty line," changing the figure for a family of three from \$9453 to \$8580, thereby preventing 3.6 million people whose family income fell between those figures from receiving food stamps, free school meals and other welfare benefits. At the same time, the Joint Economic Committee of Congress argued that "updating the assessments of household consumption needs... would almost double the poverty rate, to 24 percent" (Cockburn, 1989). Note that the U.S. poverty line is startlingly low. Various assessments of the smallest amount needed by a family of four to purchase basic necessities in 1991 was 155% of the official poverty line. "Since the [census] bureau defines the [working poor] out of poverty, the dominant image of the poor that remains is of people who are unemployed or on the welfare rolls. The real poverty line reveals the opposite: a majority of the poor among able-bodied, non-elderly heads of households normally work full-time. The total number of adults who remain poor despite normally working full-time is nearly 10 million more than double the number of adults on welfare. Two-thirds of them are high school or college-educated and half are over 33. Poverty in the U.S. is a problem of low-wage jobs far more than it is of welfare dependency, lack of education or work inexperience. Defining families who earn less than 155% of the official poverty line as poor would result in about one person in every four being considered poor in the United States." (Schwartz & Volgy, 1993)

Example G: Political struggle/choice over which ways data should be disaggregated. The U.S. Government rarely collects health data broken down by social class. In 1986, when it did this for heart and cerebrovascular disease, it found enormous gaps:

"The death rate from heart disease, for example, was 2.3 times higher among unskilled blue-collar operators than among managers and professionals. By contrast, the mortality rate from heart disease in 1986 for blacks was 1.3 times higher than for whites...the way in which statistics are kept does not help to make white and black workers aware of the commonality of their predicament." (Navarro, 1991)

Goal 4: Understanding the Politics of Knowledge

There are many aspects of the politics of knowledge that are integrated into this curriculum. Some involve reconsidering what counts as mathematical knowledge and re-presenting an accurate picture of the contributions of all the world's peoples to the development of mathematical knowledge. Others involve how mathematical knowledge is learned in schools. Winter (1991), for example, theorizes that the problems so many encounter in understanding mathematics are not due to the discipline's "difficult abstractions," but due to the cultural form in which mathematics is presented. Sklar (1993), for a different aspect, cites a U.S. study that recorded the differential treatment of Black and White students in math classes.

Sixty-six student teachers were told to teach a math concept to four pupils - two White and two Black. All the pupils were of equal, average intelligence. The student-teachers were told that in each set of four, one White and one Black student was intellectually gifted, the others were labeled as average. The student teachers were monitored through a one-way mirror to see how they reinforced their students' efforts. The "superior" White pupils received two positive reinforcements for every negative one. The "average" White students received one positive reinforcement for every negative reinforcement. The "average" Black student received 1.5 negative reinforcements, while the "superior" Black students received one positive response for every 3.5 negative ones.

Discussing the above study in class brings up the math topics of ratios and forming matrix charts to visualize the data more clearly. It also involves students who are themselves learning mathematics in reflecting on topics in mathematics education. This is another example of breaking down the dichotomy between learning and teaching, a category discussed in the above section on Understanding the Mathematics.

And, of course, Freire (1970) theorizes about the politics of "banking education," when teachers deposit knowledge in students' empty minds.

Underlying all these issues are more general concerns I argue should form the foundation of all learning, concerns about what counts as knowledge and why. I think that one of the most significant contributions of Paulo Freire (1982) to the development of a critical literacy is the idea that:

Our task is not to teach students to think - they can already think, but to exchange our ways of thinking with each other and look together for better ways of approaching the decodification of an object.

This idea is critically important because it implies a fundamentally different set of assumptions about people, pedagogy and knowledge-creation. Because some people in the United States, for example, need to learn to write in "standard" English, it does not follow that they cannot express very complex analyses of social, political, economic, ethical and other issues. And many people with an excellent grasp of reading, writing and mathematics skills need to learn about the world, about philosophy, about psychology, about justice and many other areas in order to deepen their understandings.

In a non-trivial way we can learn a great deal from intellectual diversity. Most of the burning social, political, economic and ethical questions of our time remain unanswered. In the United States we live in a society of enormous wealth and we have significant hunger and homelessness; although we have engaged in medical and scientific research for scores of years, we are not any closer to changing the prognosis for most cancers. Certainly we can learn from the perspectives and philosophies of people whose knowledge has developed in a variety of intellectual and experiential conditions. Currently "the intellectual activity of those without power is always labeled non-intellectual" (Freire & Macedo, 1987). When we see this as a political situation, as part of our "regime of truth," we can realize that all people have knowledge, all people are continually creating knowledge, doing intellectual work, and all of us have a lot to learn.[4]

Notes

1. Thanks to my friend, UMass/Lowell economist Chris Tilly, for this problem.
2. This situation has changed in Massachusetts, which now has a flat rate structure, and my reference did not contain real data for Michigan. So although the context-setting data are

real, the numbers used to understand the concept of declining block rates are realistic, but not real.

3. Grossman (1994) argues that "Europe has always been a political and cultural definition. Geographically, Europe does not exist, since it is only a peninsula on the vast Eurasian continent." He goes on to discuss the history and various contradictions of geographers' attempts to "draw the eastern limits of 'western civilization' and the white race" (p. 39).

4. For a more detailed description as well as a more theoretical discussion of the concepts presented in this paper, please refer to the publications listed in the reference section by Frankenstein and those coauthored by Frankenstein and Arthur Powell.

References

Braverman, H. 1974. Labor and monopoly capital. New York: Monthly Review Press.

Connolly, R. 1981. "Freire, praxis, and education." In R. Mackie (Ed.) Literacy and revolution: The pedagogy of Paulo Freire. New York: Continuum Press.

Cockburn, A. 1989, December 11. "Calculating an end to poverty." The Nation.

Frankenstein, M. 1983. "Critical mathematics education: An application of Paulo Freire's Epistemology." Journal of Education. 165.4:315-340.

--. 1989. Relearning mathematics: A different third r radical maths. London: Free Association Books.

--. 1990. "Incorporating race, class, and gender issues into a critical mathematical literacy curriculum." Journal of Negro Education. 59.3:336-347.

--. 1994, Spring. "Understanding the politics of mathematical knowledge as an integral part of becoming critically numerate." Radical Statistics. 56:22-40.

--. 1995. "Equity in mathematics education: Class in the world outside the class." In W.G. Secada, E. Fennema, & L.B. Adajian, (Eds.) New directions for equity in mathematics education. pp. 165-190. Cambridge, UK: Cambridge University Press.

--. 1997. "Breaking down the dichotomy between teaching and learning mathematics." In Freire, P., J. Fraser, D. Macedo, et al. (Eds.) Mentoring the mentor: a critical dialogue with Paulo Freire. pp 59-88. New York: Peter Lang.

--. 1997. "In addition to the mathematics: Including equity issues in the curriculum." In J. Trentacosta (Ed.) Multicultural and gender equity in the mathematics classroom: The gift of diversity. pp 10-22. Reston , VA: National Council of Teachers of Mathematics.

Frankenstein, M., & Powell, A.B. 1989. "Empowering non-traditional college students: On social ideology and mathematics education." Science and Nature. 9.10:100-112.

--. 1994. "Toward liberatory mathematics: Paulo Freire's epistemology and ethnomathematics." In P. McLaren & C. Lankshear (Eds.) Politics of liberation: Paths from Freire. pp. 74-99. London: Routledge.

Freire, P. 1970. Pedagogy of the oppressed. New York: Seabury.

--. 1982 Education for critical consciousness. Unpublished Boston College course notes taken by Frankenstein, M. July 5-15.

Freire, P., & Macedo, D. 1987. Literacy: Reading the word and the world. South Hadley, MA: Bergen & Garvey.

Grossman, Z. 1994. "Erecting the new wall: Geopolitics and the restructuring of Europe." Z Magazine. 39-45.

Kaiser, W.L. 1991, May/June "New global map presents accurate views of the world." Rethinking Schools. 12-13.

Lerman, S. 1993. Personal communication with the author. March 26.

McIntosh, P. 1990, November 14. "Interactive phases of personal and pedagogical change." Talk at Rutgers University/Newark, NJ.

Morgan, R.E. 1980. The rate watcher's guide. Washington, DC: Environmental Action Foundation.

Navarro, V. 1991, April 8. "The class gap." The Nation. 436-437.

Orenstein, R. E. 1972. The psychology of consciousness. San Francisco: W. H. Freeman.

Powell, A.B., & Frankenstein, M. 1997. Ethnomathematics: Challenging Eurocentrism in mathematics education. Albany, NY: SUNY Press.

Saunders, B. 1994, September 26. "Number game." The Nation. 259.9:295-296.

Schwarz, J.E., & Volgy, T.J. 1993, February 15. "One-fourth of nation: Above the poverty line - but poor." The Nation. 191-192.

Sklar, H. 1993, July/August. "Young and guilty by stereotype." Z Magazine. 52-61.

Sleicher, C. 1990, February. "Letter to the editor." Z Magazine. 6.

Stiffarm, L.A., & Lane, P. Jr. 1992. "Demography of Native North America: A question of American Indian survival." In M. A. Jaimes (Ed.) The State of Native America. pp. 23-53. Boston: South End Press.

Winter, R. 1991. "Mathophobia, Pythagoras and roller-skating." In Science as culture, 10. London: Free Association Books.

Wood, D. 1992. The power of maps. New York: The Guilford Press.

Zinn, H. 1995. A people's history of the United States. New York: Harper & Row.

3

Cultural Diversity, Landless People and Political Struggles

GELSA KNIJNIK, Universidade do Vale do Rio dos Sinos, Brasil

Cet article décrit et analyse deux projets construits en une appoche ethnomathématique qui se sont développés dans un *assentamento* du Mouvement des Sans-Terre. Ces deux projets ont engagés l'action conjointe entre *assentados*, étudiants, enseignants et agronomes pour la constructiond'un processus pédagogique. Celui-ci a dépassé les limites de l'école et a produit le double mouvement en faisant la vie de la communauté pénétrer dans l'école en même temps que la connaissance construite pendant ce processus s'est répandue en dehors de l'espace scolaire. Le processus éducatif a éxaminé la diversité culturelle non seulement du point de vue anthropologique, mais aussi cherchant a comprendre sociologiquement en quoi les différences se constituent en inégalités.

This article describes and analyses two projects based on an ethnomathematical approach and conducted within a settlement of the Landless peoples' Movement. These two projects gave rise to work jointly between settlers, students, teachers and agriculturalists all within the same pedagogical process. This process has gone beyond school boundaries since it has given rise to a twin movement in allowing an infusion of community life into schools and at the same time spreading the knowledge built up at school outside, the school environment. The educational process has allowed the examination of the cultural diversity, not only from the anthropological point of view, but also on the sociological level by trying to understand how differences are seen as injustices.

First of all, I would like express my gratefulness to the International Programme Committee, as well as the Local Organising Committee who were very kind in giving me the opportunity to be here, to discuss my research and ideas regarding the main topic of the conference: Cultural Diversity in Mathematics Education. This is a topic in which, in one way or another, I have been involved since the beginning of my career, as a primary and a secondary school teacher in the south of Brazil, a very large and culturally diverse country.

Nowadays, as a researcher, I am dedicating my efforts to understanding this cultural diversity and its relationship to Mathematics Education in a broader and a deeper perspective.

What are our challenges as mathematics educators, when working in diverse cultural settings? I would go even further with my question. With respect to different levels of depth, is there any setting which is not diverse? How should one deal with this diversity in the classroom in order to produce less discrimination, less exclusion and social injustice, when we are teaching mathematics? If these questions are relevant in countries where most of the population is wealthy, they are even more forceful in realities where the majority is poor, as in my country.

Our experience in dealing with social inequalities has given us great pain, and a strong feeling of impotence, because there is so little we can do to help reduce them. At the same time, this experience has enabled us to constantly seek new ways which will allow us to contribute, very modestly, to diminish the suffering of many of those who live in peripheral countries. Thus, our harsh experience in dealing with the underprivileged places us in a position which I would call, to a certain extent, privileged. This provides us with a profound understanding of their effects in constructing social identities. This difficult learning process has taught me a few important things about Mathematics Education, which I wish to share with you today.

When I thought about how I would organize this plenary, I chose to bring here, along with my reflections on the theme, empirical elements collected over my almost 10 years of work with the *Landless Movement in Brazil*. Although the context describes a specific movement in rural Brazil, I believe that much of what it has produced, with the participation of researchers, could provide elements to discuss cultural diversity in Mathematics Education.

Therefore my presentation will be structured as follows: after this introduction, I will introduce briefly the Brazilian Landless Movement, in order to establish a context of the empirical elements which I will describe and analyse. Next, I will briefly present two projects on which I advised. From each of them, I have extracted an episode which I consider relevant to the discussion of the implications of cultural diversity in Mathematics Education. In analysing each of these episodes, I will attempt to problematize the pedagogical perspective I have been constructing with the Landless Movement.

The Landless Movement is a nationally organized movement involving approximately 200 thousand families of peasants, living in camps and settlements. The families in camps are those which, after an articulation and organization process in their communities, squat on a previously selected unproductive large estate. Land squats are usually violently repressed by the police forces, sometimes resulting in deaths. Squats have constituted one of the strategies used by the Landless Movement to pressure the State into carrying out Land Reform. The stay in the camps is used to prepare for the next stage of the struggle: settlement. In this new stage, female and male peasants receive the official, definitive possession of the land from the State.

At the center of the Landless Movement' struggle is the implementation of a Land Reform which will contribute to the democratization of wealth in a country with the largest concentration of land in the world. One of the dimensions of this struggle for social justice is precisely Education, where the Landless Movement has made an original contribution to the trajectory in which Brazil is internationally renowned, (thanks mainly to the ideas of Paulo Freire, beginning in the Sixties). Therefore, the Landless Movement today represents both forms of popular organization and education. Further, the organizational dimension of the struggle for land could be said to be so amalgamated to Education which is carried out in this process of struggle that both reinforce each other mutually. It was this very impasse that arose in the struggle for land that indicated the need to set Education as one of the priorities. Thus, we are now facing a social movement which, while struggling for land reform, a structural struggle, takes on as one of its priorities the Education of its members.

Having taken this into account, one of the most important sectors of the Landless Movement - directly linked to the National Committee - is its Education Sector, which is developing work on the following fronts: primary and secondary schools; education of youths and adults (giving priority to literacy and numeracy); infant education (0 to 6 years) and inservice and preservice teacher education, in order to prepare teachers to work on these different fronts.

The population involved in this process covers approximately 3000 teachers and 100 thousand students, distributed over 11 hundred primary schools and 80 secondary ones. In the Youth and Adult Education Projects there are 1000 monitors working with approximately 20000 students from camps and settlements, in 23 states of Brazil. As regards Teacher Education, the Landless Movement has three Teacher Courses, all of them on a national level and Schools of Education, in three different Brazilian universities.

The Educational Proposal of the Landless Movement has contributed significantly, in many ways, to the trajectory of Education of the socially subordinated groups in the country. It is supported by a set of pedagogical principles, three of which are particularly relevant to projects I have been developing with the Landless Movement:

- Reality as a base of production of knowledge;
- Organic link between educational processes and economic processes;
- Organic link between education and culture.

Here the current understanding of the concept of "reality "and "culture" becomes clearly explicit also the sphere of the Landless Movement. The pedagogical principle of "reality as a base" includes the concept that techno-culture must necessarily be the subject of studies in pedagogical work, either as a reflection and learning of the immediately present reality, or announcing a future which is being constructed.

Obviously there is tension between this present that is loaded with the past, and a future which must be "hurried up", since, as a peasant said when referring to the need for technological advances: "There is historical urgency". Due, among other factors, to the importance the Movement gives to education, its visibility has increased national and internationally. This visibility of the Movement leads it to be thought of, on many occasions, as a homogeneous mass of peasants, which is not true. In fact, not only because it involves a significant number of rural worker families from many different Brazilian states, but also because of the constant occupations they carry out, going from one piece of land to the next, until they manage to be settled, the Movement members present a significant cultural diversity.

In this cultural diverse context of the struggle for land, I work, specifically, as a researcher and as an adviser, an activity which has proved a permanent challenge in questioning the cultural diversity in Mathematics Education, specially the interrelations between popular, technical and academic knowledge in the context of Mathematics Education. This is the central topic of my presentation.

Among the episodes collected over so many years of field research on the different educational fronts of the Landless Movement, I offer two episodes which appeared to me useful to analyze from the theoretical standpoint. The first is a segment of a project developed during one whole school year, involving all the pupils at a settlement school.

Project 1: The melon crop

This first episode is related to a pedagogical project which was centred on the main productive activity of the settlement at that time: melon crops. It had as its main objective

process that produces new forms of living and signifying the rural culture and the struggle for land.

These social, cultural and political needs inspired the project which began with 7th graders of a settlement school, involving from its conception the joint action of peasants, students, teachers and agronomists in constructing pedagogical work in the field of Mathematics, focused on productive activities in the settlement. These activities are organized by groups of peasants who, collectively, carry out all stages of production, from planning to commercialization.

Initially the students, guided by the agronomist and by the teachers, analyzed the previous projects and bank loan contracts of each group of settlers, to configure the profile of each debt. This was the first opportunity these youths had had of looking at official documents which, in order to analyze their complexity, required understanding the dynamics of Financial Mathematics and previously unknown mathematical tools, such as compound interest.

The profile of the debt, produced by analyzing the contracts, was presented at meetings which each group of settlers. For the peasants - many of whom were illiterate and most of whom had at most 4 years' schooling - this was the first time they had access not only to the final amount to be paid to the bank, but to the details (albeit simplified) that produced this result.

The first stage of the project, focused on the discussion of the debt profile of each group in the settlement, triggered other stages. Each of them involved the problematization of the production of a specific crop which was analyzed in multiple dimensions.

In the group there are women and men for whom rice production is part of their life trajectories and those for whom it is a foreign element with which they still have difficulty in dealing. As *Seu* Arnoldo explained: "I am from elsewhere, I have been here for ten years but I have not yet caught up with the pace". The presence of the agronomist in the settlement and the pedagogical work which is being developed seeks to understand this "pace" to which the peasant refers, attempting to speed it up by technical qualification.

During the first meeting organized with the group of settlers in order to plan the rice crop, one of the questions initially raised, concerned the amount of land which would be planted. In fact this information would define the remainder of the plan. One settler suggested that 30 *quadras* could be planted, another showed the possibility of planting "up to one *colônia"*. When they heard these terms, one of the students interrupted the discussion to ask how many *quadras* there were in a *colônia*[1]. The settler answered: "Look, I deal in quadras, they in *colônia"*. The dialogue continued:

> Agronomist: One *quadra* is 1.7 ha, i.e. 17424 metres.
> *Seu* Hélio (settler): That is saying it in metres, in *braças* it is 3600 *braças*.
> Márcio (student): What is *braça*, Seu Hélio?
> *Seu* Hélio: One *braça* is 2 metres and 20...is a *braça*, see? Let's say: *cuba* here, *cuba* there... 60 *braças* like this, the four strips here: see, 60 there, here, 60,60,60,60, to see how it makes a *quadra*, we will have exactly the 3,600. [2]

Initially, it appeared that the answers given by the agronomist and the settler were enough for the youths. But when they returned to the classroom the explanations proved unsatisfactory and required more detailed study. The discussion began with what the specialist had said, explaining that in the rice plantation, peasants deal mainly with the *quadra*: there are also those who use "*colônia* " as a measure, but he does everything in hectares in order "to keep things straight in my mind", since the bank loan contracts are in hectares.

Several questions arose: What kind of "translation" occurs when *quadra* is expressed in hectares instead of *braças*? How is *colônia* translated into *quadra*? And how do both connect to hectare? How can one establish bridges and shifts between these facts? What are the effects, in terms of power relations, of these "translation" processes, which occur in the Rice Group and in the community?

The pedagogical work sought to problematize these questions. It was not a matter of performing translations which would be limited to numerical equivalencies, reducing the study to the demonstration that if a *braça* is 2.2 metres, then 60 *braças* are 132 metres, and therefore a *quadra* is 17424 square metres, i.e., 1724 ha. An approach which limited itself to this kind of operation would precisely be reducing the work to the formal academic mathematics in which, as Walkerdine argues, "the practice operates by means of suppression of all aspects of multiple signification" (Walkerdine 1988, p.96). Following this author, I emphasize that " the position which I have adopted is that the object world cannot be known outside the relations of signification in which objects are inscribed" (Walkerdine, 1988, p. 119).

At the settlement, such relations of meaning are produced in a process where different cultural traditions meet and confront each other, recalling what Stuart Hall (1997) described as an oscillatory movement between tradition and translation.[3, 4]

The use of specific surface measures, based on specific units, produces meanings which are culturally constructed. The history of imposing a standard of specific surface measures was not the result of a consensus produced by the supremacy of their precision, nor by arguments of universalization. On the contrary, examples of popular revolts such as the "Kilo Revolt "in Brazil in 1871 (Sotto Mayor 1978) had as one of its causes the imposition in the country of the French metric system and shows the rebellion of colonized groups and some of their forms of resistance. This part of the History of popular struggles in Brazil, usually not mentioned in the school curriculum, was present in the work developed at the settlement, allowing the construction of bridges between the History (of Mathematics) and Mathematics Education.

The past and present cultural practices were examined in the dimensions of conflict, of the struggle to impose meanings, in a dynamics in which non-official knowledge, vocalized by peasants coming from different regions of the state, whose life experiences are marked by different traditions, were recovered and confronted amongst themselves and in their relations with dominant knowledges, vocalized by the agronomist. In this process the traditions - *quadra, braça, hectare* and *colônia - were* also translated.

The two episodes I have described point to several questions which could possibly be relevant in other social contexts. Peasants, students, teachers and, in the second episode also the technician experience the construction of an educational process in which local and more global knowledge interact, where native and technical knowledge are confronted and incorporated, in a dynamics where the school is not turned inwards, with its back to the community of which it is a part. On the contrary, pedagogical work has overflowed the school limits, extrapolated its borders, producing the double movement of making community life penetrate the school at the same time as knowledge produced during this process pours out from the school space. What was at stake, in carrying out this two-way movement was the construction of a pedagogical work which would not be limited strictly to the school space, and would end up by constituting, above all, a perspective that would only reinforce the hegemonic ways of learning and teaching Mathematics marked by the western, white, urban male culture (Knijnik, 1996).

The approach used in the pedagogical work described in these two episodes focused on problems of practical and material needs. They were not transmuted into symbolic control problems, indicating other possibilities in the field of mathematics education, especially in the Mathematics Education which is carried out in diverse cultural settings such as the Landless Movement.

It is in this sense that I consider the importance of the ethnomathematical approach I have been developing, which problematizes scientificity, the apparent neutrality of academic Mathematics, and brings to scene *other* Mathematics, usually not mentioned at school, as a cultural production of non-hegemonic groups.

This is not, however, a mere attitude of benevolence toward the excluded. We, educators who, from the ethical standpoint, are co-responsible for the great massacres which have been and are still being committed by mankind, are also participants in small daily massacres such as those practised in our classrooms, on our everyday school life, when we exterminate the other knowledge which is not those of the dominant culture; when we pretend that this knowledge did not or do not even exist; and with our authorized voice as teachers value only erudite knowledge of Western culture, not because it is in itself superior from the epistemological standpoint, but because it is the one practiced by the groups which are legitimated, in our society, as those which can/should/are able to produce science.

It is in this sense that I consider particularly exemplary the Ethnomathematics perspective, since, in the field of the curriculum, it counteracts the exclusion of the many and the citizenship of the few. Because, in the concreteness of daily school work, it counteracts what sociologist Boaventura dos Santos called epistemicide - the destruction of the knowledge of a given social group - whose most radical form is the genocide, in which not only minds and hearts but also people's bodies are eliminated.

Our role in these processes of including or excluding knowledge in the school curriculum is above all and mainly political. These processes defining which groups will be represented and which will not be heard, are, at the same time, product of power relations and producers of these relations: a product of power relations because it is the dominant groups that have the cultural capital to define what knowledge is legitimate to become part of the school curriculum. These processes are also producers of power relations, because, for instance they influence the success or failure at school. They produce very specific subjectivities, positioning people in given places in the social sphere and not in others. These places have not been defined for once and for all. The field of Mathematics Education is also a place of resistance, of protest, of struggle.

Notes

1. The expression *colônia* is used with different meanings in the Brazialian rural areas. In this situation the settler was using it to signify 2.5 hectars.

2. *Seu* Helio was saying that one *quadra* is the equivalent of the area of a square of 60 *braça* on each side, i.e. a square of 3600 "square braça". The use of measures such as *braças* in the Brazilian rural environment has been examined by authors like Guida Abreu (1989) and Helena Oliveira (1997). The latter study also analyzes the introduction of the French metric system in Brazil from the historical point of view, and has been used in pedagogical work in the settlement of Itapuí.

3. For the author the concept of "Translation" describes those identity formations which cross and intersect natural borders constituted by people who were dispersed forever from their native land. These people retain strong ties to their places of origin and their traditions. But without the illusion of a return to the past. They are obliged to negotiate with the new cultures in which they live, without simply being assimilated by them and without completely losing their identities. They carry with them the traits of the cultures, traditions, languages and specific histories which marked them (Hall 1997, p. 96).

4. Stuart Hall (Morley & Chen, 1996, p.393) argues that he uses "translation" in quotation marks to emphasize that it is "a continuous process of re-articulaton and re-contextualization, without any notion of primary origin".

References

ABREU, G. M.; CARRAHER, D. W. (1989) 'The mathematics of Brazilian sugar cane farmers.' In: *Mathematics, education and society*. PARIS: UNESCO,P. 60-70. (DOCUMENT SERIES 35).

DOWLING, Paul.(1991) 'The contextualizing of mathematics: towards a theoretical map.' In: HARRIS, Mary (Ed.). *Schools, Mathematics and Work.* Hampshire: The Falmer Press, 1991. p.93-120.

GROSSBERG, L. (1993) 'Cultural Studies and /in new Worlds.' In: McARTHY, Cameron; CRICHOLOW, Warren. *Race, Identity and Representation in Education* (Ed). New York: Routledge. p. 89-108.

HALL, S. (1997) *A questão da Identidade Cultural. Texto traduzido por Tomaz Tadeu da Silva e Guacira Louro*. Texto digitado.

KNIJNIK, Gelsa. (1996) *Exclusão e Resistência: Educação Matemática e Legitimidade Cultural*. Porto Alegre: Artes Médicas, 1996.

__. (1997a). 'Popular Knowledge and academic knowledge in the Brasilian peasants' struggle for land.' *Educational Action Research* Journal, v. 5, n. 3,

___. (1997b) 'A contribuição do LANDLESS MOVEMENT para a Educação Popular: o novo na luta pela terra.' In: STEDILE, João Pedro. O *LANDLESS MOVEMENT e a luta pela Reforma Agrária*. Petrópolis: Vozes.

___. (1997c) 'Culture, Mathematics and the Landless of Southern Brazil.' In: POWELL, Arthur; FRANKENSTEIN, Marilyn. *Ethnomathematics: Challenging Eurocentrism in Mathematics Education*. New York: SUNY Press.

___. (1998) Ethnomathematics and Political Struggles. *'Zentralblatt für Didaktik der Mathematik,'* Jahrgang, 30 Heft 6/ Dezember

'LANDLESS MOVEMENT.' (1996) *Cadernos de Educação do Movimento Sem-Terra*, n°8.

LAVE, Jean.(1988) *Cognition in practice: Mind, Mathematics and Culture in everyday life*. New York: Cambridge University Press

LUCAS DE OLIVEIRA, H.(1997) *Educação Rural e Etnomatemática. Monografia de Curso de Especialização*. UFRGS. Texto Digitado

McARTHY, C., CRICHOLOW, W. (1993). *Race, Identity and Representation in Education (Ed)*. New York: Routledge.

MORLEY, D. & CHEN, K. (1996) *Stuart Hall: critical dialogues in cultural studies*. London: Routledge.

SKOVSMOSE. O; VITHAL, R. (1997) 'The end of Innocence: a critique of 'ethnomathematics'.' *The Royal Danish School of Educational Studies*. Copenhagen. Department of Mathematics, Physics, Chemistry and Informatics. Texto Digitado.

SOUTO MAIOR, A.(1978). *Quebra-quilos: lutas sociais no outono do império*. São Paulo : Nacional.

WALKERDINE, V. (1988) *The mastery of reason*. London: Routledge.

___. (1990) 'Subjectivity, discourse and practice in mathematics education.' In: NOSS, Richard; BROWN, Andrew; DRAKE, Pat et al. (Ed.). *Political dimensions of mathematics education: action & critique*. London: Department of Mathematics, Statistics and Computing. Institute of Education. University of London. Proceedings of the First International Conference.

3

Cultural Diversity, Internationalization and Globalization: Challenges or Perils for Mathematics Education?

CHRISTINE KEITEL, Freie University Berlin, Germany

Internationalization and globalization - the new magic but most slippery and dangerous buzz-words of today - have been placed on the political agenda for mathematics education after the release of the TIMS-Study. The demands for internationalization and globalization play an increasingly significant role in educational policy and practice, although their impact on mathematics education is not yet investigated nor have they become a topic in the academic discourse. I want to challenge their importance and effects and address them explicitly, in particular in relation to cultural diversity in mathematics education.

The issues of internationalization and globalization will be discussed by the example of the designing, conducting, interpreting and marketing of the TIMS-Study under the following questions.

- Why are international comparisons in mathematics education designed as winning and losing in competitions and rankings, and for what and whose interests?
- Do international comparisons help or hinder improvement or development of productive ways forteaching-learning in specific cultural or social settings?
- What happens to cultural diversity by establishing standards?
- What does it mean to ask for common outcomes in mathematics learning?
- How can communities with different political systems, social conditions and cultural traditions search for more productive ways to co-operate and learn from each other?
- What is the role of international organizations like ICME, CIEAEM, IOWME, PME, ICTMA, MES, PDME or SAARMSE in mathematics education: whose ends do they serve, and who does actually make decisions within them?

- How do these organizations contribute to internationalization and globalization and supporting cultural diversity as well?
- How to decrease the dominance of Western culture on the development of mathematics education?
- How to keep the benefit of internationalization while avoiding the perils ofglobalization driven by economical interests?

Internationalisation et globalisation – les nouveaux mots magiques les plus visqueux et dangereux à la mode en ce moment – ont été placés à l'agenda politique de l'éducation mathématique après la publication de l'étude TIMS. Les appels à l'internationalisation et à la globalisation pèsent de plus en plus lourd dans les demandes actuelles de politique d'éducation et de pratique, alors que leur impact sur l'éducation mathématique n'a jamais été explorée et n'a jamais été non plus le sujet du dialogue académique. Je désire mettre en question l'importance et les effets de cette internationalisation et globalisation en les abordant explicitement, en particulier par le biais de la diverstité culturelle dans l'éducation mathématique.

La question de l'internalisation et de la globalisation sera discutée en prenant comme exemple l'ébauche, le déroulement, l'interprétation et le marketing de l'étude TIMS à partir des questions suivantes.

- Pourquoi les comparaisons internationales sont-elles ébauchées comme une épreuve de compétition où l'on gagne ou perd des places dans le classement, dans quels but et dans l'intérêt de qui?
- Est-ce que les comparaisons internationales aident ou empêchent l'amélioration ou le développement d'approches pour enseigner-apprendre dans des contextes culturels ou sociaux particuliers?
- Qu'en vient-il de la diversité culturelle si l'on instaure des standards?
- Quel est le sens de résultats généraux (communs) en mathématiques?
- Comment les communautés influencées par leur propre système politique, leurs propres conditions sociales et traditions culturelles peuvent-elle chercher des voies plus productives et profiter des experiences de chacune d'elles?
- Quel est le rôle des organisations internationales telles que ICME, CIEAEM, IOWME, PME, ICTMA, MES, PDME or SAARMSE pour l'éducation mathématique? De qui servent-elles l'intérêt? Et: qui prend actuellement les décisions dans ces organisations?
- Comment ces organisations contribuent-elles à l'internationalisation et à la globalisation? Favorisent-elles aussi la diversité culturelle?
- Comment diminuer la dominance de la culture occidentale dans le développement de l'éducation mathématique?
- Comment concerver les avantages d'une internationalisation en évitant les dangers d'une globalisation motivée par des intérêts économiques?

Mathematics Education in the Global Village?

"Mathematics in the global village", first discussed in 1988 at ICME 6, (Keitel et al. 1989), referred to the development that mathematics education had become an international activity. The evidence that the number of international conferences and journals were increasing rapidly and more colleagues from countries all over the world participated, and that there were an increasing number of international projects and activities, at various levels and intensity, raised enthusiasm and excitement. Issues such as the general human rights of education and the political and social dimension of mathematics education seemed to be recognized world-wide. The "global village" seemed to be an inspiring world for many. However, is internationalisation the same as globalisation? What are the benefits of internationalization or globalization in mathematics eduation?

Internationalization and globalization hold on slightly different foci in their connotations: While internationalization primarily aims at integrating an intercultural or international dimension into teaching and research - as in cross-country collaborations, as well as in informal interactions at the professional or personal level, in co-operation on regional levels or on a world-wide level - globalization is more ambiguous. On the one hand it refers to an intensification of consciousness of the world as a global whole, to social processes which diminish the constraints of geography by compression of time and space for social and cultural arrangements, with actions at a distance effecting practices in other ends of the world. On the other hand globalization corresponds with ideological shifts to neo-liberalism, economic rationalism, where educators are replaced by business people, and education becomes the object of a deregulated training market where it is just treated as tradable good with an exchange value. Social processes like education are then open to value judgement, and what is good for some, might be at the same time at the expense of others. Globalization can be an outcome of internationalization, but while internationalization maintains its invitational characteristics and allows the autonomy of all partners, globalization is compelling and includes contradictory impulses of integration, fragmentation and impersonal differentiation, is determined by criteria of economic competition and struggles, seemingly causing abstract constraints beyond the control of any involved individual - as formalized automatism and "objective" necessities. The intended effects on mathematics education are: convergence of curricula; standardization of degrees; standards in research methodology; reporting and presenting same values; developing possible similarities in organization, management, and criteria for quality. The danger is that abolition of cultural diversity by pure economic values will result and globalization then turns into a new form of colonization.

What had been discussed at ICME as positive aspects of globalization, namely an worldwide acceptance and global status of "math for all" as a democratic goal, the ethno-mathematics approach as a means to increase self-esteem of those ethnic groups which do not have any voice in mathematics education so far, using a *critical math* approach in feminism and ecology movements, movements against racism and sexism as well as against poverty and collective violence, might be by now more and more dominated by economic criteria and the ideology of a neo-liberalist, Manchester-capitalism, where international businessmen and leading political elites replace educators, and education is considered to be a tradable goods with an exchange value only. The "global village" still is a divided world, with opportunities only for those which have the necessary (material) means, knowledge and competencies to participate.

Internationalization or globalization? International comparative studies revisited

A clear indication of internationalization is the fact that international comparative studies have come to dominate educational discourse in many countries when educators, policy makers, and politicians consider what is to be done to improve their system of education. The results of these studies are accepted in many places as providing undisputed scientific evidence about the achievement of students in the countries studied, as well as indicating how good the curriculum is and how well teachers are teaching.

The increasingly widespread use of international comparative studies of school mathematics in the realm of educational policy allows discussion on the impact of internationalization of mathematics education and necessitates a consideration of their characteristics from the point of view of mathematics education. Many of these studies have taken the mathematics curriculum as entirely unproblematic and have assumed that a single test can give comparable measures of curriculum effects across countries. They have also assumed that by supplementing test scores with videotapes of lessons and analyses of textbooks and curriculum materials, a truer picture of a national standing in mathematics performance can be obtained. I challenge these assumptions, focusing in particular on the Third International Study of Mathematics and Science and noting some of the problems created when the funding, design, and analyses of comparative studies fail to represent not only the mathematics education community but also the spectrum of participating countries. I want to focus on the most recent and largest comparative study of its kind, the Third International Mathematics and Science Study (TIMSS), considering questions raised by its greatly increased scale, and therefore consequences. Many interpretations of TIMSS have led to misinterpretation and contradiction not substantiated by the data or supplementary studies. In particular, I want to raise some reflections on the taken-for-granted nature of international comparative studies in general.

The treatment of school mathematics curricula in international comparative investigations is a story of increased efforts to take aspects of curriculum complexity into account. It is also, however, a story of persistent failure to probe below the surface of, and to challenge assumptions about, what is to be understood as curriculum. When a common set of performance items is given to all students in a cross-system group, an idealized curriculum is thereby defined that serves as a template against which student performance in each system is held. Measures of opportunity to learn or of the implemented curriculum become measures of how well the idealized curriculum has been learned or implemented. Regardless of the expertise of the group that set up the idealized curriculum by selecting a collection of performance items for the study, it is impossible, as Freudenthal (1975) correctly noted, to construct internationally *equivalent* instruments. He pointed out that it would be possible, although quite difficult, to construct instruments that had internationally *comparable* relations to the national curricula, but as long as this is not done we are "comparing the incomparable."

International comparative investigations have become increasingly sophisticated. In addition to expert judgements of how the mathematics curriculum internationally should be represented, careful analyses are being made of official documents and text materials. Analyses have been made of such variables as the time to be allocated to various topics in different systems, the proportion of systems focusing on a given topic at each grade, how textbook space given to a topic varies across systems, and how textbook organization varies across systems. Nonetheless, the idealized international curriculum defined by a common set of performance tasks organized by content topic remains the standard of measurement. No allowance is made for different aims, issues, history, and context across the mathematics curricula of the systems being studied. No one really addresses how well the students in a system are learning the mathematics curriculum that their system has offered them.

TIMSS: The Promises and Perils of Comparisons

International comparative studies using extensive empirical data have been criticized for as long as they have been conducted. Some critics stick to the "numbers game" and propose other arrangements for the data analysis, other mathematical models, or other representations for the results. More general critiques refer to fundamental problems not adequately tackled by comparisons, such as "comparing the incomparable," "many visions, many aims, one test," and "problems of comparing curriculums across educational systems" (Bracey, 1997a, 1997b; Husén, 1983; Westbury, 1989). It has often been pointed out that studies only test if and how the assessed curriculum matches or fits into the national curriculum or what is held as such, and that every conclusion beyond that is not justifiable (Bracey, 1996; see also comment by Baker, 1997). In this sense, the best known international comparative studies conducted during the last 30 years by the International Association for the Evaluation of Educational Achievement (IEA)—FIMS and SIMS—have been frequently criticized in that they did not match reality; that is, they did not produce or use "real" data that would yield insight into what is happening in the classroom and how. The Third International Mathematics and Science Study (TIMSS) was the first of the IEA studies that tried to complement the usual test data that have been the focus of these large empirical studies. In addition to the achievement tests and the questionnaires, three accompanying research studies ambitiously drew upon additional sources of data:

- The Videotape Classroom Study, a study of mathematics lessons at grade 8 in the USA, Japan, and Germany, directed by James Stigler of the University of California at Los Angeles

- The Survey of Mathematics and Science Opportunities Study, a study of mathematics and science teaching in six countries, directed by William Schmidt of Michigan State University
- The Curriculum Analysis Study, a study of curricular intentions, directed by William Schmidt of Michigan State University.

All three were large studies conducted parallel to the achievement study of TIMSS. The first (Stigler et al., 1996; U.S. Department of Education, 1997) required the production and processing of 231 videotaped lessons from eighth-grade mathematics classrooms in the USA, Germany, and Japan. The second (Schmidt et al., 1996) necessitated conducting over 120 classroom observations in mathematics and science classrooms in six countries in an attempt to characterize "a typical mathematics or science lesson" for nine-year-olds or thirteen-year-olds in those countries. The third (Schmidt, McKnight, Valverde, Houang, & Wiley, 1997) entailed trying to develop an instrument and methodology to analyze curricular guidelines, programmes, and textbooks from about 60 participating countries. The three studies demanded that the researchers dealt with an ever-increasing amount of "data" to be gathered, processed, and interpreted; an ever-increasing number of people involved in these activities; the application of an ever-larger technical apparatus; and an ever-increasing demand for the funds to conduct the studies. TIMSS was by far the largest and most expensive comparative study ever conducted in mathematics education, and these three studies added to its scope and complexity.

The enormous scale of the study immediately raised certain problems to a new level: the more data, people, and financial resources that are required, the more important become questions of the responsibility for and rationality of such an enterprise, and the more the people who are in charge have to be carefully selected and their work regulated. These observations prompt more fundamental considerations about comparative studies and their general value and hazards. We offer three questions about the "who" in connection with these studies.

Who Directs the Study?

The question of the people directing the study refers to the expertise, competence, and specialization of those involved, as well as to their capability and responsibility to keep both an overview and an unbiased orientation and both a clear distance from and a closeness to the data. They need to develop a common understanding among all concerned with the study.

In the IEA studies, including TIMSS, it is a striking fact that almost all of the people with primary responsibility for conducting the study have been empirical researchers in education, psychometricians, or experts in data processing. The problem of the content of mathematics or science education has been dealt with as no more than a technical question. The most monumental and most accurately treated feature of the studies has been the handling of data once they have been collected. Particularly notable has been the fashion in which problems of methodical validity, reliability, and quality have been resolved from a purely formal point of view. Questions of content - in all its aspects - have usually been seen as secondary. This orientation is not surprising in light of the expertise these researchers possess and their central concern with methodology. But the predominance of methodological considerations, of course, raises serious problems when one comes to the concrete aspect of mathematical tasks as representing curricula, teacher questionnaires as representing teaching, and results as yielding comparisons of curricula with respect to their cultural or social contexts. Statements about differences and commonalities become problematic, including judgmental statements about achieving and failing or about weak or strong countries.

Who Pays for the Study?

The question of financial support concerns whether the goals of the study are merely politically determined or are research oriented. In other words, what role is played by interest groups like governmental departments, political forces, social organizations, or research agencies, and how can various countries influence the concerted activity of the different groups? It also concerns the problem of whether the poor and the rich countries participate equally in collecting, interpreting, or evaluating the findings for their own country as well as across countries.

In our Western (European-American) culture, International comparisons have no political value if they are not accepted as "real" research studies. That is, the politicians paying for such a study rely heavily on its being justified, first, through its international character and, second, through the demand that the results be highly valid. This condition explains why the countries who pay most are quite concerned about the quality of the research and invest not only money but human power as well. The likely consequence is that the studies become dominated by experts from the countries providing financial support and by those experts' professional understanding and interest. No wonder that the group of people in major positions of leadership in TIMSS were from the rich countries funding the study, with all the consequences of that influence. The research questions, the language, and the accompanying studies were selected by the funding agencies, as well as the final goals being determined mainly by those who paid.

On the other hand, politicians have only a limited interest in such studies: for them, their country's relative rank is the most important aspect of the results. They want to succeed in the competition; they want to show off their country's brilliance or efforts to excel in mathematics and science education, or they want to know why the higher ranking countries are higher. This interest is directly connected to economic competition or competitiveness. Some recent critiques of schooling have exaggerated the economic ramification of low achievement in science and mathematics, since a country's economic standing is "more affected by government trade policies, world financial markets, and corporate flight to low-wage countries than by weak school achievement" (Stedman, 1997, pp. 4-5). Or, like the famous American educationalist Lawrence Cremin put it in his book "Popular Education and Its Discontent" (1990): "to conclude that problems of international competitiveness can be solved by educational reform, especially educational reform defined solely as school reform, is not merelyutopian and millenarist, it is at best foolish and at worst a crass effort to direct attention away from those truly responsible for doing something about competitiveness and to lay the burden instead on the schools the global players". Nevertheless, the focal point for each country - and in particular for each of the wealthy countries putting the most money into international comparative studies and competing highly in the global economy - is its own rank compared with the countries doing better. That is the only important result. Politicians are rarely interested in merely gaining insight or in just exploring the research possibilities offered by an international comparison. Their perspective is not that of improving mathematics and science education, particularly for those in the poor and low-achieving countries; rather it is that of being compared with those who are the most successful. Their interest is concentrated on the inner aspects of their own country and perhaps in looking for hints that would suggest reasons for the superior performance of the best countries.

This interest becomes especially clear when one looks at the complementary studies undertaken in the context of TIMSS. The TIMSS videotape study of mathematics lessons concentrated on the USA, Japan, and Germany. That study, as well as the six-country survey of teaching and the curriculum analysis study, was financed by the U.S. government. All three studies were directed by American researchers only, with some small support by experts from each participating country. The American researchers made special efforts to work well with staff members in the co-operating countries, but those staff members contributed only partially to the enterprise by providing the coded data for their country, while the more important data processing and interpreting was done by the American project staff. These observations are not meant as a critique of the procedure. Clearly, however, locating the funding, management, and implementation of an international study in a single participating country creates problems. Weak points of the studies may be overlooked, and issues of possible bias and error may not surface.

Another fundamental and related question is, What is the scientific reason for the push to obtain results that yield a clear ranking of countries? Does this ranking automatically provide better "research results" or new insights? Do the studies and their results provide a change in perspective? What does it mean for the German government or U.S. government that Iran's rank or South Africa's rank is so disappointing? Do the rich countries plan to supply some aid to improve this situation? Do the studies uncover a means of, or actually aim at, improving mathematics and science education in the different countries?

Who Controls the Framing and Dissemination of the Results ?

Although there is a common myth that "numbers do not lie," particularly among people who believe strongly in "objective" empirical studies - and there are many such people in the groups undertaking comparative studies by means of tests and questionnaires - it is now widely accepted that data can be quite differently gathered, processed, mathematized, and interpreted, and that these processes can by no means be freed of special interests and intentions. A very important question therefore concerns the way in which results of studies are "packaged," distributed, and launched to the public. How can and do researchers deal with "unwanted" data or with "unusual" interpretations? Who influences this process, for what reasons, and through what means? Is the key power in the hands of the research community conducting the study or in those of financial supporters such as political agencies? Answers to these questions may vary considerably across the participating countries because of different research traditions and political constitutions, or because of different "power games" that may be in operation toward and against other countries.

The high rankings achieved by some countries on the achievement tests in international comparative studies have led some commentators in countries with lower rankings to exaggerate the results, creating a mystique about education in the high-scoring countries. In the USA, for examples, teachers have urged to return to a curriculum based on "core knowledge" in mathematics so as to emulate the presumably more effective systems of Asian countries (Hirsch, 1996). In Germany, reports in the press stressed almost weekly after the release of the TIMSS results, the contrast between German students, who had mediocre levels of performance on the tests, and Japanese students, who - presumably because they had been engaged in the kind of challenging problem solving shown in the TIMSS videotape lessons - scored very high on the tests. By playing on the public's and politicians' concerns about these reports, a German researcher associated with TIMSS was able to obtain some millions DM, not for improving mathematics classroom practice or mathematics teacher education, but for developing a more sophisticated instrument for measuring students' mathematical performance - at a time when school and university budgets were shrinking dramatically and research funding in all areas was being drastically cut. Germany was not the only country, however, where researchers helped frame the packaging of the TIMSS results for the media and then reaped the benefits when governments responded in alarm by funding further research.

Curriculum Analysis in TIMSS: Many Visions, Many Goals - But One Test?

The TIMSS Curriculum Analysis Study (Schmidt, McKnight, Valverde et al., 1997) was the first to undertake the ambitious enterprise of analyzing curricular guidelines, programmes, and textbooks while simultaneously developing an appropriate and powerful comparative instrument for the analysis. The description of the methodology is impressive, and the complicated procedure for gathering data is admirable. The various graphical presentations of the findings related to the construct of "opportunities to learn and to teach" and of the corresponding single items like "major topics" or "main content," however, are sometimes difficult to follow. And the application of constructs like "performance expectations" (knowing, problem solving, reasoning - just to mention several that may be more easily understood) and "(career) perspectives" is simply confusing. There is no real outcome of the study other than to say that there are "many visions, many aims," but the study is not connected to any outcome of the main part of TIMSS, the achievement test study. General critiques have been raised from the beginning that addressed the methodology used as well as the underlying assumptions. Here we want to add some additional considerations that should have been thought about more substantially:

The predominant ideology. The ideology behind the curriculum analysis was that through the construct of a "common curriculum" research design and the use of a "common English language" for the questions to be answered by the national contributors to the study and for the systematic descriptions to be obtained from them, it would be possible to find distinctive national patterns and practices that could be described and evaluated. How could anyone believe that this procedure could possibly catch the "flavour" of the participating educational systems?

"Pass the test!" is the major imperative underlying comparative research. But how could one deal with different cultures in a single test, and in particular in a test that was supposed to capture different aims across and within educational systems?

The accompanying fictions. One fiction was that guidelines and textbooks (as measures of curricula) "equally" or universally influence classroom practice; that they represent a major source of teachers' wisdom; and that they dominate teachers' professional knowledge and actions.

A second fiction was that a focus on countable and measurable aspects of student performance provides important, sufficient, and relevant information to be processed. This focus gave rise to constructs like "opportunity to learn and to teach mathematics," "performance expectations," and "career perspectives." Such artificial constructs may give researchers more space for speculation than for serious interpretation. The language of the coding and the coded may have so strongly influenced the data that some problems could not be tackled at all. In particular, in the curriculum analysis project, the coded data that served as the basis for all the data processing and the graphical or numerical representations could not be seriously controlled for all countries, nor could the coding procedure itself be checked by the staff in all cases when the data were finally submitted. The researchers' strong predilection for the numbers game - all kinds of correlations and clusters whose connections did not admit of any reasonable interpretation and sometimes appeared to be completely meaningless and absurd - did not, however, force the researchers to go back to their data, and in particular, to the original textbooks and guides, and to examine them carefully. The study depended overwhelmingly on national coding, national experts, the experts' facility in English, and their understanding of the study's purposes, instruments, and procedures. The coding was very closely related to the interpretations given to the constructs (often in a foreign language), and the constructs were already likely to have been biased in favour of the developers. Consequently, the curriculum analysis got lost amid the general results of the main TIMSS study. The context studies that should have complemented and supported the empirical study of achievement became irrelevant and did not help one to interpret the test data. The results of the context studies may even have contradicted the test data.

A third fiction of the curriculum analysis study was that *comparison* means collaboration, not competition, and connotes equity of the partners. There was "naturally," however, a strong hierarchy between the large and the small, the "remote," or the poor countries. And "of course," most often the (English speaking) research staff was defined by the larger countries, and those people mainly determine what will be taken as the common curriculum as well as the common language.

Classroom Teaching in TIMSS

The TIMSS Videotape Classroom Study was another way to look at the mathematics classroom as the place where the teaching and learning opportunities are determined and achievement may occur. The singular feature of this study was the attempt to get as close as possible to concrete teaching and learning, and to make the concrete situation in the classroom observable later, as well, by anyone viewing the videotapes. Major characteristics of the project were videotapes of 50 mathematics classroom lessons in Japan, 80 in the USA, and 100 (actually 123, with some preceding and succeeding lessons included) in Germany at grade 8 (focusing mainly on algebra and geometry). Special problems and opportunities were provided by the transcripts of all videos (translated into English!), by the specially developed coding as a general procedure developed before the analysis, and by the coding constructs, such as the form of interaction, the time taken for individual or group work, the academic level of the content, and the mathematical tasks or "problems" used in the lesson. TIMSS-video accepted certain limitations: the focus was the teacher and his/her script only and just one lesson has been videographed. There had been no attempt at all to get data of the students' perspectives on learning and teaching in the mathematics classroom nor have they been taken into account in the coding or interpretation. The coding process, as well as the detailed examination of content differentiated from pedagogical or methodological recommendations, was open to various interpretations by the psychologists or linguists involved, by participating teachers, by some international consultants or "experts" (in a given country), by mathematicians and mathematics educators, and so on. The astonishing fact is that the *consensus* among the various expert groups was the final criterion for coding and interpretation! How might the researchers have dealt in a different way with the necessarily biased views of these diverse groups? Could they not have been taken as resource for discussion and debate about different observations of the scenes? How could the results of contexts - such as pedagogical flow - reflecting cultural conceptions of knowledge and knowing and of appropriate teaching practices be used to interpret data?

A problem not yet clearly checked in the design of the study was the question of the representativeness of the video lessons - the sampling and its relation to major and important circumstances of schooling and opportunities for achievement within a country. The sample of Japanese video lessons has been highly praised by the project director, who has proclaimed it an example of the typical Japanese problem-solving mathematics classroom. Are all the observers of Japanese education who offer different descriptions and contradictory vignettes about Japanese school reality (see George,1995; Goya, 1993; Ito, 1997) lying? Were the differences in the social contexts between Japan and the other countries respected, such as outside school learning and private lessons? Having visited elementary and lower secondary schools without encountering lessons like those in the videotape sample, there could be some doubt whether the 50 lessons are typical.

It is known that Japanese researchers have developed prototypical research lessons on videotape for teacher education that are intended to exemplify certain highly appreciated didactical methods of classroom teaching. The lessons are similar to those on "Secondary Classroom Practice" from the Open University in the United Kingdom, in which vignettes of investigational approaches are shown. The lessons are by no means meant as typical or especially brilliant; they are just examples of how to conduct such lessons with a focus on independent group work. Many of the Japanese lessons seem to follow a similar plan, although there is less of that focus. Instead, there is a greater focus on a clearly designed development of certain mathematical concepts or insights, independent of students' interests, success, or achievement during teaching. There is no motivation or feedback from the teacher on an individual level, and the various ways to arrive at a solution presented at the board are attributed to mathematics only, not as a possibility for different individual approaches and ways to pursue them. Many of the videotapes from the TIMSS study might be like such research lessons, to be shown in teacher inservice training or preservice training courses and carefully planned, prepared, and conducted as useful demonstrations of the intended classroom teaching practice supported by officials. The tapes may be useful for observers and preservice teachers without necessarily representing the reality of practice.

How do comparative studies respect the different roles and kinds of autonomy in curricular decision making and design that teachers have in the participating countries? If the teacher's autonomy is very high, as in Germany, his or her curricular decisions may change from one class or group of pupils to another, and may thereby cause a major concern for motivation and involvement, on the one hand, and for responsibility or accountability for learning outcomes, on the other. And if the teacher is the only assessment agency in the school system, the conflict between teaching and assessing may typically occur as a problematic feature to be negotiated at the same time. But it links the teaching and assessing more closely than any test would ever do.

Curricular decisions are not the only features of instruction that differ substantially across countries. Opportunities to learn also are related to the ability of the teacher to motivate students to follow his or her curricular decisions and to accept or negotiate the content to be learned and the method to be followed. Curricular decisions therefore concern not only the tasks to be designed and done, but discussion, negotiation, and broad perspectives on the "why" and the "what for" of instruction in addition to the "how to". The teacher's ability and propensity to conduct these negotiations and provide these perspectives may be very different from one country to another. Another aspect not yet treated or respected in the studies is national differences among students (and teachers) regarding their beliefs about tests, their positive or negative attitudes toward tests - because they may not ordinarily be required to take tests. Even when the test is the common mode of assessment in a country, the students' willingness to be obedient to tests is different in different countries. German students, for example, are not accustomed to taking tests, nor do they take a test seriously if it is not directly connected to the mark given by the teacher.

How can the in-depth microscopic view provided by the video lessons be compared to any overall impression of reality? How is one to deal with the problem that the various research foci, as well as the follow-up studies, tend to become self-contained, independent, and "autonomous"? Could such a study remain under the control of the research community, or does it easily (and inevitably) become an autonomous concern of politics? Is it at all possible that we might actually get a representative selection of classroom reality? Is it possible to reach a common understanding of what constitutes a cultural "flavour" of the educational systems as well as of the mathematics classroom?

Putting Performance in Context: Is Education a Public Service or a Private Enterprise?

Achievement in comparative studies is treated like performance in an academic olympiad. Although only small differences in performance are represented by the ranks, it is not at all clear what the reported averages actually mean. So far, nothing other than superficial interpretations, like "weak country" or failing students, has been provided, even when these words are attached to the numbers in the middle range. Can averages actually provide a sophisticated interpretation? By playing the numbers game, researchers have shown that it is possible to raise or lower a particular ranking by minor changes in the content foci or the weighting system. Others claim that profile comparisons show many more inequalities within countries and different "opportunities to learn" for the students than an average can provide. They argue that the representativeness of national averages masks underlying variations in regions and in schools. There is not always any guarantee that students have been properly sampled, or that averages have not been dragged down by the conditions of test administration in some developing countries. Reports of performance at the various grades, moreover, dwell on "growth" in mathematical performance even though neither the tests nor the students are the same across those grades. And changes in a country's rank across grades may be due more to changes in the set of countries participating in the assessment at that grade than to any merits or defects of the curriculum, the teaching, or the students.

Concerning contextual and cultural information about the various countries, we know from the accompanying studies that students in Japan, Korea, and Singapore have a lot of extra time for studying mathematics in private lessons or in special schools outside the public schools. Singapore, in addition, has a very selective school system which exports low-achievers and only imports high-achievers. For Japanese students, mathematics and science are the school subjects they dislike the most, but, compared with German students, they spent one third more of their weekly time reworking and preparing mathematics lessons (Schümer, 1997), and many of the Japanese students regularly attend afternoon lessons in the *juku* where they mainly are prepared for exams. In 1996, the Japanese government (Monbusho) published a report on the plans for educational policy. This report provides data on the extra learning time taken by students which show that this time has been dramatically increasing in the last ten years. In elementary school, 77 percent of the students, on the average, now take private classes or lessons, and 24 percent are in private remedial schools of the *juku* type. In the lower secondary school, the averages are now 28 percent in private classes or lessons, and 60 percent in the *juku*, with some students participating in both. In the same report, the views of parents and public school teachers on *juku* attendance were analyzed: 60 percent thought that the *juku* attendance was too excessive; 58 percent believed that the formation of children's character was adversely affected by excessive competition in entrance examinations; 48 percent felt that children's health and fitness was adversely affected by long hours of *juku* attendance; 34 percent saw school education being undervalued because of preoccupation with *juku* studies; 11 percent saw children disturbed and confused by the differences between school instruction and *juku* instruction; and 15 percent thought that children showed problem behavior triggered by *juku* attendance and developed related problems because of excessive competition in *juku*s. More than half of the parents complained that because of excessive *juku* attendance, children had an inadequate experience of life and outside activities, including play, community activities, and family interactions. Almost 45 percent thought that a child's career path was chosen primarily according to "standard scores," regardless of the child's aptitudes or wishes, which were generally disregarded. Among the parents surveyed, 38 percent believed that that the extra school system of private classes and *juku* put parents under enormous financial pressure, and only 11 percent did not see any particular problem in this system (Monbusho, 1996, pp. 33-34). The competition between this second school system of private lessons and *juku* is considered by teachers and parents to be a major obstacle for any reform claims (Ito, 1997).

The TIMSS-Video-Study which provided additional information to complement the test results by video-graphed mathematics classrooms in USA, Japan and Germany and identified a generalisable "idealized cultural script" of mathematics lessons in the three countries tried to explain success and failure in the test-results by confronting with and comparing to the best practice and to developing ways of description which allow to adopt the "best script" in other countries. Summarizing their findings Stigler and Hiebert confess: "Our study has clearly shown that mathematics teaching (and learning) is a cultural activity." However, taking just the three countries, there is obviously a diversity of lesson-scripts and goals within the different social and cultural contexts, and differences in achievements demand more differentiated interpretations, and these interpretations might differ substantially with respect to the culture from which it is started.

Is education still considered a public service or just a profit-oriented enterprise? What are the consequences of the latter? What is the role and influence on achievement of the public school system providing general schooling for all compared to that of the private schools training for exams (Juku in Japan)? How can results of comparative studies be used for improving mathematics education in schools? If we accept that mathematics teaching is considered as a cultural activity, what is the value of the "culture-free tasks" of the TIMSS-test for pupils and teachers?

(Example of TIMSS-item)

"Veronica and Caroline were just asked to the prom today. The prom's only two weeks away. Tonight they're shopping for dresses. After about an hour of looking both girls finally stumble up on a dress each of them like – the same dress. Neither girl has enough money so they take a long stare at each other and then take off in opposite directions. Each girl devises a plan to save up for the dress. Until now they were friends, but now they are a kind of enemies because they want the same thing. The dress costs about 300 US$.

Veronica puts twenty dollars in her dress savings as soon as she gets home and puts another five dollars each day after that. Caroline decides to save eight dollars each day. (Who is the first to get it?)"

The example shows clearly a value system which is by no means culture - free.

How can we develop a clear concept of what is an appropriate teaching practice? Is ineffective teaching and learning just a methodological problem? By analyzing the videotapes, of course, just what can be seen and then reasonably interpreted counts; methods of analysis are clearly differentiable and therefore preferred. But where can we grasp the meta-cognitive view that the attitudes and beliefs of both teachers and learners as well as various social factors determine ineffectiveness? It is easy to determine that U.S. teachers spend more hours in school than teachers in Japan and Germany and that they spent more hours in the classroom instead of preparing lessons (Schmidt et al., 1996, p. 2). Is it then correct to conclude that the

American method is "tell and show" (McKnight et al., 1987, p. 81) while the Japanese use the Socratic method and appropriate hands-on activities (Stigler & Stevenson, 1991, p. 91)? How do countries assure in their own fashion that exemplary "good" or desired curricular and pedagogical prescriptions might be transformed into reality?

Who and what counts? Globalization as a new pattern of colonization?

TIMSS began with high hopes that it might provide a richer context in which student performance would be captured in detail and would be linked to other information about classroom practice and national curricula. Those hopes have been met in part, but the presumed improvements made in TIMSS over previous comparative studies have been tainted by the dominance of the USA in funding most of the research and directing the data gathering and analysis. The consequence is a study embedded within the research traditions of one country but too frequently having little or nothing to say to mathematics educators in other countries, particularly with respect to how education might be improved there. As the largest and most widely marketed international comparative study in history, TIMSS threatens to poison for some time the waters of educational policy, as politicians and researchers scramble to take advantage of what TIMSS allegedly says about the teaching and learning of mathematics in their country. Unwarranted inferences are made concerning the link between selected views of teaching and fallible indicators of performance so that unsuspecting educators, as well as the public, come to think that the teaching portrayed has produced the performance measured.

International comparative studies are trumpeted in the press as triumphs of rationality. They are cited as though the results they provide go without question. Serious criticisms and expressions of doubt are brushed aside as the carping of ignorant or ill-informed troublemakers. Researchers conducting the studies have too much vested in the outcomes to engage in serious reflection about the foundations of their work. Therefore rationality and irrationality coexist in these studies, calling all the well-funded analyses and carefully groomed results into question. The studies assume that the mantel of science can cover all weaknesses in design, incongruous data, and errors of interpretation; they not only compare the incomparable, they rationalize the irrational.

The TIMS-Studies started as a project of internationalization, but by its very construction and design, by the dominance of the USA, turned into a globalization project with characteristics of global projects (above).

At the European-Australian Dialogue on Global Issues, Spring 1999, Paris, representatives of the Australian Global Foundation and the European Union put it quite frankly: "After the successful establishing of an European-Australian Agenda for traffic, we go for the globalization of higher education, to raise standards commonly defined by business and politics and to turn higher education into a profitable enterprise."

Social processes including education are then open to value judgement, and what is good for some, becomes at the same time at the expense of others. Globalization is compelling and includes contradictory impulses of integration, fragmentation and impersonal differentiation, is determined by criteria of economic competition and struggles seemingly causing abstract constraints beyond the control of any involved individual: as formalized automatism and "objective" necessities (as referred to earlier).

Mathematics education is a cultural activity. Accepting this cultural diversity means enrichment and empowerment for and by mathematics education, connection to local, regional and global issues and awareness of problems, inclusion of differences by gender, class and ethnicity as well as responsibility and accountability for global equity. We have to enter a conflicting discourse: economic gain versus global concern, standardisation versus plurality and diversity have to be debated with careful scrutiny for an agenda for action. And we are confronted with a challenge: the more global and multicultural we seek to become, the deeper must be our local and personal cultural roots.

Role of international organizations

The debate of what is culturally bound and what is culture free in mathematics is an ongoing debate in mathematics education literature. One area that has received considerable debate in the literature is the relationship of mathematics learning to its cultural, language and social context (Bishop, 1988; Ellerton & Clarkson, 1996; D'Ambrosio, 1985; Lave, 1988). In addition. There is a great unease expressed by many English-speaking researchers about the dominance of Anglo-European thinking about mathematics education for countries around the world, together with the clearly expressed hope that the new world order does not result in a common world-wide curriculum with common "world-standards" - whatever that might be; that the differences provide the best condition for curriculum development and implementation. The uncritical globalisation of issues is based on the fact that all theories about learning are founded in a model of the European Rational Man, and that this starting point might well be inappropriate when applied to other cultures, as well as the assumptions that mathematics is a universal language, and is therefore universally the same in all cultures which cannot be justified. Likewise, the assumptions that solutions to local problems will have universal applications is even further from the truth. Clements (1995) criticised very strongly that "it is Western educators who were responsible not only for getting their own mathematics teacher education equation wrong, but also for passing on their errors to education systems around the world. (p.3)".

Arguably the increasing ease in travel and communication, as well as the increase in number of venues for international contacts have increased the chances of internationalization of mathematics education, for educators from around the world to meet; share their findings; discuss their mutual interests; challenge each others learning and practices; and generally to increase their knowledge about problems of mathematics around the world and about solutions that have worked in other places. Undoubtedly, the benefits of such means of international dialogues are varied and significant. However, there are some inherent limitations that need to be addressed. These limitations have to be taken up by international organizations in mathematics education who by their actions have a great influence on issues of internationalization and globalization. Therefore, their role has to be considered with close scrutiny.

International organisations provide international publications which differ in the variation of types of articles or specialized research paradigms. They set research criteria for publication and presentation of research; they offer attendance at international conferences which differ in location and flavour, but they also determine the official language(s) of the meetings and publications, the format and the patterns of working, of the communication and personal contacts, they decide about the amount of financial aid and funding in order to increase the number of people from non-industrialized countries. They clearly determine the choices of plenary speakers and decide about who will be valued and for what contribution.

Major obstacles still exist and become more relevant and dominant: How can international projects become more accessible to non-English speaking educators? Are there simple solutions to the difficulties of languages, Western dominance, paradigms and prejudices? Is there a common awareness of the limitations and a collective effort to attack them?

What might be the role of the Southern African Association for Research in Mathematics and Science Education (SAARMSE) in this respect?

The role of the mathematics educator and teachers

What is the role of the mathematics educator and teachers today in internationalization and globalization? Considering globalization as driven by business and politics, we have to take a distant and critical stance and question ourselves: how can we change the restricted view that mathematics education is mainly needed for economic and technological progress? How can we overcome the social belief that mathematics provides objectivity and culturally independent truth? How can we act against the abolition of cultural diversity by pure economic values? How can we analyze what is culturally bound and what is culture free in mathematics education?

We have to be ready for a considerable debate: should we support economic gain or keep concern for equity and social justice? How is it possible to enrich standardization by plurality, and to foster reflection about the motivation behind international collaboration and its effects (by principles, processes and outcomes)? How can we critically question criteria of collaboration when planning conferences or engaging in exchange programmes?

We have to reflect critically on our own role and that of the international and national partners (students as well as researchers) in collaboration, to examine the assumptions about what are global and what are local concerns and values and how they are reflected in the processes and results of any international project. We need to develop policies which would encourage greater representations of different perspectives and alternative research methodologies and ways of reporting (including multiple language presentations) at international conferences.

References

Baker, D. P. (1997). Good news, bad news, and international comparisons: Comment on Bracey. *Educational Researcher, 26*(4), 16-17.

Bishop, A. (1988). *Mathematical enculturation: A cultural perspective on mathematics education.* Dordrecht: Kluwar Publishers.

Bishop, A. J. (1992). International perspectives on research in mathematics education. In D. Grouws (Ed.), *Handbook of research on mathematics teaching and learning,* (710-723). NY: Macmillan.

Bracey, G. W. (1996). International comparisons and the condition of American education. *Educational Researcher, 25*(1), 5-11.

Bracey, G. W. (1997a). On comparing the incomparable: A response to Baker and Stedman. *Educational Researcher, 26*(4), 19-26

Bracey, G. W., (1997b). Many visions, many aims, one test. *Phi Delta Kappan, 78*(5), 411-412.

Clarke, D.J. (1998). Studying the classroom negotiation of meaning: Complementary accounts methodology. In: A. Teppo (Ed.) Qualitative research methods in mathematics education. Monograph Number 9 of the Journal for Research in Mathematics Education. Reston, VA: NCTM, 98-111

Clements, K. (1995). Restructuring mathematics teacher education: Overcoming the barriers of elitism and separatism. In R. Hunting, G. Fitzsimons, P. Clarkson, & A. Bishop (Eds.), *Regional collaboration in mathematics education* (1-10). Melbourne: Monash University.

Clements, M.A. & Ellerton, N. (1996). Mathematics education research: Past, present and future. Bangkok: UNESCO.

Ellerton, N., & Clarkson, P. C. (1996). Language factors in mathematics. In A Bishop,. et al (Eds.), *International Handbook of Mathematics Education* (991-1038). Dordrecht: Kluwer.

Freudenthal, H. (1975). Pupils' achievements internationally compared–The IEA. *Educational Studies in Mathematics,* 6, 127-186.

George, P. (1995). *The Japanese secondary school: A closer look.* Reston, VA: National Association of Secondary School Principals, & Columbus, OH: National Middle Schools Association.

Goya, S. (1993). The secret of Japanese education. *Phi Delta Kappan, 75*(2), 126-129.

Hirsch, E. D., Jr. (1996). *The schools we need and why we don't have them.* New York: Doubleday.

Husén, T. (1967). *International Study of Achievement in Mathematics: A comparison of twelve countries* (Vols. 1 & 2). New York: Wiley.

Husén, T. (1983). Are standards in U.S. schools really lagging behind those in other countries? *Phi Delta Kappan, 64,* 455-461.

Ito, Toshiko (1997). Zwischen "Fassade" und "wirklicher Absicht." Eine Betrachtung über die dritte Erziehungsreform in Japan [Between "façade" and "actual intention": A reflection on the third reform of education in Japan]. *Zeitschrift für Pädagogik, 3,* 449-466.

Jacobsen, E. (1996). International Co-operation in mathematics education. In A. Bishop, et al, (Eds), *International Handbook of Mathematics Education* (1235-1256). Dordrecht: Kluwer.

Keitel, C. et al. (1989)(eds) Mathematics, Education, and Society. UNESCO Document Series 35, UNESCO: Paris

Keitel, C. & Kilpatrick, J. (1998) Rationality and Irrationality of International Comparative Studies. In: Kaiser, G., Luna, E., Huntley, I. International Comparisons in Mathematics Education. London: Falmer Press, 242-257

Knight, J. & de Wit, H. (1995). Strategies for internationalisation of higher education: Historical and conceptual perspectives. In H. de Wit, (Ed.), *Strategies for internationalisation of higher education,* (5-32), Amsterdam: EAIE.

Kress, G. (1996). Internationalisation and globalisation: Rethinking a curriculum of communication. *Comparative Education,* 32(2), 185-196.

Lapointe, A., Mead, N. A., & Phillips, G. W. (1989). *A world of differences: An international assessment of mathematics and science* (Report No. 19-CAEP-01). Princeton, NJ: Educational Testing Service.

McGinn, N. (1996). Education, democratization, and globalization: A challenge for comparative education. *Comparative Education Review, 40* (4), 341-357.

McKnight, C., et al. (1987). *The underachieving curriculum.* Champaign, IL: Stipes Publishing.

Monbusho (Ministry of Education, Science, Sports and Culture). (1996). *Japanese government policies in education, science, sports and culture.* Tokyo: Author.

Robitaille, D. F. & Travers, K. J. (1992). International studies of achievement in mathematics. In D. Grouws (Ed.), *Handbook of research on mathematics education* (687-709). NY: Macmillan.

Schmidt, W. H., et al. (1996). *Characterizing pedagogical flow.* Dordrecht: Kluwer Academic Publishers.

Schmidt, W. H., McKnight, C. C., & Raizen, S. A. (1997). *A splintered vision: An investigation of U.S. science and mathematics education.* Dordrecht: Kluwer Academic Publishers.

Schmidt, W. H., McKnight, C. C., Valverde, G. A., Houang, R. T., & Wiley, D. E. (1997). *Many visions, many aims, Vol. 1: A cross-national investigation of curricular intentions in school mathematics.* Dordrecht: Kluwer Academic Publishers

Schümer, G. (1999). The TIMSS Videotape Classroom Study. In *Proceedings of the conference on mathematics and elementary science education: German, Japanese and U.S. perspectives* (Dec. 3-5, 1997). Berlin: Japanese-German Center of Berlin.

Sierpinska, A. & Kilpatrick, J. (1998). (Eds.). *Mathematics education as a research domain: A search for identity (Book 1 & 2)*. Netherlands: Kluwer.

Silver, E. & Kilpatrick (1994). E Pluribus unum: Challenges of diversity in the future of mathematics education research. *Journal for Research in Mathematics Education, 25*, 734-754.

Stedman, L. C. (1997). International achievement differences: An assessment of a new perspective. *Educational Researcher, 26*(4) 4-15

Stigler, J.W. & Hiebert, J. (1999). The Teaching Gap. New York: Free Press.

Stigler, J.W., & Stevenson, H.W. (1991). How Asian teachers polish each lesson to perfection. *American Educator*, 15(1), 12-20, 43-47

Stigler, W. J., et al. (Eds.). (1996). *The TIMSS Videotape Classroom Study: Methods and preliminary findings* Los Angeles: University of California at Los Angeles, Psychology Department.

Survey of Science and Mathematics Opportunities. (1993). *TIMSS: Concepts, measurements and analyses* (Research Report Series No. 56). East Lansing: Michigan State University.

Travers, K. J., & Westbury, I. (1989). *The IEA Study of Mathematics, I: Analysis of mathematics curricula.* Oxford: Pergamon.

U.S. Department of Education, National Center for Education Statistics. (1997). *TIMSS Video Classroom Study* [On-line]. Available: http://nces.ed.gov/timss/video/index.html

Waters, M. (1995) *Globalisation*. London: Routledge.

Westbury, I. (1989). The problems of comparing curriculums across educational systems. In A. C. Purves (Ed.), *International comparisons and educational reform* (pp. 17-34). Alexandria, VA: Association for Supervision and Curriculum Development.

Sub-Theme I
Sous-Thème I

Looking Back, Moving Forward
Un regard en arrière, la réalisation du progres

5

Les Textes Historiques Authentiques Comme Déclencheur de l'Activité Mathématique et Scientifique en Primaire

FRANÇOISE CERQUETTI-ABERKANE, IUFM de Creteil, FRANCE

A team of teachers training from Creteil Teacher Training College, under the leadership of Evelyne BARBIN has been experimenting for several years the use of historical activities in pre and in-service training as well as with children in the upper primary school, aged 9 to 11. The first results show the way children envision mathematics was notably changed after historical activities were set. Moreover, some children were involved in a true mathematical research activity which was not part of their normal problem solving experience. Since such activities could prove valuable for low ability pupils in mathematics, we looked for additional activities suitable for young pupils at the Paris National Library. As we found a wide range of texts, we decided to experiment using genuine historical texts with children instead of rewriting these texts. We thought it was important that children could feel the same emotion as we had when we read these texts from the 17th, 18th and 19th century.

Depuis plusieurs années une équipe d'enseignants formateurs de l'IUFM de Créteil, dirigée par Evelyne Barbin, expérimente l'utilisation d'activités historiques en formation initiale et continue, ainsi qu'avec des enfants de classes de cycle 3 de l'école primaire (9 à 11 ans). Les premiers résultats obtenus montrent que la représentation des mathématiques des élèves a été notablement modifiée après la mise en place des activités de type historique. De plus, certains enfants ont pu faire preuve d'une véritable activité de recherche mathématique que la résolution de problèmes habituels n'avait pu susciter. Constatant l'impact que ces activités pouvaient avoir auprès des étudiants et d'enfants en difficulté en mathématiques, nous avons poursuivi notre recherche à la Bibliothèque Nationale de Paris afin de trouver d'autres activités utilisables avec de jeunes élèves. Devant la richesse des textes que nous avons trouvés nous avons voulu tenter l'expérience de donner les textes originaux authentiques aux enfantset non plus une adaptation de ces mêmes textes. Il nous semblait important que les enfants puissent ressentir la même émotion quecelle que nous avions pu nous-mêmes éprouver à la lecture de ces textes du 17ème, 18ème et 19 ème siècles. Nous voulions leur faire prendre conscience de l'évolution des mathématiques au cours du temps et ainsi humaniser cette matière en perpétuelle évolution. Notre recherche vise à la réalisation d'un ouvrage permettant aux enseignants du primaire d'utiliser de telles activités.

I Objectifs de la recherche

Notre projet est l'apprentissage de et par la résolution de problèmes à caractère historique.

L'histoire montre que l'on n'a pas toujours su ou connu de la même façon, qu'il y a eu bien des hésitations et des chemins qui ont conduit à ce qui est aujourd'hui enseigné. Lorsque les savoirs mathématiques ont un sens pour les élèves et lorsqu'ils sont vus comme les résultats d'une activité, le plaisir des mathématiques peut naître chez les élèves en difficulté. Cette culture mathématique ne doit pas être réservée à une élite mais être accessible au plus grand nombre.

II Methodologie

Nous intervenons dans des classes de cours moyen deuxième année (9- 11 ans) situées en ZEP (Zone d'éducation prioritaire, enfants en difficulté scolaire et parmi lesquels un grand nombre d'entre eux sont issus de l'immigration).

J'anime la classe une fois par semaine pendant environ une heure et quart en présence de la maîtresse de la classe qui filme le plus souvent mon intervention.

Si nécessaire, la maîtresse revient au cours de la semaine suivante sur la notion ou propose aux enfants un exercice d'évaluation. Je suis intervenue 11 fois au cours de l'année.

Je présente l'activité en expliquant l'origine du document utilisé. S'il s'agit d'un tour de magie, je le réalise et je donne le texte original ainsi que sa transcription en caractère d'imprimerie, en conservant l'orthographe et le style du document original.

III Les activites utilisees

Huit textes historiques ont été utilisés. Il s'agit:

- du jeu de trois, tour de magie dans lequel il faut deviner qui a pris quoi, en regardant uniquement un nombre de jetons restant. La notion mathématique sous jacente est la résolution de problèmes par l'étude des différents cas possibles.
- d'additions de sommes d'argent exprimées en livres sols et deniers. La notion mathématique traitée est l'utilisation d'un système non décimal permettant la prise de conscience de la notion de retenue.
- du calcul rapide permettant de faire les multiplications par 12 et par 15. L'objectif visé est de faire trouver des méthodes de calcul rapide en utilisant les propriétés de la multiplication.
- quatre façons de poser la multiplication. Il s'agit d'utiliser les propriétés de la multiplication pour comprendre le mode de fonctionnement de ces techniques..
- Faire la multiplication en une ligne. Il s'agit de revenir sur les notions de numération (unités, dizaines, centaines) pour comprendre la manière de procéder.
- Petits problèmes d'algèbre. Il s'agit de résoudre des équations du premier degré à une inconnue et d'inventer des problèmes qu'on sait résoudre.
- Le jeu de l'anneau (il s'agit d'un tour de magie dans lequel il faut trouver qui a mis un anneau à quelle main, à quel doigt et à quelle phalange en regardant le résultat d'une opération faite par les participants). C'est en fait un travail sur la numération
- Etude et reproduction du dessin géométrique d'un pavage marocain. La notion mathématique sous jacente est la reconnaissance de figures simples dans une figure complexe et la mise au point d'une technique de reproduction de figure.

IV Details de deux activites

1) Le jeu de trois

Lors de la première séance, le tour de magie est fait plusieurs fois. Il s'agit de trouver laquelle de la première, deuxième ou troisième personne a pris une pièce d'argent, un étui ou une image. Pour cela chaque personne doit prendre, parmi 24 jetons, un nombre de jetons déterminé suivant l'objet qu'il choisit. Le meneur de jeu peut alors répondre à la question en ne regardant que le nombre de jetons restant sur la table.

On demande aux enfants de dessiner les différentes étapes du tour. Le texte manuscrit et sa transcription en lettres d'imprimerie sont ensuite distribués aux élèves. Dans le texte les trois personnes sont appelées Pierre, Simon, Thomas, la première lettre de chaque prénom faisant référence à la Première, Seconde et Troisième personne. De plus, les trois objets sont symbolisés par les voyelles A, E et I. Tout ceci n'est pas clairement explicité dans le manuscrit. Les enfants essaient de retrouver les différentes étapes du tour dans le texte et de comprendre comment ce tour fonctionne. Trois enfants refont seuls le tour de magie. A l'issu de cette activité, plusieurs enfants ont compris la signification des lettres A, E, I, et de Pierre, Simon et Thomas.

Au cours de la seconde séance il s'est agi de trouver pourquoi le tour de magie fonctionne.

Quelques enfants proposent de faire l'inventaire de tous les cas possibles et de faire les calculs correspondant. La plupart d'entre eux se limite aux 3 cas suivants : A E I ; E A I ; I E A

Céline, qui a de grosses difficultés en résolution de problèmes, présente les différents cas possibles de façon très structurée et fait convenablement les calculs.

A, E, I; A, I, E; E, I, A; E, A, I; I, A, E; I, E, A.

Seul le meilleur élève de la classe Raphaël a présenté la recherche de la même façon.

Finalement, après discussion, 22 élèves sur 25 trouvent tous les cas possibles, les trois autres se limitant aux trois premières possibilités.

Dans le manuscrit figurent une phrase en latin et une autre en français qui permettent de mémoriser les différentes solutions et de trouver rapidement qui a pris quoi en jouant sur des mots contenant les voyelles a, e, i, à certaines places dans les mots. Les enfants cherchent à inventer une phrase personnelle ayant les mêmes caractéristiques que celle du texte. Enfin, ils refont le tour de magie en utilisant leur phrase.

On leur propose d'étudier ce qui se passerait avec une autre règle du jeu.

2) Géométrie

Lors de la première séance, une photocopie du pavage est donnée aux élèves.

figure jointe

Ils doivent l'observer minutieusement et tenter de le reproduire après discussion au sein d'un groupe de travail. On leur demande de verbaliser de ce qu'ils ont observé. Ils distinguent des triangles, des droites parallèles obliques, des cercles de même centre, des symétries, des parallélogrammes, des rectangles et des carrés, des étoiles, des quadrillages rectangulaires et carrés.

Beaucoup d'enfants se découragent lors de la reproduction car « quand on gomme une ligne, ça nous efface le reste» « A force de fixer le dessin on ne voit plus ce qui manque »

Ils ont des difficultés avec le report des mesures et dans l'organisation du travail.

Lors de la deuxième séance, les observations les plus pertinentes sont reprises par les enfants.

Ils mettent tous en évidence les quadrillages rectangulaires et carrés, les droites obliques parallèles et les cercles concentriques. Le vocabulaire de tangente est introduit après une précision donnée par les enfants sur la position des droites parallèles par rapport aux cercles.

Les enfants prennent conscience qu'ils n'ont pas réussi à reproduire convenablement la figure parce qu'ils ne se sont pas suffisamment organisés. On décide alors d'établir oralement une méthode de tracé qui permettrait de réussir à:

- tracer les quadrillages, puis les trois cercles, enfin les droites parallèles tangentes.

La structure triangulaire qui a permis de faire le pavage ainsi que les différentes étapes du tracé obtenues à partir de ce réseau triangulaire sont présentées au rétroprojecteur.

Certains enfants décident de refaire le tracé précédent ou choisissent de faire un nouveau tracé qu'ils créent et décorent.

Grâce à cette activité, ils ont pris conscience de la nécessité de structurer leur travail.

V PROLONGEMENTS DIVERS

La maîtresse de la classe a souhaité utiliser les textes en vieux français pour travailler sur l'orthographe. A sa grande surprise, les enfants ont trouvé toutes les erreurs faites, par rapport au texte original, dans la transcription du texte en caractères d'imprimerie. D'autre part, une élève qui écrivait systématiquement « es » à la place de « ez » à la deuxième personne du pluriel a été la première à remarquer qu'il y avait cette « faute » dans le texte original. A la suite de cette activité, plusieurs élèves en difficulté en dictée ont eu un regard beaucoup plus critique vis à vis de leur production écrite, à la suite de ce travail.

IV CONCLUSION

Pour conclure ce cycle d'activités un questionnaire a été distribué aux enfants. Quatre questions leur étaient posées:

Peux-tu citer les différentes activités historiques que nous avons faites ensemble?

Quelles sont celles qui t'ont le plus intéressé et pourquoi?

Que penses-tu de cette façon de faire des mathématiques?

Qu'as-tu retenu de tout ce travail?

On constate une modification importante de la relation aux mathématiques chez les élèves les plus en difficulté. Pour 20 élèves sur 25 ils disent avoir acquis une méthode de travail, avoir plus de confiance en eux, mieux réussir les résolutions de problèmes, éprouver du plaisir à faire des mathématiques.

Quelques phrases dites par les enfants au cours de l'expérience témoignent de ces modifications :

« Des fois on fait des mathématiques sans s'en apercevoir »(Raphaël)

« Les maths c'est comme un labyrinthe dans lequel il y aurait plusieurs sorties »(Sami)

« Notre intelligence grandit sans difficulté »(Marie-Caroline)

« Quelques fois on n'a pas du tout l'impression de faire des mathématiques, même quand on ne fait pas de la magie ». (Naïma)

« On peut aussi jouer et travailler en même temps, mais on ne s'en rend pas compte » (Nelly)

« Cela fait augmenter notre potentiel au niveau mathématique et français » (Dramane)

Bibliographie

F. Cerquetti-Aberkane « Utilisation de l'histoire des mathématiques et des sciences dans l'enseignement primaire et en formation des maîtres » (atelier C de la 50ème CIEAEM Neuchâtel 1998) à paraître dans les actes.

F. Cerquetti-Aberkane « Introduction à une démarche scientifique en primaire à partir du problème de Galilée » n°35 d'avril 1999 de la revue de l'IREM Repères

P. Johan « Géométrie des arpenteurs de l'Antiquité avec des enfants de 8 à 13 ans » in Historia e Educaçao matematica, Actes du Congrès HPM Université de Braga pp 222-233

F. Cerquetti-Aberkane, P.Johan, A. Rodriguez « Les maths ont une histoire, activités au cycle 3 » Collection pédagogie pratique Hachette éducation mai 1997

E. Barbin « La démonstration : pulsation entre le discursif et le visuel » in actes du Colloque « Produire et lire des textes de démonstrations » Janvier 1998 Institut Mathématiques de Rennes Université de Rennes I

M. Fabre Situations problèmes et savoir scolaire PUF Collection Education et formation 1999 Paris.

Manuscrit Fond Français de la BN Ref 14731 Arithmétique curieuse par sa nouveauté facilité brièveté. 1702

Manuscrit Fond Français de la BN ref 660 Opérations et problèmes d'arithmétiques 1602

6

Studying the History of Mathematics by Decoding Original Writings

WARWICK EVANS, JANE BLACK & MARIA STEWART, University College Chichester, UK

The authors describe a second year undergraduate course on the History of Mathematics at University College Chichester in which pairs of students decode an extract from the original work of an individual. The course has no time-tabled teaching sessions but each student pair negotiates weekly meetings with the tutor to review progress and discuss problems. Assessment is by a presentation in which the students explain the mathematics contained in their study, describe the social conditions of the time and place the mathematics in its historical context.

Les auteurs décrivent un cours sur l'histoire de la mathématique pour les étudiants de license a University College Chichester. Des paires d'étudiants décodent un extrait de l'oeuvre original d'un individu. Il n y a pas d'emploi du temps établi, plutot, chaque paire d'étudiants s'entends avec le directeur d'études tous les semaines pour évaluer leur progres et discuter les problèmes. Le côntrole de conaissancesest par une présentation ou les étudiants expliquent la mathématique dans leurs études, décrivent les conditions sociales du temps, et situent la mathématique dans son contexte historique.

All societies have created some mathematics in order to help them understand the world in which they live, and the mathematics we study today is a culmination of what has gone before. The authors consider it important that today's students should have some understanding of how mathematics has developed through previous centuries. By working historically on mathematical themes, students can encounter original writings of mathematicians of the past and can better appreciate the effort required to communicate new ideas and how mathematics has developed in response to a changing social environment.

One of the authors (Warwick Evans) teaches a half-module second year undergraduate course on the History of Mathematics. When he was a teacher in secondary school 12 years or so ago, he used historical references in the classroom whenever possible but was frustrated by the limited number of resources available. The IREM publication [8] was invaluable then, but many more (for example [1],[3],[5],[11]) are available now.

Any philosophical basis for such a course is based on the idea that mathematics is a human endeavour, and rather than ask "Why should a course include the History of Mathematics ?", the authors would rather ask "How can any sensible mathematics course not include the History of Mathematics?". In any other area of human endeavour such as Literature or Art it would be hard to imagine an undergraduate course which did not mention the history of the subject. Why should mathematics be different? These ideas are discussed further in [2],[4],[6],[7],[9].

In the current undergraduate course, pairs of students select, with tutor guidance, an extract from the original work of an individual mathematician and decode the work with tutor assistance. The other two authors (Jane Black and Maria Stewart) were one such pair of students this academic year.

The extracts change year by year but usually include:

- Omar Khayyam's work around 1100 AD on the cubic equation;
- the analytic solution of the cubic by various Italians as published by Cardano in Ars Magna in Italy in 1545 AD;
- Descartes' La Geometrie of 1637;
- the correspondence between Pascal & Fermat circa 1650 on Chevalier de Mere's problem which led to a theory of probability;
- Lagrange's proof from 1770 that any integer can be expressed as the sum of four squares;
- Gauss' construction of the heptadecagon in 1797;
- Bernouilli's challenge and solution of the Brachistochrone problem in the 18th Century.

The course has no time-tabled teaching sessions but each pair of students negotiates weekly half-hour meetings with the tutor to review progress and discuss problems. The students are assessed in the final week of the course which includes a three to four hour session of student presentations in which the students:

- explain the mathematics contained in their study;
- describe the social conditions of the time;
- place the mathematics in its historical context.

The first two criteria have been made easier this year by the availability of resources for background information on the Internet. Students are encouraged to use models, technology and drama in their presentations, which are given in chronological order of date of publication of the original work. It is hoped that this process, together with the contacts made between different student pairs during the six weeks of preparation, will bring out connections and contrasts between the various mathematical works studied by the groups.

Short descriptions of two examples of student work follows.

The two student authors were directed to a description in [2] of Omar Khayyam's geometric solution of the cubic. The extract begins:

"A solid cube plus squares plus edges equal to a number.

We draw BH to represent the side of a square equal to the given sum of the edges and construct a solid of height BG whose base is the square of BH which equals the given number. We draw BD equal to the given sum of the squares, draw a semicircle DZG, complete the the area BK and draw a hyperbola with BH and HK as asymptotes."

They began to decipher the mathematics independently as a pair with the support of weekly tutorials. This organisation gave them a feeling of ownership for the problem that was very motivating. They became very enthusiastic about the role their *own* mathematician played in history. Informal contact with other groups included sharing of some research materials and it was not unusual for the results of problem solving to be discussed over coffee in the canteen. This allowed the group as a whole to perceive the links between the mathematics.

The assessed presentation placed them in the position of working mathematicians presenting their own mathematics to an informed peer group. Their presentation opened with Persian music and a reading from the Rubaiyat, together with props and costumes to set the scene. The historical and social context was set with reference to events in Persia and England. A variety of media was used to demonstrate the mathematics including cuboids constructed from cardboard, Geometer's Sketchpad and modern day algebra. The language in the extract is medieval and the lack of algebraic notation makes the decoding exercise difficult.

Essentially, they translated "*A solid cube plus squares plus edges equal to a number*" as $x^3 + p.x^2 + q^2.x = r^3$ thus making each term of degree 3 represent a solid.

They used the circle mentioned above in the extract to get $(r^3/q^2 - x).(p + x) = z^2$ and the hyperbola to get $(r^3/q^2 - x).q = x.z$

Multiplying the first equation by x^2 and squaring the second gives two expressions for $x^2.z^2$.

These can be equated and manipulated to give Omar Khayyam's $x^3 + p.x^2 + q^2.x = r^3$.

Another pair of students tackled the description in [2], of Cardano of Tartaglia's method for the analytic solution of the cubic, originally published in Ars Magna in 1545, which begins:

"*On the solution to a cubic equation.*

Scipio del Ferro of Bologna about thirty years ago invented the method set forth in this chapter, and communicated it to Antonio Florido of Venice, who when he was once engaged in a contest with Nicolo Tartaglia of Brescia announced that Nicolo also invented it. Nicolo communicated it to us but suppressed the demonstration. With this aid we sought the demonstration and found it, though with great difficulty, in the manner which we set out in the following.

For example, let the cube of GH and the six times the side GH be equal to twenty"

Cardano's original text too is difficult to decode, but by the end of the module the students were able to present the fascinating story involving Fior, Tartaglia and Cardano. To help explain the mathematics they distributed 'Multilink' cubes and asked each of the group to make three identical cuboids. The group were then asked to try to fit together the three cuboids and two different cubes to make a larger cube. It turns out that this is only possible if the cuboids are such that the sum of the two smaller edges is equal to the larger edge.

Suppose the three sides of the cuboids are u, x and v. Then one can fit together the three cuboids and two cubes of edge u and x to make a cube of edge v only if $u + x = v$.

Looking at the Multilink cubes, one can see that	$u^3 + x^3 + 3u.v.x$	$= v^3$
That is,	$x^3 + 3u.v.x$	$= v^3 - u^3$
So to solve, for example, the cubic	$x^3 + 6.x$	$= 20$
you look for u and v such that	$u.v = 2$ and $v^3 - u^3$	$= 20$
This leads to the equation	$v^3 - 8/v^3$	$= 20$
and then to a quadratic in v^3.	$v^6 - 20v^3 - 8$	$= 0$

This can be solved for v^3 from which one can find v. One can find u in a similar way. Finally $x = v - u$ and the cubic is solved.

Students have mostly reacted positively, as the following quotes from the module evaluation process show:

- "This module has proved that the course so far has enabled us to read 'real mathematics' when encountered"
- ". . . it has given me a real appreciation of the development of mathematics over the centuries"
- ". . . opened my eyes to the development of mathematics outside Europe"
- "The presentations made me understand about the mathematicians studied by the other groups'"
- "I've developed a good understanding of how earlier mathematicians went about their work"
- "This module was run very differently to others. I found it helpful to be able to work with a partner".
- "The tutor support was supportive without taking over from our own work"
- " We gained a new awareness of the global nature of mathematics; For example, some mathematics that we do today has been developed from Persian mathematics.
- "Looking at original writings helped to emphasise the human activity aspect of mathematics which will affect the way we teach mathematics in the future"
- "We gained a new sense of perspective realising that although the individual mathematician may not be able to see her work in terms of the long term development of mathematics, different themes do connect and run through the history of mathematics"

But not all evaluation comments are so positive:

- "6 weeks didn't let me learn about any mathematician other than the one we picked"
- "Would like to focus on more than one mathematician"
- "I have to say that 6 weeks is really too short"
- "We would have liked a longer module because our investigations raised some questions which remain unanswered"
- "The resulting presentations were too short too fully address the depth of the mathematics encountered"

The authors feel, perhaps paradoxically, that the last two criticisms are evidence for the high level of motivation that the style of this module engendered.

References

[1] Calinger, R "Classics of Mathematics" Prentice Hall, 1995

[2] Ernest P *"The History of Mathematics in the Classroom"*, Mathematics in Schools, Sep 1998

[3] Fauvel J & Gray J *"The History of Mathematics: A Reader"* Macmillan Press, 1987

[4] Fauvel J. *"Using History in Mathematics Education"*, in For the Learning of Mathematics, 1991

[5] Furinghetti F *"The Ancients and the approximated calculation: some examples and suggestions for the classroom"*, Mathematics Gazette,
Mar 1992

[6] Haggerty R *"The Place of the History of Mathematics in the Undergraduate Curriculum"* International Journal of Mathematics Education in Science & Technology,

No. 22, 1991

[7] Heiede T *"Why Teach History of Mathematics?"* The Mathematical Gazette, Mar 1992

[8] Groupe IREM *"Mathematiques approche par des textes historiques"* IREM 1986

[9] Meserve B *"The History of Mathematics as a Pedagogical Tool"* in Proceedings of ICME4, 1983

[10] Ponza M V *"A Role for the History of Mathematics in the Teaching & Learning of Mathematics - An Argentinian Experience"* Mathematics in School, Sep 1998

[11] The Mathematical Association *"History in the Mathematics Classroom"* The Mathematical Association, 1990

7

Some Difficulties in Incorporating History of Mathematics in Teacher-Training

MICHAEL N. FRIED, Ben-Gurion University of the Negev, Israel.

L'article ci-aprés traite d'un dilemme qui se rencontre dans toute tentative d'incorporer l'histoire des mathématiques dans les programmes scolaires et dans la formation des enseignants. Cela implique en effet, que pour respecter la fidélité à notre engagement d'enseigner les mathematiques contemporaines, il est nécessaire que nous empruntions l'approche Whiggienne, approche inacceptable pour l'historien sérieux. L'article analysece dilemme et suggère une solution qui s'appuie sur quelque idées de base de philosophie des sciences.

In this paper, I ask whether teacher-training programmes can realistically inculcate a sense of history in teachers of mathematics. Being one whose main academic work is in the history of Greek mathematics, and also whose day to day work is otherwise teaching high school mathematics and training mathematics teachers, I can frame this question in concrete terms: Can one like myself realistically combine his(her) role as historian of mathematics with his(her) role as a mathematics educator? The answer may well be that one in this position is forced to live a double life. Yet, thought of in the right way, this may be neither an impossible nor undesirable situation. This I will suggest at the end of the paper.

To start, then, let us consider the role of the mathematics teacher. At the risk of over-simplifying, let us just ask what does a mathematics teacher *have to* teach? Where to look in order to answer this question is clear: the *curriculum*. Of course, mathematics curricula vary from place to place and school to school, but such variation is limited by the requirement that certain subjects *always* be included. Thus, while a mathematics curriculum eliminating *odd and even functions* is perfectly conceivable, it would be hard to imagine a modern curriculum without the *concept of a function and its graph*. Or, while it might be debatable how far students should know *trigonometric identities* and how to solve complicated *trigonometric equations*, eliminating the *definition* and *basic properties* of *trigonometric functions* from the mathematics programme would be a highly controversial position indeed.

Functions and their graphs, derivatives, trigonometry, basic algebra, and so on, are central in any field where mathematics plays a significant part – not to say in mathematics itself! Even those who stress *general problem-solving strategies* in mathematics education would not deny these modern ideas and techniques their place in the core of the mathematics curriculum (see, for example, (1989) the NCTM standards). So, whatever else (s)he teaches or whatever approach (s)he adopts, the mathematics teacher is, one way or another, *committed* to this core material and its importance in preparing students for creative work in mathematics, the sciences and engineering.

What about the *historian of mathematics*? What are *his/her* commitments? The historian-any historian - is dedicated to reconstructing the past. This is a problematic enterprise, even in those areas of history where one seems to be in possession of the "facts." For the "facts" of history, other than trivial ones, are hardly ever facts plain and simple (see Carr 1967), but reflections of an historian's own values and ideals, prejudices and presuppositions. This is particularly the case, naturally, in the history of ideas, of which the history of mathematics is a part. So how can the historians faithfully reconstruct the past? They can't! What the historian does is adopt an attitude that helps him/her avoid <u>un</u>faithfully reconstructing the past! Let me be a little less cryptic.

First of all, the historian of ideas works with texts. To avoid an unfaithful reconstruction of the past, then, the historian's desideratum is to be faithful to the text. And what the text *is* for the historian is not a mere representative of some persistent structure but a snapshot of a particular moment in time, different from the moment before and the moment after. Indeed, to the extent the historian truly believes history is real, (s)he believes that the world is always in flux, that it changes, that the present, therefore, is unlike the past (Butterfield 1951, Elton 1969). This means the historian must shun anachronism and embrace the idiosyncratic, the different. The historian G. R. Elton summarizes the position beautifully: "[History] is concerned with all those human sayings, thoughts, deeds and suffering which occurred in the past and left present deposit; and it deals with them from the point of view of happening, change, and the particular" (Elton 1969, p.24). So *the historian's commitment* is this - be true to texts, shun anachronism, embrace idiosyncrasy and difference.

Standing opposed to this is what Herbert Butterfield called the "Whig interpretation of history" (Butterfield, (1931)1951, Kragh, 1987) Originally, this referred specifically to a brand of British historiography in which the history of England was seen as the continual unfolding of liberal ideals held dear by the Whig party. But Butterfield recognized, at the same time, that this was only representative of a general negative historiographic tendency. In a Whig interpretation of history the present is the measure of the past. Hence, what one considers significant in history is precisely what leads to something deemed significant today. Butterfield described the Whig historian as a maker of "a gigantic optical illusion": the Whig historian produces what *appears* to be a clear and certain picture of the past, but *in fact* what is produced is a distortion. For Butterfield, Whig history is worse than bad history, it is hardly history at all. As he says, "The study of the past with one eye, so to speak, upon the present is the source of all sins and sophistries in history, starting with the simplest of them, the anachronism...And it is the essence of what we mean by the word 'unhistorical'" (Butterfield, (1931)1951, pp.30-31).

Let us now return to the mathematics teacher. As we have said, the teacher is *committed* to teaching modern mathematics and modern mathematical techniques. History of mathematics must, therefore, serve this end, if it is to be introduced into the classroom. For the teacher, history is something to *be used* more than studied for its own sake– indeed, the word "use" comes up over and over in the literature on history of mathematics and mathematics education, as one sees in such titles as . Since the history of mathematics in the classroom *must be subordinated* to the needs of teaching modern mathematics and modern mathematical applications, either by choice of topics or by the mode of presentation, it must be *unavoidably* Whiggish in its approach--so much so that if a question of Whiggism arises at all it becomes "only an issue for purists." Consider the case of "geometric algebra."

The notion of "geometric algebra" was invented at the end of the 19th century by the Danish mathematician Hieronymus Georg Zeuthen (1839-1920) in connection with his decidedly algebraic interpretation of texts such as the second book of Euclid's ***Elements*** (see Zeuthen 1886, pp.1-38). In Book II of the ***Elements***, one finds propositions such as this (II.5): If a straight line AB is cut into equal segments at point C and into unequal segments at D, then the rectangle contained by AD, DB together with the square on CD is equal to the square on CB (see Figure1). Setting AC (or CB)= a and CD=b, so that, also, AD=(a+b) and DB=(a-b), anyone *who already knows algebra* and *has algebra in mind* can easily see the connection between ***Elements*** II.5 and the algebraic identity:

$$(a+b)(a-b)+b^2=a^2 \text{ or } (a+b)(a-b)=a^2-b^2.$$

Zeuthen, however, went one step further and claimed that books like that of Euclid are, *in fact*, algebra, and that it is only their *form* that is geometric. This algebra in geometric form is what Zeuthen called "geometric algebra," and he used it to justify his distinctly modern approach to the interpretation of all Greek mathematics, particularly, of the Greek theory of conics.

There is not enough time to go into a detailed history of Zeuthen's "geometric algebra " in this century, but the main points are these. 1) At the outset, "geometric algebra" was accepted enthusiastically and almost universally by historians and history-minded mathematicians. 2) In the 1930s, serious doubts in the interpretation began to appear in works such as J. Klein's ***Greek Mathematical Thought and the Origin of Algebra*** (Klein, 1968). 3) These doubts turned into controversy with the publication of S. Unguru's "On the Need to Rewrite the History of Greek Mathematics" in 1975 (Unguru, 1975, Fauvel and Grey, 1987). 4) Today, the validity and usefulness of "geometric algebra" as an interpretative notion is repudiated by almost every historian of Greek mathematics (see, for example, Fried 1999, Grattan-Guinness 1996, Berggren 1984).

Although some educators will qualify remarks about "geometric algebra," as when Philip S. Jones writes, "We must also warn here that we have used symbolic manipulation much beyond anything attributed to Diophantus or Euclid" (in Swetz, Fauvel, *et al.* 1995, p.15), this is usually not the case. For example, in a 1996 article on using history in the classroom (Kooper, 1996, pp.27-28), the author presents an historical approach to completing the square. Referring to the expression x^2+6x she writes,

"The Greeks of the fourth century B.C.E. represented numbers by line segments. Products of two numbers were represented by means of the area of rectangles. x^2 is the area of a square whose side is x, and 6x is the area of a rectangle whose dimensions are 6 and x ..." Now, it may be that the author of this article was simply unaware of all that as been argued and said about "geometric algebra." Perhaps, then, we should only amend her remarks and suggest that, instead of speaking about the Greeks, she should refer to Cardano or al-Khwarizmi, since they *did* use such geometric arguments to justify their algebraic ideas and techniques. But I think this is missing the point. An historian's commitments are such that, *for the historian*, the unqualified use of an unsettled issue, not to say one like "geometric algebra" that is largely rejected in history circles, is completely unacceptable. The educator's commitments, however, are not the historian's. The point the author wished to make by the example above is that "History helps the understanding of topics in the [mathematics] curriculum"; her commitment is to teach the technique of completing the square, not the ins and outs of Hellenistic mathematical thought. As educators, she and I do want an historical discussion to be true, but, above anything else, we want our students to learn the modern techniques and approaches we are committed to teach. Indeed, if our students do *not* learn and understand such techniques and approaches, we might rightfully be accused of not doing our job. Thus, *for the educator*, using a notion such as "geometric algebra," if it can be shown to help the understanding of completing the square, could well be seen as a genuinely justified teaching strategy.

We appear to be faced with a dilemma: shall we be true to our commitment to teach modern mathematics and risk being Whiggish in our attempts to introduce history into the classroom, or shall we adopt an approach that is truly historical and risk presenting material irrelevant to the mathematics students need in the sciences and engineering? This is a true dilemma: the question of what leads to good mathematical thinking and the mastery of mathematical techniques is as weighty a question for the mathematics educator as is the question of what history is truly historical for the historian of mathematics. However, there are, I think, two resolutions to this dilemma, or, at least, frameworks for a resolution. The first involves *complete integration*, that is, transforming the teaching of mathematics into the study of *mathematical texts*, something along the lines of the "Great Books Program" at St. John's College in Annapolis, Maryland in the United States. The second involves *complete separation* between teaching mathematics as it is done and needed today and teaching the history of mathematics. I shall discuss the second possibility only, both because it is the one most appropriate and practical in teacher-training programs.

Since teachers participating in training programmes generally have enough of a mathematical background that a full mathematics course is unnecessary; there is time to discuss the history of mathematics apart from any other consideration. So, in teacher-training programmes, the history of mathematics is already, in a sense, put on a separate track. The problem is persuading teachers that this genuinely *is* a separate track. In my own experience in the *Kidumatica* program in the Southern region of Israel, I found that what excited teachers most were the historical proofs or solutions to problems that could serve as alternate proofs or solution techniques in their classes. Yet, these were often only illustrations of historical modes of thinking, and when these modes of thinking were confronted in a direct way, the teachers usually saw the discussion as irrelevant or overly "philosophical." The teachers expect the teaching of mathematics and of the history of mathematics to be undertaken in the same forum and with the same motives and presuppositions. But we have seen that they are governed by very different commitments. Let us assume we have convinced the teachers that, indeed, mathematics and the history of mathematics belong to two separate tracks. What should the teachers expect in each track?

In the mathematics track, mathematics is taught as if it were absolute and timeless, that is, as if what is known today will ever remain part of the fixed body of mathematical knowledge. In this track, change in mathematics occurs through enlargement; in other words, change in mathematics is understood here as cumulative and linear.

The history of mathematics is taught as a record of human thought about such things as "number," "shape," and "space," with the understanding that even "number" is not fixed in its meaning. Studying in this track involves the reading of mathematical texts, where the appellation "mathematical" is applied not by us but by the writers of the texts or their contemporaries.

By separating these two tracks, have we really solved anything? Have we not, rather, *rejected* any possibility of combining mathematics education and the history of mathematics?

The question may be related to a parallel issue concerning the history and philosophy of science discussed by Yehuda Elkana. The problem Elkana raises (Elkana 1978, 1981, Corry, 1989) is that historians must take a *relativist's* view of science, that is, a view in which knowledge is dependent on a context such as culture, time, place, or discipline, while a scientist, by contrast, must take a *realist's* view, that is, a view in which it makes sense to speak of objectively true or false statements about the world, so that scientific knowledge, therefore, involves the permanent accumulation of true propositions; the two views seem hopelessly opposed. In fact, however, Elkana claims that "This polarization is not only unnecessary but dangerously misleading, and the solution to the apparent inconsistency is simply to hold [the two views] both simultaneously. This is what I mean by *two-tier-thinking*..." (Elkana 1978, p.313). In two-tier-thinking , one recognizes that problems, the authority of theoretical principles, and so on are *chosen* in a way consistent with the relativist's point of view (tier 1), but, *once chosen*, they take on an objectivity and absoluteness that marks the realist's point of view (tier 2). Two-tier-thinking, of course, is not a practical solution and is somewhat problematic philosophically (see Freudenthal, 1996), but I think it might be the right *framework* within which one should think about the problem of combining the roles of historian and teacher of mathematics. Indeed, I think it is the way to achieve a truly humanistic approach to mathematics that is also mathematics.

Bibliography

Berggren, J. L. 1984. "History of Greek Mathematics: A Survey of Recent Research." Historia Mathematica. 11:394-410.

Butterfield, H. [1931] 1951. The Whig Interpretation of History. NewYork: Charles Scribner's Sons.

Carr, E. H. 1967. What is History? Harmondsworth: Pelican Books.

Corry, Leo. 1989. "Linearity and Reflexivity in the Growth of Mathematical Knowledge." Science in Context. 3 (2):409-440.

Elkana, Yehuda. 1978. "Two-Tier-Thinking: Philosophical Realism and Historical Relativism." Social Studies of Science. 8: 309-326.

Elkana, Yehuda. 1981. "A Programmatic Attempt at an Anthropology of Knowledge." In Science and Cultures. Edited by E. Mendelson and Y. Elkana. Vol. 5 of Sociology of the Sciences. Dordrecht: Reidel.

Elton, G. R. 1969. The Practice of History. London and Glasgow: The Fontana Library (in association with Sydney University Press).

Fauvel, John and Jeremy Grey. 1987. The History of Mathematics: A Reader. London: The Open University.

Freudenthal, Gideon. 1996. "Pluralism or Relativism?" Science in context. 9(2):151-163).

Fried, Michael N. 1999. A New Look at the Geometric Character of Hellenistic Mathematics: The Case of Apollonius. Unpublished Ph.D. dissertation. Cohn Institute for the History and Philosophy of Science and Ideas at Tel Aviv University.

Grattan-Guinness, Ivor. 1996. "Numbers, Magnitudes, Ratios, and Proportions in Euclid's *Elements*: How Did He Handle Them?" Historia Mathematica. 23:355-375.

Klein, J. 1968. Greek Mathematical Thought and the Origin of Algebra. Trans. by Eva Brann (from "Die griechische Logistik und die Entstehung der Algebra" in Quellen und Studien zur Geschichte der Mathematik, Astronomie und Physik (Abteilung B: Studien), 3 (fasc. 1, 1934), 18-105 and 3 (fasc. 2, 1936), 122-235), Cambridge, Mass.: The M.I.T. Press.

Kooper, Amira, "The Historical Development of Mathematics—Its Integration into the Teaching of the Subject in the Upper Grades by Means of Independent Readings by Students" (in Hebrew). 1996. Aleh 18:27-31.

Kragh, H. 1987. An Introduction to the Historiography of Science. Cambridge: Cambridge University Press.

National Council of Teachers of Mathematics. 1989. Curriculum and Evaluation Standards for School Mathematics. Reston, VA:NCTM. Available at the web site http://www.enc.org/reform/index.html.

National Council of Teachers of Mathematics. 1989. Historical topics for the mathematics classroom. Reston, VA:NCTM.

Swetz, F., Fauvel, J., Bekken, O., Johansson, B., and Katz, V. 1995. Learn from the Masters. Washington, DC: The Mathematical Association of America.

Unguru, S. 1975. "On the Need to Rewrite the History of Greek Mathematics." Archive for History of Exact Sciences. 15:.67-114.

Zeuthen, H. G. 1886. Die Lehre von den Kegelschnitten im Altertum. Kopenhagen. (repr., Hildesheim:Georg Olms Verlagsbuchhandlung, 1966).

8

Historic Examples as a Means to Become Critical

UWE GELLERT, Freie Universität, Germany

In this contribution, two historical findings are used to understand the consequences for the development of mathematics when a particular culture is dominant. Two historic examples are analysed: (1) The role of the development of mathematics in the ancient culture of trade in Mesopotamia; (2) the mathematisation of town planning and conflicts with church authorities during the Italian Renaissance. It is shown how social and cultural aspects frame and influence the development and the application of mathematical knowledge.

On peut regarder en arrière pour comprendre les conséquencespar rapport au développement des mathématiques là où domine telle ou telle culture. Deux exemples historiques sont analysés: (1) Le rôle du développement mathématique dans la culture dominante du marché en Mésopotamie; (2) la mathématisation de l'urbanisme sous la culture dominante de la réligion en Italie aux temps de la Renaissance. Il se trouve comment des aspects culturelset sociaux peuvent entourner le développement et l' application du savoir mathématique.

1. Introduction

"Looking back" concerning the cultural diversity in mathematics is a venture that may take a historical or ethnographical perspective. The primary aspiration, then, is to elucidate how different cultural constructions of reality affect the way in which mathematics influences, or shapes, social action. Mathematics, in this view, has an interdependent relationship to culture and society. This interest is a first perspective on historical and/or ethnographical issues. Reflections upon the practice of ethnography and the concept of culture have established a second approach to ethnographical writing (cf. Geertz, 1983; Marcus and Fischer, 1986). The diversity of cultures can be used to understand how *we* make sense of *our* social actions. For instance, we can find similarities in, and differences between, the use of mathematics in our culture and other cultures.

In this contribution, two historical findings are used to understand the consequences for the development of mathematics when a particular culture is dominant. From the first order perspective on history and ethnography, this itself may be of value. Moreover, we may ask whether historical evidence of how culture and society frame the application of mathematical knowledge can help us in untangling the topical net of interrelations of mathematics, society, and technology. Thus, from an educationalist's view, the analysis of historic examples may serve as a means to foster critical thinking.

2. The dominant culture of trade in Mesopotamia

From the view of mathematics education, early Mesopotamian trade can be described in terms of a developing proto-arithmetic. It can be analysed to understand how the demands of long-distance trade affected technological and mathematical development (Nissen, Damerow and Englund, 1990).

According to archeological findings, counting symbols were the first mathematical tool in trade processes. Such "tokens" were used to record the amount of articles of commerce, for example, the number of cattle or a certain quantity of corn. To every counted unit there corresponded one token so that the number of tokens represented the amount of articles of commerce. While originally every token represented the same amount of the particular merchandise, very early varied shapes of tokens with different values were used. Generally, the tokens were made of clay and shaped like simple geometrical bodies (Figure 1).

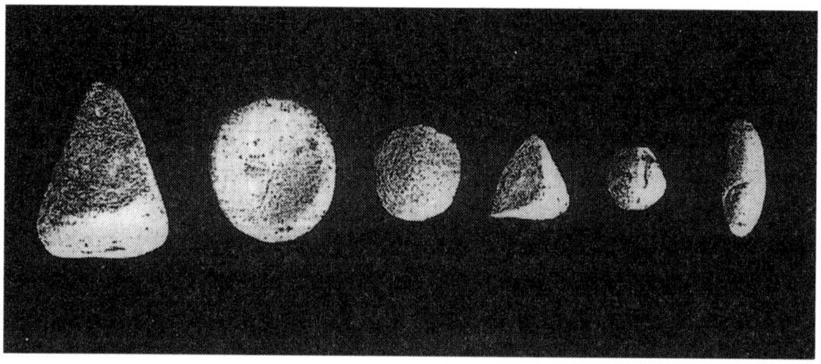

Figure 1: Tokens
(Nissen, Damerow and Englund, 1990, 48)

Figure 2: Sealed ball of clay.
(Nissen, Damerow and Englund, 1990, 173)

This method of recording the amount of articles of commerce was perfectly adequate in a trade situation where the trading partners exchanged their products directly. It was no longer apt when long-distance trade required that the consignee could be sure to receive the same amount of products that the consignor has send on the way. There was the need for security that the carrier did not sell part of the amount for his own benefit. In other words, how to invent a bill of delivery without writing practice.

Several balls of clay have been excavated in Mesopotamia. In the inside of these hollow balls, tokens have been identified by means of radioscopy. In order to make sure that the consignee actually received the right amount of products, the consignor wrapped up the tokens in a ball of clay and sealed its surface (Figure 2 and Figure 3).

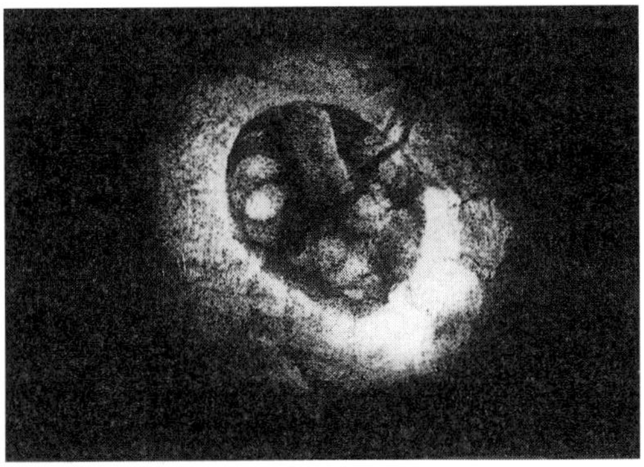

Figure 3: Radiography of ball of clay.
(Nissen, Damerow and Englund, 1990, 173)

Figure 4: Tablet of clay.
(Nissen, Damerow and Englund,1990, 17)

From the idea of sealing the surface of the balls of clay, it is, historically, a short step to tablets of clay, consisting of imprints of tokens and the signet of the consignor (Figure 4). In this way, it was no longer necessary to actually send tokens that represent a certain amount of products but to send symbols on tablets. These symbols can be interpreted as representations of second order.

This historical example elucidates a particular course of mathematical, social and technological development (Figure 5).

more effective administration
➔ impulse for extension of long-distance trade

- -

second solution
➔ better technology, based on development of numerical knowledge

- -

first solution
➔ new technology

- -

socio-cultural needs from trade development

- -

"old"mathematics based version of trade

Figure 5: Course of development.

Tokens as early trade technology became insufficient when social development led to the invention of long-distance trade. As a first solution to the emerging problems the technology of sealed balls of clay was introduced. The technological development based on the discovery that counting symbols (tokens) may be represented by imprinted signs led to the invention of clay tablets. On these clay tablets, it was easily possible to modify the imprinted signs. The refinement of the new signs, for example, the establishment of various counting systems, can be considered as the development of numerical knowledge. There is archeological evidence of calculation within different counting systems. Finally, these processes effected an impulse for the extension of trade in Mesopotamia.

3. The dominant culture of religion in Renaissance Italy

The period of the Renaissance is commonly held to constitute the entrance into modern scientific thinking - or at least its basis. Taking classical Greek and Hellenistic achievements into account and following the idea of inquiry by systematic research, the citizens of the Renaissance towns questioned the medieval clerical world and tried to shape their modern society by the means of new machines and a reformed interpretation of the system of government in accordance with a humanistic body of thought.

This can be demonstrated in the modification of the Tuscan village Corsignano into the model town Pienza by Pope Pius II around 1460. The realised concept of the central place (or 'Piazza') and the new cathedral of Pienza curiously shows the difficulties of the step from the town symbolising the church authority of the sovereign, to the town intending to give evidence of the sovereign's new identity as a humanist. The unchanged existing village of Pienza bears testimony to a unique mixture of irrationality, as well as the then newly found rationality in the Quattrocento concept of an ideal town and society (Gellert, 1996; Pieper, 1986).

The main point of interest is the geometrical structure of the Piazza and its hidden connections with the geographical position and size of the cathedral. A first hint for the discovery of these subtle interrelations is the unusual orientation of the cathedral. Normally, the chancel is directed to the East, but in Pienza, it is oriented towards the south, opening the view to the Monte Amiata, which dominates southern Tuscany. A more sophisticated reason for this "incorrect" orientation is only observable in the equinoxes, the dates when the nights and the days have the same length in spring and autumn. On these days, the construction of the building is intended to give a shadow fitting into the geometrical order of the Piazza.

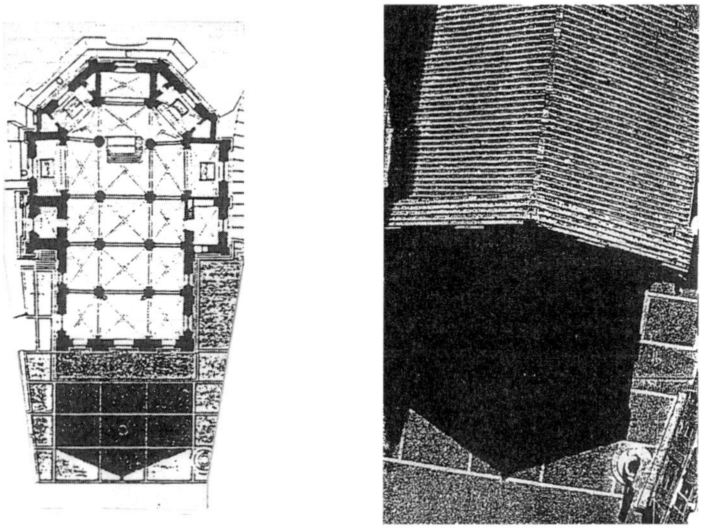

Figure 6: Ground plan with shadow of the cathedral on equinoxes; photography, (Pieper, 1986, 1714 and 1722)

But the involved rationality is not easy to discover, and the astronomy of the calendar architecture of Pienza seems to be difficult. It illustrates a basic astronomical problem of the fifteenth century: the incorrectness of the Julian calendar. The Julian calendar, established by Julius Cesar 46BC, is based on a year of 365¼days. Therefore, the calendar becomes one day out every 129 years, and in the year of the construction (1459) it was eleven days wrong. Already around 1440, Cusanus, an important scientist, philosopher, and intimate friend of Pius, drew up a calendar reform which was not realised until 1582 by Pope Gregory XIII. Various reasons relating to church policy prohibited the reform from taking place earlier: the decision to fix the spring equinox on the 21st of March was carried out in 325AD by the Council of Niceae, and determines the dates of Easter, the most important celebration in the whole ecclesiastical year, which takes place on the first Sunday, after the first full moon, after the spring equinox. Consequently, changing the calendar meant changing the dates of Easter - a problematic question between the different Christian churches.

A result of this disagreement between church and science was that Pius and his counsellors were confronted with a matter of conscience difficult to tackle. According to exact measurement, the spring equinox in 1460 was not on March 21 but on March 10/11 (in the Julian calendar). The corresponding angles of incidence of the sun at noon were a size a = 49°22' (March 21, 1460, in the Julian calendar) and b = 45°55' (March 10/11, 1460, in the Julian calendar).

Pope Pius II was aware of the implied disputes of a strong insistence on his scientific and humanistic views. On the other hand, a modern architecture and model town planning based on the ignorance of science in favour of an old and incorrect calendar must have been an intellectual sacrifice for the humanists, Pius and Cusanus.

Fortunately, these mental battles are still reconstructable from the details of the cathedral. One curious occurrence inside the building is the very strange-looking, artificially raised capitals of the columns which take the weight of the vault of the hall. Obviously, these capitals break the outline of the whole cathedral. Pius wrote, in his "Comments" on the building process, that when the columns had already been finished and the capitals had been laid, the architect noticed a gap of seven feet in height, and interpreted the belated heightening as a fortunate and enriching error for the beauty of the cathedral.

Shall we follow Pius in his "Comments"? Is it probable that one of the most famous and experienced Renaissance architects (Rossellino) 'suddenly noticed' a space of seven feet in height? Another interpretation is the following: The height of the artificial heightening of the capitals is about 2.41m. Bearing in mind the difference in size between the 'Gregorian' and the 'Julian' angle of incidence of the sun on the spring equinox at noon of 3°27', we can discover by calculation that the 2.41m mentioned compensates for the higher position of the sun.

Apparently, Pius' or Rossellino's first plan was founded on the true -scientific- date of the equinox. Not until the building was nearly finished, did Pius II at last decide to use the church as treasurer of truth. He consequently dated the equinox according to the old calendar bearing in mind that his mathematical model of a new town as a symbol for a rational society now became blurred by the rootedness in out-dated clerical definitions. Here, Rossellino's task was to, inconspicuously, change the conception of the upper part of the building; and in the interior he succeeded with a part of the curious shape of the capitals. On the other hand, he was forced to give up any proportional system on the façade.

4. Conclusion

Critical mathematics educators point to the fact that mathematics plays a crucial role in social and technological development (Skovsmose and Nielsen, 1996). This is easily observable for the case of trade development in Mesopotamia. Even if we call this trade mathematics "pre-mathematics" or "proto-arithmetic", there remains a strong link between the mathematical development and the change in trade practices, technology and economic power. Our second example, the modification of Corsignano into Pienza, demonstrates how religious tradition acted as a conservative factor in the popularisation of scientific thought. Thus, society plays a crucial role in the popularisation and development of scientific knowledge. In the case of Pienza, the religous tradition was so dominant that, even for the Pope, it was not advisable to adjust the Julian calendar by a mathematically justified reform: culture and society controlled the application of mathematics.

If we want to understand better the current relationship between mathematics, technology, culture, and society, we need more well-articulated examples that describe the connections between these facets. For instance, investigations of historical writings on navigation (e.g. Dias Agudo, 1996) and of how mathematics gets "hidden" when cultures are destroyed (Frankenstein, 1994) may serve for this purpose. The analyses of trade in Mesopotamia and urban planning in Renaissance point to the potential of such historic and/or ethnographic examples.

References

Dias Agudo, F. R.: 1996, Pedro Nunes e as lições de uma época, in M. J. Lagarto, A. Vieira and E. Veloso (eds.), *História e educação matemática. Proceedings, Vol. 1*, Braga, pp. 9-22.

Frankenstein, M.: 1994, Various uses of history in teaching criticalmathematics literacy, in: S. Nobre (ed.) *Proceedings of HPM 1994*, Blumenau, pp. 91-98.

Geertz, C.: 1983, *Local knowledge. Further essays in interpretive anthropology*, Basic Books, New York.

Gellert, U.: 1996, 'Mathematics of town planning in Renaissance Italy', in M. J. Lagarto, A. Vieira and E. Veloso (eds.), *História e educação matemática. Proceedings, Vol. 2*, Braga, pp. 396-403.

Marcus, G. E. and Fischer, M. M. J.: 1986, *Anthropology as cultural critique. An experimental moment in the human sciences*, University of Chicago Press, Chicago.

Nissen, H. J., Damerow, P. and Englund, R. K.: 1990, *Frühe Schrift und Techniken der Wirtschaftsverwaltung im alten Vorderen Orient. Informationsspeicherung und -verarbeitung vor 5000 Jahren*, franzbecker, Berlin.

Pieper, J.: 1986, 'Pienza', *Bauwelt*, 45, 1711-1732.

Skovsmose, O. and Nielsen, L.: 1996, 'Critical mathematics education', in A. J. Bishop, K. Clements, C. Keitel, J. Kilpatrick and C. Laborde (eds.), *International handbook of mathematics education, Part 2*, Kluwer, Dordrecht, pp. 1257-1288.

9

L'Évolution Historique des Notions Trigonométriques et Son Influence sur l'Enseignement de la Trigonométrie d'aujourd'hui.

P.LINARDAKIS, Arsakion Lycée, Grèce

In this paper I discuss:
1. The relation between the historical evolution of trigonometrical notions and the way that these notions are presented in the analytical program and the schoolbooks in Greece.
2. The obstacles that students have in understanding the trigonometrical notions and the epistimological connection of these obstacles with the historical evolution of the notions.
I present the basic historical moments that have influenced the evolution of trigonometry from the Egyptians and the Greeks up to the present. At the same time we show that these moments are in accordance with the general way that the notions are presented in the schoolbook.
Finally I present, through very specific examples, the epistimological didactive obstacles that appear when trying to teach trigonometry in Greece.

Les notions trigonométriques du papyrus de Rhind

Les références de l'histoire des mathématiques (Boyer et Merzbach, 1997 : Loria, s.i.d. et Gillings, 1972) indiquent que le concept d'inclinaison d'un angle – qu'on appellerait aujourd'hui tagω, $\omega \in (0, \pi / 2$ – était, dans la perspective de l'évolution historique des connaissances mathématiques, la première notion trigonométrique élaborée dans le contexte du problème du papyrus de Rhind. Ce problème exige l'application d'une même inclinaison pour tous les côtés d'une pyramide en construction. Ceci a peut être incité les Egyptiens à introduire un concept analogue à celui de la tangente d'un angle (plus particulièrement la cotangente). Les Egyptiens de l'époque utilisaient le mot "sect" qui décrivait la distance horizontale d'une droite oblique à l'axe perpendiculaire, pour chaque unité variable de la hauteur. C'est ce principe qu'utilisent aujourd'hui les architectes pour décrire la pente intérieure d`un substrat ou d'un socle. Cette technique repose sur des éléments de la théorie des triangles semblables.

La définition des nombres trigonométriques d'un angle aigu par utilisation du rapport des côtés d`un triangle rectangle dont fait partie l'angle en question, a fait ainsi son apparition dans l'histoire avant la découverte de la relation entre les cordes et les arcs d'un cercle. Nous utilisons en Grèce cette méthode de définition des nombres trigonométriques d'un angle aigu au Gymnase, comme vous pouvez le constater au paragraphe 5.1 (figure 4) du manuel de la classe A' du Lycée (figure 1). Voyez aussi la figure 2 (page 129 du manuel de la Classe B' du Gymnase) qui illustre la définition de la tangente d'un angle aigu.

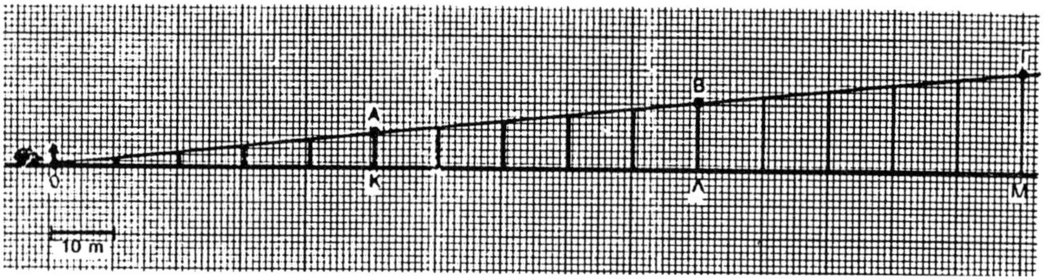

Figure 1

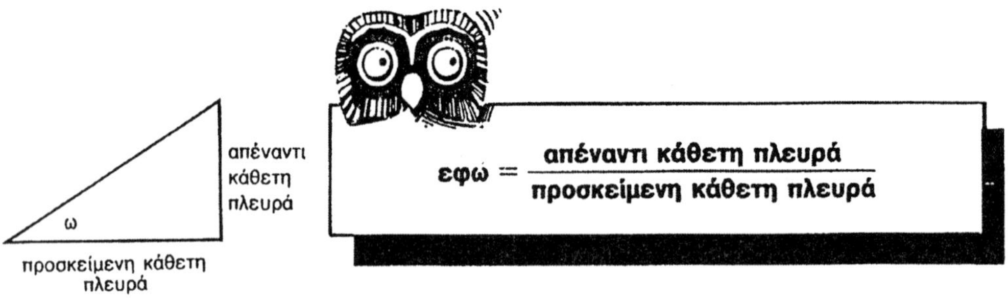

Figure 2

La similitude des triangles n'a pas encore été traitée au cours du Gymnase (elle est présentée au quatrième chapitre de la Classe B'). Cette 'lacune' du programme et des manuels pose donc un problème didactique au professeur qui voudrait faire reconstruire les nombres trigonométriques par ses élèves selon l'évolution chronologique historique prise ici en référence (problème de transposition didactique, selon les termes de Chevallard, 1986). Cette perspective exige en effet une définition des nombres trigonométriques d`un angle aigu à partir de la similitude des triangles rectangles qui possèdent un angle aigu égal.

Si nous revenons au problème 56 du papyrus de Rhind, nous constatons que la définition du "sect" est en fait la solution d'un problème spécifique de l'époque. Certains problèmes actuels de construction lient, du moins chez un groupe de spécialistes, nos concepts sur l'inclinaison d'un angle à ceux des Egyptiens. Définir la tangente en Classe B' du Gymnase en utilisant l'exemple de l'inclination d'une route apparaît alors comme un choix de bon sens car les élèves peuvent résoudre ce problème contemporain avec la même simplicité de savoir faire qui a conduit à l'apparition de cette notion dans l'histoire (Figure 3 et 4).

ΘΕΩΡΗΜΑ Σε κάθε τρίγωνο ΑΒΓ ισχύει:

$$\alpha^2 = \beta^2+\gamma^2-2\beta\gamma\sigma\upsilon\nu A$$

$$\beta^2 = \gamma^2+\alpha^2-2\gamma\alpha\sigma\upsilon\nu B$$

$$\gamma^2 = \alpha^2+\beta^2-2\alpha\beta\ \sigma\upsilon\nu \Gamma$$

ΑΠΟΔΕΙΞΗ

Θα αποδείξουμε μόνο την πρώτη ισότητα. Με όμοιο τρόπο αποδεικνύονται και οι υπόλοιπες ισότητες.

Στο επίπεδο του τριγώνου θεωρούμε ένα σύστημα συντεταγμένων με αρχή το Α και θετικό ημιάξονα των x την ημιευθεία ΑΒ. Έτσι οι συντεταγμένες του Β θα είναι (γ,0), ενώ για τις συντεταγμένες (x, y) του Γ θα ισχύει

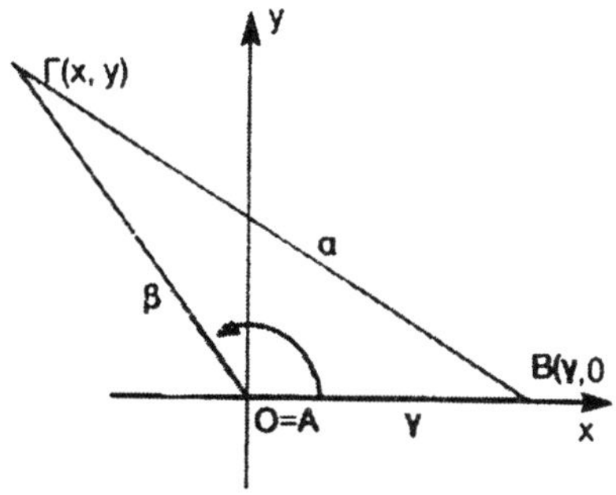

Figure 3

Τριγωνομετρικοί αριθμοί οξείας γωνίας

Έστω ένα ορθογώνιο τρίγωνο ΑΒΓ (Α = 90°).
Από το γυμνάσιο γνωρίζουμε ότι:

$$\eta\mu B = \frac{\beta}{\alpha}\left(\frac{\text{απέναντι κάθετη}}{\text{υποτείνουσα}}\right)$$

$$\sigma\upsilon\nu B = \frac{\gamma}{\alpha}\left(\frac{\text{προσκείμενη κάθετη}}{\text{υποτείνουσα}}\right)$$

$$\varepsilon\varphi B = \frac{\beta}{\gamma}\left(\frac{\text{απέναντι κάθετη}}{\text{προσκείμενη κάθετη}}\right)$$

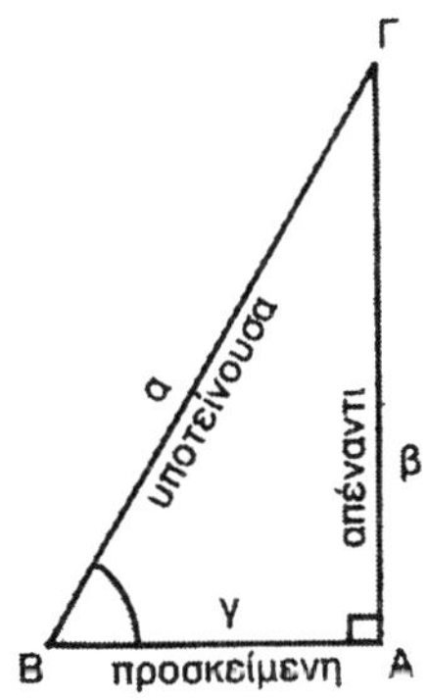

Ορίζουμε ακόμα ως **συνεφαπτομένη** μιας οξείας γωνίας, και τη συμβολίζουμε με σφΒ, το λόγο $\frac{\gamma}{\beta}$, δηλαδή

$$\sigma\varphi B = \frac{\gamma}{\beta}\left(\frac{\text{προσκείμενη κάθετη}}{\text{απέναντι κάθετη}}\right)$$

Figure 4

Cette appréciation ne veut pas dire pour autant que nous considérons qu'une telle corrélation est obligatoire dans l'enseignement des mathématiques. Nous donnons de nos jours des sens différents aux notions trigonométriques et à des niveaux différents. Ces significations différentes sont liées directements à des besoins et à des approches qui varient au cours du temps. Il nous semble alors impossible de réaliser une corrélation linéaire entre ces significations, besoins et approches d'une part et leur enseignement d'autre part.

$\Pi_{\Delta 2}$

Cordes et arcs d'un cercle

Historiquement parlant, la période significative qui suit celle des découvertes trigonométriques dans le cadre du problème 56 du papyrus de Rhind est la Période Hellénistique (150 avant J.C – 160 après J.C). Il s'agit de la période de l'évolution de la trigonométrie dans le contexte des études astronomiques. Quelques propositions géométriques relatives à certaines propositions trigonométriques sont antérieures à ces études astronomiques. Nous pensons aux propositions II 12 et 13 des éléments d'Euclide, mieux connues comme la généralisation du théorème de Pythagore pour tout type de triangle.

L'exemple suivant est selon très intéressant sur le plan didactique. Il s'agit de la loi des cosinus illustrée par la figure 5 (page 37 du manuel de la classe B' du lycée) et de sa démonstration 'économique', dans le sens où les élèves - à cause du système orthogonal - ne font pas la différence entre les cas qui varient en fonction du type de l'angle A. Même si cette loi est directement liée aux théorèmes de géométrie en question, la transposition didactique primaire (Chevallard, 1986) concerne une présentation plus 'moderne' et plus 'économique'.

$$\eta\mu\omega = \frac{y}{\rho}, \quad \varepsilon\varphi\omega = \frac{y}{x} \quad (x \neq 0)$$

$$, \text{ όπου } \rho = \sqrt{x^2+y^2} > 0$$

$$\sigma\upsilon\nu\omega = \frac{x}{\rho}, \quad \sigma\varphi\omega = \frac{x}{y} \quad (y \neq 0)$$

Figure 5

Un aspect didactique positif de cette approche est que les élèves apprennent à peu près pendant la même période scolaire les théorèmes géométriques en question. C'est un avantage indiscutable sur le plan de la compréhension de certaines notions et propositions à des niveaux différents. Nous portons ici l'attention sur ce que nous considérons comme le point faible de cette approche, didactiquement parlé: la combinaison de deux lignes de recherche qui suggère une continuité dans les recherches mathématiques qui en fait n'a pas existé et qui soulève ainsi des problèmes graves de compréhension chez les élèves.

Reprenons le fil historique des travaux et découvertes pour expliquer ce point de vue.

Nous devons constater qu'avant la période Héllénistique, l'apport d'Archimède est déterminant pour l'évolution de la trigonométrie. Nous savons qu'il a démontré sa dextérité en matière de calculs et d'approximation de Π: le rapport entre la longeur d'un cercle et son diamètre. Ce rapport est vraissemblablement essentiel pour la compréhension de la relation entre les arcs et les cordes, lié aux recherches d'Aristarque (310 – 230 avant J.C) et d'Eratosthènes (276 – 194 av. J.C.),. Nous prenons en exemple la démonstration d'Archimède, mieux connue comme le problème de la corde 'cassée'

Cette démonstration n'est, en termes géométriques plus modernes, rien d'autre que la démonstration de la formule très connue: sin (x-y) = sinxcosy – cosxsiny. Ptolémée en l'Almageste reprend cette question dans le théorème des quadrilatères inclus: AB.CD + AD.BC = AC.BD. La transgression des nombres trigonométriques d'un angle aigu est donc un problème important, tant du point de vue scientifique que du point de vue didactique.

Les problèmes didactiques qui se présentent, ont clairement un caractère scientifique, comme nous nous pouvons le constater à la page 159-160 du manuel de la Classe A' du lycée (figure 6). Les auteurs présentent en bref les nombres trigonométriques d'un angle quelconque, comme ils ont été présentés dans le manuel de la Classe C' du Gymnase.

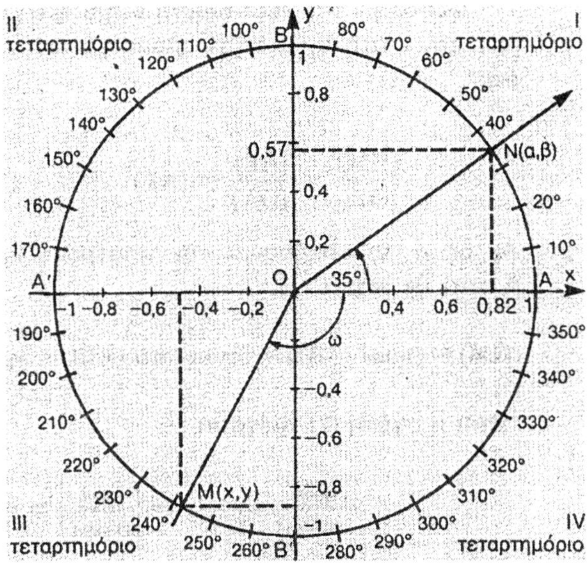

Figure 6

Nous constatons ici une rupture du 'contrat didactique' (Brousseau, 1983). L'élève doit comprendre la définition du sinus d'un angle aigu appartenant à un triangle rectangle, comme le rapport:

$$\frac{\text{côté perpandiculaire opposé}}{\text{Hypoténuse}}$$

Mais au moment où nous voulons définir le sinus d'un angle qui n'est pas aigu, il doit "oublier" cette définition. Le nouveau niveau d'observation est un système d'axes orthogonaux. Sinω = y/ρ n'est pas nécessairement la longeur dans ce système, puisque il est l'ordonnée du point M.

Notons ici, comme exemple des conséquences de cette approche, qu'un grand nombre d'élèves donne une réponse sur un triangle rectangle si nous leur demandons de reconstruire dans un test la démonstration du théorème fondamental de la trigonométrie pour un angle quelconque: $\sin^2\omega + \cos^2\omega = 1$.

Ceci révèle selon nous un obstacle épistémologique pour la raison suivante. Les nombres trigonométriques d'angles supérieurs à 90° degrés sont historiquement liés à tout ce que nous avons présenté plus haut concernant la relation entre les cordes et les arcs d'un cercle. Le cercle trigonométrique (page 161 du manuel pour la 1ère classe du lycée) constitue un modèle didactique évident qui confirme notre point de vue.

Il est évident que le système orthogonal facilite les choses, puisque les définitions sont simplifiées à l'aide des coordonnées et que nous pouvons parler en termes d'orientation pour un angle quelconque. Le conflit au niveau de la compréhension vient du fait qu'on donne aux élèves l'impression d'une continuité entre deux approches qui ne semblent pas avoir existé. Les manuels essaient autrement dit de lier deux thèmes mathématiques qui n'ont pas été développés dans les mêmes perspectives: d'une part la définition trigonométriques d'un angle aigu, comme le rapport des côtés d'un triangle rectangle (qui découle historiquement du problème 56 du papyrus de Rhind) et la construction des pyramides par description de l'inclinaison'; d'autre part la relation entre les cordes et les arcs d'un cercle (issue des travaux des Grecs Anciens et qui prend forme après les études de Ptolémée l`Almageste).

Mentionnons, en quittant cette période importante du développement historique de la trigonométrie, qu'après Ptolémée, les Indiens et les Arabes ont effectué des travaux importants sur cette matière (Boyer et Merzbach, 1997 et Bouveresse, 1977). Les Indiens auraient introduit les tables des sinus qui auraient remplacé les tables de cordes des Grecs Anciens. Les historiens estiment que les tables les plus anciennes sont celles des Sidandas et de l'Ariabatilla[1].

Période de Vete et les entités trigonométriques

Il est impossible de faire un aperçu historique détaillé de toutes les phases de l'évolution de la trigonométrie dans le contexte de cette présentation . Nous nous concentrons donc sur les point forts de cette évolution.

Une période très importante pour le développement de la trigomométrie d'aujourd'hui avant celle des travaux d'Euler est la période de Viete, aux environs de 1550. Les identités trigonométriques font leur apparition à peu près dans toute l'Europe à cette époque. Nous constatons une focalisation généralisée des calculs de résolution de triangles sur les rapports fonctionnels analytiques. Viete démontre différentes formules d'addition et de soustraction comme par exemple: $\sin x+\sin y=2\sin\frac{x+y}{2}\cos\frac{x-y}{2}$. Ces formules forment avec les travaux précédents mentionnés jusqu'ici, l'ensemble des formules de trigonométrie qualifiées comme 'dangereuses' par les élèves.

Arrivés à ce point de notre exposé, nous portons l'attention sur deux éléments très importants, tant du point de vue didactique que du point de vue scientifique: l'ambiguité du manuel d'une part et l'utilisation 'naturelle' des entités trigonométriques d'autre part.

Ambiguité du manuel

Une première lecture du manuel signale une ambiguité de la part des auteurs. Les élèves peuvent-ils oui ou non utiliser les tables trigonométriques? Les exercices de la page 15 (groupe 1A) exigent un travail sans calculatrice, du type: "Calculez sans calculatrices (les calculatrices peuvent être considerées comme les tableaux de Ptolémée modernes) la valeur des graphiques suivants: [...]". Il s'agit ici du calcul précis des nombres trigonométriques d'un angle quelconque sans utilisation de tables.

Mais, aux environs de la page 36 du même livre, les auteurs concluent dans le contexte de la loi d'application du sinus, que 'puisque sinA = 0, 425 alors A = [...]'. Ceci soulève des doutes chez les élèves. Peuvent-ils écrire sinus15° sous une autre forme oui ou non ? Et: cette forme doit-elle être 'rigoureuse' (calcul exact) ou 'approximative' (calcul avec l'aide des tables) ?

Utilisation 'naturelle' des entités trigonométriques

Les entités trigonométriques sont pour la plupart des étudiants un instrument didactique qu'ils doivent mémoriser pour pouvoir l'utiliser dans des calculs. Les efforts faits par les auteurs dans le contexte des applications 5 à la page 14 pour mettre en évidence l'utilisation naturelle des entités trigonométriques manquent de support didactique, puisque d'une part l'étude des fonctions analogues suit 'naturellement' et que d'autre part il n'y pas de problème relatif à la question dans ces exercices.

Ces deux éléments proviennent vraissemblablement de l'évolution de la trigonométrie au 16ème siècle et surtout de l'oeuvre de Viete. L'ambiguité entre le calcul précis d'un nombre trigonométrique et l'utilisation des tables trigonométriques (avec tous les inconvénients de l'approximation) ont donc des causes historiques et scientifiques.

L'apparition des identités trigonométriques a bien sûr amélioré la précision du calcul des nombres trigonométriques d' un certain nombre d'angles comme par exemple les angles 15° et 22,5°. Mais cette précision de calcul n'était pas le but initial et les entités trigonométriques étaient utilisées en fonction des tables trigonométriques. Boyer et Merzbach (1997) donnent en page 346 un exemple dans lequel la multiplication des nombres 98.436 et 79.253 est réduite à la recherche (à l'aide des tables gtrigonmétriques) de deux angles A, B avec cosA = 0, 98436 et cosB = 0,79253. Bouveresse (1977) donne de son côté l'exemple de l'utilisation des sin (A+B)sin (A-B) (puisque 2sinA.sinB = sin(A+B) + sin (A-B). Boyer (1962) se focalise lui sur l'utilisation par Viete de la trigonométrie pour la résolution d'une équation du troisième degré. Cette approche mène, par des transformations adéquates, à une équation de Θ de la forme sin3Θ [...] qui permet de definir Θ en utilisant bien sûr les tables trigonométriques.

Nous constatons une transposition didactique dans ces paragraphes. Les identités trigonométriques semblent fonctionner exclusivement sans l'utilisation de tables, ce qui n'est pas toujours le cas à l'époque prise comme référence historique. Soulignons néanmoins que cette transposition est peut être nécessaire. La Trigonométrie évolue au moins jusqu'en l'an 1000 après J.C. en relation étroite avec les études Astronomiques.

Conclusion

À la fin de ce 20ème siècle et vivant dans une civilisation en quête d'espace et qui dispose de moyens très modernes, il est vraiment difficile pour un étudiant de se poser les questions fondamentales qui intrigaient Copernique et Ptolémée. Les entités trigonométriques fonctionnent clairement d'un façon algébrique et l'étudiant ne les considère pas comme faisant partie de la formule qui a conduit à la définition des nombres trigonométriques. Il nous semble particulièrement difficile pour nos élèves dans le domaine de l'astronomie de se re-pencher sur des questions déjà résolues par l'humanité. Toutefois, les choix des auteurs de manuels scolaires et du programme analytique en Grêce nous invitent d'une part à faire comprendre l'évolution historique et scientifique des notions, et d'autre part à considérer la didactique actuelle comme une reconstruction linéaire de l'histoire des découvertes mathématiques.

Note

1 Les Sindandas sont une série de travaux d' Astronomes Indiens datant du 400 ap. J.C. L'Ariabatilla est une oeuvre de l' Indien Arabata et aussi importante pour les Indiens que l' Almageste pour nous.

Références

Artigue, M . (1989). Epistémologie et didactique. *Cahier de didactique.* No 3, IREM, Paris 7.

Arsac, G. (1984). *La transposition didactique en mathématiques*. Cours de DEA . Univercité de Lyon.

Bouveresse, J – Itard , J. - Sallé, E (1977). *Histoire des Mathématiques.* Librairie Larousse, Paris.

Boyer, C.B (1962). Vietes's Use of Decimal Fractions. *Mathematics Teacher,* No 55, pp.123-127.

Boyer, C.B et U.C. Merzbach (1997). *A History of Mathematics* (2nd edition) Traduction grecque, éd. Pnevmatikou.

Brousseau, G. (1983). Les obstacles épistemologiques et les problèmes en Mathématiques. *R.D.M.* vol 4 No 2.

Chevallard, Y. (1986). Les programmes et la transposition didactique: Illusions, contraintes et possibles. *Bulletin de l'A.P.M.E.P.* No 352, Fev.. IREM d'Aix Marseille.

Gillings, R. J. (1972). *Mathematics in the Time of the Pharaohs.* MIT Press, Cambridge.

Henry, M. (1991). *Didactique des Mathématiques.* IREM de Besançon.

Loria, G. (s.i.d.). *Storia delle Matematiche.* Traduction grecque, éd. Elliniki Mathimatiki Etaireia, Athènes.

Sub-Theme II
Sous-Thème II

Effective Co-operation Between Mathematicians, mathematics educators and users of mathematics
Une coopération efficace entre les enseignants et ceux qui se servent des mathématiques

10

Mathematics for Vocational and Lifelong Learning: Cultural Diversity and Co-operation in Workplace and Adult Education

GAIL E FITZSIMONS, Monash University/Swinburne University of Technology, Melbourne, Australia

L'éducation mathématique pour la vie professionnelle doit tenir compte de ladiversité culturelle qui caractérise chaque milieu de travail. Nous traiterons ici de toute une série de techniques mathématiques applicables dans les conditions données. Les objectifs des programmes officiels de mathématiques reflètent rarement la pratique réelle du travail. Ils ne considèrent la pratique qu'à la surface et ne tiennent compte ni des aspects socioculturels des mathématiques pratiquées ni des aspects affectifs de ce travail. Nous pensons qu'un coopération entre les enseignants et les industriels est un des moyens qui nous permettent de maîtriser ces problèmes. D'une part parce qu'une telle coopération peut encourager et soutenir en permanence les apprentissages au cours de la vie professionnelle. D'autre part parce qu'elle permet d'évaluer (la qualité de) l'utilisation actuelle des mathématiques dans la vie professionnelle.

Mathematics education for the workplace must take account of the culturaldiversity which exists within and between workplaces. In each workplace a range of mathematical andethnomathematical techniques will be used depending on the affordances to hand. Official mathematics curriculum design rarely reflects actual workplace practice except at a superficial level and fails to address sociocultural aspects of mathematics or affective domain issues. One way of overcoming these problems is for mathematics educators to work in co-operation with industry, particularly at the local level, in a way that will encourage and support lifelong learning yet remain critical of the uses to which mathematics is put.

Introduction

While conscious of his culturo-centric positioning, Bishop (1988) argued that there are six universal activities significant for the development of mathematical aspects of culture; he described mathematics as a *pan-cultural phenomenon*. However, the term *culture* need not be restricted to racial or ethnic divisions of society, and I include boundary crossings such as those found in the multiplicity of workplaces. Most users of mathematics are adults - in their roles as members of the official labour force as well as those who work outside of this formal demarcation; also as citizens constantly making appraisals or decisions in the face of uncertainty. Each workplace, formal or informal, has its own discourses and, arguably, its own ethnomathematics in part.

There is not one single mathematic, absolute and infallible (Ernest, 1991) but a plurality of mathematics which operate on a pragmatic basis, linked to time and place. Academic mathematics as we know it evolved through the confluence of certain socio-cultural conditions, such as the rise of commerce, the need for time-saving devices such as algorithms, as well as the spread of printed material. As Restivo (1992, p. 87) observed: "The nature and availability of organizational and material resources can change the organizational structure of mathematics." Spengler (1926) provided further support against the notion of context-free formulations and applications in his discussion of classical and western mathematics - Ancient Greek which dealt with number as magnitude, and Modern European which dealt with number as an object of pure thought, focusing on the concept of function - illustrating the dependence of the social construction of mathematics on the social and cultural milieu of the times. Fischer (1993) and Martin (1988/1997) argued that applications can not be value-free.

Although it is commonly accepted that graduates of school and post-compulsory education have been made cognisant of the opportunities afforded by (a sub-section of) the discipline of mathematics, in the workplace there is no guarantee that these techniques will be applied in the manner in which they were taught. In many cases other methods are invented to suit the purpose of the task, using the affordances at hand (AAMT, 1997; Cockcroft, 1982). Knijnik (1997, this volume) provides examples of workers reconciling their own ethnomathematical methods with the mathematics of academe, while valorising neither. In any case, qualified vocational education and training educators are imbricated in several discourses: academic mathematics, mathematics teaching, and industrial (practical vocational and economic).

Who are the users of mathematics? In the everyday practice of business and industry, decisions are made at all levels, from management to operators. Onstenk (1998) outlined core areas of broad professional competence, centred around production, organisation, and community. These require a range of competencies: technical, methodical, organisational, strategic, socio-normative, and social-co-operative. Mathematics alone will not guarantee the validity of decisions (Keitel, Kotzmann, & Skovsmose, 1993). Frankenstein (1996), Skovsmose (1994) and others have argued that in the broader society a critical mathematics is also needed.

Yeatman (1994), Stevenson (1998) and others have argued against binary models of theorising. As mentioned above, mathematics educators work across a multiplicity of discourses; Stevenson advocates the pursuit of conversations across these. Accepting that all knowledge is situated, and that the positioning of knowers is historically specific, one problem is to work co-operatively with industry to learn (with academic mathematics/mathematics education insights) from workers what mathematics and ethnomathematics they actually use and might use, assuming full (democratic?) participation in workplace decision-making.

In the remainder of this paper I will discuss learning to learn within a broader view of vocational education, my experience of exploring curricular possibilities within set parameters, and the recognition and valuing of cultural diversity in mathematics education for the adults in the workplace and elsewhere.

Curriculum Design and Critique

What effective mathematics can be offered to current and potential worker/citizens? Formally accredited mathematics curricula were, in this case, generic to a particular group of industries (*viz* Food Processing and Pharmaceutical Manufacturing) and fulfilled the requirement that mathematics, in the form of basic arithmetic skills, be included in the course. I have argued elsewhere (FitzSimons, 1998) that the purposes served by the curriculum framework shown below are both limited and limiting; derived from a functionalist approach they can never capture the full complexity of workers' job roles nor empower workers.

In 1997 I was employed to 'deliver' the competency-based education and training (CBT) modules of *Calculations A* and *Basic Computer Skills* to pharmaceutical operators, both on-site and in the institution. Both units were core and therefore compulsory for those who wished to complete the Certificate at level I, and thus linked to any promotion and possible pay increase. The curricula at the time were designed as follows:

Calculations A:
Unit 1.1 Apply mathematical concepts
Element 1.1.1 Estimate, calculate and record workplace data
Learning outcomes

1. Estimate results from basic information used in typical workplace situations
2. Calculate results involving whole numbers used in typical workplace situations
3. Calculate results involving simple fractions used in typical workplace situations
4. Calculate results involving decimals used in typical workplace situations
5. Record estimates and calculations on standard workplace forms/documents accurately and legibly.

Calculations B: Similar to Calculations A, based on measurement of product weight, volume, temperature, and length - recorded on standard charts.

Calculations C: Apply mathematical concepts relating to imperial and SI units and conversions.

Of these first three modules, only Calculations A is core.

Basic Computer Skills

This module provides the learner with a basic understanding of computers and computing systems used in the pharmaceutical manufacturing process. The emphasis is on the ability of the person to manipulate the keyboard, respond to simple commands, and input data in their immediate work area.

1. Explain the purpose of computers and their components and the impact of computers on society
2. Describe the different computer and computerised control systems used in the pharmaceutical manufacturing/production industry and the differences between the systems
3. Input, store, and retrieve data following computer menus and commands, using a range of input/output devices.

The sight of this Calculations curriculum - decontextualised here in contrast to the Basic Computer Skills; pseudo-contextualised in the Trainer's Handbook - clearly alienated operators who were generally fearful of having to revisit the school mathematics that was found to be so meaningless in their earlier years. The additional burden of its being a core unit further added to the emotional stress of these workers at our initial meeting. Some were hesitant to embark on the course as a whole, until their fears were allayed by descriptions of androgogical approaches utilised by the author over many years of teaching mathematics to adults returning to study - eschewing the traditional competitive, individualistic assessment-driven approach.

Kanes (1997) made the following suggestions on numeracy in the workplace based on empirical research:

1. . . . the workplace itself has primacy within the organisation and implementation of workplace knowledge - thus any approach to workplace task competency should proceed from a detailed knowledge of the particular occupational situation, not an abstract set of numerical knowledge statements;
2. . . . numerical knowledge does not enter the workplace as a pre-given entity;
3. . . . numerical knowledge is not used as a unitary mathematico-logical structure within workplace sites. Analysis . . . suggests that numerical workplace knowledge is better seen as a body of fragmented knowledge;
4. . . . the logic of this fragmentation is governed by the character of mediating artefacts within task performance. (p. 269)

Kanes's four points have certain resonance with attempts at producing reflective knowledge in the classroom as detailed by Keitel, Kotzmann, and Skovsmose (1993):

1. The knowledge produced within and for the local environment is not only a reconstruction of existing knowledge but is partly and potentially "new" knowledge.
2. The knowledge is specific knowledge generated in specific contexts. It is potentially valid in this context but not necessarily in other contexts.
3. The knowledge is potentially useful for a specific audience.
4. For the students the generation of locally useful knowledge implies an integration of experience-based judgement with generally available and other forms of socially valuable knowledge. (pp. 275-276)

These two sets of quotations provide support for the introduction of a different form of mathematics curriculum for the pharmaceutical manufacturing workplace. The process of utilising the curriculum for purposes of recognition and accreditation rather than as a straitjacket for instruction was described by Mulcahy (1999) as *curriculum critique*.

It was possible to frame the mathematical activities with the set of 'six universals' characterised by Bishop (1988) as being an essential part of all cultures (and here I include the workplace culture): counting, locating, measuring, designing, explaining, and playing. Each was found to be an integral part of the workplace - taken in its entirety of space and time over the range of workers' shifts. In an attempt to seriously address the question of contextualisation, I spent time (with permission from management) in observing with a mathematical gaze (Dowling, 1998) the activities of workers throughout all sections of the plant - from Inwards Goods, through Quarantine, Warehousing (raw materials and finished goods), Production, and Packaging, to Despatch, and even administration. This overview of the whole worksite enabled the development of teaching activities meaningful within the workplace and empowering for workers in their lives outside. The implemented curriculum achieved the learning outcomes for Calculations and Computing as listed above. However, rather than work through pages of 'sums' with spurious contextualisations as recommended in the Trainer's Handbook, it valued the knowledge that workers brought to and developed in their workplace, but was not restricted by it. Indeed, this provided an impetus to link calculations and computing, in sophisticated ways yet grounded in workers' experiences, with the Quality Control charts and Quality Assurance processes integral to the quality inspection regimes instituted throughout the manufacturing process. For example, the social critique listed under the Computing learning outcomes enabled the discussion of broader social issues such as gambling and computer use and abuse, utilising prescribed Calculations knowledge within the conversations - as we simulated dice rolls, analysed the data numerically and graphically, drew control charts on the *Minitab* statistics program. A video on sampling in the Frito-Lay potato chip company was found to be highly relevant to their production processes - from the *Against*

All Odds series (COMAP, 1989) designed for undergraduates. The links between industry and university mathematics courses advocated by NBEET (1995) are no less important for the VET sector. A second exemplary activity was the grand tour of the plant made by groups of worker/students replicating the calculations made by operators in each section, highlighting the interconnectedness of all work roles. This was accompanied by another inspection of all computer uses throughout the site.

The integration of curricula allowed for the recognition proposed by Gibbons et al. (1994) of the need for interdisciplinarity. The use of the computer as a tool for teaching and as an object of reflection broadened the range of affordances available to the workers, and especially empowered those who were previously anxious about technology. Utilising and valuing work done on-site enabled the workers to gain a sense of ownership and respect for each others' work, upstream and downstream. It also provided informal opportunities to critique the practices of school mathematics if not the discipline itself.

Conclusion

The use of Bishop's (1988) six universals provided a framework which enabled recognition of some of the broad range of mathematical activities which took place at this work site. These activities then provided a realistic context in which to situate the implemented curriculum, structured around the learning outcomes in a way that was meaningful for workers and valued the diversity of their workplace culture. The minimalist accredited curriculum was covered and yet extended through integration across subject lines and through authentic interfacing with workplace activities.

In these few pages it has been impossible to give a full account of the theory underpinning my practice as a workplace educator. There is now, as never before, a pressing need for mathematicians, mathematics educators, and workplace education personnel to work in collaboration for the benefit of *all* members of society, whether in paid work or not. This paper has offered an insight into the possibilities of recognising and valuing the cultural diversity in workplace numeracy and encouraging lifelong learning through co-operation between the interests of industry and mathematics education.

References

Australian Association of Mathematics Teachers (AAMT): 1997, '*Final report of the Rich Interpretation of Using Mathematical Ideas and Techniques Key Competency Project*', Adelaide, SA: Author.

Bishop, A. J.: 1988, *Mathematical enculturation,* Kluwer Academic Publishers, Dordrecht.

Cockcroft, W. H. (Chairman): 1982, *Mathematics counts: Report of the Committee of Inquiry into the Teaching of Mathematics in Schools,* HMSO, London.

COMAP: 1989, *Against all odds,* Video.

Dowling, P.: 1998, *The sociology of mathematics education: Mathematical myths/pedagogic texts*, Falmer Press, London.

Ernest, P.: 1991, *The philosophy of mathematics education,* Falmer Press, Hampshire, UK.

Fischer, R.: 1993, 'Mathematics as a means and as a system', in S. Restivo, J. P. van Bendegem, & R. Fischer (eds.), *Math worlds: Philosophical and social studies of mathematics and mathematics education,* State University of New York Press, New York, (pp. 113-133).

FitzSimons, G. E.: 1998, 'The institution of mathematics in vocational education and training', in *Vocational knowledge and institutions: Changing relationships. Proceedings of the 6th Annual International Conference on Post-Compulsory Education and Training* (Vol. 3), Centre for Learning & Work Research, Griffith University, Brisbane, Qld.,(pp. 79-88).

Frankenstein, M.: 1996, 'Criticalmathematical literacy: Teaching through real real-life math world problems', in T. Kjærgård, A. Kvamme, & N. Lindén (eds.), *Numeracy, race, gender, and class: Proceedings of the third international conference on the Political Dimensions of Mathematics Education (PDME III),* Caspar Forlag, Landås, Norway, (pp. 59-76).

Gibbons, M., Limoges, C., Nowotny, H., Schwartzman, S., Scott, P., & Trow, M.: 1994, *The new production of knowledge: The dynamics of science and research in contemporary societies*, London, Sage Publications.

Kanes, C.: 1997, 'Towards an understanding of numerical knowledge in the workplace', in F. Biddulph & K. Carr (eds.), *People in mathematics education* (Vol. 1), University of Waikato, NZ, Mathematics Education Research Group of Australasia, (pp. 263-270).

Keitel, C., Kotzmann, E., & Skovsmose, O.: 1993, 'Beyond the tunnel vision: Analysing the relationships between mathematics, society and technology', in C. Keitel & K. Ruthven (eds.), *Learning from computers: Mathematics education and technology,* Berlin, Springer Verlag, (pp. 243-279).

Knijnik, G.: 1997, 'Mathematics education and the struggle for land in Brazil,' in G. E. FitzSimons (ed.), *Adults returning to study mathematics: Papers from Working Group 18, 8th International Congress on Mathematical Education, ICME 8,* Australian Association of Mathematics Teachers, Adelaide, SA, (pp. 87-91).

Martin, B.: 1988/1997, 'Mathematics and social interests,' in A. B. Powell & M. Frankenstein (eds.), *Ethnomathematics: Challenging eurocentrism in mathematics education,* State University of New York, Albany, NY, (pp. 155-171). (Reprinted from *Search,* **19**(4), 1988, 209-214.)

Mulcahy, D.: 1998, 'Continuity and change in policy and practice: The case of the competently trained,' *Journal of Vocational Education and Training,* **50**(3), 463-479.

National Board of Employment, Education and Training (NBEET).: 1995, *Mathematical sciences: Adding to Australia*, Australian Government Publishing Service, Canberra.

Onstenk, J.: 1998), 'New structures and new contents in Dutch vocational education,' in W. J. Nijhof & J. N. Streumer (eds.), *Key qualifications in work and education,* Kluwer Academic Publishers, Dordrecht, (pp. 117-132).

Restivo, S.: 1992, *Mathematics in society and history: Sociological inquiries*, Kluwer Academic Publishers, Dordrecht.

Skovsmose, O.: 1994, *Towards a philosophy of critical mathematics education*, Kluwer Academic Publishers, Dordrecht.

Spengler, O.: 1926, *The decline of the west. (Vol. 1),* International Publishers, New York.

Stevenson, J. C.: 1998, 'Institutionalised polarisations of knowledge,' Keynote address in *Vocational Knowledge and Institutions: Changing Relationships. Proceedings of the 6th Annual International Conference on Post-Compulsory Education and Training,* Centre for Learning & Work Research, Griffith University, Brisbane, Qld.

Yeatman, A.: 1994, *Postmodern revisionings of the political*, Routledge, New York, NY.

11

Prioritising Mathematical Skills for an Educated Workforce

PETER GALBRAITH, University of Queensland, Brisbane, Australia
CHRISTOPHER HAINES, City University, London, UK

As part of a broader research objective concerned with identifying the range of employer-defined skill profiles that characterise workplace performance, this paper looks at skill contexts for *Application of Number*, one of the six (UK defined) *Keyskills*. Following the construction of questionnaires, grounded in the Analytic Hierarchy Process (Saaty, 1990), a pilot application produced a ratio scale of priorities within the *Keyskill* area. Relevance to workplace learning, including the transition from school to employment, and to related aspects of mathematics education are discussed.

Cette étude fait partie d'un projet de recherche générale centrée sur l'identification et la construction d'un éventail de profils de compétences impliquées dans les performances sur le lieu de travail, selon le point de vue de l'employeur. Nous examinons les contextes d'aptitudes liés à l'application des nombres, l'une des 6 principales compétences impliquées. Cette étude nous a permis d'élaborer une échelle de rapports de priorités, à partir des données de plusieurs questionnaires basés sur les processus de hierarchisation de Saaty (1990). L'application pilote faite au cours de cette étude repose sur l'idée d'un apprentissage *sur le lieu de travail*, d'une transition *de l'école à l'emploi* et du rôle des mathématiques *dans l'éducation* en général.

1 Numeracy within the *keyskills* agenda

In Western society, and certainly in the UK, there has been a decline in manufacturing industry accompanied simultaneously by a growth in service providers. Paczuska and Randall (1996) note that this represents a change in the *spread* of abilities needed in the workplace, and further, that government policy projections call for an increase in the *depth* of workplace skills. Increasingly the need is expressed for skills that are portable and transferable from job to job rather than occupationally specific, and in this context Williams and Raggatt (1996) note the increasingly individualised climate for employment relations. Recent research (Gospel, 1995) recognises a tension between highly job specific skills that some employers require and the perceived need for more generalised transferable skills. This poses a conundrum for those concerned with policy on vocational training. The extensive study by Dench, Perryman and Giles (1998) reveals uncertainties in the responses of employers surveyed and the relative unimportance ascribed by employers to skills of applied numeracy and information technology.

Workplace skills are usually articulated through six *Keyskills* (or Core Skills) and are identified as underpinning good practice in the labour market and the workplace. These skills: *communication*; *application of number*; *information technology*; *working with others*; *improving own learning and performance*; *problem solving*, are regarded as transferable on moving from one job to another or on promotion within an organisation.

As defined by the Department for Education and Employment (DfEE) the term *Keyskills* means those '*generic* skills which individuals need in order to be effective members of a flexible adaptable and competitive workforce and for lifelong learning'. A careful distinction is made from *Basic Skills*, which are defined as 'the ability to read, write, speak English, and use mathematics at a level necessary to function and progress at work and in society in general'. *Keyskills* are deemed to build on *Basic Skills* in two ways: Firstly they are to embrace a wider range of predominantly work-related skills. Secondly they require the application of these skills in a wider range of contexts, along with the ability to transfer skills learnt in one environment to a completely different one.

Vocational qualifications have been delivered through certification such as *National Vocational Qualifications* (NVQs), and *General National Vocational Qualifications* (GNVQs) which pre-dated the development of *Keyskills*, (Gokusling et al. 1996). Given the oft-stated link between a skilled workforce and economic competitiveness and prosperity the emergence of Government as a major player was not hard to foresee. The *Review of Qualifications for 16-19 Year Olds* (Dearing, 1996) recommended that students should be given the opportunity to develop the *Keyskills*: Communication; Application of Number; Information Technology, and to have them assessed and recognised as elements in national certificates and diplomas and this has generated positive responses (FEFC, 1998). At pre-16 years the National Curriculum remains the focus for the development of *Keyskills*, however there are differing opinions as to whether the set of *Keyskills* should be taught in schools and colleges or in the workplace.

In summary the *Keyskills* initiative is encapsulated by Dench et al. (1998) who articulate the following themes running through their development and implemention:

- The definition and re-definition of *Keyskills* in line with a changing labour market.
- Identification of *Keyskills* required by employers and their implementation by employers
- Delivery of *Keyskills* through existing qualifications such that vocational aims are met and academic aims are not compromised.
- Developing a progressive set of *Keyskills* that meet different levels of need.

2 Employers' perspectives and application of number

To be effective the implementation of *Keyskills* needs to be understood by employers and to be relevant to their needs, in addition to being flexible and able to keep up with changing requirements. Within this view Dench et al. (1998) set out to research perceptions of *Keyskills* among employer groups. Their major aim was to look at perceptions of the prevalence of , and further need for, *Keyskills* both in recruits and in the established workforce prior to actions arisng from Dearing (1996). A second aim was to assess employers' knowledge and understanding of the *Keyskills*, their importance in recruitment, their appropriateness to business needs and competencies amongst the established staff for a diversity of career pathways.

Amongst the research outcomes, employers reported a moderate to high level of need for all six *Keyskills*, both for young workers and all employees. The questionnaire used a 5 point Likert scale with 5 = very important, on which the mean scores ranged from 3.3 to 4.7. We note, however that importance may not equate to widespread need for all employees. Similarly there was strong evidence of confusion between *Keyskills* and *Basic Skills*, with reference by employers to their own internal skill frameworks as the basis for defining skills that were essential. This amounts to defining specific occupational skills as *Key*, rather than responding in terms of the generic and transferable attributes nominated within official *Keyskill* designations. Following Dench et al. (1998, p104), the scope of the *Keyskill: Application of Number* is summarised into three components connected with the ability to:

- collect, record, and efficiently organise numerical data;
- calculate, check, and assess accuracy of results;
- present, interpret, and analyse findings in relation to task and sources of error.

Employer views associated with *Application of Number* are summarised in the panel below. Some of these findings created a degree of surprise: it emerged that *Application of Number* was rarely considered to be of great importance except in those roles in which numerical ability was an essential component and a specific occupational requirement (note that this is not a *generic* property). There were many jobs in which numerical skills were regarded as 'totally unimportant' and for many other jobs employers sought only a basic level e.g. 'to be able to follow a basic set of procedures accurately'. Only at more senior and managerial levels were people expected to review or revise procedures or to present findings.

- *Application of Number* is of less widespread importance than other *Keyskills* and *Application of Number* is becoming more important.
- Most jobs need *Application of Number* at only the simplest level (conduct tasks accurately, use set procedures, record results clearly).
- Senior/managerial jobs require higher level performance in *Application of Number.*
- Introduction of IT has increased the need to work with numerical data, especially at the senior levels.
- *Application of Number* is really only important in jobs involving numerical ability as an essential component (e.g. engineering; accountancy; some skilled manual positions).
- There are greater difficulties finding people with necessary numerical skills than for any other *Keyskill.*
- The numerical abilities of both job applicants and existing employees are wanting.
- Problem with knowledge of how numbers work - hence lack ability to remedy errors.

Business, commerce and industry specific observations were inconsistent and diverse: Numerical skills were most frequently needed in manufacturing companies, where numeracy was often seen as an occupational skill; Information Technology can both increase the need to work with numbers (as in providing more data for analysis), and reduce the need (by rendering an increasing number of tasks routine).

There are some ironic 'contradictions' among the expressed needs. While *Application of Number* received the lowest importance rating of all the *Keyskills*, when deemed important it was also seen as the *Keyskill* most wanting. In particular: the numerical abilities of both applicants and existing employees were criticised; employers reported greater difficulties finding people with the necessary numerical skills, than for any other *Keyskill* - a major problem being a lack of basic numeracy.

From our discussion it is clear that there is an imperative to identify those employer-defined skill profiles that characterise contemporary perceived workplace performance. These profiles should have applications across a range of business, commercial and industrial settings. We seek a descriptive rather than normative view of workplace priorities as seen through the eyes of employers in business and industry. On the one hand this will provide data to set against the curricular assumptions that seem always so prevalent when courses are designed to prepare consumers for some alleged need. On the other hand it will provide structured and detailed information from which to assess the extent to which workplace priorities form a constricting or liberating basis for vocational education and training.

3 Research methodology: analytic hierarchy process

This paper is concerned with the *Keyskill*: *Application of Number*. We note the uncertainties in the responses of employers surveyed in Dench et al. (1998), the relative unimportance ascribed to this skill by many employers, and the confusion between *need* and *importance* ascribed to certain attributes.

We applied a version of the Analytic Hierarchy Process (AHP), developed by Thomas Saaty (e.g. Saaty, 1990), that involves making paired comparisons between successive pairs of entities, and that leads to a ratio scale on which the totality of such entities may be ordered. In comparing two entities A and B relative to a given purpose we ask firstly, *Which of A and B is the more important to achieving the purpose?* and secondly, *How much more?* Illustrative examples are provided below.

Before such prioritisation can occur the hierarchy must be constructed and in developing the structure shown in Figure 1 we have taken further account of the outcomes reported in Dench et al (1998). In following the description it will be useful to refer to the definitions provided below. At the top of the hierarchy (level 0) is the overall goal of the enterprise. In deciding upon the next level we noted that employers (Dench et al, 1998) frequently referenced their comments in terms of three employment categories. These were: junior workers (eg school leavers or other inexperienced staff); experienced workers with responsible tasks but not managerial responsibilities; and executives responsible for high level management and decision making. These classifications have been chosen to comprise Level 1 of the hierarchy-contributing directly to the ultimate goal of effective organisational performance. Respondents rate the relative importance of the each job classification in contributing to the ultimate goal. In constructing the next level we have again taken account of outcomes reported in Dench et al. (1998) and have used the three component description for *Application of Number* given in the previous section, and shown as level 2 components in the definitions below. These are in turn compared pair-wise with regard to their relative importance for the respective job-types contained in the level above.

Level 3 contains the respective mediums in which employees may be called upon to exercise numerical abilities, bearing in mind an increasingly technological world. These vary from mental operations, through pen and paper competence, to the use of increasingly sophisticated electronic aids (simple calculators to specialist software). The ultimate aim is to obtain an importance ranking of these elements comprising the lowest level of the hierarchy. This is of interest both for workplace performance, and for the design of mathematically based vocational preparation. The terms used to define each of the Levels described above are:

Keyskill*: *Application of Number

GOAL: *To maximise the effectiveness of organisation (small business or firm)*

JOB TYPES (LEVEL 1):

JOB_JUN-----job type: junior position-school leaver or other
JOB_SEN-----job type: supervisor or other similar
JOB_EXEC---job type: executive level

APPLICATION OF NUMBER (Components) (LEVEL 2):

C&R_DATA----collect, collate, organise and record data
WRK_DATA----work with data-calculate, check, correct errors, plan calculations
PRS_FIND----present findings-select, interpret, analyse, summarise, evaluate

ATTRIBUTES (LEVEL 3):

MENTAL---undertake mental calculations
PEN_PAP---use pen and paper for calculations, estimates, checks
HAND_CAL---use hand calculator
GRPH_CAL---use graphical calculator
SPREAD---use spreadsheet
ADV_MAN---use advanced mathematical manipulator

Typical questions at each level are as follows:

Level 1: With respect to achieving the overall *goal*: which of JOB_JUN and JOB_SEN is more important? Estimate how much more.
Level 2: With respect to the demands of a JOB_SEN position: which of C&R_DATA and PRS_FIND is the more important component? Estimate how much more.
Level 3: With respect to the component WRK_DATA: which of PEN_PAP and HAND_CAL is the more important? Estimate how much more.

From this questionnaire (Appendix 1) and a further six questionnaires a complete ranking of priorities may be obtained. The ranking is synthesised using the software program EXPERT CHOICE that also provides for consistency checks and enables sensitivity analyses to be performed. These instruments represent data gathering methods applicable to individual responses, which may be treated separately or combined by an averaging process. Alternatively the priorities may be obtained in a group meeting by entering consensus decisions directly into the software program.

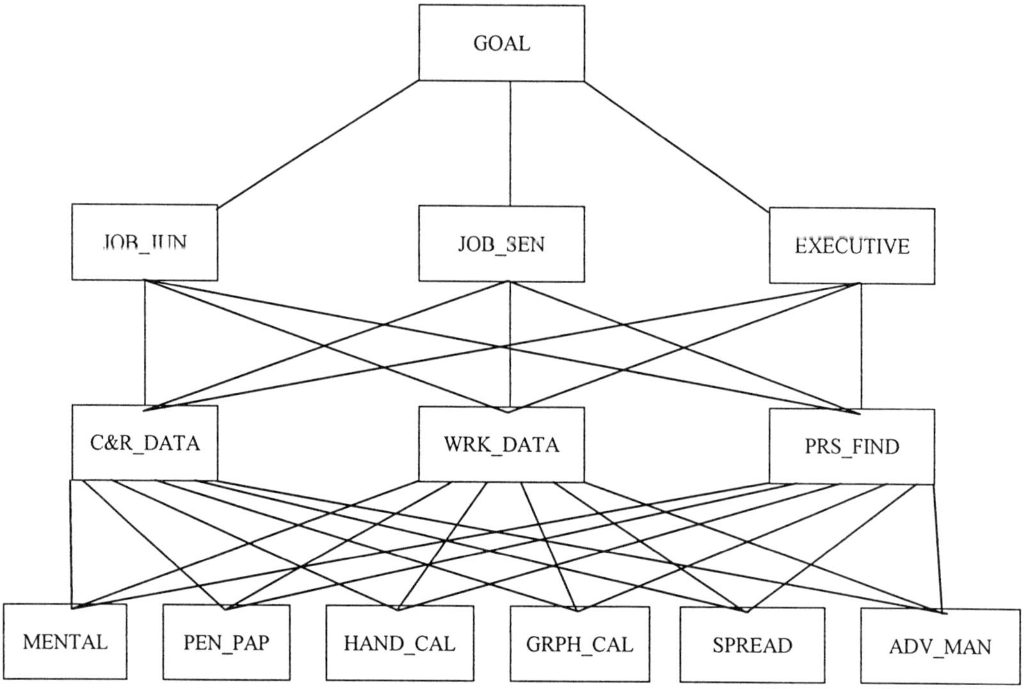

Fig 1
Levels represented in a schematic form, each contributing to the overall goal

4 Applying the instrument: some preliminary outcomes

The process was applied to two distinct groups in mid-1999: a cohort of part-time MBA students (14) in current employment and employees in a university environment (21). The returns from both groups were broadly similar and so for illustrative purposes we discuss the specific outcomes from the employees from service areas in a university environment. The questionnaire was administered firstly face to face with explanations and discussion of the meanings of the definitions provided within the hierarchy. Some questionnaires were completed on the spot and others returned by mail. Although our broad research objectives are concerned with identifying the range of employer-defined skills profiles that characterise perceived workplace performance, here again we concentrate on the *Keyskill: Application of Number* because of its mathematical base. Appropriately we look first at outcomes for the Level 3 attributes, and how they contribute to the Level 2 components of the *Keyskill.* (In discussion with the respondents the specification of advanced management software was interpreted as simply specialist software for the *understood* job purpose.)

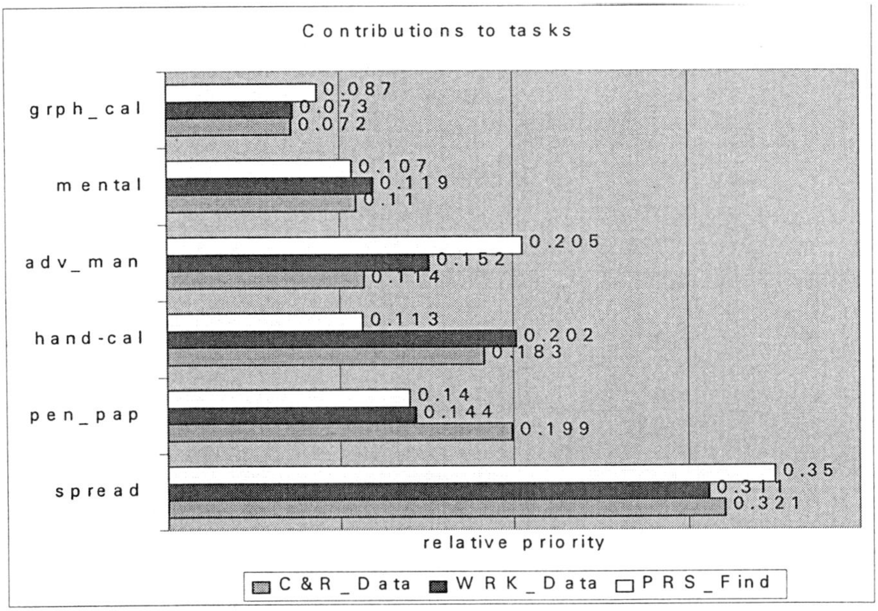

Figure 2

The relative priorities of each attribute (which sum to 1) in respect of their contributions to the three *Keyskill* components of collecting and recording data, working with data and presenting findings are given in Figure 2. Their contributions with respect to the three job types as synthesised at the next level of the hierarchy are shown in Figure 3.

It is clear that spreadsheets remain an overwhelming priority in each skill component and job type, whilst graphic calculators and the ability to perform mental calculations are seen to be unimportant. Intermediate priorities are assigned to specialist software, hand calculators and pen and paper, with the latter two having more priority for junior job skills- school leavers. In this hierarchy, given the responses to the paired comparisons at Level 2 and Level 3, it is not surprising to confirm that the relative priorities assigned towards achieving the overall business goal should again reflect the dominant role for spreadsheets (Figure 4).

A subsidiary analysis split the respondents into two groups using the mean overall responses when comparing the Level 3 attributes: one group whose responses were characterised as conservative and the other as progressive. The ordering of the attributes in the questionnaire (Appendix 1), from preferences for mental skill (most conservative) through to advanced software (most progressive) enabled such groupings to be identified from the resulting comparisons.

There is evidence that the progressive group gave considerable weight to both spreadsheets and specialist software in their priorities for carrying out the Level 2 tasks. In contrast, the conservative group shunned specialist software tempering this with a moderate tendency towards spreadsheets and stronger support for hand calculators and traditional pen and paper methods. Clearly a flux of opinion exists within broad bands of agreement.

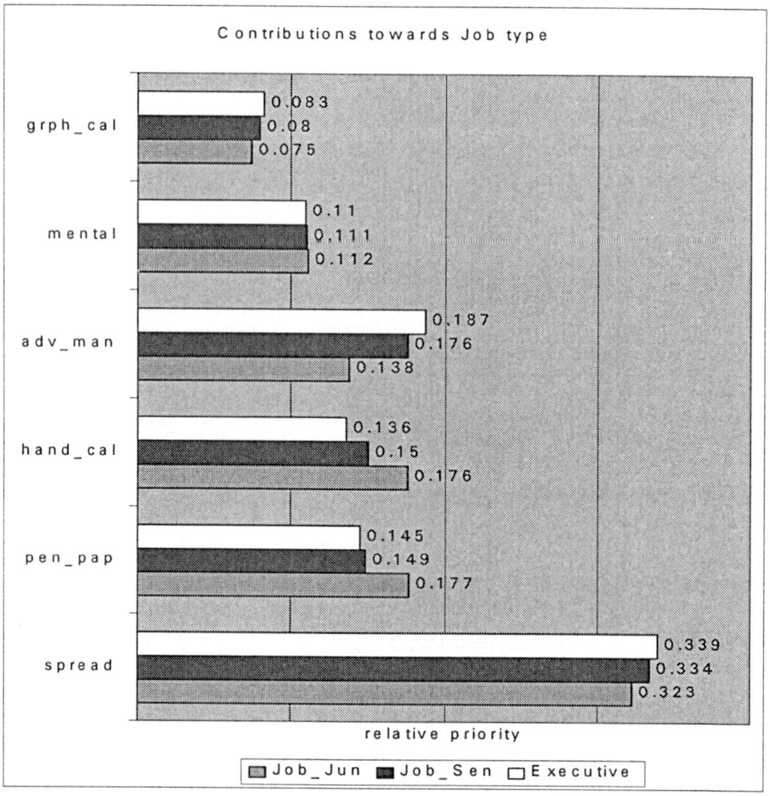

Figure 3

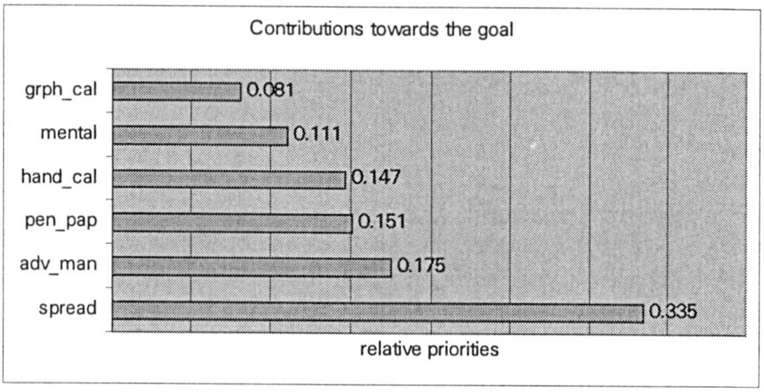

Figure 4

5 Discussion and conclusion

In concentrating on the mathematically orientated *Keyskill: Application of Number* in the context of workplace functioning our emphasis has been on identifying priorities with respect to the type of medium within which skills are to be exercised, and not upon the specifics of content as such. The alternative contexts for numerical proficiency in Level 3 of our hierarchy: mental manipulation; pen and paper; hand calculator; graphics calculator; spreadsheet; specialist software are important for individual businesses and industry to consider when seeking answers to questions such as: *What skill balance and priorities are required to achieve the overall goal of successful operation?* Similarly those preparing courses for workplace training have to prioritise these skill contexts for each job type: junior employees; senior employees; executives. For school leavers or new graduates that preparation in terms of workplace skills is of crucial importance impacting as it does on the choice of curricular emphases. Of more direct interest especially in workplace learning but also in respect of teaching and learning styles employed in mathematics is the need to answer: W*hat relative contextual emphases are called for within activities like: collecting and recording data; working with data; presenting findings?* Answering this question will help in planning training that is linked to levels of *Keyskill* performance.

The outcomes reported from this pilot study in §4 indicate, for example, that spreadsheets have a pre-eminent position, in that this context is an overriding priority for each type of activity, and at each job level. This finding, if replicated in a wider study within business, commerce and industry, together with the corresponding priorities for other mediums, will have significant consequences for organisation and emphasis within mathematics course provision – certainly for that part which is vocationally oriented. As an aside, this study also suggests that graphics calculators do not presently have a substantial impact on the workplace. This leads to an inference that this popular and powerful medium presently has its major use in assisting concept formation *within* mathematics, and in specialist scientific applications rather than in vocational activity. The veracity of this inference and other such questions need to be actively pursued.

In summary, this research is not concerned with prescribing the mathematics content of programmes, but in identifying the relative priorities that should be given to different mediums in designing such programmes and in assessing performance outcomes.

Acknowledgement

We are indebted to Isabelle Marcoul, who recognising our deficiencies in French, has helped us with the abstract.

References

Dearing, R. (1996). *Review of Qualifications for 16-19 Year Olds*. HMSO.

Dench, S., Perryman, S. and Giles, L. (1998). *Employers Perceptions of Key Skills*. Brighton: Institute for Employment Studies Report 349.

FEFC. (1998). *Keyskills in Further Education*. Coventry: Further Education Funding Council.

Gokusling, K., Ainley, P. and Tysome, T. (1996). *Beyond Competence: The National Council for Vocational Qualifications Framework and the Challenge to Higher Education in the New Millennium*. Avebury: Aldershot.

Gospel, H. (1995). The Decline of Apprenticeship Training in Britain. *Industrial Relations Journal 26*, 32-44.

Paczuska, A. and Randall, J. (1996). Using Learning from Work for Progression to Higher Education. *Journal of Vocational Education and Training 48*(4), 385-393.

Randall, J. (1996). National Vocational Qualifications in Higher Education. *Competence and Assessment 29*, 10-15.

Saaty, T.L. (1990). *Decision Making for Leaders: The Analytic Hierarchy Process for Decisions in a Complex World*. Pittsburgh: RWS Publications.

Williams, S and Raggatt, P. (1996). Competence-based Vocational Training Policy: a Case Study of the Decollectivisation of Employment Relations. *Journal of Vocational Education and Training 48*(4), 315-332.

APPENDIX 1 (Sample Questionnaire)
LEVEL 3 comparisons
Circle *one* number below per comparison using the scales below as follows:
1=EQUAL 3=MODERATE 5=STRONG 7=VERY STRONG 9=EXTREME

Compare the relative importance of the different **ATTRIBUTES** for the Application of Number Component **(C&R_DATA)**

1	MENTAL 9 8 7 6 5 4 3 2	1	2 3 4 5 6 7 8 9 PEN_PAP
2	MENTAL 9 8 7 6 5 4 3 2	1	2 3 4 5 6 7 8 9 HAND_CAL
3	MENTAL 9 8 7 6 5 4 3 2	1	2 3 4 5 6 7 8 9 GRPH_CAL
4	MENTAL 9 8 7 6 5 4 3 2	1	2 3 4 5 6 7 8 9 SPREAD
5	MENTAL 9 8 7 6 5 4 3 2	1	2 3 4 5 6 7 8 9 ADV_MAN
6	PEN_PAP 9 8 7 6 5 4 3 2	1	2 3 4 5 6 7 8 9 HAND_CAL
7	PEN_PAP 9 8 7 6 5 4 3 2	1	2 3 4 5 6 7 8 9 GRPH_CAL
8	PEN_PAP 9 8 7 6 5 4 3 2	1	2 3 4 5 6 7 8 9 SPREAD
9	PEN_PAP 9 8 7 6 5 4 3 2	1	2 3 4 5 6 7 8 9 ADV_MAN
10	HAND_CAL 9 8 7 6 5 4 3 2	1	2 3 4 5 6 7 8 9 GRPH_CAL
11	HAND_CAL 9 8 7 6 5 4 3 2	1	2 3 4 5 6 7 8 9 SPREAD
12	HAND_CAL 9 8 7 6 5 4 3 2	1	2 3 4 5 6 7 8 9 ADV_MANL
13	GRPH_CAL 9 8 7 6 5 4 3 2	1	2 3 4 5 6 7 8 9 SPREAD
14	GRPH_CAL 9 8 7 6 5 4 3 2	1	2 3 4 5 6 7 8 9 ADV_MAN
15	SPREAD 9 8 7 6 5 4 3 2	1	2 3 4 5 6 7 8 9 ADV_MAN

Scoring: Circling a **7** on the *right-hand side* in line 1 would indicate that PEN_PAP is regarded as *very strongly* more important than MENTAL in contributing to the skill area of **C&R_DATA** etc.

Similar instruments are completed for **WRK_DATA** and **PRS_FIND** respectively.

12

Vocational Education: How to Make Math Real? or What Mathematicians Can Learn from Engineers What Engineers Can Learn from Mathematicians

TOM GORIS, ROC Eindhoven, HENK VAN DER KOOIJ, Freudenthal Institute, Netherlands

In this paper we discuss the positive effects that consideration of dimensions and units of measurement can have on the understanding of mathematics. In applications of mathematics, students in vocational education are consistently confronted with these phenomena. Instead of just dwelling around in the formal and abstract world of pure mathematics, we offer them a chance to connect this real world experiences to the understanding of mathematical concepts.

Dans cette présentation nous discutons les effets positifs que la considération des dimensions et des unités peuvent avoir sur la compréhension des mathématiques. Dans l'application des mathématiques les étudiants dans l'éducation professionelle rencontrent tout le temps ces phénomènes. Au lieu de vivre exclusivement dans le monde formel et abstrait des mathématiques, nous leur permettons de lier ces expériences du monde réel à la compréhension des concepts mathématiques.

Introduction

In secondary education in The Netherlands, students have the opportunity to choose between general and vocational education. Until now the mathematics programmes for both streams are more or less the same: mathematics as an independent subject. Mathematical concepts are re-invented and re-constructed from informal strategies, when solving contextual real-life problems. But in the end the focus is more on 'pure' mathematics than on applications.

Since 1997 we are reconsidering this approach (at least) for vocational education because of an innovative curriculum project that is carried out in vocational education for engineering.

An important question that has to be answered in this project is:

- How does mathematics arise from contextual problems and to what extent should the mathematics be formalized?

The TWIN-project

Mathematics as an independent subject was about to disappear from vocational courses in The Netherlands, mainly because it did not support the vocational subjects in any way.

In 1996 the TWIN-project started in which a new curriculum was to be developed for technical vocational courses.

The general goals of the project are to create a new math curriculum that:

- makes sense for students (especially outside maths classes) who are preparing for a job in the field of engineering;
- makes use of new technology for new, alternative ways of learning and doing mathematics.
- only offers the mathematical subjects that are really needed for the future profession;
- tries to make students flexible in the use of different strategies, instead of making them use one (formal) technique;
- uses the real-life contexts of the student's field of interest (engineering) to learn mathematical concepts and to develop a mathematical attitude.

This last goal is not at all unusual, because in The Netherlands most students in the age group 6-16 are used to textbooks that are based on the theory of Realistic Mathematics Education (De Lange 1987, Freudenthal 1991). The new aspect is that we no longer neglect the fact that relationships are about entities, including dimensions and units of measurement.

Mathematics in the context of vocational education

An important finding concerns the way in which algebraic manipulations are used in the engineering practice. Functions are always considered as relationships between (physical) entities and students are told to check very consciously the dimensions and the units of measurement when manipulating formulas. Seen from this point of view, many mathematically *nice* questions we used about real-life problems cannot be answered by most of the students, because we (formalized, mathematics professionals) neglect the meaning of the variables within the context and only focus on number values, while most students make full use of the contextual meanings.

An example of such a 'didactical mistake':

Height h and width w of a slide image on a screen depends on the distance d between slide projector and screen. In the picture you see the formulas and the graphs of the relationship between h and d, w and d, and A and d.

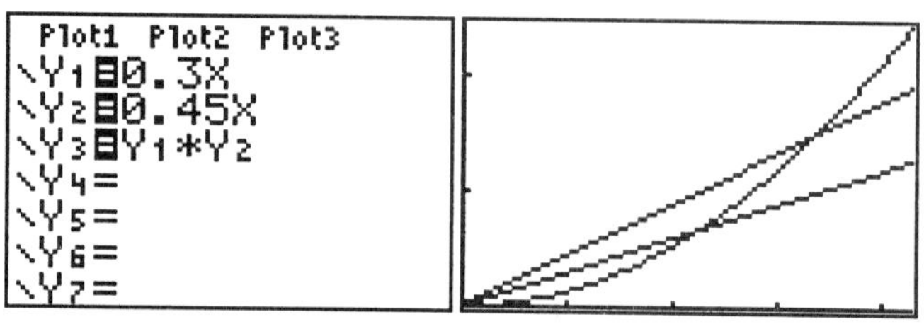

- Which entities are described by the three formulas Y1, Y2 and Y3?

As you can see, the graph of Y3 intersects both other graphs. Remind: $A = h \times w$

- At what value of *d* do the graphs of *w* and *A* intersect?

And the graphs of *h* and *A*?

A typical student's answer is: "there is no intersection because you cannot compare metres to square metres. The graphs of height and width and the graph of the area should not have been drawn in the same diagram."

Dimensions and units of measurement

The consideration of dimensions and units have influenced our development of the student materials. In most textbooks for engineering, the consideration of dimensions or units is used basically as a tool to check whether algebraic manipulations on formulas are carried out properly. In the TWIN project these kinds of considerations are used in quite a different way. Three kinds of influences are identified. The consideration of dimensions and units can help students:

- to give meaning to certain algebraic manipulations;
- to understand, build and change formulas;
- to give a contextual meaning to parameters.

An example of each follows.

To understand the meaning of algebraic manipulations

Consider the following problem:

> *At t = 0 Ylja starts walking at a speed of 2 m/s. After three seconds her sister Joni starts walking at the same speed, starting from the same location.*
> *Find two different formulas that describe the relationship between walking distance (s) and time (t) for Joni.*

The answer to this problem is: $s = 2 \cdot (t - 3)$ and $s = 2 \cdot t - 6$

Seen in a mathematical way the two formulas are equal.

However, the two formulas are quite different when considering the dimensions and units.

In the TWIN textbooks the students are asked to think about the dimension that each letter and number in a formula represents. They are also made aware of the fact that you can only add or subtract equal dimensions and that multiplying or dividing two different dimensions results in a new dimension.

From that point of view you could say that the formula $s = 2 \cdot (t - 3)$ is a *time-approach* of the problem, whereas the formula $s = 2 \cdot t - 6$ is a *distance-approach*.

In a dimensional analysis the first formula states that *distance* = *speed* × *time* and the second one states that *distance* = *distance* - *distance*.

In terms of the graph of *s* versus *t* it is the difference between describing a linear function which does not intersect the origin as a horizontal translation or as a vertical translation:

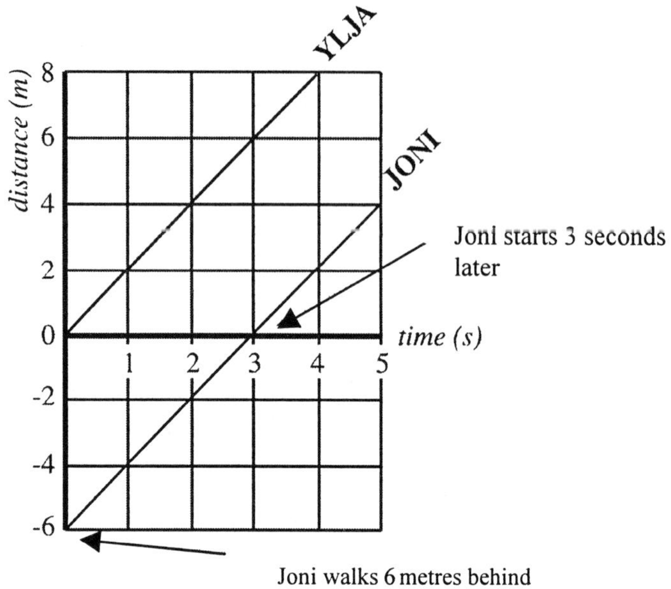

So it is clear that a rather simple algebraic performance as removing the brackets in a formula greater more consequences than just creating two totally identical formulas. Students with poor algebraic skills are helped by the consideration of dimensions:

a mistake like $2 \cdot (t - 3) = 2 \cdot t - 3$ can be explained within the context and therefore will occur less frequently.

To understand, build and change formulas.

An example from trigonometry.

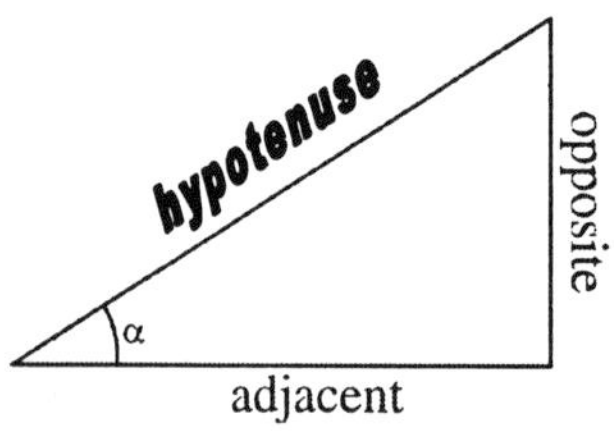

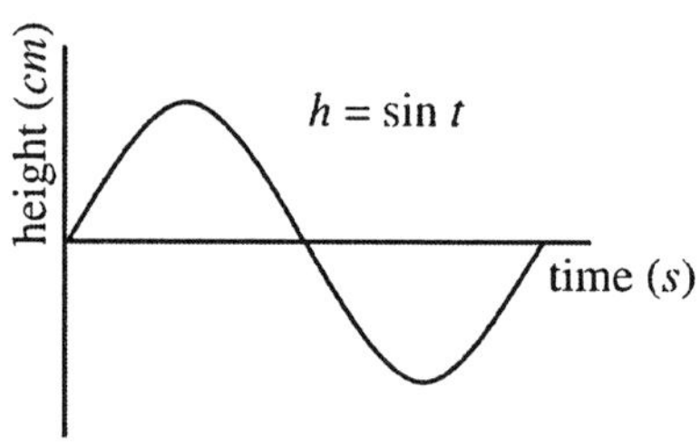

$$\sin \alpha = \frac{\text{opposite side}}{\text{hypotenuse}}$$

How can a student combine these two appearances of the phenomenon sine?

A dimension consideration can help students here in a significant way. We try to connect the concept of trigonometric functions to the already existing knowledge, which is:

- you can compute the sine of an angle;
- the result is a ratio (a number without dimension or unit).

Of course mathematicians accept that in a formula like $h = \sin t$, the relationship between the set of numeric values of the entity t and the set of numeric values of the entity h is defined. We do not worry about computing the sine of a number that represents time. But for students who are not operating in the field of abstract mathematics it is different. They might even wonder whether sin t is something like *opposite time* divided by *hypotenusian* time when they try to give it a place in their trigonometric frame of reference.

The consideration of dimensions introduces the hidden ONEs in the formula $h = \sin t$. The formula should be written as $h = 1\cdot \sin(1\cdot t)$. The first 1 must have the same dimension as h; the sine itself is without dimension. The second 1 must have a dimension that multiplied with time results in an angle; angle per time or angular velocity.

In general we always present trigonometric relationships in the form:

$h = h_{max} \cdot \sin(\omega \cdot t)$. This way it is consistent with the already existing geometric trigonometric knowledge of the students. The transition between geometric trigonometry and function trigonometry has been facilitated with the development of a Java applet:

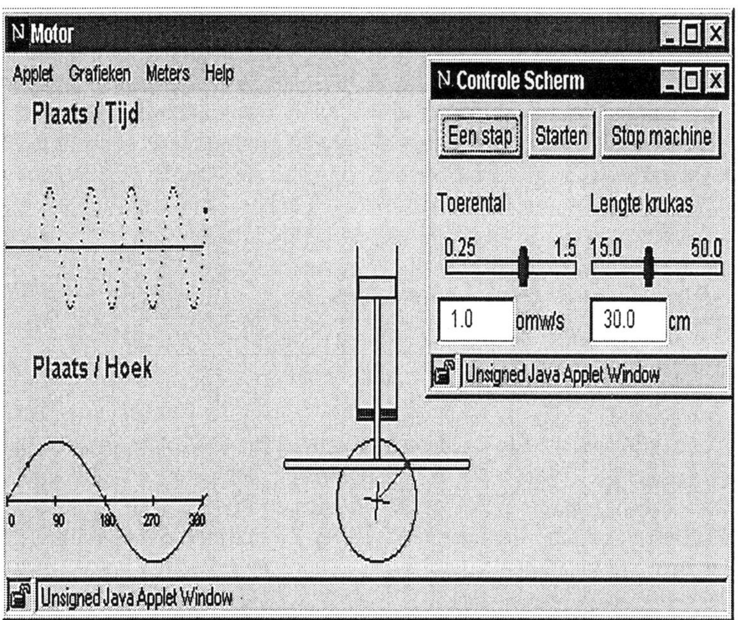

This applet can be downloaded from www.fi.uu.nl/twin/

An application of trigonometric formulas can be found in electronics.

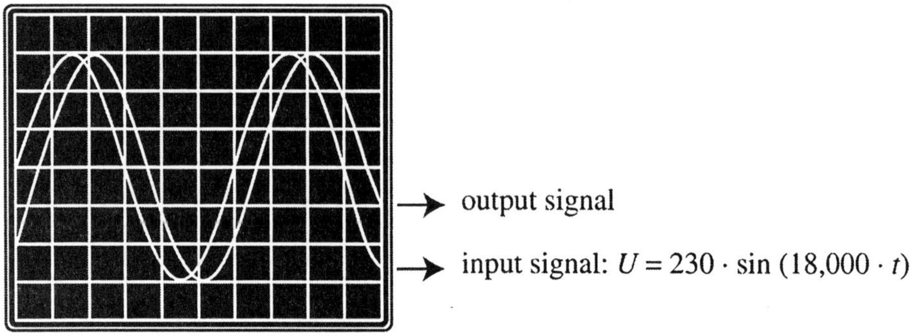

A sinusoidal shaped signal can be described with a trigonometric formula. An interesting feature for electronic engineers is the difference in phase of two signals. Usually, this difference is expressed in degrees. In the oscilloscope image you can see an output signal with a phase difference of 30°. A consideration of dimensions can help students to find the formula for the output signal. They are aware of the fact that the 18,000 in the formula for the input signal has the unit degrees per second. And therefore the $18{,}000 \cdot t$ has the unit degrees. The phase difference is given in degrees, not in seconds, which to us mathematicians probably would make more sense since the oscilloscope image is a *U-t* graph. So you may conclude that the formula for the output signal must be
$U = 230 \cdot \sin(18{,}000 \cdot t - 30)$.

To give a contextual meaning to parameters

Exponential growth or decay can be described with the formula:

$$N = N_0 \cdot e^{\lambda \cdot t}$$

with N the number and t the time (in days e.g.)

To give meaning to the parameter λ it is interesting to consider its dimension. Since exponents do not have a dimension it is clear that the unit of λ must be day^{-1}. The electronics students in particular recognise this unit as the unit of the dimension frequency. So obviously something is occuring λ times a day. The interpretation of λ yields, in this case the number of times the growthfactor e is realised in a day. This is quite a different interpretation than seeing λ as the parameter of the horizontal translation.

Conclusions

Mathematical abstraction and formalisation provide a basis from which the most powerful applications in solving human, social and scientific problems are derived. This was the starting sentence for Sub-theme 2 of the conference. For users of mathematics it is very important that they not only know techniques within the abstracted and formalised system, but they also should have experienced the process of abstracting from reality and of formalizing the context-bound, informal concepts. This is a very important aspect of a mathematical attitude for users of mathematics, which for most of the time is neglected by 'pure' mathematicians.

On the one hand we find that students become better users of mathematics in this way; on the other hand we (designers of the new programme) are more aware of the usefulness of mathematics when starting to investigate relationships between entities, including dimensions and units of measurement.

Through this project we are becoming aware of the necessity to make a distinction in mathematics education between what we refer to as *pure* algebra and *real* algebra. Pure algebra is the playing field of the mathematician: the clean world of *abstract* numbers and variables and their relationships. Real algebra is the playing field in the contextual world of real life problems, where most students are mixing meaningful numbers and abstract formal rules from the 'clean' mathematical world. These experiences also give rise to the question, "how 'mathematically pure' we should make students in vocational education?".

References

de Lange, J. (1987) *Mathematics, insight and meaning,* Utrecht, The Netherlands: OW&OC

Freudenthal. H. (1991) *Revisiting mathematics education*, Dordrecht, The Netherlands: Kluwer Academic

Goris,T. & van der Kooij, H. (1997-1999) *TWIN Wiskunde* volume 1, 2 & 3, Leiden, The Netherlands: SMD

13

L'Outil Multimedia : un Support de Transition Entre la Culture du Mathématicien et la Culture du Professionnel dans l'Enseignement de l'Analyse en Composantes Principales en École Supérieure de Management
The Multimedia Tool : a Transitional Medium Between the Mathematician's Culture and the Professional's Culture in Teaching PCA in a Business School

CORINNE HAHN, Negocia, PATRICK DASSONVILLE, ESCP, France

Two kinds of mathematical applications are taught in businessschools : statistics and data analysis (mostly used for marketing) and models in financial markets. We will consider here the first of these subjects and discuss the case of Factor Analysis (Principal Components Analysis, PCA). This method is widely used in marketing but it is difficult because you need to have good grounding in linear algebra and calculus. In France, business school students are no longer able to reach these levels, so PCA is less frequently taught in statistics courses. It is often reduced to the presentation of some *recipes* by the marketing teacher using professional software. However, the complexity of PCA, hidden behind the apparent simplicity of graphical representations summarising analyses, leads to many errors in the workplace. We believe that there is an intermediary way of teaching PCA, between the *deep mathematical* approach and the *marketing recipes* approach. This consists of a strict conceptual approach based on graphical representations. It integrates a multimedia tool that allows the students a strong autonomy for experimentation and the possibility of simulation by using dynamic representations.

Introduction

De nombreux métiers font appel à des notions de mathématiques complexes, qui ne sont souvent plus enseignées aux étudiants qui se préparent à l'exercice de ces métiers: les étudiants utilisent alors les techniques professionnelles sans maîtriser les fondements mathématiques de ces techniques (Hahn, 1998).

Il est vrai que, dans la vie professionnelle, les mathématiques sont le plus souvent « implicites », cachées derrière des « boîtes noires » technologiques (Keitel et al., 1993). Faut-il pour autant se contenter de former nos étudiants à la gestion de la « relation d'input/output » (Keitel et al., 1993) ? Si comme nous le pensons, la réponse est non, d'autres questions se posent alors : jusqu'où faut-il aller dans l'enseignement des fondements théoriques des méthodes ? Comment surmonter les problèmes qui commencent aussi à se poser au niveau de l'enseignement supérieur : l'hétérogénéité du public et son rapport souvent difficile avec les mathématiques ?

Nous allons proposer une réponse à ces questions dans le cas de l'enseignement de l'analyse en composantes principales (ACP) en école supérieure de management.

L'enseignement des mathématiques dans les écoles de commerce françaises

Le réseau des Chambres de Commerce et d'Industrie est la seconde institution de formation française, derrière l'Education Nationale. La Chambre de Commerce de Paris possède 17 écoles, préparant à des métiers très variés et délivrant des diplômes de tous niveaux, du BEP au diplôme d'ingénieur.

En France, les étudiants qui souhaitent se former au management peuvent opter soit pour un cursus universitaire, soit pour une école de management qui propose une formation plus directement opérationnelle.

Dans ces écoles, on enseigne deux types d'applications des mathématiques :

1. les statistiques et l'analyse des données, particulièrement utilisées en marketing ;
2. les modèles pour la finance de marché (probabilités, modèles stochastiques et markoviens, programmation linéaire, ...

Nous allons voir, dans le cas de la méthode de l'Analyse en Composantes Principales (ACP), qu'il n'est pas toujours simple de conjuguer opérationnalité et rigueur.

L'analyse en composantes principales[1]

L'ACP est une méthode d'analyse de données, très utilisée en gestion, qui existe depuis le début du siècle sur le plan théorique (Hotelling) mais la complexité des calculs ne rendait pas son usage facile. Elle n'a pris son essor que dans les années soixante, avec le développement du traitement informatique.

De nombreux chercheurs ont étudié l'influence de l'utilisation de la technologie sur la compréhension des concepts mathématiques (voir notamment Tall, 1994, Wilenski, 1997, Artigues, 1997). La grande majorité de ces travaux portait sur des notions qui peuvent s'enseigner sans avoir recours à la technologie. La situation est différente pour l'ACP qui nécessite l'utilisation de logiciels spécifiques.

L'ACP est une méthode globale de description d'un tableau individus × variables quantitatives. Cette méthode a un double but :

1. créer des variables synthétiques (appelées facteurs) qui résument au mieux l'information contenue dans le tableau de départ, ces variables de synthèse étant combinaisons linéaires des variables de départ ;
2. analyser la différenciation entre les individus en relation avec ces variables synthétiques.

L'ensemble de l'analyse peut être résumée sous forme de deux séries de graphiques (voir exemple en annexe), dans les plans définis par les facteurs : la première série représente les corrélations entre variables (cercles de corrélations), permettant l'identification des facteurs et la seconde le positionnement des individus (plans factoriels) par rapport à ces facteurs.

Il faut noter que l'application de cette méthode est différente suivant les pays : les pays latins privilégient le second de ces objectifs alors que les pays anglo-saxons s'intéressent essentiellement au premier.

L'utilisation de l'ACP en entreprise

L'ACP est une méthode très utilisée en marketing dans les études de marché. Les professionnels y ont fréquemment recours pour positionner un produit vis à vis de ses concurrents.

Dans ce cas, les informations sont recueillies auprès des consommateurs qui évaluent des produits d'après plusieurs critères (par exemple : *évaluez le goût du produit sur une échelle de 1 à 10*). Les données à traiter sont les notes attribuées aux différents critères par les consommateurs interrogés. Les variables de l'étude sont les critères et les individus observés sont les consommateurs.

En réalité, à partir de ces informations, pour chaque produit, on calcule la note moyenne obtenue pour les différents critères (comme le goût). Les données traitées correspondent donc aux notes moyennes, les individus sont les produits et les variables les critères d'évaluation.

Par ailleurs, après traitement par l'ACP, l'utilisateur se limite le plus souvent à l'analyse d'un des graphiques (le premier plan factoriel), ce qui est à l'origine de nombreuses erreurs.

L'enseignement de l'ACP en école de management

Si l'ACP est une méthode très utilisée en marketing, c'est aussi une méthode difficile d'accès car sa compréhension nécessite d'avoir de bonnes connaissances en algèbre linéaire. Aussi renonce-t-on de plus en plus souvent à l'enseigner dans un cours de bases de statistique et laisse-t-on le soin aux professeurs de marketing de présenter quelques techniques de lecture des sorties informatiques. Or, si le futur professionnel veut être en mesure d'interpréter correctement les résultats, il est indispensable qu'il ait une certaine connaissance du type d'algorithme mis en œuvre par le programme (ce que David Tall nomme « analogue insight », voir Tall, 1994).

En effet, si de nombreuses recherches ont exploré les mathématiques mises en œuvre par les professionnels et ont montré que ceux-ci savaient appliquer des méthodes mathématiques (Lave, 1988, Nunes, 1993), il s'agissait le plus souvent de savoirs de base, en général liés au concept de proportionnalité. La complexité de l'analyse en composantes principales, sous l'apparente simplicité des graphiques résumant l'analyse, conduit au contraire à de nombreuses erreurs sur le terrain. Ainsi dans le cas de l'exemple présenté ci-dessus, il existe de nombreuses difficultés, dont il faudra tenir compte dans l'interprétation :

- les variables considérées ne sont pas vraiment quantitatives puisqu'il s'agit de perceptions basées sur des notes ;
- les données traitées sont les moyennes de notes et non les notes elles-mêmes ;
- l'analyse portera sur un petit nombre d'individus (les produits) et il faudra vérifier sa stabilité.

A ces difficultés spécifiques à la nature des données s'ajoutent le manque de conscience des limites de cette méthode statistique, ce qui peut conduire à de graves erreurs d'interprétation. Notamment :

- la confusion sur les objectifs de l'ACP
- la non prise en compte de la part d'information représentée dans les graphiques
- la qualité de la représentation des individus.

Une méthode d'enseignement entre l'approche mathématique et l'approche « recette marketing »

Nous avons cherché à envisager une autre approche de l'enseignement de cette méthode statistique, en trouvant un juste milieu entre les exigences de rigueur des mathématiciens et celles d'opérationnalité des professionnels du marketing.

Afin d'améliorer la formation, il a été conçu un Cédérom (Dassonville, 1997) qui a été intégré dans un dispositif pédagogique spécifique, adapté aux objectifs professionnels. Nous savons en effet que les systèmes de formation qui réussissent le mieux sont des systèmes mixtes, associant logiciels et médiation humaine (Liénard, 1998).

Cet outil multimédia permet :

- une grande autonomie sur l'expérimentation (navigation libre dans un campus virtuel intégrant amphithéâtre et laboratoire) ;
- le libre choix du processus d'apprentissage (inductif ou déductif) et la modification de ce choix à tout moment;
- la simulation à partir de représentations dynamiques ;
- une compréhension des concepts mathématiques à partir de représentations graphiques animées.

Il a été intégré dans un dispositif d'enseignement privilégiant une approche conceptuelle stricte, basée sur la lecture de graphiques et non sur l'apprentissage de formules.

Pour donner une légitimation à leur travail, les élèves doivent traiter et analyser des données réelles avec un logiciel professionnel.

Une évaluation du dispositif et de l'outil multimédia est en cours. Elle consiste à comparer les productions de trois populations d'étudiants de première année. Un échantillon aléatoire de 60 d'entre eux a suivi le cours sans avoir accès à l'outil multimédia, un autre échantillon de même taille n'a pas assisté au cours et a étudié à partir du CD ROM. Les autres étudiants ont eu la possibilité d'associer les deux modes de formation. Cette étude quantitative a été doublée d'une étude qualitative basée sur l'analyse de « carnets de bords » tenus par les étudiants et d'observations in situ réalisées par deux psychologues-ergonomes.

Note

1 Nous ne sommes évidemment pas en mesure ici d'expliquer cette méthode en détail. Le lecteur qui souhaiterait plus d'éclaircissements pourra se référer à l'ouvrage d'Escoffier et Pagès « analyses factorielles simples et multiples » paru chez Dunod.

Bibliographie

Artigues M. : 1977, Dérive, révélateur de phénomènes didactiques, *Educational Studies in Mathematics, vol 33-2, pp 113-169.*

Dassonville P. : 1997, Learning correlation et PCA with a CD ROM, *Bulletin of the International Statistical Institute, 51ème session, Book 3.*

Hahn C. : 1998, Quel enseignement de mathématiques pour la formation professionnelle ? in *Actes du 50ème congrès CIEAEM, Neuchâtel, Suisse.*

Keitel C., Kotzmann E., Skovsmose O. : 1993, Beyond the Tunnel Vision, analysing the Relationship between Mathematics, Society and Technology, in *Learning from Computers : Mathematics Education and Technology*, Springer, Berlin.

Lave, J.: 1988, *Cognition in Practice: Mind, Mathematics and Cuture in Everyday Life*, Cambridge University Press.

Liénard M. : 1998, La nécessaire médiation humaine, *Les Cahiers Pédagogiques n°362.*

Nunes, T. et Schliemann A. et Carraher D.: 1993, *Street Mathematics and School*

Mathematics, Cambridge University Press.

Tall D. : 1994, Computer Environments for the Learning of Mathematics, in *Didactics of Mathematics as a Scientific Discipline*, Biehler, Scholz, Strässer, Winkelman eds, Kluwer.

Wilenski U. : 1997, What is normal anyway ?, , *Educational Studies in Mathematics, vol 33-2, pp 171-202.*

ANNEXE : approche de l'ACP par un exemple

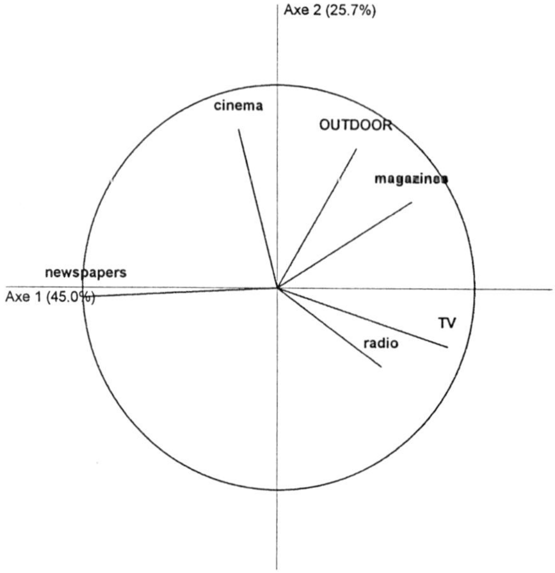

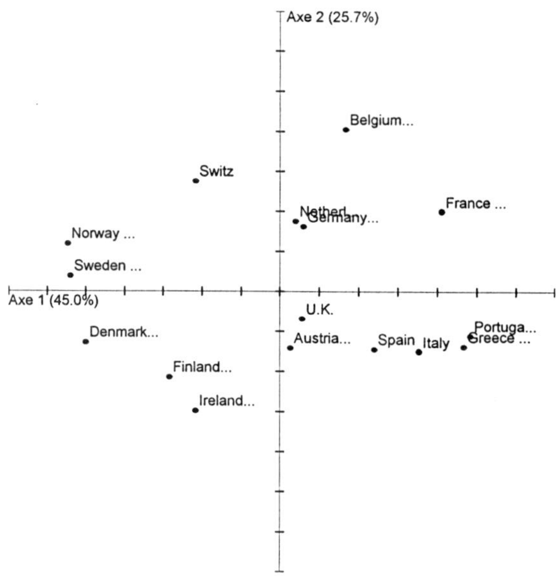

L'ACP a été réalisée sur un tableau présentant la répartition des dépenses publicitaires par type de média dans 16 pays européens en 1990.

Le premier plan factoriel (second graphique) indique une opposition entre pays du Nord et pays du Sud par rapport au premier axe. Le cercle de corrélation permet d'interpréter le facteur associé à cet axe (premier graphique). Il apparaît ainsi que les pays du nord privilégient la publicité dans les quotidiens (« l'écrit ») et les pays du sud celle dans les magazines, la télévision et la radio (le « visuel »).

14

Perceptions of Mathematics and Reality in TIMSS Mathematics Items

EVA JABLONKA, Freie University of Berlin, Germany

Nous avons analysé les questions du test *TIMSS mathematics achievement test* à partir de critères thématiques et linguistiques pour esquisser l'image des mathématiques appliquées que reflètent ces questions. Nous constatons 1. que certains domaines d'application sont favorisés par rapport à d'autres, 2. qu'il n'y a qu'une relation superficielle entre le milieu social et la vie quotidienne des élèves et 3. que les questions sont basées sur des idées contradictoires des mathématiques appliquées.

I. Introduction: What are the TIMSS mathematics items about?

Dire warnings from politicians (Focus, 1998) who were concerned that Germany would lose its global competitiveness as a result of poor mathematics education were not the only example of an over-reaction to TIMSS in those countries with advanced economies which were judged to be "low-achieving". If we are to take the findings of TIMSS at face value, then the same politicians should have perhaps celebrated the fact that their country did not belong to that large group of countries which apparently have a higher standard of mathematics education but which are by no means as prosperous. But serious observers would not suggest that a backward economy leads to a high standard of mathematics education. Or would they?

If informed observers had looked at some of the test items used in TIMSS they might have noticed, for example, the predominance of multiple choice questions, the sometimes inaccurate and occasionally misleading translations, and a marked cultural bias towards the western societies, and they might have come to the conclusion that, factors other than mathematical knowledge were necessary for pupils to make a 'correct response'.

The performance assessment tasks were said to be chosen "to sample a broad array of mathematics and science content, and to elicit from students a variety of abilities, skills, and knowledge" (Harmon et al., 1997, p. 12), and "the TIMSS Subject Matter Advisory Committee, which included distinguished scholars from 10 countries, ensured that the test reflected current thinking and priorities within the field of mathematics." (IEA 1997b, p. iii.). In the mathematics literacy test "Reasoning and social utility were emphasized in several items. A general criterion in selecting the items was that they should involve the types of mathematics questions that could arise in real-life situations and that they be contextualized accordingly" (IEA 1997c, p. iv).

It is very difficult to define the kind of abilities, skills and knowledge that constitute "mathematics achievement" and "mathematics literacy" (that the test purported to measure), and so the extent to which the TIMSS items reflect those concepts it is not easy to judge.

Further, do the TIMSS items reflect the various differing practices of using mathematics, for example those in business, industry, education or other aspects of everyday life?

II. Aims and Methodology

Twenty-three (out of 65) of the released TIMSS mathematics items for population 1 and 40 (out 102) of the items for population 2 (IEA, 1997a; IEA, 1997b) refer to a non-mathematical context; among the advanced mathematics items there are 12 (out of 37). The "mathematics literacy" items for population 3 (IEA, 1997c) almost all (that is 17 out of 20) deal with applications of mathematics. The study that is presented here attempted to identify the different practices of using mathematics that are indexed by these "applied mathematics" test items.

The various differing practices of using mathematics may be conceptualised in terms of different areas of application and associated aims, of different technological aids (such as calculators, computers and tables) and of different perceptions of the relation of the mathematical concepts to "reality".

School mathematics texts commonly refer to handicraft, hobbies (e. g. sports and music) and personal finance (e. g. shopping, rents, fees and taxes) as contexts of everyday life including school life in which mathematics is used for practical problems of a manual nature as well as for planning and for organising. In these areas mathematics is perceived more as a toolbox and there is no need to use mathematical concepts explicitly. Sometimes in everyday life numbers are seen as reflecting hidden traits and relationships (as in some occult practices) and these are usually not referred to in school mathematics.

Another practice that may be indexed by school mathematics texts is where mathematics is used in jobs not requiring a special mathematical training. In these areas mathematics is used for effectively performing an action that is part of the job, usually with the aid of calculators, computers, microelectronic devices, charts, graphs or tables. Characteristic of this practice is the use of algorithms for certain classes of problems.

Another practice entails using mathematics in jobs requiring a special mathematical training. The aim is solving problems that are not "standard" and thus cannot be tackled by an algorithm. Mathematics is conceived of as a description of empirically given phenomena and this has to be evaluated by its efficiency because the solution has to serve as a basis for an action.

The practice of using mathematics in natural and social sciences may also be referred to in school mathematics; usually this is done by introducing topics from other school subjects as a context for applying mathematics. The perception of mathematics differs from other practices according to the degree of mathematisation of the corresponding science. The epistemological status of mathematical knowledge extends from using statistics solely as a tool for representing or processing data, through using mathematics for specifying or reorganising scientific concepts, up to describing "causal relationships" by means of theoretical models. The results are evaluated in terms of their productivity within scientific inquiry.

The above mentioned practices of using mathematics can be recontextualised within school mathematics at different levels; i.e. aiming at an introduction into, or at an evaluation and critique of, these practices.

To identify which of these practices are indexed by the TIMSS mathematics items and to get a basis for analysing the implicit aims and perceptions of mathematics, the content of the problem statements and questions of the test items, as well as some textual features were investigated. The following categories that emerged in the course of the investigation were used for further analysis:

a) The contexts of using mathematics indexed by the items were found to be drawn from everyday situations including school life, from business and industry as well as from natural sciences.

b) There are four different ways in which mathematical knowledge has to be applied in selecting one "correct" answer in the multiple choice questions (which amount to 58 of the 92 "applied items", each having at least four alternatives):
   (i) selecting the correct answer out of different given results, which do not include information about the underlaying mathematical model;
   (ii) selecting the correct mathematical model without knowing the results;
   (iii) selecting a situation that could have been described by a given mathematical model;
   (iv) selecting the correct measure for given data or objects.

   The free response items reveal five different possibilities of applying mathematical knowledge:
   (i) representing data in a given mode;
   (ii) interpreting a mathematical model, the results of which are given as a graph or chart;
   (iii) applying a given mathematical model;
   (iv) analysing or comparing model(s) given as a statement made by a person and
   (v) finding an appropriate model or measure.

   Each item is composed of a short statement of a problem followed by the question.

c) The problem statement was found to be either an objective description or a description made by a person. The problems that are described are of three different types:
   (i) descriptions of persons in a problematic situation including a clear statement about the aims of the "protagonists";
   (ii) descriptions of persons in a problematic situation whose intentions are not described;
   (iii) descriptions of a problematic situation without "protagonists".

d) The questions were found to be formulated in four different ways:
   (i) in the form of an order ("Estimate how long ...!");
   (ii) asking for evaluation by the student ("Do you consider ...?");
   (iii) an impersonal question ("In how many ways can one ... ?") and
   (iv) a hypothetical question ("If 5 light bulbs were found ... how many would be expected ...?").

III. Results and Discussion

All but two of the 23 "applied" mathematics items for population 1 refer to contexts of everyday life in which mathematics is used for solving practical problems of a manual nature and for planning and organising school life. Even among the 40 "applied" items for population 2 there are still more than a half that refer to everyday situations. However, there is a shift from practical problems of a manual nature towards shopping, travelling and hobbies. Two items for this population introduce a situation from business and industry and 7 refer to natural sciences. In the test for population 3 (containing 29 "applied" items) only a few items index an everyday or school context. This fact reflects the idea that higher mathematics education tends to be biased towards the application of mathematics in the natural sciences (mostly physics and biology) as well as in business and industry. However, these applications consist of relatively simple modelling examples from a scholarly mathematician's perspective; the problems are described without the users from business or commerce being involved, and only the mathematical and narrow focus is used to describe the situations under consideration. On the other hand there are only a few examples showing the hypothetical nature of mathematical descriptions - as it is expressed by posing" what-if-questions". Some items require a different view from the student, perhaps identifying with a manager whose problem is one of profitability. However, customers - which the students themselves probably are - see the same problem differently as one of minimizing expenditure. There are few references to applications of mathematics in the workplace from the employer and employees point of view. The protagonists in the items that draw on everyday life are almost invariably middle class and this implies an identification from the students with a class to which they might not belong. In most of the items the problems combine an objective statement with an impersonal question. What is expected here is an uncritical acceptance by the students that mathematics is of use in those everyday situations that are described. On closer inspection, however, the connections made are tenuous. For example when proper names and other figures of speech are used for "padding out" calculations and mathematical structures; a play easily seen through by the students and one that prompts them just to look for numbers in the text. The following two examples can be seen as typical for the way in which situations from everyday life are indexed:

Example 1: Item V-3, Population 2

To mix a certain colour of paint, Alana combines 5 liters of red paint, 2 liters of blue paint, and 2 liters of yellow paint. What is the ratio of red paint to the total amount of paint?

A. $\frac{5}{2}$ B $\frac{9}{4}$ C $\frac{5}{4}$ D $\frac{5}{9}$

A student who has experience with painting would think about the colour of this mixture (of two complementary colours). This is also a typical example of a "reverse-given-find" problem; in everyday contexts (e. g. cooking) usually the ratio of a mixture is known and the amount of the components has to be worked out.

Example 2: Item K-2, Population 3

In how many ways can one arrange on a bookshelf 5 thick books, 4 medium sized books and 3 thin books so that the books of the same size remain together?

A. $5!\ 4!\ 3!\ 3! = 103\ 680$ B. $5!\ 4!\ 3! = 17\ 280$ C. $(5!\ 4!\ 3!) \times 3 = 51\ 840$

D. $5 \times 4 \times 3 \times 3 = 180$ E. $2^{12} \times 3 = 12\ 288$

There is no reference to the context of arranging books in everyday life. One has to rely on the meta-knowledge about mathematics tasks to discover that the numbers of the three kinds of books are important here, while the different ways in which one book could be put on a shelf are not.

These items are also typical of the way the problems are stated and the questions are posed, that is in the form of descriptions of a problematic situation without "protagonists" or with "users" whose intentions are not described, combined with an impersonal question (frequently using passive voice or "one").

The test items appear only at first sight to be neutral and value free. It may be said that this reflects the fact that in the curricula of the participating countries the different levels of mathematics education are aiming at an introduction into (rather than at an evaluation or critique of) the various practices of applying mathematics (c.f. the sociological analysis of school mathematics texts by Dowling, 1997). Even in the "mathematical literacy" items which deal with advanced applications, we see that the statements made by "experts" do not invite the students to form their own opinion, as in the following example from the mathematics literacy test:

Example 3: Item K-2, Population 3

Experts say that 25% of all serious bicycle accidents involve head injuries and that, of all head injuries, 80% are fatal.
What percentage of all serious bicycle accidents involve fatal head injuries?

A. 16% B. 20% C. 55% D. 105%

Bishop (1988) sees it as indicative of the way values are assumed, that the examples pointing to aspects of social life strongly influenced by mathematics (in particular aiming at critisising constructively the often implicit values embodied by these ideas) are not well served by the reference literature.

References

Bishop, A.J., 1988, *Mathematical Enculturation*, Kluwer Academic Publishers,Dordrecht.

Dowling, P., 1996, 'A Sociological Analysis of School Mathematics Texts',*Educational Studies of Mathematics*, 31 (4),389-415.

Focus, 1998, Der geplatzte Traum. Warum sind deutsche Schüler so schlecht? Politiker streiten über die Lehren eines internationalen Tests; Nr. 22, 88–89.

Harmon, M. et al., 1997, *Performance Assessment in IEA's Third International Mathematics andScience Study (TIMSS)*, IEA (International Association for theEvaluation of Educational Achievement), Boston.

IEA (International Association for the Evaluation of EducationalAchievement) 1997a, *TIMSS Mathematics Items, Released Setfor Population 1 (Third and Fourth Grades)*, IEA, Boston.

IEA (International Association for the Evaluation of EducationalAchievement) 1997b, *TIMSS Mathematics Items, Released Setfor Population 2 (Seventh and Eight Grades)*, IEA, Boston.

IEA (International Association for the Evaluation of EducationalAchievement) 1997b, *TIMSS Released Item Set for the FinalYear of Secondary School, Mathematics and Science Literacy, AdvancedMathematics, Physics*, IEA, Boston.

15

Linking Academics', Educators' and Users' Mathematical Cultures

EWA LAKOMA, Military University of Technology, Warsaw, Poland

Cet article montre comment nous pourrions lier la culture mathématique des chercheurs à celle des enseignants et des utilisateurs, ce qui est très important dans le cadre des apprentissages en mathématiques. Nous prenons en exemple l'apprentissage des probabilités et de la statistique par les 'modèles locaux'. L'idée clé de cette approche est la possibilité de créer une pratique d'enseigner qui respecte le développement cognitif des élèves et des étudiants.

Introduction

In this article I would like to present the most important conditions for effective co-operation between three cultures: of mathematicians, of mathematics educators and of mathematics users. The main aim for seeking this co-operation is to enable students to learn mathematics according to their own cognitive development. An example of probability and statistics learning, based on the *local models*, illustrates these links in practice.

Mathematics as a component of a general education

Careful observations of mathematics, as taught during the recent twenty years lead to the remark that in many countries *mathematics is going to be connected very closely with a local cultural context*. Mathematics came to be treated as *one of the most important components of general education and general culture of present and future society* (Freudenthal, 1983, Sierpinska, 1996, Broekman, 1995).

The goals of general education have evolved rapidly in the recent past. Great progress in many disciplines of science and technology, the rapid extension of information technology

(IT), widespread access of people to information and changes the societies have caused new expectations from education. Transformations within society are accompanied by changes within a style of education. Ready-made science (according to the current state of affairs) - for example in a frame of probability this is Kolmogorov's axiomatic theory - is elementarized in order to show students the simplest ideas, the simplest definitions and the simplest examples of applications. This situation is anti-didactical as Freudenthal stressed in his books (1973, 1983). But this situation is common at secondary schools or at universities, especially when there is not enough time to show students all details. Finally we obtain a theory which is cut up to the simplest cases and it is not possible for students to understand main ideas of so abstract and general concepts. For example, probability theory founded on the base of axioms and measure theory - with examples concerning only finite probability spaces.

Students need to be provided with general *key competencies*, which could enable them to function effectively in a future professional – and also personal – life. These can be defined: *planning, organising, evaluating one's own learning, effective intercommunication in various situations, working in a group, problem solving ability, efficient using of information technology.* These general goals also demand specific methods of teaching which could stimulate students' initiative and also regard an individual student's cognitive development.

In the field of mathematics it is extremely important to enable students to develop a deep – relational rather than instrumental – understanding of mathematical concepts and to use mathematics as *a language for communication.* This is *conditio sine qua non* for conscious use of mathematics in every domain of life.

Mathematics as a component of a local culture

It is natural that such education must be connected very strictly with a specific tradition and a local culture of *real* society. Education is a "personal matter" of every young person and also of every particular society. Mathematical education also needs to be settled very deeply in a socio-cultural context (Freudenthal, 1973, Broekman, 1995). The way in which *mathematics as a learning subject* is perceived, depends in a great part on a local tradition, is conditioned by *a local image of mathematics, both as a science and as a field of applications*, and also by *a local social culture.*

So, we need to understand what is mathematics for each of these three cultures: what is mathematics for users, for education and for mathematicians.

Mathematics for users is first of all a tool for predictions and explanations of reality. It is a language for communication among people, enabling them to understand each other. Thus, the use of mathematics must be useful and efficient. *Learning mathematics* is in fact a learning of language. Recent methods of learning languages confirm the efficiency of an approach. Also in a field of mathematics learning, promoting students' initiative, enabling them to use mathematics as a language seem to be very effective. However, the process of mathematics learning must respect the students' cognitive development. *Doing mathematics* is certainly influenced by one's perception of the nature of mathematics. Thus, what is mathematics for mathematicians? When we try to find some answers to this question we can distinguish two main approaches. One of them treats definitions of mathematical concepts, theorems with proofs, sets of axioms, as the main components of a formal structure of an absolute science. This, however, is a very restricted view of mathematics. On the other hand we can meet another face of mathematics in which heuristic reasoning, induction, analogy, intuition and rational guessing play a very important role. Instead of formal evidence, an explanatory value of results, practical efficiency, ability to explain, are indispensable in a process of mathematical thinking. Mathematical thought appears as a result of mental need of modelling reality. The process of problem solving, or constructing theory, consists of simultaneous searching for a proof and some counterexamples (Lakatos, 1976). Among these opinions of mathematicians two key words seem to be especially essential: *modelling,* and *language.*

The main problem is that the three cultures referred to earlier are essentially different. There exists a gap between them and this fact has a strongly pejorative influence on mathematics education. So, it is necessary to build a bridge over these mathematical cultures, with respect to making mathematics education more effective and appropriate for a present and future life. Both the terms: *a language* and *modelling* seem to be a key to reconciling these worlds.

Probability & statistics – relationships between three cultures

In Poland, the gap between mathematical cultures: between academics, users and educators, is particularly evident in the case of statistics and probability teaching. In both these branches this gap has been so significant for many years that statistical education "for all" was impossible. Today, when a necessity of statistical literacy in everyday life has become obvious also for Polish society, this gap still exists but it needs to be overcome as soon as possible.

The main reasons of this unusual situation, in comparison with many other countries, have their origin in old historical circumstances, typical for Poland. On the one hand it is a lack of tradition of systematic gathering statistical data and applying statistical methods on a large scale. On the other hand, there is a strong tradition of treating mathematics as a "perfect" formal structure (see i.e. Polish School of Mathematics: Banach, Kuratowshi, Sierpinski etc) and, as a consequence, presenting probability theory in a rigid form based on the Kolmogorov's axioms (Kolmogorov, 1956). This preference implies treating statistics just as an "application" of this abstract theory. (Famous works of Steinhaus (1963, 1960) and Splawa-Neyman (1969, 1979) can be treated as an exception which confirms that rule.) It means that using statistical models and methods needs to be justified in way which must be accepted by votaries of Kolmogorov's theory. It needs an advanced mathematical background, which makes a group of people being able to use statistics in this context very narrow.

This characteristic feature of the *academics' culture* strongly influences the *educators' culture.* In Polish schools from early seventies probability appears only at the end of secondary school (students aged of 19) – as a course of axiomatic theory, simplified to finite probability spaces. Many educators are still convinced that teaching probability and statistics must strictly follow the academics' view. Thus, a few trials to introduce elementary probability and statistics into mathematics teaching for pupils 12-16 years old were incidental and not compulsory. Teachers usually omitted this part of mathematics, treating it as not useful.

Meanwhile the recent decade has brought a new socio-cultural situation in Poland. A changing social culture expanded to group statistics users, both in everyday life and professional life. A new system of voting, activities of new created Stock Exchange, free market, insurance companies, statistical public opinion pull etc has caused "*statistical literacy*" – to be able to use statistical tools in everyday life – to become extremely desirable as a component of mathematical education "for all". Elementary statistics is now appearing in the Polish curriculum at secondary school (students aged of 12-16), bringing with it a new developing *users' culture* which provides teachers with an excellent motivation to teach elementary statistics. However, most teachers require training to maximise learning opportunities for students. There is an urgent need to build an appropriate culture for statistical education – both elementary and vocational – at secondary and tertiary level which would help to reconcile the academic view with actual cognitive abilities of statistics students and statistics users.

The Local Models' Approach to probability & statistics teaching – a key link between academics', educators' and users' cultures

The Local Models' Approach to stochastics – probability & statistics – teaching (Lakoma, 1990) is based on an idea of developing probability in its dual nature: aleatory and epistemological (Lakoma, 1990, 1999). In this approach a process of modelling real phenomena by means of mathematical objects and methods, which are at hand for students at a given stage of their learning process, is an essential idea of developing students' stochastic competence.

Students solve some problems, which arise from real situations. These problems are solved according to a five-steps process known from the time of Isaac Newton: *discovery* and *formulation of a problem, constructing of a model (local!), analysing this model, confronting results obtained in a model with "real" situation.* It is very important to construct such local models, which have a great explanatory value – for students as well as for stochastics users. Using statistics demands using probabilistic models and understanding probabilistic concepts and methods. So, it is extremely important and useful to learn both probability and statistics simultaneously. From the point of view of the nature of student's cognitive development, it seems to be necessary to develop the concept of probability together with the concept of expectation (expected value). Simultaneous development of both these fundamental probabilistic concepts and to distinguish between them involves in student's mind a deep – *relational – understanding.* Giving students the opportunity to learn by considering some *paradigmatic examples*, which are settled within didactical situations, and by solving stochastic problems (which appear in natural way in this context) allows respect for learners' cognitive development. What is extremely important, is that this approach follows the uniform way of acting at all educational levels and in all contexts: academic, vocational and educational. This helps to gain a balance between these three cultures.

The shooter's paradox

The main features of this approach are illustrated by the shooter's paradox:

Shooting to the target A shooter hits to the target with frequency ½. He shoots until he hits this target. How many trials – the most probably – he should make in order to hit? This problem can be reformatted to any real everyday life situation in which students repeat some trials (which can be successful or not with even odds) in order to gain some aim. When (in which trial) do they have the best possibility to obtain what they need?

It is very important to ask students to express their prediction just after formulation of this problem. Then, in order to become acquainted with this problem, students can undertake a Monte Carlo simulation, for example by repetitions of drawing a ball (white or blue) from a basket – at random. (When you draw a blue ball, you have gained your aim, if not, you put white ball into a basket and you repeat your trial again). They observe how many trials they need to obtain a blue ball.

In order to check if their observations are typical, students can construct a local model of the considered phenomenon and compute on this base the chances of gaining an aim after one, or two etc. trials. Drawing tree diagrams are already accessible to pupils of 13 years old (Figure 1). After considering this tree it is confirmed that the most probable trial is the first one. But this answer appears very rarely when we ask pupils, students, mathematicians or even probability theory experts before an experiment. The most common answers are: three, four, or two. Students treat the correct answer as a paradox. The reason for this false intuition is that they use the concept of expected value rather than the concept of probability. It is possible to ask older students to compute an expected value EX of an amount of trials, needed to gain an aim (Figure 2).

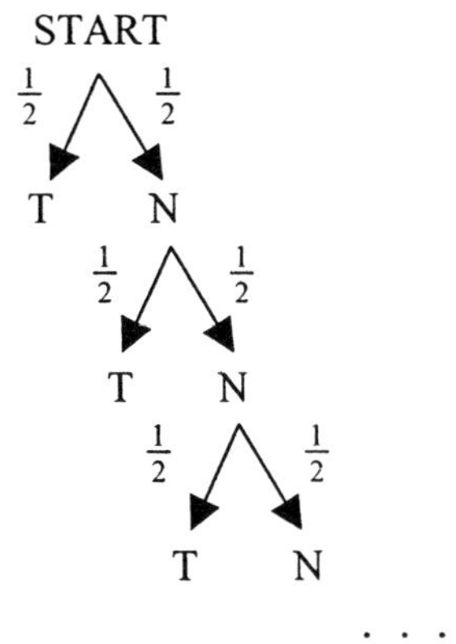

Figure 1

$$EX=\sum x$$

$$
\begin{aligned}
1\cdot\frac{1}{2}+2\cdot\frac{1}{4}+3\cdot\frac{1}{8}+4\cdot\frac{1}{16}+\ldots &= \\
\frac{1}{2}+\frac{1}{4}+\frac{1}{8}+\frac{1}{16}+\cdots &= \\
\frac{1}{4}+\frac{1}{8}+\frac{1}{16}+\cdots &= \\
\frac{1}{8}+\frac{1}{16}+\cdots &= \\
\frac{1}{16}+\cdots &=
\end{aligned}
$$

Figure 2

Final remarks

This example is a strong illustration of the need to simultaneously develop both concepts: probability and expected value, and to carefully distinguishing between them. Natural intuition may interrupt in a process of forming mathematical objects in a proper way. It is also very important to follow the uniform way of acting at all educational levels and in all contexts: academic, vocational and educational, which helps to gain a balance between these three cultures which will be profitable for students. These ideas have been explored within an educational project for students of age 10-15 (Lakoma, 1990, Lakoma, Zawadowski e.o., 1996-1999) and experimentally at tertiary level, for future professional users of mathematics: teachers, engineers and economists.

References

Broekman, H.: 1995, *The changing image of mathematics for school children age of 11-16*, (in Polish), CODN-SNM, Warsaw.

Freudenthal, H.: 1973, *Mathematics as an Educational Task*, D.Reidel, Dordrecht.

Freudenthal, H.: 1983, *Didactical Phenomenology of Mathematical Structures*, D.Reidel.

Kolmogorov, A.: 1956, *Foundations of the Theory of Probability*, Chelsea, New York.

Lakatos, I.: 1976. *Proofs and refutations*, D.Reidel, Dordrecht.

Lakoma, E., 1990: *The Local Models in Probability Teaching* (in Polish), doctoral thesis, Warsaw University, Department of Mathematics, Informatics and Mechanics, Warsaw.

Lakoma E., 1999: On the historical phenomenology of probabilistic concepts – from the didactical point of view, in: A. Boye, F. Heaulme, X.Lefort (eds), Contibution a une approche historique de l'enseignement des mathematiques, Universite de Nantes, Nantes

Lakoma, E., Zawadowski, W., e.o.: 1996-1999, *Mathematics 2001* (in Polish), series of textbooks, teachers' guides, films, programs for students of age 10–15, WSiP, Warsaw.

Neyman J., 1969: The principles of mathematical statistics (in Polish), PWN, Warsaw

Sierpinska, A.: 1996, The Diachronic Dimension in Research on Understanding in Mathematics

Splawa-Neyman J., 1979, The origin of mathematical statistics (in Polish), in: Wiadomosci Matematyczne, vol. XXII, p. 91-106, PWN: Warsaw

Steinhaus H., 1963: Probability, credibility, possibility, in: Applications of Mathematics (title in Polish) vol. 6, p.341-361

Steinhaus H., 1960: Mathematical snapshots, Oxford Univ. Press, New York

16

Pratique en Classe ou Formation Intellectuelle Appréhensions Différentes Entre Enseignants et Enseignés dans la Formation Permanente

DANIELE LOUZOUN, MIRIAM AMIT, CAROLA CEAUSHU, JUDITH PERRY, PAVEL SATIANOV, IGOR ZELTSER, ESTHER KAPULNICK, GEULA WEITSMAN & MICHAEL FRIED, Ben-Gurion University of the Negev, Israel

Although there are some disagreements as to the nature of training that produces good teachers (Shulman, 1986), there can be no doubt that it must include, to some degree, teachers' actual classroom practice and teachers' own intellectual development (Thompson, A. 1989; Corcoran, TC, 1995;Amit, M. & Hillman, S., 1999; Fennema, E. & Frank, N., 1992). Our research addresses whether these two components always remain distinct and isolated from one another in teacher training, both in the mind of teachers and in that of the training staff.
The surprising discovery was that while the staff planned the workshops distinctly according to the categories of classroom practice and intellectual development, and expected the teachers to perceive these categories as distinct, the teachers, of their own initiative, often related one to the other.

La formation permanente d'enseignants peut être considérée comme un terrain d'expérimentation de ce qui ce produira par la suite dans la classe, les enseignés explicitant les processus d'apprentissage de leurs élèves et ressentant leurs difficultés, mais aussi comme un lieu privilégié de rencontre entre adultes ne partageant pas forcement les mêmes conceptions. C'est sur un des cas concrets d'expression de telles différences de conceptions que s'est basée notre recherche. La question centrale traitée ici est la suivante : *est ce que les deux groupes, concepteurs du cours (enseignants) et utilisateurs (enseignés) perçoivent de la même manière la nature de la matière exposée?*

Cadre de la recherche

Notre recherche provient d'une sensation latente, quoique non exprimée au début, pendant les sessions assurées au centre de Formation Permanente de Dimona durant les années 1996-

1999 d'une différence d'appréciation sur la nature des cours entre enseignants et enseignés.

La formation en question est conçue et donnée par les membres du Collectif Kidomatica de l'Université Ben Gourion du Negev, région Sud d'Israël. Les enseignés, professeurs d'écoles primaires et secondaires (parmi lesquels des enseignants du secteur bédouin) de la région de Dimona ont suivi un cours de trois ans, à raison de 2 ou 3 séances mensuelles (224 heures annuelles en tout), comprenant des visites du groupe dans les établissements scolaires auxquels appartiennent les enseignés, des conférences assurées par des conférenciers extérieurs, souvent hôtes de l'université, et des visites "pédagogiques" dans le pays.

Le Collectif est composé de neuf membres, repartis en deux équipes et spécialistes de divers domaines, parmi lesquels liaison sciences - mathématiques, histoire des mathématiques, techniques d'évaluation, utilisation de la technologie informatique dans l'enseignement.

Toute l'équipe de formation est présente dans l'atelier, dirigé par un de ses membres. Les inter-séances permettent de plus des conseils individuels et en ce qui concerne les mathématiques, une réception des directeurs d'établissements est assurée pour les conseiller.

Le feed-back est assuré par des comptes rendus écrits en fin d'ateliers, des discussions informelles, des interviews, et par une discussion collective en fin d'année suivie d'un questionnaire individuel rempli en atelier.

Le point de vue des enseignants

Les ateliers sont conçus à partir d'une distinction fondamentale faite entre deux types de cours:

- Les ateliers destinés à une application immédiate en classe (Pratique en classe).
- Les ateliers plus précisément destinés à la formation intellectuelle des enseignés (Formation intellectuelle).

Ce qui caractérise les ateliers de "Pratique" est le travail en groupe, la prédominance de considérations pédagogiques et didactiques, et des considérations sur les exploitations possibles du sujet en classe.

Les professeurs peuvent expérimenter dans leurs classes, pratiquement en temps réel, les activités et les conseils qui leurs sont proposés et ramener à l'atelier le fruit de leur expériences dans des plages du cours réservées à cet effet. Aux yeux de l'équipe appartiennent à cette catégorie: *l'analyse du curriculum, son interprétation, les sujets du curriculum tels que fractions, fonctions, astuces pour enseigner les inégalités, pratique d'outils concrets etc..*

Les ateliers centrés sur la formation intellectuelle des enseignés prennent plus la forme de conférences. Les temps d'expérimentations sont limités et l'accent est davantage mis sur la documentation concernant le sujet et sur ses prolongements scientifiques. Dans cette catégorie ont été introduits *l'Histoire et la philosophie des mathématiques, des sujets spéciaux ou hors programme tels que l'axiomatique ou les géométries non euclidiennes, les théories de l'apprentissage et de l'enseignement, le dialogue Socrate - l'enfant esclave dans Meno de Platon, etc.* Dans le cadre de l'expérience rapportée ici les deux types d'ateliers ont été réalisés suivant le plan général d'enseignement conçu par l'équipe en début d'année.

L'objet du débat

L'objectif de notre étude est d'essayer de déterminer si la perception par les enseignés de la nature des ateliers concorde avec la conception originelle des enseignants.

Il peut se produire chacun des cas de la figure suivante.

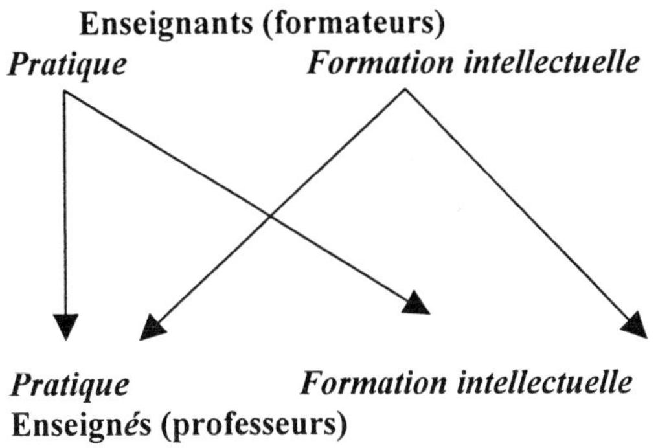

L'analyse des éléments du feed-back révèle des comportements cohérents et prévisibles, tels que les activités reproduites en classe ou des cours hors programme enregistrés comme enrichissement personnel, mais aussi un nombre non négligeable d'interprétations inattendues.

Pratique interprétée comme "Pratique" mais avec d'importantes modifications

Le feed-back révèle deux cas de ce type.

Alors que le cours visait l'enseignement d'une population "normale" il a été transformé et adapté sans notre intervention à une population d'élèves désavantagés, en utilisant surtout les commentaires autour des activités et les idées émises par les participants des ateliers.

Une des activités du cours consistait à enseigner l'introduction d'un sujet à l'aide de ce que nous avons dénommés "apéritif", une activité attrayante d'une dizaine de minutes destinée à éveiller la curiosité des élèves. Une partie de ces "apéritifs" a été transformée en des cours complets en changeant ainsi à la fois la nature et l'emploi.

Pratique interprétée comme formation intellectuelle

Nos données du feed-back révèlent aussi deux cas de ce type "inverse" d'interprétation.

Les enseignés ont interprété uniquement comme enrichissement personnel un cours sur les solides de Platon conçu comme application intéressante du programme, et donc destinée aux élèves.

Une interprétation semblable a été donnée à un cours sur la méthode de Newton (avec arrière plan historique), conçu comme une application pour la classe de la dérivation.

Nous aurions pu prévoir certaines de ces transformations, dont nous n'avons pu étudier les motivations réelles. Mais celles qui ont affecté les ateliers destinés à la formation intellectuelle des enseignés ont totalement surpris l'équipe enseignante.

De la formation intellectuelle à la Pratique

Comme nous l'avons précisé en début d'article, il n'était ni dans les intentions ni dans les prévisions de l'équipe enseignante d'inciter les enseignants à projeter la forme ou le contenu de ces ateliers sur le travail pratique en classe. Ils étaient destinés à l'approfondissement des connaissances, à donner un cadre plus théorique à la pratique de l'enseignement et à justifier des choix didactiques. Cependant cette conception n'a pas été enregistrée ainsi. Certains sujets remaniés ou non ont trouvé leur place dans la pratique scolaire.

- L'Histoire du nombre a inspiré la présentation d'activités permanentes en classe sous la forme de "tableaux actifs"à la disposition des élèves pour accomplir des taches volontaires en temps libre ou en activités dirigées.
- L'axiomatique a fait l'objet d'une activité dirigée sous la forme d'un problème de recherche qui a donné lieu à de nombreuses productions originales des élèves.
- Une enseignante, désireuse de vérifier l'actualité de la pédagogie socratique a

reconstitué le dialogue du “Méno” en classe en laissant les élèves répondre à la place de l’enfant –esclave.

- Les exemples donnés pour illustrer les étapes de la théorie de Van Hiele, concernant les différents niveaux de l’apprentissage en géométrie ont été donnés comme exercices en classe.
- Un cours sur un article de recherche sur les Angles a été transformé en test pour les élèves de plusieurs classes du secteur bédouin qui a servi de base au travail de fin d'année d’un groupe d’enseignés.

Les conséquences: La dialectique Enseignants - Enseignés

Ces phénomènes de transformation d’activités à partir des conceptions de l’équipe enseignante ont entraîné une réaction et on a assisté à un phénomène de dialectique Enseignants – Enseignés, représenté ci-dessous.

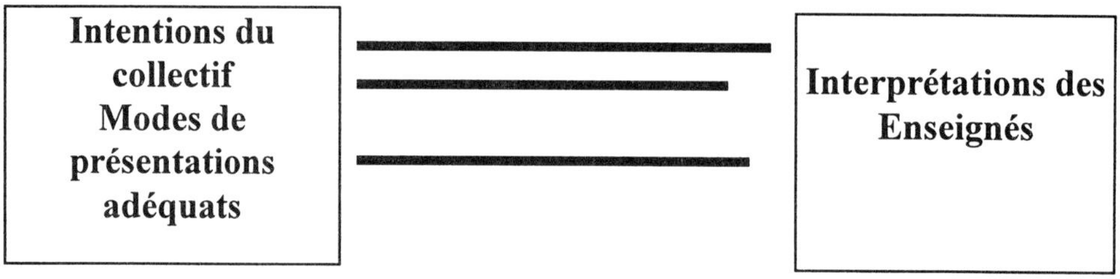

- Les sujets conçus et présentés par les enseignants en vue d’une certaine finalité sont interprétés de manière étonnament différente par les enseignés.
- Les enseignants prennent conscience de ces interprétations par le biais des discussions et des comptes-rendus.
- Les enseignants " repensent " leurs cours et leurs finalités.
- Il est à craindre ou à espérer que les cours, ainsi modifiés, fassent à leur tour l’objet de différences d’interprétations.

Conclusions

Ces expériences de formation nous invitent à formuler trois constatations.

- Il existe une certaine fluidité dans les concepts de pratique et de formation intellectuelle en ce qui concerne les deux populations en présence, concepteurs et utilisateurs.
- Cette fluidité, oblige les enseignants à une remise en question permanente à une souplesse et à une mobilité dans leurs conceptions et celle de leurs cours.
- Un feed-back permanent, facteur évident d’amélioration de l’enseignement contribue aussi à en modifier les buts.

Un certains nombre d’implications découle de ce début de recherche, les plus importantes, étant la nécessité de modèles dynamiques pour l’enseignement permanent et la nécessité d’équipes enseignantes mettant en oeuvre ces modèles. En effet la faiblesse de programmes conçus comme succession de conférences ou d’ateliers présentés par des individus isolés si brillants soient-ils, réside dans le fait qu’ils ne peuvent être conscients et prendre en compte les différences de conception sur la nature du contenu de l’enseignement. Une clarification des intentions didactiques de ces équipes enseignantes, sensibles aux réactions des enseignés, associée à une variété de moyens de contrôle et d’enregistrement de leurs réactions est un facteur important d’amélioration de leur enseignement et de celui que prodigueront leurs étudiants.

Références

Amit, M. & Hillman, S. L. (in press), Changing mathematics instruction and assessment: challenging teachers' conceptions. In: Dawson, S. Jaworsky and Wood, T. (eds.), *Mathematics Teacher Education: An International Perspective* (Bristol, PA: Falmer Press).

Corcoran, T. C. (1995), Transforming professional development for teachers: A guide for state policy makers (Washington, D. C.: National Governors Association).

Fennema, E. & Frank, M. (1992), Teachers' knowledge and its impacts, in: Grouws (Ed.) *Handbook of Research on mathematics teaching and learning*, pp. 147-164, New-York, Mamillan.

Shulman, L. (1987), Knowledge and Teaching, Foundation of the New Reform, *Harvard Educational Review*, 97(1), 1-4.

Thompson, A. (1989), Learning to teach mathematical problem solving: changes in teachers' conceptions and beliefs. In: Charles, R. and Silver, E. (eds.), *The teaching and assessing of mathematical problem solving*, Vol. 3, Research Agenda for Mathematics Education (Reston, VA: NCTM), pp. 232-243.

Sub-Theme III
Sous-Thème III

Coping with diversity of student/pupil interests, abilities, aptitudes and background
Comment gérer la variété d'intérêts qui existent chez les élèves, ainsi qui des niveaux, des aptitituteds et des milieux divers?

17

Peer Interaction: A Way To Integrate Cultural Diversity In Mathematics Education

CÉSAR, M.[1], Universidade de Lisboa, Portugal

La diversité est une réalité dans les écoles de nos jours. Elle peut se référer à des différences de genre, race, niveau socio-culturel, difficultés d'apprentissage, religion, motivation vis-a-vis l'école ou concernant les projects d'avenir. Dès les années 70 que les études sur l'importance des interactions sociales ont pris une place fondamentale dans la recherche en éducation mathématique. Ceux qui travaillent en dyade ou en groupe progressent plus que ceux qui le font individuelment. Le travail en cooperation s'est asseveré aussi une façon très efficace d'integrer les élèves qui étaient rejectés à cause de leur diversité, comme ont peut voir par les données du project*Interaction et Connaissance* qu'on va analyser.

Introduction

The school population has changed a great deal during this last century. In the beginning of the century there were still many illiterate people and school was attended mainly by those who belonged to the upper classes who could afford it and spend quite a few years without working. But in the last years this situation has changed deeply and now, in Portugal, we have compulsory education until the 9th grade which means that all children attend school. Heterogeneity became a reality and teachers had to change their practices in order to respond to the new demands of this population. Diversity had to be faced and teachers needed to learn how to deal with it.

Diversity can be seen in many ways. It can be related to gender, to race, to socio-cultural background, special educational needs, to religion, to school motivation, or to life projects. Each type of diversity needs special attention and efficient ways of dealing with it. So, school had to face new challenges and look for new ways of establishing a didactic contract between the teacher and his/her pupils. Teaching is no longer just a matter of transmitting knowledge, it has become something much more complex which involves promoting pupils' socialization, developing their attitudes and values as well as their abilities.

But diversity came along with underachievement and lack of motivation to study. Most of the school curricula were not adapted to the full range of pupils and to the technological evolution that characterizes the 20th century. Teachers had not been prepared for these challenges but they were asked to find solutions, and so many teachers began to search for them. Multidisciplinary teams and contextualized studies gave their contribution for the discussion, reflection and solution of the new problems that arose in schools, and one of the main findings was that knowledge was socially constructed and therefore social interactions played a fundamental role in pupils' performances and school achievement.

Theoretical background

The importance of social interactions and culture has been studied in depth during the last three decades. Doise, Mugny and Perret-Clermont (1975, 1976) and Perret-Clermont (1976/78) began the first studies showing the importance of peer interaction in the implementation of cognitive development. But the tasks they used were still Piagetian ones and so they were not directly linked to *curricula* content and these studies had a *quasi experimental* design. Therefore their results could not explain much of what was happening when a pupil failed at school. After that, and under the influence of Vygotskian theory (1962, 1978, 1985), the relevance of the context and social interactions in pupils' academic performances became more evident (Moll, 1990; Nunes and Bryant, 1997, Schneuwly and Bronckart, 1996).

Vygotksy (1962, 1978) also introduced the concept of zone of proximal development (ZPD) and he believed that teaching would be more effective if pupils worked in this zone, that is, in a zone between the abilities they could already use by themselves, individually, and those they could only use with the help of a more competent peer, when they were helped, oriented by their teacher. Precisely one of the most exciting findings of the last decade was that peer interactions were even more powerful than Vygotsky imagined. It was not only the less competent peer that progressed, it was also the most competent one. And this was true both for symmetric as well as assymmetric dyads (César, 1994, 1995, 1999a). Working in the ZPD is also a very effective way of respecting and dealing with diversity, mainly if peer work is followed by an effective and well conducted general discussion (Bastos, 1999).

Other authors showed that children did not answer in the same way while they were doing mathematics at school, in the streets or in another context (Abreu, 1995; Nunes, Schliemann and Carraher, 1993; Säljö and Wyndhamn, 1987, 1990; Saxe, 1989, 1991). So, school failures could no longer be explained only by knowing or not knowing mathematics and learning began to be seen as a social process, in which the different actors played their role. Children from poor socio-cultural backgrounds failed at school because they were able to use mathematics in their daily lives, in a context full of significance for them, but they were unable to use the solving strategies that were valued at school and which made no sense for them. They were unable to give a meaning to the tasks they were proposed in school and they thought that school algorithms were too difficult for them. These children usually had a negative academic self-esteem and saw themselves as poor learners because they had accepted the low expectations of their teachers as being true.

The importance of contextualized researches became clear and school classes were a privileged stage for research during these two last decades. The tasks were no longer Piagetian, but directly related to curricula contents and psycho-social factors such as the situation, the task, the working instructions, the actors involved in the situation. The contents were submitted to an in-depth analysis. Performances were no longer seen as independent of these psycho-social factors and so social interactions played a significant role in the way they mediated pupils' relationship with school knowledge as we may see in a recent literature review (Liverta-Sempio and Marchetti, 1997).

Peer interactions were often studied and they seemed to be quite effective in promoting pupils' academic performances, namely in Mathematics (Perret-Clermont and Nicolet, 1988; Perret-Clermont and Schubauer-Leoni, 1988; Schubauer-Leoni and Perret-Clermont, 1985; Sternberg and Wagner, 1994). Peer interactions were seen as a way of implementing a co-construction of knowledge. They seemed to be a powerful way of confronting pupils with one another's solving strategies and so they had to make their conjectures and arguments. But peer interactions were not only relevant for cognitive development and achievement, but also promoted better relationships among pupils, their self-esteem and their ability to construct a common intersubjectivity (Wertsch, 1985, 1991). So, implementing peer interactions within the maths classes proved to be an effective way of promoting pupils' socialization: their ability to respect the others, to accept the differences in rhythms, to develop their solidarity as well as their critical view about what they read and learn (César, 1997, 1998a, 1998b, 1999a, 1999b; César and Torres, 1997, 1998).

In the last decade Schubauer-Leoni (1986a, 1986b) stressed the importance of the didactic contract in the process of knowledge apprehension and skills acquisition, namely in mathematics classes. It is the didactic contract that legitimises what is expected of pupils and of the teacher in a didactic situation. The traditional didactic contract is ruled by expectations like: the teachers' role is to teach and the pupils' role is to learn; teachers ask questions and pupils answer them; the teacher is always right; the teacher decides what must be done in class and pupils must do whatever he/she asks them to do; all the teachers' questions have a right answer; it's better to try to answer something than to keep quiet even if we don't know the answer because we may be lucky and give the correct answer; and so on.

Changing the traditional contract is an essential step in order to implement innovative practices in the maths classes. If teachers want to face diversity in an effective way and to increase mathematics for all, then they must change the didactic contract. They must promote horizontal interactions instead of vertical ones, that are the most common in the traditional contract. They need to develop their ability to listen to pupils' reasonings instead of only asking them questions; they must conceive challenging tasks and implement a positive self-esteem and a positive attitude towards mathematics.

Methodology

In the last five years we developed an action-research project (5th to 12th grades) whose main goals are to give opportunities to all children to develop positive attitudes towards Mathematics, a positive self-esteem, to promote their socio-cognitive development and their school achievement. This project is called *Interaction and Knowledge* because we believe that implementing peer interactions in maths classes is a good way of achieving these goals.

As we are studying a complex and dynamic phenomenon we decided to do a contextualised research. We also wanted teachers to be centrally involved in the research and so we preferred to use data collecting methods that could easily be mastered by them during their daily practices in the school class. Data were collected through participant observation (different observers), audio and videotaping, questionnaires (to all pupils), interviews (to selected pupils), analysis and discussion of protocols and tasks conceived or adapted by the teachers, reports (teachers, researchers and external evaluators), a complete set of materials gathered by each teacher in his/her classes and pupils' marks at the end of each term. The project was evaluated by external observers, the pupils, the team and in one school, parents also collaborated in this task.

Integrating all pupils was one of our main goals in all classes. However this was particularly important in some schools which many pupils from a low socio-cultural background, in others where the percentage of pupils from African countries was very high and in the classes that integrated pupils with special needs (handicapped; learning disabilities). Those were the cases in which diversity played a more significant role and in which peer interaction was essential in order to guarantee the integration of all the elements of each class.

Results

Many of the pupils who had underachieved in the previous school years developed a negative academic self-esteem and they reject maths because they think they are unable to succeed in this subject. As they said in the first classes:***"It's useless. I never do anything right. It's not even worth trying. I'll just keep still... I mean, I won't bother you, and you'll let me do things this way"*** or, even stronger, ***"Don't lose your time with me. I'm a total failure. I have no ability at all for Maths."***. These pupils are one of the types of diversity that teachers must be able to deal with: those who are so deeply convinced that they will always fail they don't even try. Often they don't even read the tasks they are supposed to solve. For them, being in the maths class means suffering; they only hope that time will pass quickly and that they will change to another subject as soon as possible.

In the traditional didactic contract as long as they do not cause any trouble to their teachers they are left alone. This is a kind of perverse contract: they don't do anything, they don't even do any task related to maths, but as long as they keep still, they can progress in the school system because until the 9th grade (compulsory education) they can go on to the next grade even with underachievement in three subjects. So, quite often they decide they won't study maths because that is one of the subjects they will leave behind. The trouble is that the logic of the school system changes as soon as they are in the 10th grade (secondary school). In this grade they must pass all subjects to move up and this causes problems and difficulties for those who never succeeded in maths till the 9th grade.

The rejection towards maths and the negative social representations related to this subject are one of the main concerns both in the new *curricula* (Abrantes, Serrazina e Oliveira, 1999) and for many teachers, including our team (César, 1997, 1998a, 1998b, 1999a, 1999b, César e Torres, 1997, 1998). Therefore, we implemented an innovative didactic contract that promoted pupils' attitudes towards maths as well as their academic self-esteem. In order to achieve these two goals we changed our practices during the first week of classes. During this week we managed to ask every pupil to go to the blackboard and explain to his/her mates a problem he was able to solve in one of the classes. We realized that for many pupils this is the first opportunity to experience a success related to maths. For some of them it was also the first time they even dare to go to the blackboard and to talk to their colleagues. So, the impact of this practice - no matter how simple it may seem to us - was quite big and many pupils changed their behaviour in the maths class because they felt safer and more confident about their own abilities and about our concern for them.

In one of the schools the low socio-cultural level was quite often associated to race diversity. That school had many children from African countries and consequently from a different culture, often with another mother tongue. This seemed to create two separate worlds within the school. Although the pupils shared the same classes, they didn't interact much and they played and talked in separate groups during school breaks. They only began to interact more when we chose the peers at the beginning of the school year and it was this first choice that allowed them to know each other better and to discover abilities they thought the other one didn't have. We may see this in a part of a dialogue during a class and in a part of an interview with each one of those pupils.

M. - What's that?
V. - It's a cheese.
M. - A cheese?... What for?
V. - Now I'm going to draw what he sold...
M. - But I think you do this with sums...
V. - I don't know how to do it with sums... so I'm going to see if it works this way...
[Later on, during the same interaction]
V. - How did you do it?
M. - With sums. I added 1/2 + 1/4 + 1/6 and ended up with 3/12. That's what he sold. One cheese is 12/12. So I subtracted 3/12 from 12/12 and got 9/12, which are 125gr... but now I don't know how to go on.
V. - I don't understand your sums because I don't know Maths... but you've got that wrong... because you say he sold 3/12 and that's a quarter of the cheese...
M. - Don't be dumb! No it's not... It's the sum of all that...
V. - You wish, but that's not what your sum did... See... [He draws another cheese, divides it into 12 parts and marks 3. Then he looks at M.]
M. - What a mess! I can't understand why... the sums should also give...

This interaction is a fine example of diversity in many senses: in the way pupils approach the problem, in the solving strategies they choose, in their working rhythms, in their school achievement in the last years (and so, in the status they were used having in the maths class), in their socio-cultural background, in their race, in their life projects. But one thing is remarkable in V.'s attitude: he was only working with us for two weeks, he was still convinced that he didn't know maths, but he was already able to resist M.'s initial criticism about his solving strategy and to try to accomplish the task the way he had imagined. Somehow his teacher had been able to convince him that he was able to think in an interesting way and to develop his natural sense of criticism. So, he doesn't know how to sum fractions but he recognises that M.'s sums are wrong and he finds a pragmatic way of proving this to her.

In the second part of this interaction it is also possible to see the difference between M.'s self-confidence and V.'s modesty. Although he is the one who is right, she is the one who calls him "dumb". He is always very soft when he has to tell her she is wrong - which shows a diversity even in the way they interact and in the respect they feel for each other - probably because he is so used to being criticised that he knows quite well how disagreeable it sounds. But one thing had deeply changed in his behaviour: he was much more persistent in his work and he no longer gave up easily. This was just the beginning of the school year, but he believed he could progress, and he was longing to show his colleagues that he was right even if he had never succeeded in maths in the previous school years.

This diversity is even clearer when we listen to their words. In the interviews of December; V. says:

"I didn't have any special interest in being next to M. or to anyone else [when the school year began]. I knew they all hated me because I didn't get good marks, I didn't dress like them, I couldn't afford to buy many of the things they had at home. My plans were to sit still, to be quiet all time, so that I could finish compulsory education and then look for a job... well if I could get one... it was not so clear that I really could get one. But I didn't have the slightest intention of being any more years at school. I just hated being there, sitting all day in a class. I didn't even bother to know which was the Maths book 'cause I wasn't going to buy it" (...) "I felt very confused in the first classes. I didn't want to bother to pay attention, but it was impossible just not paying attention. I mean... well... ah... the teacher wouldn't leave me alone! He kept asking me things, he never believed I couldn't answer.

And the most incredible thing, at least to me, was that I did answer! Sometimes I didn't even believe that I had answered him, but I had. It was bloody weird!!!"

While M. states that:

"The truth is that in the beginning I was furious when I knew I would sit next to V. because he was very poor in Maths. But right now I just wish I could sit next to him in other classes... he is so smart and has such a fantastic way of analyzing the questions... he is so critical about everything he reads and listens and does (...). Thanks to him I have developed some abilities I didn't have."

Both pupils state that initially they wouldn't have chosen each other to work with. They didn't belong to the same group in the class, they came from very different worlds and they were not interested in each other. V. had a past school path that was quite irregular, with poor achievement (and commitment) in maths. M. was one of the best pupils in class, she had vocational plans that included going to college and she was appreciated by most teachers for her behaviour and knowledge. However, the first task we asked them to solve showed us that V. had a fantastic intuition. He performed pretty well in visual tasks and he was very critical about everything he read, while M. was very analytical, she knew the contents of the previous years but she had some difficulties in visual tasks and in those requiring a good intuition. Our guess was that after a short time they would discover how helpful they could be to each other and so they would progress a lot together. As they say, we did not expect them to love the idea of working together immediately. V. did not want to work at all - but at the same time he was happy when he went to the blackboard for the first time to do something right and was valued by his teacher - so we could imagine the conflict he was feeling during those first classes. M. wanted to be the best and she wanted someone like her to sit next to her and V. was quite far away from that.

But we were the ones who chose the tasks, the working instructions and a great deal about the didactic contract... so it was in our hands to choose well enough to make them realize their own potentialities as well as the ones they had as a duo. Although the teacher's role could seem not to be so impressive during the classes, as he mainly asked questions, listened to the pupils' reasonings, challenged them, it was really determinant in achieving the goals we had in the beginning of this research project. He was the first one to respect his pupils' ideas and solving solutions, which had an impact on their way of reacting among themselves.

Working with peers was not only important for V.'s and M.'s performances and achievement in maths, although we must stress that both of them progressed a lot. It was a way of discovering and developing their abilities (as M. says) and it was also a way of integrating the ones who were more deeply rejected - and V. was one of them, as he states. V. even changed his plans and decided to go to the 10th grade and go on studying maths. He succeeded that grade beautifully and he is now in the 11th grade - something he would never imagine he would do in the beginning of the 9th grade. But perhaps one of the aspects that exceeded our expectations was that even in different classes they still meet to study together often, as they told us in the follow up that we are carrying out now. This means that the influence of this kind of work lasts longer than the time we take to implement it.

Working with peers made pupils contact and interact with colleagues they usually ignored and often they found out they had much more in common or that they could help each other much more than they had expected. This fact explains why after some time of this kind of work the class had such an easy going climate instead of the tensions that were in the air at the beginning of the school year. So, this was a facilitating way of promoting their socialization, of developing their attitudes and values towards solidarity and the respect for all - no matter how different they are or look.

Concluding remarks

Teachers have to face many new challenges in their career. One of them is to deal with diversity in an efficient way, to be able to integrate all pupils in school, transforming the inclusive school into a reality instead of being just a virtual entity and including those who are not particularly motivated to study and whose life projects are not directly related to school, as well as all the other types of diversity.

We had empirical evidence that showed the potential of peer interactions in the progress of pupils' performances in maths (César, 1994, 1995). However, to promote peer interactions in the maths class it is not enough to sit pupils side by side. We also need to define the criteria for choosing the peers, above all if our main concern is not only cognitive but also to integrate other diversity that is part of our classes nowadays. Although suspicious about the peer they were chosen to sit next to and to interact with most pupils still followed the rules implemented in the innovative didactic contract by their teacher. They had to be able to explain the solving strategies proposed by each one of the elements of the dyad and any of them could be the one who was going to present their work during the general discussion. So, they were interested in explaining and understanding what their peer was doing and they asked a lot of questions when they couldn't follow. They didn't merely hear what the other one was saying, they were really listening carefully and they argued each time they didn't agree or didn't understand the reasons why their peer solved the problem that way. This didactic contract enabled them to show each other their abilities and their difficulties. It made each of them take the role of leader in different parts of the interaction and so they both developed their abilities and promoted their socialization.

Peer interaction is a fine way of stimulating pupils' autonomy, their respect for their colleagues, for the different ways of reasoning, for the variety of working rhythms. It is also a way of exploring each pupils' abilities and of making their past underachievement and their socio-cultural or racial diversity less fatalistic. Pupils accept each other more easily, there is an easy going climate in the class and they can profit from their differences instead of being penalized by them. Their representations about maths become more positive and they involve themselves more deeply in their school tasks. But we think that the most important finding is that many of them were able to make vocational and professional choices related to school, to conceive a life project that valued the time they spent at school. They change their representation about the adults in general and teachers in particular, they begin to like maths and believe in their ability to apprehend knowledge. So, a new future life project was possible and they discovered they were part of a world they only thought could reject them.

Note

My deepest thanks to the students and the teachers that made this project possible and to Sofia Cardoso for her help in the translation.

References

Abrantes, P., Serrazina, L., & Oliveira, I. (1999). *A matemática na educação básica.* Lisboa: Ministério da Educação, Departamento da Educação Básica.

Abreu, G. (1995). Understanding how children experience the relashionship between home and school mathematics. *Mind, Culture and Activity*, *2*(2), 119-142.

Bastos, R. (1999). Uma demonstração colectiva. *Educação e Matemática, 51*, 33.

César, M. (1994). *O papel da interacção entre pares na resolução de tarefas matemáticas: abalho em díade vs. trabalho individual em contexto escolar* (policopiado - dissertação de doutoramento, Universidade de Lisboa).

César, M. (1995), Interacção entre pares e resolução de tarefas matemáticas, *Actas do VI Seminário de Investigação em Educação Matemática*, Lisboa: APM, 225-240.

César, M. (1997). Investigação, Interacções entre Pares e Matemática. *Actas do VIII Seminário de Investigação em Educação Matemática* (pp. 7 - 33). Lisboa: APM.

César, M. (1998a). Y se aprendo contigo? Interacciones entre parejas en el aula de matemáticas. *Uno*, 16, 11 - 23.

César, M. (1998b). Social Interactions and Mathematics Learning. *Proceedings of MEAS 1*(pp.110-119). Nottingham: Nottingham University.

César, M. (1999a). Interacções Sociais e Apreensão de Conhecimentos Matemáticos: A investigação contextualizada. Actas da Escola de Verão de Educação Matemática, Santarém, Julho de 1999 (in press).

César, M. (1999b). *Peer Interactions in Maths Classes: new challenges of an action research project.* Oral paper presented at 8th EARLI Conference, Göteborg, 24-28 de Agosto de 1999.

César, M. & Torres, M. (1997). Pupils' Interactions in Maths Class. *The interactions in the mathematics classroom - Proceedings of the CIEAEM 49* (p. 76 - 85). Setúbal: ESE de Setúbal.

César, M. & Torres, M. (1998). Actividades em Interacção na Sala de Aula de Matemática. *Actas do VI Encontro de Investigação em Educação Matemática* (pp. 71 - 87), Portalegre: SPCE.

Doise, W., Mugny, G. & Perret-Clermont, A.-N. (1975). Social interaction and the development of cognitive operations. *European Journal of Social Psychology*, *5* (3), 367-383.

Doise, W., Mugny, G. & Perret-Clermont, A.-N.(1976). Social interaction and cognitive development: further evidence. *European Journal of Social Psychology*, *6* (2), 245-247.

Liverta-Sempio, O. & Marchetti, A. (1997). Cognitive development and theories of mind: Towards a contextual approach. *European Journal of psychology of Education*, *XII* (1), 3-22.

Moll, L. C. (1990). *Vygotsky and Education.* Cambridge UK: Cambridge University Press.

Mugny, G., Doise, W. & Perret-Clermont, A.-N. (1976). Conflits de centration et progrès cognitif, *Bulletin de Psychologie*, *29* (321), 199-204.

Nunes, T. & Bryant, P. (1997). *Learning and Teaching Mathematics: An international perspective*. Sussex: Psychology Press.

Nunes, T., Schliemann, A. & Carraher, D. (1993). *Street Mathematics and School Mathematics*. Cambridge: Cambridge University Press.

Perret-Clermont, A.-N. (1976/1978). *Desenvolvimento da Inteligência e Interacção Social.* Lisboa: Instituto Piaget. (Trad. da Tese de Doutoramento, defendida em 1976, na Univ. de Genève).

Perret-Clermont, A.-N. & Nicolet, M. (1988). *Interagir et Connaître - Enjeux et régulations sociales dans le développement cognitif.* Fribourg: DelVal.

Perret-Clermont, A.-N. & Schubauer-Leoni, M-L. (1988). *The Social Construction of Meaning in Math Class Interaction.* Paper presented in the Sixth International Congress on Mathematical Education, Budapest, Hungary, August 1988.

Säljö, R. & Wyndhamn, J. (1987). The Formal Setting as Context Activities: an Empirical Study of Arithmetic Operations under Conflicting Premisses for Communication. *European Journal of Psychology of Education, II* (3), 233-245.

Säljö, R. & Wyndhamn, J. (1990). Problem-solving, Academic Performance and Situated Reasoning. A Study of Joint Cognitive Activity in the Formal Setting. *British Journal of Educational Psychology,* 60, 245- 254.

Saxe, G. B. (1989). Selling Candy: a Study of Cognition in Context. *The Quarterly Newsletter of the Institute for Comparative Human Development*, *11* (1 - 2), 19-22.

Saxe, G. B. (1991). *Culture and cognitive develoment. Studies in mathematical understanding.* Hillsdale, NJ: Lawrence Erlbaum Associates Inc.

Schubauer-Leoni, M. L. (1986a). Le Contract Didactique: Un Cadre Interprétatif pour Comprendre les Savoirs Manifestés par les Elèves en Mathématique. *European Journal of Psychology of Education, I* (2), 139- 153.

Schubauer-Leoni, M. L. (1986b). Le Contract Didactique dans l'Elaboration d'Ecritures Symboliques par des Elèves de 8-9 Ans. *Interactions Didactiques,* n° 7. Genève e Neuchâtel, universidades de Genève e Neuchâtel.

Schubauer-Leoni, M. L. & Perret-Clermont, A.-N. (1985). Interactions sociales dans l'apprentissage de connaissances mathématiques chez l'enfant. In G. Mugny (Ed.), *Psychologie sociale du développement cognitif* (cap. 11, 225-250). Berna: Peter Lang.

Schneuwly, B. & Bronckart, J.-P. (1996). *Vygotsky aujourd'hui.* Neuchâtel: Delachaux et Niestlé.

Sternberg, R. & Wagner, R. (1994). *Mind in context: interactionist perspectives on human intelligence.* Cambridge: Cambridge University Press.

Vygotsky, L. S. (1962). *Thought and Language.* Cambridge MA: MIT Press. [Original publicado em 1934]

Vygotsky, L. S. (1978). *Mind and Society*: The development of higher psychological processes Cambridge MA: Harvard University Press.

Vygotsky, L. S. (1985). Le problème de l'enseignement et du développementment à l'âge scolaire. In B. Schneuwly & J.-P. Bronckart (Eds.), *Vygotsky aujourd'hui* (pp. 95-117). Neuchâtel: Delachaux et Niestlé.

Wertsch, J. V. (1985). *Vygotsky and the Social Formation of Mind.* Cambridge MA: Harvard University Press.

Wertsch, J. V. (1991). *Voices of mind. A socioculturai approach to mediated action.* Hemel Hempstead: Havester Wheatsheaf.

18

Grouping Students According to their Cognitive Maps: an Action-Research Experienced in the Changing Background of Italian School System

ADALBERTO CODETTA RAITERI, MARGHERITA GREPPI, PAOLA RADRIZZANI, LAURA SEGALINI, O.P.P.I. (Teacher Professional Training Institute), Italy,

Les profondes innovations en cours dans le système scolaire italien imposent désormais à tous les enseignants de revoir l'idée qu'ils ont de la classe et de leur rôle dans cette classe. Nous portons l'attention dans ce contexte sur les interactions entre les élèves à l'intérieur des groupes formés et sur la façon dont ces interactions favorisent les processus d'apprentissage. La recherche-action conduite avec quelques enseignants d'écoles primaires, de collèges et de lycées a suggéré de mettre au point des procédures qui devraient être mises successivement et à grande echelle à la disposition des professeurs. L'idée est d'aider les enseignants à percevoir les différences de comportements et de connaissances des étudiants comme une ressource d'une grande valeur au lieu de les concevoir comme une source de difficulté pour tous les apprentissages. Une question ouverte est soumise aux étudiants. Ils peuvent exprimer librement leurs pensées dans la forme et le langage qu'ils estiment le plus approprié. L'enseignant construit à partir de chaque réponse une carte des connaissances qui décrit les associations faites par l'élève à partir du mot clé proposé. Ce type d'activité permet à l'enseignant de se rendre compte de l'énorme variété de façons de faire utilisées par les étudiants pour construire et organiser leurs concepts.

The Italian school system is undergoing a moment of deep changes both at an educational and administrative level. The most influential teachers and intellectuals have drawn up a document, which is now public and outlines the contents and forms of knowledge that should be mastered by all citizens regardless of their religion, social class, nationality or sex. The schools, which once directly depended on the central system, are now becoming autonomous and are allowed to plan their own curricula within a national frame of reference and to organise their own timetables, classes and forms. In secondary schools students will be asked to take an active part in the organisation of school activities. Each school should now enrol between 500 and 900 students and will be provided with up-to-date multimedia equipment. A system of assessment of the quality of education is being developed: it will provide for schools to evaluate their results. The school system which once was formed by three levels: primary school (from 6 to 11), middle school (from 11 to 14) and secondary (from 14 to 19) will now consist of just two levels as in the other European countries. Education will be compulsory until the age of 16 and students will be more carefully directed in the choice of their future studies; and for the first time universities are creating special courses for future teachers. The Italian school system is trying hard to conform its standards to the Europeans ones, but these radical changes are somewhat puzzling to teachers and principals who are now freer from narrow administrative boundaries of the past, but are also asked to take greater responsibilities. One of the most important problems to tackle has to do with the new standards of creating classes or groups. In the past, Italian headteachers grouped students/pupils by chronological order and tried to mix sexes, abilities, aptitudes and to meet wishes of the parents who tried to get the best teachers for their children. The new tendency of grouping students for learning purposes obviously goes against the old idea of a class formed by individuals who separately learn from the teacher. As Paul Cobb (1996) put it "*student's mathematical interpretation, solutions, explanations, and justifications, are seen not only as individual acts, but simultaneously as acts of participating in collective or communal classroom processes. Viewed in this way mathematical learning is seen to be necessarily situated in a social context*". This means that the creation of classes and groups must be in keeping with student's task and abilities, if we want to get to the desired processes of co-operative learning (Codetta & Gilberti, 1997). The action research carried out with some teachers of primary and secondary schools aimed at testing some procedures which might be then proposed to a wider range of schools. Its aims are: to make teachers appreciate the different cognitive approaches of students as a resource and not as an obstacle to learning processes; to suggest a division into different working groups based on cognitive maps; to experiment with different ways of tackling problems with a class divided into different working groups; to make teachers appreciate the opportunities of cooperative learning. These experiences followed the same stages in all classes.

Figure 1 : the questionnaire

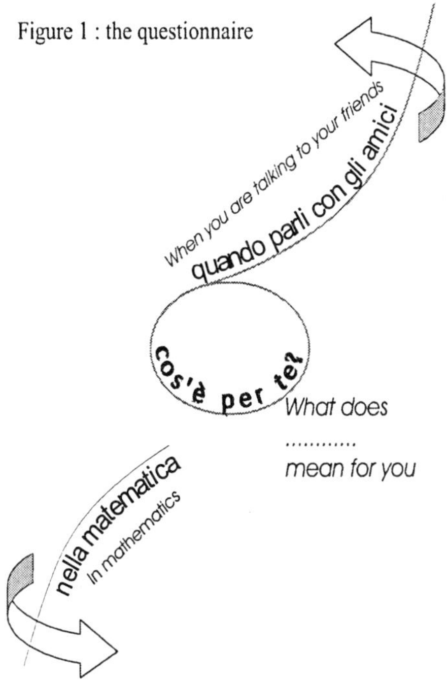

1) Handing out of the questionnaire with one question on the mathematics topic chosen.

The question is open-ended and a little vague so as to let all the simple ideas, opinions, that some key words conjure up in the students, emerge clearly and freely. In order to compare the answers of students of different level the same frame has been used in all classes (figure 1). After a long discussion about the most important key word in the mathematics curricula and about which of them should be posed in the researchers' classes, the following questions have been posed:

-"*what does infinitesimal mean for you"* to 17 years old students
-"*what does proportionality mean for you?"* to14 years old students
-"*what does a number mean for you?"* to 6 years old students

The reasons for such an approach are discussed in the CIEAEM 45 proceedings (Codetta & Caianello, 1995).

2) Processing each answer to derive a cognitive map that mirrors the students'/pupils' schema of knowledge

The drawing of a map for each student has been easily accomplished by means of the analysis of their answers. In fact the teachers can draw cognitive maps which are of great use in the understanding of the way each student organises his/her learning processes. These maps are semantic structures which start from a concept that is considered the central point and to which all the following concepts are linked. Therefore they are a representation of the different organisation of concepts of each student, and the differences of sex, race, social class, interests and abilities are acknowledged and appreciated as the origin of their individual learning strategies and reaction (figure 2)

3) Grouping of students

The action-research used cognitive maps as a standard by which groups are formed (Norak & Gowan, 1983). By the analysis of the answers the teacher-researchers organised the classes in two different ways: homogeneous and heterogeneous groups in order to verify the hypothesis that open questions, which allow a wide variety of different solutions, are suitable with heterogeneous groups, while closed problems which allow a narrow range of correct solution (or only one) are suitable with homogenous groups.

4) The teaching learning processes

Let us describe in detail the teaching learning processes that follow such an approach.

Economics class of students aged 17, (4 male 17 female). The large majority of the students in the class connects the term "*infinitesimal*" with little things or animals (grains, pips, atoms, fleas, mosquitos,.....) many to a judgement of a human condition (metaphysical or personal) only some to the number zero and to a ratio of decreasing value. The teacher decides to involve the class in an investigation on infinite number sequence with the objective of pushing the large majority of the class beyond its static concepts. The students with the acquired knowledge of the definition of infinite number sequence are organised into heterogeneous groups which are involved in the following activities:

- to solve two problems adapted to a modern context from the Zeno's paradox known as "Achilles and the turtle". Trying to solve the problems the groups handle the concept of convergent sequences before having a lesson which explains it to them. With this initial experience the students are able to pose the following question themselves "Can a sum of infinite number get a finite number?"
- to research on the internet starting from the key word "infinitesimal"
- preparing a poster resuming their learnings from the previous activity in a map.

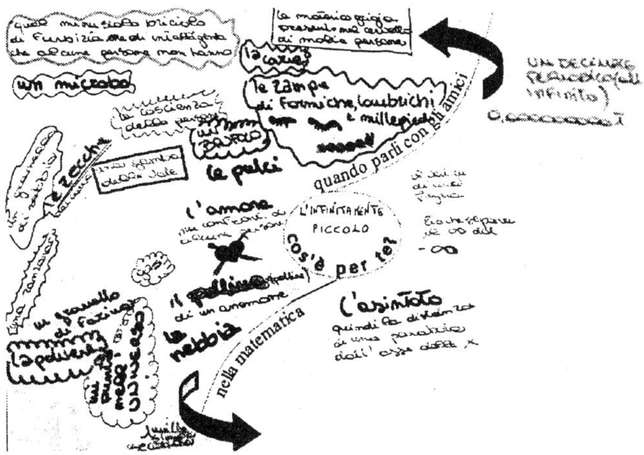

Figure 2: one answer and its map

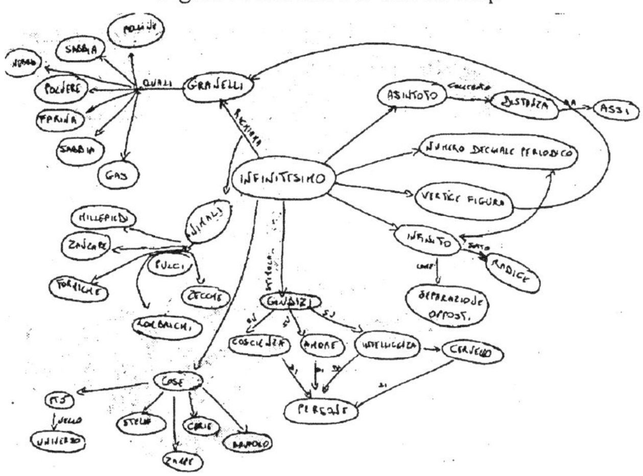

After six hours of student investigation, the teacher (who up to now has suspended any judgement about the groups' activities) holds a series of lessons on the formal definitions of limit of sequences. During the lesson the teacher methodically makes references to the poster designed by the students during the previous activity. In such a way the lesson is a sort of reorganisation of the concepts exposed by groups through the posters. After the lessons the teacher organises the classes into homogeneous groups giving them progressive difficulty problems applying the definition of limit of sequences to find the limit of some typical sequences.

Linguistic school of students aged 14 (3 male 26 female). Many students connect "*proportionality*" to the correct dimension of the human body, to the equilibrium in the relationship with friends, and to the formula of the equality of two ratios. The teacher with the objective of "meaning making, assigning meanings to things" (Bruner, 1997, p3) in a mathematical setting decides to propose an investigation into the ratio between the height and the size of feet of each student organised into homogeneous groups. They have to fill in the following grid:

Name	Height (cm)	Size of your feet (cm)	Ratio
one line for each student	172	27	6,4

Then, starting from the grid each group has to write down on a poster with formulas, numbers, graphs, drawings, words or anything else that might express the 'invariables' detected in the class. Starting from the results of posters and of the discussion carried out in class the teacher plans a lesson on the concept of proportionality and on the difference between proportions coming from demonstration, for instance in geometry, and proportions coming from empirical measurement. After the lesson the teacher organises the class into homogeneous groups which are asked to find the subset of set "class 1BL" according to the ratio between height and foot size and to draw a representation using cartesian axes.

Elementary school of students aged 6 (11 female, 8 male one of them disabled).

The large majority of pupils in their answers are either proud (or worried) to be able to count. They are organised in heterogeneous groups in order to use Cuisenaire rods to practice the concept of numbers, by doing a project (Reggiani & Fiozzi, 1971). Of course they do not know the word 'project', in fact, they are asked to think before what to do and then to check if the result of their work is in keeping with the original thought. The groups work at different projects: some in two dimensions, for instance landscape, others in three dimensions for instance a tower of decreasing section. A video recording shows a typical process of cooperative learning: Fred a disabled child does not succeed in building the tower of decreasing section: the Cuisenaire rods require a correct sequence of operations, otherwise the tower falls down. Fred becomes nervous and anxious but Andrea, in his group, helps him. He shows him the correct sequence and Fred soon becomes autonomous in constructing towers. After such a success, Fred feels himself strong enough to help somebody else in constructing towers!

Conclusions

At the end of the experiences the co-ordinator of the research interviews the teachers who noticed that: the work of the heterogeneous groups has been more interesting and stimulating than those of the homogeneous groups; many students appeared to have surprisingly different points of view. Some students who, during the school year had failed many subjects, had taken an active role in the activities of the groups and produced very interesting answers to the questionnaire using a language of images and pictures. Therefore, the teachers wondered if the use of more experiences of cooperative learning would have helped them to reach better results. In our schools it is possible and realistic to pay attention to forms of intelligence other than the logical and linguistic ones. In actual fact the cooperative learning can favour the success of pupils in difficulties if we use the right task for heterogeneous working groups. In such a context the teachers may appreciate or get the students to appreciate that the differences are just superficial fact compared with the deep connections that link all people (Castelnuovo 199).

References

J. Bruner, 1997, *"The culture of education"*, Harvard University Press, pg 3

Castelnuovo, Emma, 1990, *"L'enseignement des mathematiques: ce qui est invariant dans un monde qui change"*, CIEAEM 42 Proceedings, pg 17

Cobb, Paul, 1996, *"Accounting for mathematical learning in the social context of the classroom"*, ICME 9 Proceedings

Codetta, A. and Eva Caianiello, 1995, *"Does common sense interfere with mathematics teaching?"*, CIEAEM 45 Proceedings

Codetta, A. and Gilberti, L., 1997, *"The classroom as an open network of relationship"*, CIEAEM 49 Proceedings

Reggiana, W. and Fiozzi, A., 1971, *"Guida alla matematica moderna in prima elementare"*, La Scuola Brescia, pg 108

19

Cultural Intermediation for a Better Integration in the Classroom: The Role of the Ethnomathematics Programme
Médiation Interculturelle pour une Meilleur Intégration en Classe: le Role du Programme Ethnomathématique

FRANCO FAVILLI, Dipartimento di Matematica, Università di Pisa, Italy

The growing presence of immigrant students in the schools makes it necessary for the teachers to re-think their teaching methods. In Italy most teachers state that the school system is not prepared to face this new reality. Mathematics education also must be adapted to the cultures represented in the classroom, both for their characteristics and contributions these cultures may bring even in mathematical knowledge. Ethnomathematics may therefore play a positive role. Some references about schools, culture and mathematics in Somalia are given.

Le nombre croissant d'élèves immigrés pousse les enseignants à réflêchir sur leur méthode d'enseignement. Dans notre pays, la plupart d'entre eux déclarent que le système scolaire Italienn'est pas prêt à confronter cette nouveau realité. Nous devons selon eux adapter la didactique de l'enseignement des mathématiques aux cultures représentées par les élèves dans nos classes en tenant compte de leurs caractéristiques en soi, ainsi que de l'apport possible de ces cultures dans l'acquisition de connaissances mathématiques. L'éthnomathématique peut ainsi jouer un rôle déterminant et positif. Nous présentons entre autre ici des références sur l'école, la culture et la tradition somalienne.

Teaching (mathematics) in multicultural contexts: remarks from a preliminary study in Italy

The analysis of the answers to a questionnaire submitted to some mathematics teachers of foreign students in (a few) primary and lower secondary schools in Italy (see [6] for a similar research in Spain) made it possible to concede that:

- the growing presence of immigrant students in Italian compulsory schools obliges many teachers to re-think their teaching methodologies;
- the subsequent educational problem cannot be superficially tackled from only the linguistic point of view;
- the wide difference of cultures often represented in a classroom compels teachers to consider the best ways to convey the necessary knowledge for immigrant students' and whole class' cultural development.

As far as mathematics is concerned, the answers to items of the questionnaire showed with much evidence that teachers substantially acknowledge that mathematics is neither a *culture-free* subject nor a *universal language* [1]. Therefore it is necessary to shape its teaching to match with the cultures represented by the students in the classroom. But most teachers state that they feel unprepared to face this new educational reality: the didactic materials (textbooks,...) are inadequate; the cultural backgrounds of the students affect their learning; a better knowledge of their cultures could make the teaching easier.

The need for (all or a few of?) them to acquire an adequate preparation (with regard to every or single cultural areas) is therefore unavoidable; they should understand how to differentiate their teaching, according not only to (immigrant) students' cultural constraints, but also to the values such cultures can represent, in scientific fields such as mathematics. Assessment criteria could be adapted to the cultural background of students [10], eventually adopting a scale related to the results the teachers themselves expect from them.

In answer to a specific question, all teachers rejected the proposal to group a small number of foreign pupils not only by chronological age and/or school performances, but also by their cultural background, judging it as a discriminating or even racist hypothesis. Is it so? Maybe it could be useful to group students with the same culture, exploiting this culture to get as best educational outcomes and integration in the classroom as possible? Furthermore, an adequate knowledge of diverse cultures and their relationship to mathematics teaching could make the teacher's task and his/her educational work easier.

Mathematics and cultures in the classroom: a case study

To give a specific example, it is possible to give some information about Somali culture and its connection with mathematics teaching/learning. This culture is well represented in Italian schools. In the early '90s, when the civil war arose in that country, many Somali refugees came to Italy, as part of a former colonial country, and known well by the author (who has been teaching in Somali National University for two years in the late '80s).

The research analysed:

a) Somali culture
b) mathematical terminology in its dictionary
c) school mathematics syllabi
d) textbooks
e) teaching staff

and found for example, that it was possible to understand (as noticed in Somali [3] and Italian schools) the difficulties which Somali students would meet when facing geometrical problems and also their abilities to make computations successfully.

In general, it seems that a better knowledge of some basic facts about the points above, with respect to every single culture, should be helpful to mathematics teachers in the *hosting* country.

In our investigation, the following facts could be regarded as basic:

a)Somali culture	➢ it was orally transmitted until 1972, when Somali language was first written, adopting Latin characters; ➢ it is rooted in the Islamic world, with emphasis on Koran schools and its primary educational system; ➢ it is agro-pastorally rooted, with poor opportunities of interchanges with other cultures; ➢ it is deeply based on traditional clanic society; ➢ it is barely arranged to respond to educational needs.
b)mathematical terminology in Somali dictionary	➢ it was mostly introduced in the late '70s and the early '80s ➢ often adapting terms from Arabic, English and Italian mathematical terminology to Somali phonetics; ➢ sometimes, by semantic shifts, making use of words of everyday spoken language; ➢ sometimes by compounds; ➢ occasionally causing misunderstandings and great mistakes; ➢ it is still incomplete and inadequate to cope with basic scientific needs.
c) mathematics syllabi for Somali schools	➢ they were first prepared in the '70s, then reviewed in the early '80s ➢ mostly in conformity with western ones; ➢ with a surprising large number of topics, undoubtedly nowhere to be fully dealt with; ➢ they are lacking in geometrical topics.
d) mathematics textbooks for Somali schools	➢ they were issued in English in the early '70s and in Somali in the early '80s ➢ faithfully reflecting the syllabi; ➢ they were/are hardly available to the students; ➢ they are poor in graphics and drawings; ➢ extremely superficial, full of definitions and properties just stated.
e) mathematics teachers in Somali schools	➢ they were/are seldom academically qualified; ➢ they were/are often former high school students in compulsory national service; they were/are often absent.

On the other hand, it turned out that Somali *indigenous knowledge*, as many other *non-western* ones [4], can offer a surprising amount of didactical hints [8], to be used [2] while introducing various mathematical notions, both at elementary and advanced level.

Here are some examples:

Example 1 - *Tactile communication of numbers by hidden fingers*: it is of specific interest for counting, judging the role of the zero, introducing approximations or significant figures of a number.

In cattle markets each middleman communicate the selling/buying prices (keeping their hands under a cloth and being silent) by touching the knuckles of the last three fingers of the colleague, each of the knuckle representing a number from 1 to 9. The sequence of such tactile communications represents the number/price.

Example 2 - *Fine to a guilty*: mainly to be used for equivalence.

Fines, to be paid for a fault, are usually represented by a given number of animals, which value is expressed in terms of other animals. The equal distribution of these animals (to different clans of the tribe of the injured) implies the use of division and equivalence.

Example 3 - *Traditional fable*: to be used to introduce sequences, sum of a series, Zeno's paradoxes and infinity.

In the forest, wild animals, to pay respect to their king - the lion -, decide to give him first one half of the prey, then one half of the remaining half and so on. In such a way the lion will get the whole prey ... and other animals save their lives.

The ability of the teacher to exploit and value such kind of indigenous knowledge, in an educational project for the whole class [7] & [9], could be the key way to get an easier introduction of the immigrant student in the new school habitat and, through that [5], facilitate his/her integration in the hosting country.

References

[1] Bishop A.: 1988, 'Mathematical Education in its Cultural Context', Educational Studies in Mathematics, 19, 179-191.

[2] D'Ambrosio U.: 1995-1996, 'Ethnomathematics: Theory and Pedagogical Practice' (I and II parts), L'Educazione Matematica, 2, n.3, 147-159 and 3, n.1, 29-48. ,

[3] Favilli F. and Villani V.: 1993, 'Disegno e definizione del cubo: un'esperienza didattica in Somalia', L'insegnamento della matematica e delle scienze integrate, 16, n.10, 907-925.

[4] Frankenstein M. and Powell A. (Eds.): 1998, *Ethnomathematics: Challenging Eurocentrism in Mathematics Education*, SUNY Press.

[5] Giovannini G.: 1996, *Allievi in classe, stranieri in città. Una ricerca sugli insegnanti di scuola elementare di fronte all'immigrazione*, Franco Angeli ed., Milano.

[6] Gorgoriò N., Planas R., Vilella X. And Fontdevila M.: 1998, 'Multiculturalidad y matematicas: Inicio de un proyecto', Proceedings of the I International Congress on EthnoMathematics, CD-rom, Granada.

[7] Griffiths H.B. and Howson A.G.: 1974, *Mathematics: Society and Curricula*, Cambridge University Press.

[8] Jama Musse Jama and Favilli F.: to appear, 'Mathematics under an African Acacia Tree',.

[9] Nelson D., Joseph G.G. and Williams J.: 1993, *Multicultural Mathematics: Teaching Mathematics from a Global Perspective*, Oxford University Press.

[10] Oliveras M.L.: 1998, 'Etnomatematicas y Etnodidactica', Proceedings of the I International Congress on EthnoMathematics, CD-rom, Granada.

20

On Techniques For Improving Students Abilities at Learning to Read from Mathematics Texts

CHRIS FENWICK, Brunel University, UK

Les textes écrits de mathématiques sont présentés aux élèves dans des styles divers. Certain textes sont rédigés dansun style très descriptif, d'autres dans un style très compact et plus formel. Comme les élèves lisent à des niveaux différents de maîtrise, il est important de leur donner l'occasion de développer une gamme de lectures intelligentes et productives.
Je présente ici trois techniques: la Permutation des Élements Clef (KEP), l'Effacement des Éléments Clef (KED)et la Substitution des Éléments Clef (KES). Le but de ces techniqueset d'aider les élèves à améliorer leur comprehension des textes mathématiques et de favoriser par là leur apprentissage en mathématiques par ces textes.

The text of mathematics textbooks comes in a variety of written styles, from the loose and generally descriptive texts of, for example, statistics books, to the tight and linguistically dense writings of, for example, applied or pure mathematics textbooks. With such differences in textual styles and with the diversity of students' reading abilities and learning preferences, the latters' abilities at understanding and learning mathematics, based on their personal reading of textbooks, can suffer. Such differences and diversities make it important for students to be able to develop a wide range of reading styles and abilities.
In this paper I present and apply three specific techniques, Key Element Permutation, Key Element Deletion and Key Element Substitution, which are text manipulation techniques designed to help students improve their abilities at reading mathematics texts. It is hoped that such an improvement will have the purpose of developing their ability to learn from, and understand, such texts in a personally significant and meaningful manner.

Introduction

Little work has been done in the field of mathematics education in the use of reading as an approach to help students' construction of meaning, understanding of, and learning from mathematics texts. One needs to go to the literature on reading research to see that work in similar areas to that outlined in this paper has concentrated on developing strategies which assist students in developing greater control over their reading of text.

Such strategies for helping students improve their reading comprehension have been based on general approaches such as text lookback technique with Why-When-Where cue question (Garner et al (1984)), free-association techniques designed to help students infer from the text they read (Borasi & Seigel (1990)), cueing techniques which include combinations of headings, summaries and logical connectives located within the text (Spyridakis & Standal (1987)) and deletion and summarisation techniques (Brown, Campione and Day (1981)).

In the area of reading comprehension via text manipulation techniques Straw and Schreiner (1982) developed sentence-combining and sentence-reduction techniques whilst Ross (1972) concentrated on sentence manipulation and transformation techniques.

A broader and more personally developed approach to reading comprehension can be found in Harri-Augstein, Smith and Thomas' *Reading to Learn* (1982) who analyse in detail the record of the pauses, backtracking, difficulties, confusions, etc. encountered in the reading of a text in order to improve the reader's comprehension abilities by developing a strategy based on a reflective flow-chart structure.

This paper discusses, extends and integrates three text manipulation techniques : *Key Element Permutation (KEP), Key Element Substitution (KES) and Key Element Deletion (KED)* which are designed to help students improve their abilities at reading and understanding mathematical texts, so that they may develop an ability to learn from these texts. Their use is then demonstrated, in an integrated manner, on a piece of mathematical text in order to illustrate the ways the techniques could be used to support students' learning of mathematics textbooks.

Three Techniques

The aim in the use of these techniques is to transform the possibly dense technical language of mathematics texts into a looser type which in fact starts at a level suitable for the student.

Key Element Deletion (KED)

Perhaps the simplest way for a student to manipulate the text s/he is reading is to re-read the text with certain words or phrases deleted. To identify the generic nature of the text that has been deleted, I will use the term 'element' in place of 'word', 'phrase' &/or 'sentence'. Whether the student deletes relevant or non relevant elements of a text is, initially, not important. What is important is the process of learning which takes place when the student has been able to delete words and in so doing has manipulated the text to his/her own level of understanding.

It will then be by using KED that the student will be able to shift the emphasis of the original text to that seen in his/her transformed version. S/he can then compare the transformed version with the original text and it is then by this comparison that the student can develop a pattern of comparative understanding between the meaning of her/his interpretations and the original text.

As an example consider the following definition taken from G. Walther (1986)

> In elementary combinatorics it is shown that the number of partitions P(n, m) of a natural number n into m (not necessarily distinct) summands can be calculated with the recursion formula ...

Two immediate reactions a student may have to is could be that the sentence and that it contains too many dense words. Simply re-reading it over and over again may do little to help the student develop an understanding to the definition. Consequently, such a problem may be overcome by the student deleting what s/he considers to be excess words or phrases.

Therefore a student applying KED to the above definition may develop the following interpretation (where the deleted words are crossed out):

In ~~elementary~~ combinatorics it is shown that the number of partitions ~~P(n, m)~~ of a ~~natural~~ number n ~~into m~~ ~~(not necessarily distinct)~~ ~~summands~~ can be calculated with the ~~recursion~~ formula ...

to produce the simpler and preferred version

In combinatorics it is shown that the number of partitions of a number n can be calculated with the formula ...

Now it is true that in having deleted the elements above we have lost some of the precision and content of the original description. However, in the learning process the point is not to initially achieve total precision, but rather allow the student to develop a connection with his/her immediate understanding of the key concept of the text. Once the student has reduced the text to a level s/he is comfortable with and understands then we may go back and re-introduce each deleted element (one at a time, say), each time comparing with the student's own interpretation of that element so that s/he may check his/her understanding.

Key Element Substitution (KES)

Another text transforming technique one can use to make sense of what we read is Key Element Substitution. In this case the student aims to replace any elements of the text s/he does not understand with his/her own personal explanations. As with KED it is not initially important whether the element that is substituted accurately describes the original one; what matters is that the student has the opportunity to incorporate various possible substitutions, and his/her interpretation later.

Continuing with the previous definition from G. Walther (1986), let us assume that a student's simplified version of the original definition is

In combinatorics it is shown that the number of partitions of a number n into m summands can be calculated with the formula ...

and let us now say that s/he then has a problem understanding the words 'partition' and 'summands'. S/he could then replace these two words by either using a synonym for the given words or, probably more easily, trying to explain, from their initial perceptions, what s/he think the words mean.

Consequently an *initial attempt* at interpreting the definition by using KES might be :

In elementary combinatorics it is shown that the number of **splits** of a number n into m **bits added together** can be calculated with the formula ...

where the substitutions have been highlighted in heavy type. Such a description might then be much closer to the level of language used and understood by a student during reading.

Key Element Permutation (KEP)

Probably the most difficult of the three techniques to use well is Key Element Permutation. Here the student attempts to construct a meaning to the text by swapping around or permuting parts of a phrase, sentence or paragraph. The danger of changes in reference and meaning caused by such permutation can be overcome in discussions with the student.

Taking the previous KES version of our definition, we may decide to split our sentence into the following three elements:

Element 1	:	In combinatorics it is shown that
Element 2	:	the number of splits of a number n into m bits added together
Element 3	:	can be calculated with the formula ...

Permuting these elements in any order the student may develop a variety of interpretations to the original definition. For example putting elements 3 in between elements 1 and element 2, and then correcting for grammar, a student may generate two different versions to be :

1) In combinatorics *a formula can be used to calculate* the number of splits of a number n into m bits added together.

2) In combinatorics *the formula to calculate* the number of splits of a number n into m bits added together *is given by ....*

where the original element 3 is shown in italics.

Conclusion

In this paper I have tried to explain and illustrate how the three techniques of KED, KES and KEP should enable students to generate a variety of interpretations to a piece of text, in order to understand and learn from it. It is the judicious use of these techniques, in an integrated manner, which I suggest leads students to a *'reading to learn'* approach to mathematics texts. Although applied to mathematics text, it should be a straightforward matter to apply these to texts in general.

References

Borasi, R., Siegel, M.: 1990, 'Reading to Learn Mathematics ; New Connections, New Questions, New Challenges', *For the Learning of Mathematics*, 10 (3), 9-16

Brown, A., Campione, J., Day.: 1981, 'Learning to Learn : On training Students to Learn from Texts', *Educational Researcher*, 10 (2) 14-21

Garner, R., et all : 1984, 'Inducing Use of a Text Lookback Strategy Among Unsuccessful Readers', *American Educational Research Journal*, 21, 789-798

Ross, J.: 1972, 'Controlled Writing : A Transformational Approach', *Literacy Discussion*, 3 (2), 277-292

Straw, S., Schreiner, R.: 1982, 'The effect of sentence manipulation on subsequent measures of reading and listening comprehension', *Reading Research Quarterly*, 17 (3), 339-352

Spyridakis, J., Standal, T.: 1987, 'Signals in expository prose : effects on reading comprehension', *Reading Research Quarterly*, 22 (3), 285-294

Walther, G.: 1986, 'Illuminating examples - an aspect of simplification in the teaching of mathematics', *Int. J. Math. Educ. Sci. Technol*, 17 (3), 263-273

21

Téléinteractions en Mathématiques a Distance: Un Traitement de L'hétérogénéité et de L'accessibilité

JOAQUIM GIMÉNEZ (UB), JOSEP M.FORTUNY (UAB), Spain

This paper describes some conditions for learning environments using a ppp-telecommunications network in order to promote equality and treatement of diversity for 12-18 years old chronically ill students. The experiences revealed the need for being multi talented staff (medical, parents, university, school, student), involving emotional impacts to mathematical knowledge. Different types of interactions are studied in order to identify the opportunities offered by this adapted mathematics curriculum.

1. Le problème

Partons du point de vue que "l'accès des mathématiques à tous" varie de situation en situation. Certains élèves ne peuvent pas participer régulièrement au système scolaire parce qu'ils ont une maladie chronique, d'autres vivent loins des établissements scolaires, d'autres encore.... Nos systèmes éducatifs ont créé la formation à distance pour tenir compte de ces différences. Et les modes de formation à distance conçus et pratiqués sont aussi peu homogènes que le groupe d'élèves qui y participent.

Les formules de l'enseignement en mathématiques à distance généralement appliquées ne répondent pas vraiment aux besoins des élèves en difficulté ni à ce qu'on pourrait attendre de la formation des maîtres. L'avantage d'une structure centralisée est qu'une telle centralisation permet de faire suivre des études secondaires à un grand nombre d'élèves. Mais une telle approche ne répond pas aux besoins très variés et très différents des élèves. Le système ne prévoit pas d'appui cognitif. La tutorisation n'est pas suffisamment active. Le langage pratiqué est terriblement uniforme. Les maîtres ne traitent pas la compléxité des raisonnements mathématiques. Les élèves ne sont pas responsables de leurs apprentissages et n'ont pas l'occasion de travailler en commun. Les professeurs attendent surtout d'eux qu'ils appliquent les règles de travail conçues pour eux et peu qu'ils réfléchissent par exemple sur leur attitude scientifique et qu'ils la transforment. Comment minimiser ces manques culturels et cognitifs (Shan & Baile, 1991) et développer des formes d'interactions qui permettraient d'accroître l'accès des mathématiques à tous?

2. Le travail proposé: Le cas des élèves hospitalisés.

Nous développons dans ce contexte de l'enseignement des projets centrés sur les problèmes sociaux des élèves en difficultés qui ne peuvent pas participer aux cours réguliers pendant une certaine période, parce qu'ils sont hospitalisés (TIM-AH), font des compétitions sportives (TELEMAT-CAR), ou habitent loins des centres de formation de professeurs (TELE-CABRI et FORCODIMA). Ces étudiants ont des difficultés en mathématiques, sont issus de milieux socio-culturels différents et suivent plus ou moins fréquemment les cours des écoles et centres de formation réguliers.

Est-il possible de transformer la structure traditionelle de l'enseignement à distance afin de mieux tenir compte des besoins différents des participants tout en maintenant la continuité des apprentissages et l'égalité des chances des élèves (Frankestein 1995)? Cette question centrale soulève deux questions plus spécifiques. Quelles leçons peut-on tirer des interactions observées dans les classes régulières? Et: quel peut être le rôle des intéractions verbales écrites?

Nos experiences ont deux objectifs prioritaires: (a) Explorer par experimentation un mode de soin et de "tutelle" ppp (multimedia telecommunication technology for one-on-one teaching / training) dans le domaine de l'apprentissage des mathématiques; (b) développer une structure et une architecture de télétutelle adaptées aux processus d'apprentissage dans un environnement multimedia (Depover e.a., 1998). Nous avons, dans ce contexte de recherche, créé un dispositif de communication et de support "on line" sur place utilisé en ce moment par 12 étudiants entre 12-18 ans et par 20 professeurs.

Nous portons ici votre attention sur une étude du contexte hospitalier, un exemple paradigmatique de notre approche de l'enseignement à distance. Pratiquement tous les facteurs en question entrent en jeu dans cet apprentissage à distance dans le contexte hospitalier: l'action du tuteur et les intéractions virtuelles spécifiques, les relations avec la famille, le support émotif, les rélation avec les connaissances et amis, l'analyse des conditions matérielles, le support des maîtres-assistents et la présence des professeurs responsables des élèves.

3. Le traitement de l'accessibilité des mathématiques.

L'objectif principal de cet enseignement aux élèves hospitalisés est d'assurer un niveau optimal de "soins" tout en préservant le potentiel des étudiants comme individus, une bonne qualité de vie, la santé et la continuité des études. Cet objectif implique la création d'environnements adaptés qui permettent une bonne communication entre les participants. Un tel système exige une équipe d'encadrement professionnelle qui peut garantir la qualité et continuité des apprentissages par les rapports éducatifs du milieu. Comment réaliser ces besoins ("droits") des élèves dans le domaine des mathématiques?

Nous avons choisi d'élaborer nos recherches avec des étudiants de 12 à 18 ans à cause de l'importance des mathématiques pour ces élèves dans cette periode de la scolarité. Une longue hospitalisation peut en effet causer des retards grâves qui risquent de perturber l'intégration dans le sytème régulier et de diminuer ainsi les chances de succès après la période d'hospitalisation. Nous rendons donc autant service aux élèves qu'à leurs professeurs. L'équipe d'encadrement est interdisciplinaire et travaille avec les élèves et leurs parents. Nous cherchons une forme de traitement individualisé qui peut assurer une progression réelle des élèves.

Nous prenons les facteurs personnels des étudiants comme point de départ: leurs capacités, leur situation (maladie et distance) et les aspects sociopsychologiques. Nous tentons, par les nouveaux moyens de communication (liaisons entre responsables, e-mail, téléconférences, etc) de favoriser l'interaction de facteurs essentiels comme le langage et les représentations mathématiques (système semiotique), l'affectivité et les compétences cognitives des élèves. Les activités d'auto-apprentissage en mathématiques sont ouvertes, adaptées à plusieurs contextes (rural, culturel, maladie, etc) et font appel à l'utilisation de materiel d'apprentissage individualisé. Ces activités sont placées de telle façon sur le réseau que chaque professeur peut les utiliser dans ses conditions particulières d'enseignement. Une seule restriction est notre choix pour un apprentissage actif et constructiviste des mathématiques.

4. Quelques observations au cours du processus de recherche.

Nous expliquons dans ce paragraphe les idées de notre approche à partir de notre expérience avec trois de nos élèves. Le cadre de référence de recherche comporte trois axes théoriques: l'activité; l'apprentissage par collaboration entre les élèves et l'aspect social des intéractions dans l'environnement créé. Le principe de base est que l'enseignement "on line" établit et maintient un contact fructueux entre les participants. Le "soin global" implique la prise en compte - dans le système de tutelle et d'activités - d'un certain nombre d'éléments importants comme l'auto-contrôle, les valeurs qui engagent les participants, le partage des connaissances, la possibilité de proposer des questions interessantes et qui défient les participants, la continuité de l'aide et le rôle des émotions. Nous utilisons dans ce sens le milieu hypermedia pour "empoigner" l'hétérogénéité.

L'équipe de tutelle organise et planifie pour chaque élève un programme d'activités proposé interactivement par le site internet. L'apprentissage "on line" sousentend une planification interactive et un curriculum adapté, qui font appel à une auto-régulation, offrent un rythme personnel d'apprentissage et donnent la possibilité de recherche par simulations.

Le schéma de la figure 1 représente le travail proposé à Joseph. Joseph a 13 ans et vient d'un milieu rural. Son professeur le considère comme un élève faible en mathématiques. Joseph a des problèmes de santé qui l'obligent à venir 3 fois par semaine à l'hôpital.

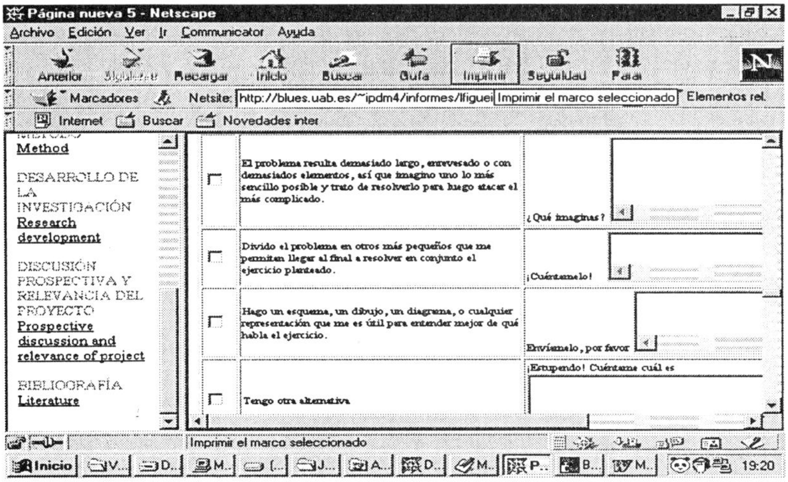

figure 1: Joseph].

Joseph a travaillé sur les nombres Z, les fractions et la géometrie à partir des activités qui lui ont permis de passer l'examen de son école après trois mois d'enseignement à distance.

Francesc (figure 2) a 17 ans. Il est hospitalisé dans la section onchologie. Sa maladie l'a démotivé. C'est un élève moyen qui peut obtenir de bons résultats et qui est assez actif. Il dispose d'un ordinateur dans sa chambre stérilisée. Francesc n'avait jamais utilisé l'internet. Il a donc appris à se présenter avec un "spreadsheet" pour pouvoir travailler au maximum avec un minimum de fonctions.

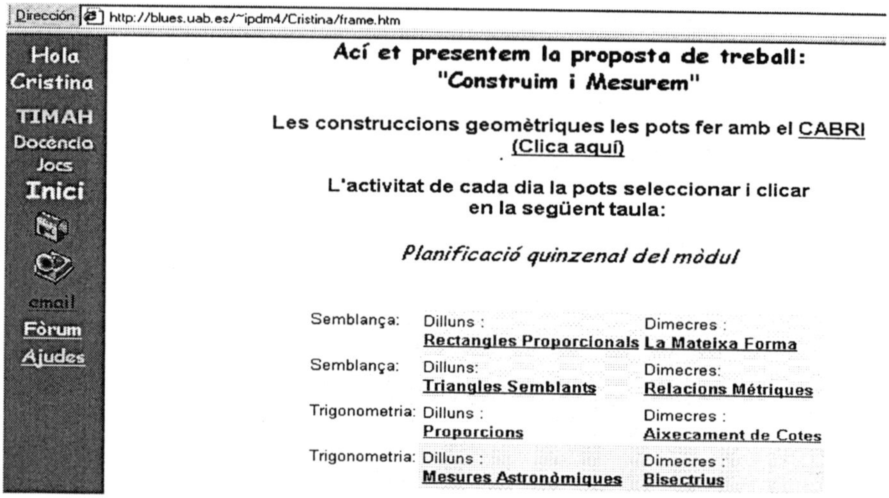

[Figure 2: Francesc]

Les intéractions au cours de l'apprentissage de Joseph et Francesc illustrent les aspects socio-cognitifs, émotionnels et métacognitifs des rapports avec les élèves dans l'environnement créé. Les moyens de travail et de communication sont variés: e-mail, messages ouverts, questions d'auto-contrôle, forum de discussion et partage de software. L'étudiant "voit" quelque fois le chercheur, le professeur ou d'autres participants. Les travaux écrits entraînent immédiatement des interactions, mais aussi des lectures régulatrices, des résolutions de problèmes et des applications ainsi que des processus de négociation sur le contenu et la forme du travail.

Cette expérience dévoile aussi des différences essentielles entre ce type d'activités de "tutelle" et les activités de l'enseignement classique à distance, comme par exemple les différents types de responsabilités que prennent les elèves et la force des guides "on line" comme système de médiation.

Cristina (16 ans; onchologie) nous a permis de considérer l'importance de l'équipe de travail et la nécessité d'intervention de l'équipe de medecins de l'hôpital. La qualité du travail mathématique augmente parfois lorsque l'environnement est plus professionnel.

Les notes écrites et commentaires des professeurs participants dévoilent leurs rôles et leur engagement sur plusieurs plans: du niveau de l'auto-formation à celui de la réflexion après les interactions en passant par le désir d'augmenter l'efficacité de leurs interventions, d'intégrer de tâches nouvelles et d'élargir leurs connaissance du réseau informatique ainsi que le champ de leurs possiblités.

5. Les succés et les conclusions.

Joseph contrôle beaucoup mieux ses découvertes et ses progrès dans le domaine des nombres et des représentations diverses et connait maintenant son appareil de dialyse. Francesc utilise les mathématiques pour s'évader du cancer ... De telles expériences nous montrent plusieurs indicateurs d'efficacité de ce nouveau type d'environnement: l'augmentation de la motivation, la participation plus active, la richesse des intéractions qui dévoilent le potentiel des élève, mais aussi le travail structuré, l'organisation des sources, le système de guidage, les relations humaines et la connexion des facteurs culturels, sociaux et de la rétro-action. Les élèves cherchent l'information dans de tels environnements, selectionnent eux-mêmes ces informations et poursuivent leurs recherches et leurs apprentissages à partir d'une carte d'orientation interactive (un plan) et un système d'auto-évaluation.

Les cas étudiés nous mènent à formuler l'hypothèse qu'une telle approche de l'enseignement à distance favorise la transformation constante des acquis au fil des recherches, expériences et réfléxions des élèves et donne à ces élèves une grande part de responsabilité et de décisons. Ils apprennent "en mouvement constant", (dans le sens de Kieren, 1993), intègrent leurs émotions à l'expérience des apprentissages en mathématiques et organisent eux-mêmes une partie du travail.

Nos expériences signalent 4 aspects clé de l'enseignement à distance accessible à tous: (a) Le ***tuteur*** qui agit comme un "inter-acteur", développe une assistance basée sur le principe des relations entre le client et le serveur, propose des situations d'apprentissage, des simulations, discussions virtuelles et débats qui permettent l'échange de conceptions mathématiques et perspectives de travail et rendent accessibles des stratégies d'apprentissage, de communication et de développement interactifs. (b) Le ***milieu de support*** qui repose sur un réseau RSDL de communication et permet de créer un "campus" intéractif. (c) ***Une nouvelle conception*** des environnements d'apprentissage qui préconise l'utilisation de simulations dynamiques et permet d'adapter le curriculum aux besoins particuliers des élèves et (d) ***la notion de service social et d'intervention thérapeutique humaine globalisée*** qui part de l'application de la téchnologie de communication multimedia. Nous espérons montrer par nos travaux que les apprentissages à distance comme ceux que pratiquent Joseph et Francesc donnent aux élèves la possibilité d'apprécier les mathématiques comme une activité humaine dont ils échangent et partagent les fruits (Powell & Frankestein 1997), mais aussi qu'une certaine forme d'enseignement à distance peut vraiment pousser les élèves à construire eux-mêmes leurs propres mathématiques dans leur propre environnement.

Références

Depover, J. Giardina, M. & P. Martin (1998) *Les environnements d'apprentissage multimedia. Analyse et conceptions*. Paris. L'Harmattan.

Frankestein, M. (1995) Class in the world outside the Class. In DSecada, W, Fennema, E & L Adajan (eds) *Equity in Mathematics Education*. Cambridge University Press.

Kieren,T. (1993) Bonuses of understanding mathematical understanding. *Selected Lectures of ICME -7*; Ulaval. 211-228

Papert, S. (1980) *Mindstreams: children. Computers and powerful ideas*. Basic Books. Inc.

Powell, A. & M. Frankestein (1997) Considering interactions between culture and Mathematical Knowledge. In Powell, A. & M. Frankestein (eds) *Ethnomathematics*. Albany. State Univ of New York Press.

Shan, S. & P. Bailey (1991) *Multiple factors.Classroom mathematics for equality and justice*. Birmingham. Trentham Books.

22

The Cultural Conflict in the Mathematics Classroom: Overcoming its 'Invisibility'

NURIA GORGORIO, NURIA PLANAS AND XAVIER VILELLA, Universitat Autònoma de Barcelona, Spain

In a multicultural classroom, the different understandings of the normsthat regulate the multiple interactions taking place may generate cultural conflicts, which are often not seen by, or misinterpreted by, the teachers. After analyzing some examples, we offer some recommendations for helping the cultural 'differences' to be made explicit, and for using them as starting points for building a rich teaching and learning resource.

Les différentes interpretations des normes qui régularisent les nombreuses interactions dans une classe multiculturelle peuvent provoquer des conflits culturels, souvent incompris par le professeur ou même invisibles. Nous présentons plusieurs exemples de tels conflits. Les exemples donnés nous conduisent à proposer quelques recommandations comme sources d'inspiration. D'une part pour favoriser une meilleure compréhension des 'différences' culturelles. D'autre part pour créer des situations plus riches d'enseignement-apprentissage.

In 1997, a project was commissioned by the Ministry of Education in Catalonia[1], in northern Spain, concerned with mathematics teaching in schools that have large numbers of immmigrant students. The project outlined began in 1997 and is concerned with finding more appropriate ways to teach mathematics to immmigrant students.

The immigration situation in Catalonia and in Spain is generating a deep debate. The increase of migratory movements, especially from the so-called 'third world' into the first world, has led intercultural education to become a relevant issue. As a result of this situation teachers began to reflect on the new reality of the students in their classrooms. In many schools in Catalonia there is an increasing number of students that live with a difficult integration and transition process. They are students belonging to ethnic minorities, first or second generation immigrants. They experience a high level of school failure and, often, also a risk of social exclusion that we understand as closely linked to cultural conflicts. The meanings understood by the individuals belonging to different cultural groups in every educational situation are different. Ignoring this difference is one of the reasons for the disruptions within the process of teaching and learning and, in particular, the teaching and learning of mathematics.

To overcome 'the invisibility' of the cultural conflict in the mathematics classroom and to make it a potential source of richness, the first step is to be aware of its existence. Therefore, in our research we analyzed the understanding of the cultural situation by the people responsible for, and involved in, the teaching of mathematics.

Too often, even if educational administrators, curriculum developers, principals and teachers accept the existence of cultural differences among their students as a reality, they often reduce it to trivial facts or misinterpretations. Since the last reform, promoted by law at the end of the past decade, we can claim that education to age 16 has been a right accessible to all the children in the country. However, although the changes suggested in the official documents regarding diversity are meaningful, old beliefs have not yet been abandoned.

Even if it is true that the educational regulations rigidly control the teachers' actions, we want to focus here mainly on the teachers, as they are the principal agents for change. The official regulations are very general, and this is because there is an explicit intention that every teacher should adapt the curriculum to the actual needs of their pupils. However, the difficulties that many teachers encounter today, among them having to face multicultural groups, are far beyond their initial expectations, and they can find no solutions in the official documents. In addition, in-service teacher education programs dealing with multicultural education are scarce. As a result of that, the implementation of the curriculum still takes place, for the most part, by teachers following the guidelines of the textbooks. Although there are many innovative textbooks, in general they fail to facilitate any approaches to the teaching of mathematics which take into account cultural diversity.

Through different interviews conducted within our research project we have evidence that mathematics teachers experience an enormous anxiety at having to face this new and complex educational situation, a task for which they do not feel prepared. We have found different kinds of teachers' reactions when facing the challenge of having to deal with the multicultural groups in their mathematics classrooms. For example,

- those of teachers for whom the situation is more difficult than they can handle, and they try to ignore it. Some of them even create classroom organizations in order to 'not see' the students belonging to ethnic minority groups.

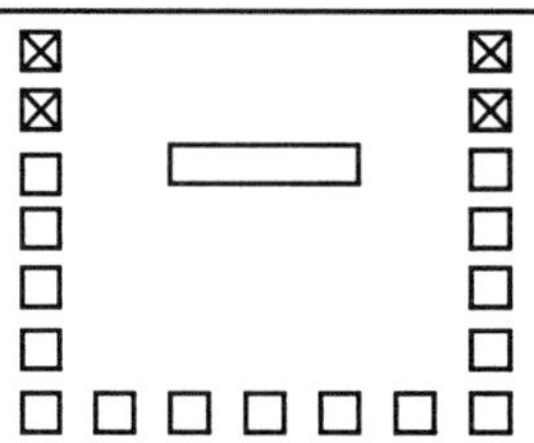

This is the schema of the seating organization in his mathematics classroom. The teacher's table is the one in the centre, and the ones crossed are where the immigrant students sit.

- those of teachers who deny the cultural fact and state that taking any action related to issues concerning cultural differences or conflicts, would generate a non-equal treatment of the students, being therefore against equity:

> *"In the past I have been very worried about how to teach a multicultural group of students, but now I am clear about it. (...) We have to normalize the situation of the students that come from abroad. One has to treat all the students the same, without pointing out any differences. By pointing out the differences it is much easier to discriminate against them."*

- those of teachers who reduce it to a simple linguistic fact, and in no sense see mathematics as a cultural product:

> *"As soon as they learn our language, there are no more significant differences ... may be, in the social sciences, but certainly not in the mathematics classroom."*

- those of teachers that feel the cultural diversity as a problem they are not prepared to face and who ask for ready made materials and recipies of successful methodologies:

> *"... we do not know how to face these students ... their failure is really high ... our education through the teacher training programme is useless, is too theoretical ... we need materials and methodological models to use."*

Mohamed, an immigrant student arrived into Catalonia and, when he was schooled, was diagnosed by his teacher as 'not knowing the basic mathematics algorithms'. This happened because he was diagnosed through a written test, written in Spanish and with the algorithms written in the Spanish way. When subtracting 314 -182 we write the numbers one under the other, with a minus sign and we begin the subtraction by the units:

$$\begin{array}{r} 314 \\ -182 \\ \hline 132 \end{array}$$

Since he was diagnosed as not knowing the basic algorithms, he spent two years learning to add and beginning to subtract, not being able to communicate with the teacher, and therefore not being able to tell him what the problem was.

The following year, he moved to another town and to another school. His new teacher has been working with some of the members of the research team and was aware of the possibility of dealing with the basic algorithms in different ways, depending on the region where the students came from.

Therefore he asked Mohamed if he already knew how to subtract when he came to Spain for the first time. Mohamed, who already was able to understand and speak Catalan, was surprised at the question and told the teacher he certainly had learnt to add and substract before coming to Spain.

3 1 ~~2~~ 1
1 8 3
4 2 2

What he was actually doing was subtracting 314 minus 182, the following way:

First: he wrote the numbers from top to bottom, and the first one on the left is the top of our usual subtraction and the second one is our bottom.
Second: he began the subtraction, not by the units but by the hundreds, by saying three minus 1 is 2 , 1 minus 8, I cannot do, and then he crossed the 2 and changed it into 1 and then it was 11 minus 8 and then 4 minus 2

Nevertheless, we have also documented examples of teachers that develop teaching strategies, use learning materials, adapt the curriculum and facilitate the immigrant students' transition process, increasing their chances for successful learning. These examples help to prove that the acceptance and understanding of cultural differences within the mathematical class can contribute as a first step to overcoming the idea of cultural conflict as a problem.

After the first part of the project's work, we can claim that the different interpretations of the social dynamics of the mathematics classroom among its members is a fact that can interfere significantly with the actual teaching and learning process. When talking about differences in a social situation, we mean here differences from the 'normality', where this is defined according to the assumptions and expectations of the individuals concerned. Thus, teachers find immigrant students to be 'different' from what they expect their pupils normally to be. Immigrant students find their teachers 'different', as they do the dynamics of their classroom and of their school. The interactions among students, and between students and the teachers are also culturally 'different', as are the relationships between parents and the school system.

The research, so far, now confirms the existence of cultural conflicts in the mathematics classroom, and disruptions arising from the different understanding of the meanings attached by the different participants to the dynamics of the mathematics classrroom. Immigrant students have to adapt to new social and cultural situations, and they need to be helped to understand the meanings of the new experience and to reinterpret them and construct new ones. The new situation that the students have to understand and reinterpret is plural, including, for instance, the different roles of teachers and textbooks (social norm), the different ways of participating in the mathematics discussion (sociomathematical norm) or the different uses of heuristics and algorithms (norm of the classroom mathematical practice).

Reinterpreting Voigt (1996), Cobb and Yackel (1996) and Presmeg (1996) we adopt the following constructs:

- *social norms*, being the whole of the implicit and explicit norms that document the participation's structure within the classroom, and the dynamics between the teacher and the students, in the developing of actions and interactions that take place in the class.
- *norms of the classroom's mathematical practice,* being the whole of the implicit and explicit norms that regulate the different possible mathematical behaviour of the teacher and the students.
- *sociomathematical norms*, being the whole of the implicit and explicit norms within the mathematics classroom resulting from the juxtaposition of the social norms and the

norms of the mathematical practice together with individuals' values, expectations, emotions, attitudes and beliefs.

Throughout the research we have documented the fact that individuals attach different meanings to the social norms that regulate the dynamics of the mathematics class, in particular to the teacher's expected role:

Teacher:	*Sajid, are you not interested in what we are doing?*
Sajid:	*Yes Miss, I am*
Teacher:	*Why do not you work then?*
Sajid:	*In my country ... beat me, then I study. Here nobody beats ...*

We have data that shows that sociomathematical norms are also differently understood, for instance the values which students associate with learning of mathematics that conditon very much their motivation and interest in learning:

Saima:	M*iss, I'm wrong in your class*
Teacher:	*What do you mean? Why do you say that?*
Saima:	*I do the same mathematics as boys, but I do not do the same work ... I do not want to be a mechanic. Please, can I do the mathematics for girls?*

We also have data which show that the norms of the classroom mathematical practice are differently understood by the different participants. One of the activities that we have used to document those differences is the following well-known problem:

A farmer has 3 sons. When he dies he leaves his 17 cows to his sons. The oldest one must receive 1/2 of the cows, the second 1/3 and the third, and the youngest one, 1/9. How many cows will each of them receive?

The following snapshot, corresponding to the whole classroom discussion after working on the problem in the small work groups, illustrates different ways of understanding the norms of the mathematical practice. While some students are happy after 'solving' the problem within the context, and deciding that there is an error in the statement of the problem, some others seek a mathematical reason for the disparity between the statement and the solution:

Carla:	*The farmer was wrong, made an error*
Teacher:	*An error?*
Lena:	*The cows, they are 17, and this way it does not work*

Martí:	*The cows are the ones they are. No, this is not the error, it does not work, but this is not the error.*
Teacher:	*Where is the error, then?* (... ...)
Lena:	*The error is in the fractions*
Carla:	*What do you mean?*
Lena:	*That the oldest one gets 1/2, the second 1/3 and the third 1/9 ... this is not exact* (...)
Lena:	*But 1/2 and 1/3 and 1/9 is not the whole of the will, they do not add up to 1!!!*

It is important to note that the different understanding of the norms within the mathematical classroom is a fact not only related to ethnic differences but also, and mainly, to individual differences that can be linked or not to the understanding of the norms that has the cultural group to which the individual belongs.

The research has also provided evidence of the existence of differences not only among the concrete mathematical knowledge that students have, but also among basic cognitive skills. We have found little evidence of differences among the first, probably due to the imposition of western mathematics onto other cultures (Bishop, 1990). In contrast, the differences among basic cognitive skills (intuition, abstraction, generalization, deduction, contextualization...) seem to be significant. If one accepts the relationship between, on the one hand culture and mathematics, and, on the other, culture and cognition, one has to accept the possibility of identifying different mathematical potentialities and strategies related to the different cultures, as Abreu (1995) and Saxe (1991) state.

We strongly believe that if we want any educational act to be positive both for the individuals and their communities, it would be helpful to begin to consider these perceived differences as a source of richness, rather than problems, in the educational context. Therefore, the first step would require helping the 'differences' to be made explicit and for using them as a starting point for building a rich teaching and learning resource. However, cultural compatibility is a necessary next step to change the 'problem' of the cultural difference into a richness source. We are, of course, aware that creating cultural compatibility within the mathematics classroom is not an easy task for the teacher. Thus, we would suggest an approach to the curriculum which is non-reductionist in its contents, articulating different meanings for every mathematical idea, and participative on its methodology, to promote the contribution of all the students. The framework for such a curriculum can be build up from the six universal mathematical activities stated by Bishop (1988), which allow us not only to establish connections between the mathematics we know and those of other cultures, but also to give plural meanings to mathematical ideas.

Even if the mathematics curriculum is defined at the pedagogical level and essentially reflects ideas about the mathematical content, we agree with Bishop (1988) when saying that the social and cultural structures establish a framework for this pedagogical development, especially concerning the values and ideology that the curriculum transmits. Curricular content, implicitly hide, and even make invisible, the identities of the groups different from the dominant culture, suggesting, instead, a monolithic identity, closed to cultural dialogue. Often it is the hidden curriculum which projects this uniformizing trend. The language used by the teacher, the adopted attitudes, the explicit values and behaviours, are an important part of the mathematics classroom's culture which is transmitted, even if unconsciously, to the students and, which therefore, in the end becomes part of the learned curriculum. Therefore, the first stage for making the cultural conflict visible is likely to be one of making the differences explicit to everybody in the teaching/learning process.

To articulate a participatory methodology we would suggest the problem solving ambiance, which allows the teacher to establish connections between the six activities and the introduction of mathematical situations that are real and significant to students with very different backgrounds. Problem solving can be a resource for treating the different curricular content with authenticity, facilitating the contribution of all the students.

Finally, we believe that the essential conditions to help overcome the 'invisibility' of cultural difference and to use it positively within the mathematics classroom are the following:

- to make explicit, as far as possible, the implicit norms that regulate the social dynamics and the classroom mathematical practice;
- to allow the use of out-of-school mathematical knowledge and skills in order to reach those students whose familiar culture is far from the school culture;
- to acknowledge and rehabilitate the mathematical knowledge associated with every culture in order to ensure the survival of the different mathematical models that relativize the assumed unity of mathematics;
- to accept the challenges of the fact of cultural diversity in order to promote a process of establishing a real cultural compatibility.

Note

1 The project is partially funded by the Fundacio Propedagogic, a Catalan private foundation devoted to education.

References

ABREU, G., (1995), 'A Matemática na Vida Versus na Escola: Uma Questâo de Cogniçâo Situada ou de Identidades Sociais?' in Psicologia: Teoria e Pesquisa, 11,2, pp.85-93

BISHOP, A..J. (1988), 'Mathematical Enculturation: a Cultural Perspective on Mathematics Education' Kluwer Ac. Pub. Dordrecth, Holland.

BISHOP, A..J. (1990), 'Western Mathematics, the secret weapon of cultural imperialism' in Race and Class, 32,2

COBB, P., YACKEL, E., (1996), 'Sociomathematical norms, argumentation, and autonomy in mathematics', in Journal forResearch in Mathematics Education, vol.27, n.4, pp.458-477.

PRESMEG, N.. (1996): 'Comparison of qualitative and quantitative methods'. Unpublished document.

SAXE, G.B., (1991), Culture and Cognitive Development: Studies in Mathematical Understanding. Lawrence Erlbaum Ass. Publishers.

VOIGT, J., (1996): 'Negotiation of mathematical meaning in classroom processes: social interaction and l earning mathematics ', in L.P. Steffer and P. Nesher (eds.) Theories of Mathematical Learning. Lawrence Erlbaum Ass. Pub. New Jersey.

23

Investigating the Potential use of Existing Software Packages to Support the Mathematical Subject Knowledge of Non-Specialist Primary Initial Teacher Training Students: a Preliminary Study

CHRISTINE HILL, PETE GREENLAND, University College Chichester, UK

The need to develop teacher training students' own mathematics subject knowledge is becoming an increasing demand on their tutors. This pilot study set out to identify a set ofcriteria which might be used to assess the suitability of existing mathematics software to enhance students' knowledge. The resultant criteria may assist colleagues in their choice of mathematical software package.

Le besoin de développer les connaissances en mathématiques des étudiants qui suivent une formation pédagogique devient une exigence de plus en plus grande pour leurs professeurs. Cetteétude-pilote veut identifier une série de critères qui pourrait être utilisée pour évaluer la capacité des logiciels de mathématiques actuels à accroître les connaissances des étudiants. Les critères qui en résultent pourraient aider les collègues dans leur choix de progiciel de mathématiques.

The context: initial teacher training in England

There is extensive evidence that British non-specialist students in primary initial teacher training need substantial support in order to reach a satisfactory standard in their own mathematical subject knowledge and understanding (Office for Standards in Education (Ofsted), 1994; Department for Education and Employment (DfEE), 1998; Askew et al, 1997; Teacher Training Agency (TTA), 1998; Aubrey, 1994). This is reflected by the introduction of further mathematical requirements for professional qualification, above that of the course entrance requirement of grade C or equivalent in a mathematics General Certificate of Secondary Education (DfEE, 1998). These students lack understanding in a variety of mathematical areas, but a common factor is a lack of confidence in their own mathematical ability which may well continue into their professional career (Thompson, 1993; Bennett et al, 1994).

The National Numeracy Strategy for primary pupils identifies strategies which are as valid for developing the mathematical understanding and expertise of student teachers as for their teaching of future pupils:

"Where teaching is concerned, better numeracy standards occur when teachers: demonstrate, explain and illustrate mathematical ideas, making links between different topics in mathematics....drawing on a repertoire of mental strategies;" (DfEE, 1999).

In response to the needs of such students a variety of support materials has been published including *Assessing your needs in Mathematics: Diagnostic Tasks* and *Diagnostic Feedback* (TTA, 1998) and *Mathematics for Primary Teachers: an Audit and Self-Study Guide* (Jennings and Dunne, 1997). We believe that these do not offer a complete answer to 'supported self-study' and that software packages could provide a more flexible form of support. In our experience typical comments in student course evaluations and during teaching sessions include:

"more detail on fractions..."
"questions to do at home in each subject area (of number)..."
"feel less confident with algebra and fractions"
"my mental arithmetic skills need a lot of improvement before I can teach children"
"multiplication facts - I'm still a little rusty!"
"1/4 + 1/16 + 1/16 + 1/64 = 1/100" !

We believe mathematical software could offer both the opportunity to differentiate and address the specific needs of individual students, and a measure of privacy for students to tackle problem areas and gain confidence (Love, 1995; Povey 1997). However, whilst software packages are designed for a variety of uses, none are specifically written for non-specialist primary initial teacher training students. The authors therefore set out to develop and test a set of criteria for evaluating existing software packages for use with this target group.

The First Phase

Whilst it was recognised that existing packages for use in education and at home were unlikely to fulfil all the requirements of such a specific group, our first research step was to identify software attributes which we conjectured would be relevant to these students' needs. These included:

- the mathematical content of the package;
- the nature of the feedback provided by the package;
- an underlying structure to the mathematics presented;
- the nature of the interactive response from the package;
- exploitation of visual and dynamic images.

These preliminary criteria related strongly to the role of information technology in mathematics at Key Stages 3 and 4 (pupils aged 11 to 16 years) as set out in the leaflet *Mathematics and IT - a pupil's entitlement* (National Council for Education and Training (NCET), 1995), and in *Mathematics and Technology* (Emmer, 1995).

The Second Phase

Research with computer packages took place in two stages. The first involved the researchers viewing, and carrying out tasks provided by, a number of commercially available software packages. This preliminary assessment led to a modification of our criteria into broader based attributes:

- Presentation style which appeals to learners;
- Match between content and curriculum;
- Range of questions and explanations;
- Good use of computers' capabilities;
- Promotion of conceptual understanding.

and informed the research questionnaire used with students during the second stage.

- Is the presentation clear?
- Does the package provide good examples or explanations?
- Are different levels of difficulty available?
- How many of the competencies in this topic does the package support?
- Is the package more or less helpful than a book? (E.g. Letts ITT Mathematics)
- To what extent have the authors exploited techniques which are particularly suited to computer software? (For example alternative pathways; dynamic representations.)

Action research techniques (McNiff, 1993) allowed for researcher intervention when selected software was trialled with target groups of students. Ethical considerations (Cohen and Manion, 1995) led to a first trial with six mathematically confident non-specialist female students. They were allowed half an hour to explore what a package offered, then were asked to use the software to revise and improve their understanding of four particular mathematical topics.

During the second stage students were asked to use an evaluation sheet to rate each topic under six categories. There was also space for student comments. Informal interviews immediately following this procedure allowed the researchers to clarify students' comments, validate the criteria and establish the suitability of software from the students' perspective.

Initial findings

Students were critical of the packages they trialled, identifying:

- difficulties in navigating menus and programs;
- attractive but non-mathematical illustrations;
- solutions to questions with little explanation of methods;
- *some* good dynamic images - e.g. for symmetry.

We categorised students' comments under three headings:

Navigation

"Not sure what to do at beginning, maybe should have clearer instructions"

"Once in and you chose your topic, not clear you had to select a number of questions."

"It was a shame that a level could not be set for the questions to run alongside the levels of GCSE papers. It would also have been useful to have description of the subjects before doing the questions.."

"I also thought that good way to improve the program would be to allow a search element or have and A-Z subject index."

"The tutorial is long-winded + I don't think people will use it at the beginning - we needed it for help half-way through and we had to sit listening for about 3 mins to hear what we were waiting for."

"Cannot skip questions."

"Can't go backwards to look at original."

Presentation

"Programme we chose was a bit dull, basicly it was just questions on a black screen, could have been more colour + visuals."

"The colours make the program more friendly and playful. I think a young maths student will appreciate a relaxing and fun layout and this will increase their learning."

"Can't see the necessity for video clip of basket ball for question on fractions. Not relevant + was distracting."

"When clicking on right answer if the mouse is moved the wrong answer can still be shown."

"Modern kids often prefer computers to books, though often more time consuming for revision, may be motivational."

Explanations

"Why? No explanation as to why you carry out certain processes."

"Overall not very clear explanations/instructions."

"When the computer asks a question, the answer we give does not seem to register + so tells us we are wrong. The computer then tells us what the answer is + nearly always it is the answer we gave."

"We feel there could be actual mistakes in the program"

"Nice pictorial representation of lines of symmetry apart from the cube question which was unclear."

"Handling data - explanation visually good."

One outcome of this preliminary study was the need to review our criteria. We now feel that:

- students should assess the 'navigability' of programs;
- that students lack the knowledge to assess the match between content and curriculum;
- that their qualitative comments are more informative than any other measure.

A further outcome was that we began to view software packages from three perspectives:

Aims of software	• Testing - often linked to certification such as GCSE - student's progress tracked • Teaching - re-stating written algorithms, exemplar style, reviewing concepts
Style of presentation	• Facsimile textbook • Contextual features - stories/investigations • Focus on mental methods rather than written algorithms • Multimedia content includes - useful sound/commentary, meaningful video clips, helpful animated graphics

Price range	• Publicly available software from £10; • Commercially available from educational suppliers from £50; • Specialist training material from about £400 ; • Modular integrated learning systems from £1 000

These perspectives will inform our choice of further software packages to evaluate.

Packages deemed suitable will then be trialled with a second group of students with recognised mathematical difficulties. Subsequent interviews will validate the criteria and establish the suitability of the software for this cohort of students in terms of subject knowledge gains. We will then incorporate the packages into our student support programme.

Some further questions which have arisen

- Is the high cost of integrated Learning Systems justified?
- What forms of research yield the most pertinent results from student participants?
- The software trialled promotes *reactive* rather than *proactive* learning. Can software be used or designed to motivate students to extend their learning beyond the specific questions/problems posed on the screen?
- The principle medium for software is visual with some audio input, mainly in 'help'. Topics such as symmetry and graphs require *spatial understanding* which might be enhanced by physical manipulation of objects or data. Are dynamic visuals as effective as actual manipulation?
- Do/could software packages encourage 'learning by doing'?

Widening research

The researchers presented their preliminary findings during the CIEAEM conference. Feedback suggested that we had been over-critical of software, however readers might find it useful to look at locally available mathematical packages and consider the following questions:

- Does the method of presentation make good use of the features offered by computers?
- Does the presentation style appeal to the learners for whom it is intended?
- Does the format include a range of questions and explanatory sections for each area of mathematics addressed?
- Does the program match the content of the curriculum at the level under consideration?
- Does the program develop the student's conceptual understanding?

References

Askew, M., Brown, M., Rhodes, V., Johnson, D. and Wiliam, D. (1997) *Effective Teachers of Numeracy*, Report of a study carried out for the Teaching Training Agency 1995-96 by the School of Education, King's College London.

Aubrey, C. (1994) *The Role of Subject Knowledge in the Early Years,* Falmer.

Bennett, N., Summers, M. and Askew, M. (1994) Knowledge for Teaching and Teaching Performance in A. Pollard (Ed.) *Look Before You Leap? Research Evidence for the Curriculum at Key Stage Two,* The Tufnell Press.

Cohen, L. and Manion, L. (1995) *Research Methods in Education,* Routledge.

Department for Education and Employment (1998) *Teaching: High Status, High Standards, Requirements for Courses of Initial Teacher Training*, (Circular 4/98 DfEE.

Department for Education and Employment (1999) *The National Numeracy Strategy,* DfEE.

Emmer, M. (1995) Mathematics and Technology in *Burton, L. and Jaworski, B. Technology in Mathematics Teaching - a Bridge between Teaching and Learning.* 135-151, Chartwell-Bratt.

Love, E. (1995) Software for Mathematics Education in *Burton, L. and Jaworski, B. Technology in Mathematics Teaching - a Bridge between Teaching and Learning.* 119-134, Chartwell-Bratt.

McNiff, J. (1993) *Teaching as Learning: an Action Research Approach,* Routledge.

National Council for Educational Technology, (1995) *Mathematics and IT - a pupil's entitlement,* NCET.

Ofsted (1994) *Science and Mathematics in Schools: a review,* Her Majesty's Stationery Office.

Povey, H. (1995) Working for Change in Teacher Education in *Burton, L. and Jaworski, B. Technology in Mathematics Teaching - a Bridge between Teaching and Learning.* 135-151, Chartwell-Bratt.

Povey, H. (1997) Entitlement through IT in Mathematics Classrooms, *Journal of Computer Assisted Learning,* **13**, 109-118.

Thompson, I. (1993) An Investigative Approach to the Issue of Attitudes to Mathematics, Mathematics Education Review, **3**, 32-38.

Teacher Training Agency (1998) *Assessing your needs in Mathematics: Diagnostic Tasks,* TTA.

24

Non-Conventional Means of Diagnosing Pupils′ Comprehension of Mathematics

Les moyens non conventionnels permettant de diagnostiquer la compréhention des Maths chez les éleves et d′appliquer l′approche individuelle

MICHAELA KASLOVÁ, Charles University Prague, The Czech Republic

Pourquoi des moyens non conventionnels? L′enseignement a l′école élémentaire touche le domaine tant émotif que rationnel. Or, la majorité des questions ne touche que celui-ci. Pour pouvoir déceler les caractéristiques du processus d′apprentissage, de l′assimilation par les différents éleves, les déformations des notions,il faut enrichir les méthodes diagnostiques par celles du domaine émotionnel. Ceci s′applique en particulier aux collectivités multiculturelles. La dissertation en classe de Maths nous permet de recueillir d'avantage d′ informations, ce qui ensuite nous permet d′expliquer les erreurs et les lacunes dans les réponses aux questions traditionnelles, rendant possible la stratégie optimale. Selon les 3 criteres d′analyse, on obtient 8 principaux groupes.

Why a non-conventional means? Teaching in elementary school affects both the emotional as well as the rational domain. But the majority of questions posed concern the rational domain. In order to find out the characteristics of the learning process, assimilation by different pupils and misconceptions we feel that it is advisable to enrich the diagnostic methods by those of the emotional domain. The *essay* in mathematics enables us to obtain more information and therefore to explain mistakes and discrepancies in pupils' answers to traditional questions, helping to choose the optimal strategy. According to the 3 criteria (linguistics, mathematical, psychological) of analysis, 8 main groups are obtained.

Introduction

If we want to introduce new educational methods respecting the individual approach of pupils, are we also ready to use new diagnostic methods? The structure of mathematics can suggest a more traditional questions approach. Are these questions always able to discover pupils' misunderstandings? When a rich scale of methods rooted in practice and in collaboration with pedagogy and psychology are used, we must look for new methods of diagnosis. Which ones? Why are they necessary? For example, pantomime, creative activities, mathematical non-standard problems etc. were used as non-verbal communication in the classroom.

Terminology

Essay is a language exercise in written form on a given theme and in this case related to mathematics.

Traditional questions are typical and frequent questions used in textbooks for example the 1950s, for example: What do you know about....? What does it mean? What is .....? How much....?

Emotional is used in the sense of what the pupil likes, dislikes, feels, lives through.

Rational is used in the current sense, for example in relation to logic, structure, definitions, theorems, ...

Background, aims and objectives

Let us suppose that pupil's mathematical world is formed in two domains: rational and emotional, because motivation gives rise to emotions; emotions help the cognitive process. Pupils' motivation and stimulation of imagination concerning their own world are related to the emotional domain. This helps to create the first mathematical notions in a child's mind. Traditional questions fall mainly into the rational domain. This is one of the reasons why the pupils copy the teacher's language, why he/she tries to reflect on the structure of question, to use more mathematical terminology and official models than descriptions of his/her imaginings. Traditional questions do not permit free expression of meaning, the teacher cannot judge how the pupil "sees" the given problem. When the pupil makes a mistake, it is difficult to analyse it so as to understand the pupils' reasoning (consideration) or the roots of misunderstanding.

The following questions formed the basis of an enquiry:

(1) Can the *Essay* be considered as one of the diagnostic instruments?
(2) What insight does it bring to us?
(3) At what age can the *Essay* serve as a diagnostic instrument?
(4) Is it possible to use the *Essay* exercises for both Arithmetic and Geometry?

This enquiry was conducted in several schools and will serve, among others, to prepare better text books and make mathematical lessons more attractive and effective.

Assumption

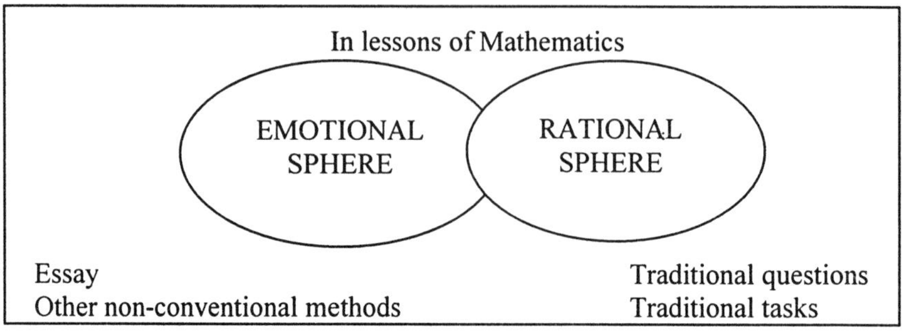

Some comparisons

Several examples have been chosen from the mathematical, linguistic, psychological point of view.

ESSAY questions	TRADITIONAL questions
1) In Geometry What figure do you prefer? Why?	What do you know about ....?
2) In Arithmetic Which number do you like or dislike? Why?	What do you know about number(s) ...?
Pupil responses	
Long Effort to write maximum personal opinions Specific, original ideas (terminology, context, relations) More information about Mathematics and pupils	Short Effort to write briefly Approach to official phrases, imitation of teacher`s language, Rational argumentation Poor vocabulary Short work Simple to check
What can one find out?	
Individual point of view Personal attitude Specific misconception which arises during cognitive process not only at school, but developing outside school too Not simple to analyse	Quality of memory Divergences with official school version

Examples

The following examples serve as illustration of the above text.

Essay

1) Geometry - Anna (11 years old)

I like cube because it is nice,
it is the same when I turn it.
We can see a square. We must be careful because there are apexes, we can put one (cube) *in the other and build something. There exist small cubes. In practice we can put every cube in a drawer. Pupils can draw them.* (drawing in the text)

Answer to the traditional question (2 months later)

Cube is a solid.
It has 4 faces.
Its face is a square.
(without any drawing)

2) Arithmetic - Jan (10 years old)

I like number 4 because I play football and it is on my T-shirt. This number is pair, it is not an odd number. It is simple to write,

Number 4 is even, a number pair.
Smaller than 10.

It is bigger than 0, than 1. 4 is not
the smallest nor the biggest.
We can count: 2 + 2 = 4, 4 + 4 = 8.
12 – 4 = 8, 4 + 0 = 4.

Let us compare the above pupils` answers. The first set of answers to the *essay* questions give information about the pupil (I like) and then about the object (number, solid). This introduction enables the pupil to use the narrative which encourages him/her to give more information in an illustrative way. We can then deduce, to a certain, extent what is going on in the pupil`s mind.

For Anna, there is not only one sort of cube. There are cubes of different proportions, serving different aims. Her cube "exists" whether it has been drawn or not. Her answer to the traditional question does not give this type of information. The traditional question even makes her give a wrong answer (4 faces). The explanation can be found in the *essay*: for her, the cube is part of a construction. Therefore she cannot see all the 6 faces.

For Jan, number 4 is not only a symbol of quantity but represents also an "address". Number 4 does not "exist" in isolation, but in the context of other numbers, it is part of arithmetical operations. Moreover, he distinguishes between pair and odd numbers. His answer to the traditional question does not offer this information, as in Anna's case.

Examples of pupils' answers
Codification of pupils' work:
G8/M: G - school, 8 - pupil`s code, M - male (boy)
V12/F: V- school, 12 - pupil`s code, F - female (girl)

1) G8/M

I would like to become a cylinder because it has so many characteristics. I would rollover all bad people to make them pancakes. I could move myself easily.

I could also lie about little bit. I could stand on my legs as a big man. I could roll the bumpy ways and maybe I would earn some money too. The cylinder likes work. It has a lot of energy. Then I would be able to vanquish the other objects.

2) V3/M

I would like to be a point because even a little baby is able to draw it. But it is also very important. For example it serves as a lending point for "suifindre". Runners also need the point to know where they end their running. That is why I would like to be a point.

3) V4/M

A segment has lots of advantages because it can be parallel with the others. It can be vertical. But it has also disadvantages, some points can relax on it. If I was a segment I would not pass well through the door.

4) V18/F

I would like to be a line. Advantages : it is unlimited, it is not possible to draw it whole.

It doesn't have to learn, it has no troubles. It is simple to draw. Disadvantages: It can never relax.

5) V12/F

I chose a triangle because it can well defend itself. It is small and it can hide itself in a bush. When children see it, they laugh a lot. It likes sausages. It loves children and jokes. It is a geometrical shape for fun and pleasure. It can also be bad. But only on bad children and adults. That is the reason why it has sharp peaks. Its name is Standa. It has yellow shirts and a blue-red T-shirt. When you see him, give my regards to him.

6) V4/M

I chose a circle because it is perfect and round. If someone wanted to kick me, I would roll away. Or I would run away in the night. Then I would wait in the bush until someone would find me. Some good boy would take me to his house.

Conclusions

Non-conventional methods cannot be used separately, but combined with conventional methods. They can help us to give a more precise diagnosis, and aid the choice of optimal strategies in the educational process. One must know not only what the pupil has memorised and remembered, but how and why. These non-conventional methods will need to be combined with other diagnostic methods in order to find optimal instruments for the teacher.

References

(1) Goleman D.: Emotional Inteligence. Bantam Books, NY, Toronto 1995.

(2) Kaslová, M.: Vyuziti slohu s matematickym nametem (Univerzita Karlova, Praha 1997)

(3) Kaslová, M.: Jak muze souviset prace zaku s postojem ucitele k latce In Sbornik K aktualnim otazkam prípravy ucitelu 1. St..na ZS na PedF. Univerzita Palackeho, Olomouc 1997. pp. 37 – 41.

(4) Kaslová, M. : Dvoji matematika? aneb Jak ji vidi zak. In Sbornik Jak ucit matematice zaky ve veku 10 – 15 let..Frydek - Mistek 1997 pp. 62 – 67.

(5) Kaslová M.: Essay as a diagnostic instrument. Poster, ERCME Podebrady, 1997.

(6) Kaslová, M.: Ruolo dell saggio nel insegnamento della matematica (Universita La Sapienza, Roma 1996)

(7) Kaslová M.: Communication non-verbale dans l'enseignement des Maths. Proceedings ICME, Quebec 92

25

Technology and Culture in Mathematics Education

LUIS MORENO-ARMELLA, PAULA BOURGES-WALDEGG, TERESA ROJANO CEBALLOS, Departamento de Matemática Educativa, Cinvestav, Mexico

The main goal of this work is to contribute to understanding how technology influences the transformation of school practices and cultures while taking into account the epistemological impact of the mediation role of tools in the process of knowledge construction. The introduction of technology has cultural implications for education. For instance, *usability* problems can affect the students' achievement of educational goals. Technology affects the classroom culture, making it very complex to identify grouping criteria on cultural grounds alone. In conclusion, we argue that some degree of heterogeneity should be considered in classrooms and that, in general, an approach based on a narrow view of cultural differentiation is flawed.

Dans ce travail nous essayons de comprendre l'influence de la technologie dans la transformation des pratiques tant scolaires que culturelles ; notamment nous prenons en considération l'impact épistémologique du rôle de médiation joué par les outils dans le procès de construction de la connaissance.
L'introduction de la technologie a des implications culturelles pour l'éducation. Par exemple, les problèmes d'*usability* peuvent gâcher le réussite des élèves dans les proposes éducatifs. La technologie touche la culture de la salle de classes et rend très complexe l'identification des critères de classification basés uniquement sur le domaine culturel. Nous concluons qu'ont doit considéré qu'il y a toujours quelque hétérogénéité dans la salle de classes, et en conséquence que les approches basés sur une vision étroit de la différentiation culturelle ne sont pas du tout justes.

Introduction

In this paper we analyse the process of articulating new computer technologies and mathematical curricula in secondary schools and the impact of cultural differences in this process. This analysis is based on an applied-research project developed in Mexico with the purpose of building a model for future research and transformation within the educational system. From this project, we intend to build a viable model for describing the impact of new information technologies in school practices that can lead to research developments and to the transformation of the educational system in the near future. The main goal of this project is to elucidate how technology influences the transformation of school practices and culture, taking into account the epistemological impact of the mediation tools (the technology) on the process of knowledge construction.

The project and some results

In Mexico as in many other countries, the incorporation of technology into the Educational System, is driven by a policy of primary importance. There exists a number of educational plans which incorporate technology into classrooms. One of these is the national project "Incorporating New Technologies into School Culture: The Teaching of Mathematics in Secondary School" funded by the Ministry of Education and the National Council for Science and Technology in Mexico (CONACYT, Project 526338S). This project is aimed at:

- incorporating, gradually, various pieces of technology into the mathematics and science curricula at secondary school level;
- implementing the use of technology supported by a pedagogic model that allows the construction of learning environments oriented towards the improvement of mathematical education;
- encouraging the design and use of computing environments that can improve the traditional teaching and learning methods (i.e. with paper and pencil).

The project has already covered 15 States (from a total of 32) including both rural and urban sites. The software selected for the project includes Cabri Géomètre and Algebraic Calculators.

The introduction of technology has deep cultural implications for education. For instance, the problem of *usability* can affect the student's achievement of educational goals; their educational standards and the ability to take advantage of the introduction of technology into the classroom. It goes without saying that this setting has to take into account the *situated* nature of knowledge and the learning processes.

During the development of the project we conducted interviews and written tests to evaluate the students mathematical learning. Let us now give a glimpse of the results obtained in interviews and written tests, while working with Cabri Geometry. This work took place in Secondary Schools (12-16 olds). One of the problems that influenced the students' completion of the tasks, in Cabri, was *learning to draw with the mouse.* When the teacher asked the participants to draw geometric figures, they tended *to use the mouse as a pencil metaphor*. For instance, they experienced difficulties drawing segments because they moved the mouse from left to right as if they were using a pencil.

We also became aware of other problems such as the difficulty of measuring angles in the Cabri environment. Some children were not able to see an 89.98-degree angle, (when measured with Cabri tools) as a 90-degree angle. Our school mathematical culture is one that still demands "exactness" as a value that merits cultivation. This is one of the obstructions we have to take into account when working with the numerical domains as provided by calculators and computers. We have to be very careful with considerations of *usability* mainly when the technology is not originally designed for the cultural context in which it is being incorporated.

The results discussed above provide evidence on the impact of learning environments on the ways in which children express their mathematical thinking. This is not only the product of using learning tools, but also of the close interaction occurring between the students *and* the tools. Although no evidence is provided here, the following observations within the global level of assessment can also be added: a) parents value technology as it brings better work opportunities to their children; b) teachers point out that technology helps to build a new learning milieu within the classroom in which new strategies for problem solving and new ways of introducing teaching materials can emerge. These observations will be part of the assessment of the project's collective ways of thinking about the project itself.

The issue of cultural differences

Cultural differences have been extensively discussed in the Mathematics Education literature. However, the questions that these differences entail, in terms of designing and implementing educational goals, curricula and technological tools, have not been clearly defined yet. Generally speaking, it is assumed that grouping students in cultural grounds will help to reduce the number of problems that these differences entail. However, we argue that grouping pupils on cultural grounds can have important drawbacks in the process of designing and implementing educational goals, curricula and technological tools. These drawbacks are mainly linked with difficulties on identifying valid criteria on which to separate students and the implications of this diversification for integrating students into a single framework for achieving similar goals, technological efficacy and curricular objectives. One of the main issues that we have observed in our research is, for example, how technology modifies the culture and the social relations that exist within classrooms, making it very complex to identify grouping criteria on cultural grounds. In other words, cultural and social relations are dynamic, not static; they change as diverse interactions take place not only within an immediate environment, the classroom but also within a larger context - communities, societies, etc. Hence, grouping people on cultural grounds does not necessarily guarantee that learning processes will be equitable and effective. Moreover, grouping criteria can be used to legitimise generalisations about the learning capabilities or styles of certain 'cultures', and generalisations as such, can be insensitive to the context in which they must be applied. What is suitable for a certain task in one context may not be appropriate in another. In addition the long term value of these criteria is questionable, since educational possibilities and problems change as technologies, societies and cultures change.

On the other hand, if culture is used as a grouping criteria, other factors such as age, gender, and race might be ignored. Even if this criterion includes some intersection of variables, e.g., culture and age, learning difficulties are likely to occur due to other pupil features being heterogeneous. Even individual differences are likely to be an issue for learning. Therefore, teachers will need to consider at some point or another the issue of heterogeneity to tackle learning problems determined by differences. In our view, the main criteria for grouping should be set by the purposes of educational activities and tools. Individuals should be targeted according to the type of tool(s) they need, and to the aims and the tasks they need to accomplish. In this way people with cultural differences may have common purposes, needs, tasks, etc. It can be argued that in addition to targeting pupils on the basis of the tools they need or use, it is still necessary to sub-divide students according to some specific cultural requirements that can determine the course of teaching and learning. Language, for example, is usually seen as an important specific requirement, and commonly used as a basis for diversification. However, it can be inappropriate as a grouping assumption because (a) students who speak the same language may exhibit important linguistic differences; and (b) students who speak different native languages, may nevertheless share a common language. Therefore, we should focus on dealing directly with heterogeneous groups and on providing better forms of individual teaching and assessment that respond to the variety of learning strategies and forms that exist within classrooms.

In conclusion, we argue that some degree of heterogeneity should always be considered in classrooms, and that, generally speaking, an approach based on cultural differentiation is flawed. This is because firstly, it would be difficult to specify a classification criterion for grouping individuals, and secondly because diversity is likely to subsist despite an apparent cultural-homogeneity. We can also say that an underlying preoccupation in Mathematics Education appears to be that of demonstrating that cultural differences are fundamental and need to be taken into account. This is quite understandable as cultural factors are usually disregarded. However, the continual stress placed on cultural differences may bias the way in which culture is approached in research and practice. Generally speaking, the tendency to focus on the fact that there are cultural differences and on the discovery of those differences to formulate practical advice, can cause the fact to be overlooked, that from the standpoint of the educator what is more important is not the differences themselves but the educational questions they pose.

References

Balacheff, N. & Kaput, J. (1996), Computer-based learning Environment in Mathematics. En A.J. Bishop et al (eds), *International Handbook of Mathematics Education*, 469-501, Kluwer Academic Publishers.

Bourges-Waldegg, P., Moreno, L., Rojano, T. (1999). Internationalization and localization of educational Software. In Designing for Global markets, Rochester, NY, USA, Backhouse Press, 1999.

Moreno, L., Rojano, T. Bonilla, E., Perrusquia, E. (1999). The Incorporation of New technologies to School Culture. In PME-NA Proceedings, Mexico, 1999.

26

Using Computers to Create an Environment for Learning

SONIA PALHA, PROF. ANTÛNIO PEREIRA COUTINHO, Portugal

The students of class 7D are 12-15 age; previous experiences of school failure; no discipline; absence of parents or an adult responsible and don't seem interested in learning. In the school year 1998/99 I was their mathematics teacher and we decided to use the computer during the lessons. The goal was to promote a learning environment that motivates and involves these students in learning mathematics. This paper summarises the conditions and the results of the experiment.

Les etudiants de la classe 7 D entre 12 et 15 ans sont considéré comme echec scolaire, sans discipline, sans autorité des parents ou d'un adult responsable et semble desinteressé pour les études. Pendant l'année 1998/99 j'etais leur professeur de mathematiques et nous avons decidé d'utiliser des ordinateurs pendant les leçons. Le but était de créer une environement qui motive et fait participer ses etudiants dans l'étude des mathematiques. Le papier sommerise les conditions et les resultats de cette experiment.

Introduction

In Portugal, school is compulsory until grade 9. Independent of the age everyone has to reach and complete this level. Nevertheless, there is only a unique curriculum for a more and more heterogeneous group of students. My school receives all kinds of students, but most of them come from neighbourhoods with a low social-economic and cultural level. There are also some students from Africa or whose parents came from Angola, Mozambique or other former Portuguese colonies.

In the school year 1998/99 7D was one of my four classes. It has 24 students (14 boys and 10 girls) from age 12-15 and the majority of the students have previous experiences of school failure; no discipline; absence of parents or an adult responsible and apparent disinterest for learning. After three months of work with class 7D we realised that only one quarter of the class could learn some mathematics according to the intended curriculum. Analysing my lessons I found out that most of these pupils were not capable of working on their own and that they synchronised their work through my personal attention. The class is invisibly divided in groups always fighting with each other and they seem more interested in my ability as an adult who gives them attention than in what I have to say about mathematics!

Using computers to change the dynamic of the class

As an alternative way of teaching I needed to get them interested in something. The data from a questionnaire indicated that only five of these students have a computer at home and only four admitted to know something about its use. But they all were very enthusiastic with the idea of working with computers. We started with simple tasks using Excel and Word that could perfectly be done without the computer, using it was like a trick to make the students work on something. It took four lessons to finish the work that could have been done in only one! Did they learn mathematics? Some did, most did not... but, they enjoyed being there and they produced something.

Work done by one student

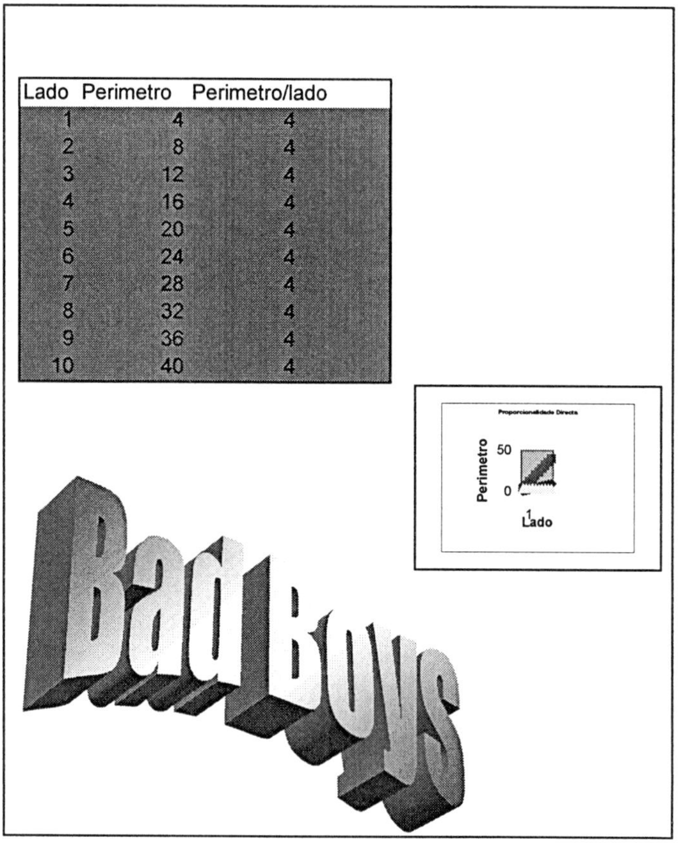

Lado	Perimetro	Perimetro/lado
1	4	4
2	8	4
3	12	4
4	16	4
5	20	4
6	24	4
7	28	4
8	32	4
9	36	4
10	40	4

Investigating relations between the measure of the side of a square and the measure of it perimeter

The mathematical content involved in the experience were topics of geometry and functions. We started to use the computer during the study of direct proportionality and we used the program, Excel Scientific mathematical software and student materials were not available. Because of this, sometimes there was some artificiality in using the computer to resolve the activity proposed. In fact, most part of the activities developed by us in this unit could be realised without the computer. The existence of software available for geometry and several activities facilitate in many ways the development of some related topics. I believe that this and the fact that the students were already used to working with computers, contributed to the fact that the lessons became more interesting in mathematical aspects.

In the follow up of the new activities different demands arose in relation to the timetable and to assessment. The fact that the students worked in groups and use the computer requires that they have the possibility to finish their activities in the school because only a few students have a computer at home. So, an extra hour per week was arranged for the class and during that the students could practice with the computer and organise or print their work.

During these computing lessons I got to know the students from a different perspective. The need for skills and knowledge different from the ones that are usually asked for in a traditional mathematics lesson, inverted the role of some students towards their reaction to mathematics and position in class. For example there were students with a low score in mathematics who became interested and active, participating in the activities helping their peers. The opposite also happened, some students preferred the traditional lessons where they felt comfortable because they already knew the rules and what was expected from them. At the same time that we changed the dynamic of the lessons, different kinds of activities were needed. João Ponte (1997) says "*it would be wrong to think that the fact of the teacher dispose of a computer in the class will resolve the problems of motivation or interests of the students...*" In fact, during the first lessons in the computer room the students did not seem to pay attention to the mathematical aspects: painting the cells of a table, changing the type or size of the letters were tasks much more interesting and important to the students than the mathematical concepts! Nevertheless, after the initial fascination they became more involved with the activities proposed: the computer "*... is one more resource to create new work dimensions in the class but that can only be useful if well used*" (J. Ponte, 1997). Especially when the computer itself was no longer a novelty, I realised how much the success of it's use depends on the learning purposes. We tried to develop activities that are not strongly dependent on former knowledge of mathematical concepts. In this way I believe we minimised the gap created from the lack of background knowledge and also gave a better chance to every student to engage in the activity. In a follow up of this perspective more value was given to informal explanations using daily language. The most difficult part was to arrange interesting activities for my students and for which activities it makes sense to use the computer.

Practical remarks about the lessons and the assessment

Learning requires time, and the time restriction of 50 minutes per lesson is not enough to develop activities that involve exploration, conjectures, discussions etc. For the computer lesson it would be more productive to have one and a half hour twice, rather than three, hour sessions.

Considering the attitude of the students, in spite of some improvements, the results were not as good as I expected. By the end of the year I still had difficulties in convincing the students to finish their work or, at least, write the results of the several activities completed and to be more autonomous. In addition, discussion of the activities was never a success because the students would not listen to each other.

To evaluate the students' achievements in a quantitative manner turned out to be a difficult task. By observation and contact with the students it is more easy to understand how they work and think than to know "how much" mathematics they know. As the students worked mainly in groups and used the computer, it did not make sense to base the assessment on an individual test. We discussed the subject of assessment in class and after the agreement of the Board of the school, the activities completed in class and as homework should have more weight in the final mark than individual exams. The tests that we constructed during the rest of the year were carried out in the computer room and the students could use the computer if they needed it. The great advantage was that all students tried to complete the test instead of giving up in the beginning or in the middle. In a general way, the results were good but not as successful as the activities completed in the lesson.

At the end of the year a final exam took place among all the classes of the 7th grade. This time there were no explanations by me and they were not allowed to use the computer or to consult a book! The exam took place in a normal classroom, with another teacher and a formal environment.

According to the results of the examination, 63% of the class 7D did not reach a satisfactory score.

Conclusion

What happened? Why were the majority of the students not successful in the examinations? One obvious reason is that they were not used to the format of the examination and another good reason is that the knowledge and skills favoured at the exam differ from the ones we favoured during the lessons. I think that they didn't learn or develop concepts, but I also believe that, with time, these students can reach or even overtake the results of the other classes at the so called normal level. During this experiment we did not concentrate attention on the formal language and the students were encouraged to talk about mathematics using daily language. At this level a group of symbols and definitions is a barrier between some students and mathematics. This gives rise to questions such as, What level of formal language these students need to learn? How much importance should be given to formalisation of mathematical concepts at the level of my students?

At the end of the school year, during a conversation with the students, I realised that their view of mathematics was now much more positive than in the beginning. Mathematics was faced now as a "normal" subject (normal means in this case, not threatening) that you can like, dislike and have a score depending on your work.

References

Abrantes, P., Cunha Leal, L., Teixeira, P., Veloso, E. (1997). *MAT 789: Inovação Curricular em Matemática* [ìMAT 789: Curriculum innovation in mathematics]. Lisboa: Fundação Calouste Gulbenkian.

Abrantes, Paulo (1994).*O trabalho de projecto e a relação dos alunos com a Matemática* ["Working project and students relation with Mathematics"].Tese de Doutoramento. Lisboa. DEFCUL.

Fey, James T. (1989). Technology and Mathematics Education: A Survey of Recent Developments and Important Problems. In "Cadernos de Educação e Matemática" (1991).Lisboa.APM.

Ponte, Joào Pedro (1997).*As novas tecnologias e a educução.*["New technologies and Education"]Lisboa. Texto Editora.

Sub-Theme IV
Sous-Thème IV

Mathematics Cultures Across Different Sectors of Education
Les cultures mathématiques dans différents secteurs scholaires

27

An Approach to the Assessment of Students' Mathematical Development: A Pilot UK/Russia Comparison

WARWICK EVANS, (University College Chichester) UK, OLEG IVANOV, (St.Petersburg State University) Russia, ALEXANDER KARP, (St.Petersburg University of Education) Russia

International comparisons often focus on student results. This paper describes an attempt, carried out in Russia and the UK, to compare the development of deeper mathematical skills. Two sets of problems from English and Russian examinations (17/18 years old) were used in the study, and the authors include, as well as students' results, teachers' views on the difficulty of the problems and the problems' success in assessing the deeper skills.

Les comparaisons internationales portent d'habitude sur les résultats des étudiants. Cet article décrit l'essaie, fait en russie et puis au royaume uni, de comparètre le développement des savoirs mathématiques plus profonds. On a utilisè deux groupes de problèmes dans l'étude et les auteurs comprennent la copie des étudiants, les opinions des professeurs de la difficulté des problèmes, et le succes des problèmes de controler les savoirs plus profonds.

This paper is devoted to the problem of evaluating the development of various forms of mathematical activity. It describes a project which aimed to give a UK/Russia comparison and gives its results together with suggestions for future similar studies.

The main objectives of the project

Our paper is devoted to a comparative study organised in the UK and in Russia. There are many different international comparisons, but often their main focus has been the comparison of student results. Which students are better at solving problems in geometry or in applied mathematics? Where are numerical skills better developed? These are the kind of question the researchers usually try to answer. As a rule, the traditions of various countries remain unexplored; moreover, the diversity in the presentation of problems or in teaching methods seems to be an obstacle to any reflection on the real situation. Objective (multiple choice) tests are often chosen as the most suitable form for research of this type.

For us, mathematics is a subject whose primary responsibility is the mental development of its students. As a consequence, we would prefer to try to evaluate the development of various forms of mathematical activities in the classroom (such as classifying and systematizing; codifying, transforming, interpreting, etc. - see A.Ahmed and H. Williams (1999)) rather than try to assess students' outcomes when solving some specific problem or problems. It is difficult to see how one could examine such sophisticated matters using only objective tests or to see the value of trying to standardise problems from dozens of countries.

Our approach was quite different. We began by asking ourselves some important questions.

- Can examinations really assess students' mathematical development?
- What do teachers think of the kind of problems set in examinations?
- What influences do examination requirements have on teachers' pedagogical behaviour?

We tried to answer these naive questions, by using foreign experiences to lead us to a better understanding of our own tradition with its positive and negative features.

In comparing results we are not trying to discover who is better – we criticise, with Keitel and Kilpatrick (1999), the belief that "a single test can give a comparable measure of curriculum effects across countries" – but our comparison seems to be a useful tool for understanding the reasons for students' failures and for finding ways to enrich both our systems. Of course we do not claim that we are ready to answer all questions and close the discussion. On the contrary, we are merely opening a discussion.

The description of the stages of the project

We worked in two countries only - but they are quite different.

We felt it important to use problems taken from real examinations rather than invent some special international questions (or in other words, questions used nowhere). So we independently composed, by "cutting-and-gluing", two sets of problems using various versions of final secondary school examinations in England and Russia (to be more specific, in Bournemouth and Lewes in England and in St.Petersburg in Russia). We allocated two hours for solving the problems. Then we gave both sets to secondary school students, to teachers and to initial teacher training students preparing for secondary schools. We also asked teachers, through a questionnaire, to comment on the difficulty of the problems and the problems' success in assessing the suggested activities (see Appendix 1).

When reading the results of our research one should bear in mind the possible effect of a particular feature of the systems of education of both countries. Not all English students in the upper levels of secondary school study A-Level Mathematics, but mathematics is obligatory up to the end of secondary school in Russia. Further, because the older students in Russian secondary schools students can study mathematics at very different levels, the problems chosen as the "Russian" set for the project were taken from the exams of different levels. To help the comparison we gave our questions only to students of schools with advanced course of mathematics in Russia (about 10% of students are educated in these schools in Russia).

We collected data on students' results (Table 1), on the evaluation by the teachers of the difficulty of the problems (Table 2), and on their evaluation of the usefulness of the questions in testing for our objectives (Table 3). We also have teachers' informal comments. Perhaps the data we have obtained cannot be considered valid in the traditional sense but nevertheless we consider it valuable and believe it can aid in further investigation and in formulating some hypothesis and statements.

Table 1

Summary Results of 96 English Students & 62 Russian Students

Russian question	Eng St mean	Rus St mean	English question	Eng St mean	Rus St mean
1a	2.70	2.79	1a	2.96	2.24
1b	2.89	2.98	1b	2.79	1.41
1c	2.84	2.94	1c	2.56	1.93
1d	2.76	2.92	1d	2.66	2.18
1e	2.93	2.98	1e	2.18	1.44
*** 1f	1.13	1.85	*** 1f	1.67	1.06
2a	2.23	2.69	2a	2.60	1.78
2b	2.17	2.52	*** 2b	1.72	0.99
2c	1.02	2.06	2c	0.15	1.50
*** 2d	0.43	1.27	2d	1.77	0.96
3a	1.81	2.00	3a	2.20	1.97
*** 3b	1.16	1.85	3b	1.25	1.57
3c	0.67	1.48	*** 3c	0.36	1.74
3d	0.00	0.06			
Question 1	2.54	2.74	Question 1	2.47	1.71
2	1.46	2.13	2	1.56	1.31
3	0.91	1.35	3	1.27	1.76
All Russian	24.72	30.38	All English	24.86	27.51
questions as %	59	72	Questions as %	64	71
	English students	Russian students		English students	Russian students

Table 2 Teachers' evaluation of difficulty

Russian questions

	1a	1b	1c	1d	1e	1f	2a	2b	2c	2d	3a	3b	3c	3d
Russian														
Karp & Ivanov	2	2	3	3	2	4	3	3	5	5	5	5	5	5
Mean teachers'	2	2	2	3	3	4	3	3	3	4	5	5	5	5
English														
Evans	2	1	2	3	1	4	4	2	5	5	5	5	5	5
Mode teachers'	2	2	2	2	2	4	3	3	4	5	3	4	4	5

English questions

	1a	1b	1c	1d	1e	1f	2a	2b	2c	2d	3a	3b	3c
Russian													
Karp & Ivanov	1	2	2	2	2	3	4	5	5	5	3	3	2
Mean teachers'	2	2	3	2	3	3	4	5	5	5	3	3	3
English													
Evans	1	2	2	2	2	2	3	3	5	5	3	3	5
Mode teachers'	2	2	2	2	3	3	2	3	5	3	3	4	5

Table 3 Can question assess the suggested activity ?

Russian questions

	1a	1b	1c	1d	1e	1f	2a	2b	2c	2d	3a	3b	3c	3d
English														
mode teachers'	4	4	5	5	5	5	4	5	5	3	5	5	5	5
Russian														
mode teachers'	5	5	4	4	5	3	4	4	4	4	4	4	4	3

English questions

	1a	1b	1c	1d	1e	1f	2a	2b	2c	2d	3a	3b	3c
English													
mode teachers'	5	5	5	4	4	4	4	4	4	5	5	5	5
Russian													
mode teachers'	5	5	5	5	4	3	5	4	5	5	5	4	4

Some results and conclusions

Perhaps the most positive aspect of the trial was that our approach was considered reasonable and accepted positively by teachers. Table 3 shows that teachers agree that both sets of problems can be used in assessing the suggested mathematical processes. The idea that one should try to evaluate the degree of development of general mathematical abilities instead of concrete skills meets fewer objections than we supposed! The enthusiasm engendered in teachers participating in our study seems to be another valuable result. It is worth mentioning that teachers informally described how discussion with their students as to the meaning and importance of the mathematical processes proved valuable in its own right and was useful in their teaching.

Even the authors were surprised that the two sets of problems proved to be rather similar. Conference workshop participants were amused to discover that the majority of them had incorrectly identified the country of origin of the two sets of problems.

Variations in the teachers' evaluation of the level of difficulty do not seem serious. We can assert that the process of assimilation of national traditions is rather quick. There are, of course, still some differences – notably the difference in marks for combinatorics: it seems more difficult for Russian teachers than for the British. Combinatorics is a relatively new topic in both countries and although questions can be found in some examination papers it is still rather unusual for many teachers. In general our results confirm again that the notion of difficulty, much used as it is, seems to be unclear; (see, e.g. Keitel and Kilpatrick, 1999). There are however some differences in the achievement results which cannot be explained without deeper analysis. For example, the Russian students' mean score for solving Problem B.1b is 1.41 - half that of the English students' score. In Problems B.2b-2c the results are 2:1 in favour of England for the first problem and 10:1 in favour of Russia for the second one! Moreover, the scores for solving Problem A.1 are almost equal but for one exception (see Table 1). Some of these differences can be explained by curricular differences, but what about Problem B.1f? It is interesting to compare the results with those of the evaluation of difficulty by teachers in Table 2. All *the experts* and the teachers consider it a problem of ordinary difficulty but the majority of Russian students failed to solve it. Moreover, informal assessment of their papers showed that some were not able even to understand the task.

In our opinion these results emphasise that English students performed well in the interpretation of word problems whereas the Russian students were stronger in transforming (B.2.c) or even in interpretation in some specific cases (for instance with Calculus, see Problem A.1f.)

All these results show how the use of foreign materials can provide us with a fresh view and can clarify weak points in students' knowledge and understanding of mathematics.

Some suggestions and concluding remarks

Our work is only a first step, but we hope it is a step in a right direction. Teachers do not traditionally formulate their objectives in the terminology of our study; they teach to 'solve problems' or to 'use calculus' rather that to 'classify' or 'codify'. But we are sure that it is necessary to emphasise this other side of mathematics teaching.

We believe that this work deserves to be continued and that this can be developed in different ways. First of all we need to obtain more data from England and Russia in order to justify our observations and conjectures. It would be interesting, for example, to involve students and teachers from schools with different level of mathematical education learning and teaching in different parts of Russia and the United Kingdom. Secondly, our use of only three examination problems in each of our sets of questions was limiting. What about other types of questions? Are they appropriate for our objective of evaluating of the students' mathematical development? More generally, what does our study say about connections between final high school examinations and mathematics teaching in a social and mathematical context; (see, Ivanov, 1999 and Karp, 1998). Of course, it would be very interesting to carry out similar studies in cooperation with teachers and researchers from other countries each with their own traditions of and experience in mathematics education. And finally, it will be highly useful to compose "a pool of good examinational problems". We invite you to contribute!

References

Ahmed, A. & Williams H, What is mathematics all about?, In: F.Jaquet (ed), Proceedings of CIEAEM 50, Neuchatel Suisse, 132-136.

Ivanov, O, A way to a teacher: how "to display", "to describe", and "to explain"., In: F.Jaquet (ed), Proceedings of CIEAEM 50, Neuchatel - Suisse, 179-182. 1999

Karp, A, Russian written final examinations in algebra (over 100 years) , St.Petersburg,, St.Petersburg University of Education. 88 p.1998

Keitel, C. & Kilpatrick, J, The rationality and irrationality of International comparative studies., In: Studies in Mathematics Education Series, no.11, "International Comparisons in Mathematics Education," Falmer Press. 1999

Schoenfeld, A, On mathematics as sense--making: An informal attack on the unfortunate divorce of formal and informal mathematics., In: J.F.Voss, D.N.Perkins, and J.W.Segal (eds), Informal Reasoning and Education, Hillsdale, NJ, Hove and London, 311-343.

Appendix 1

Set A questions

1 The graph of a function $y = f(x)$ defined on the interval [0,6] is displayed in the diagram below.

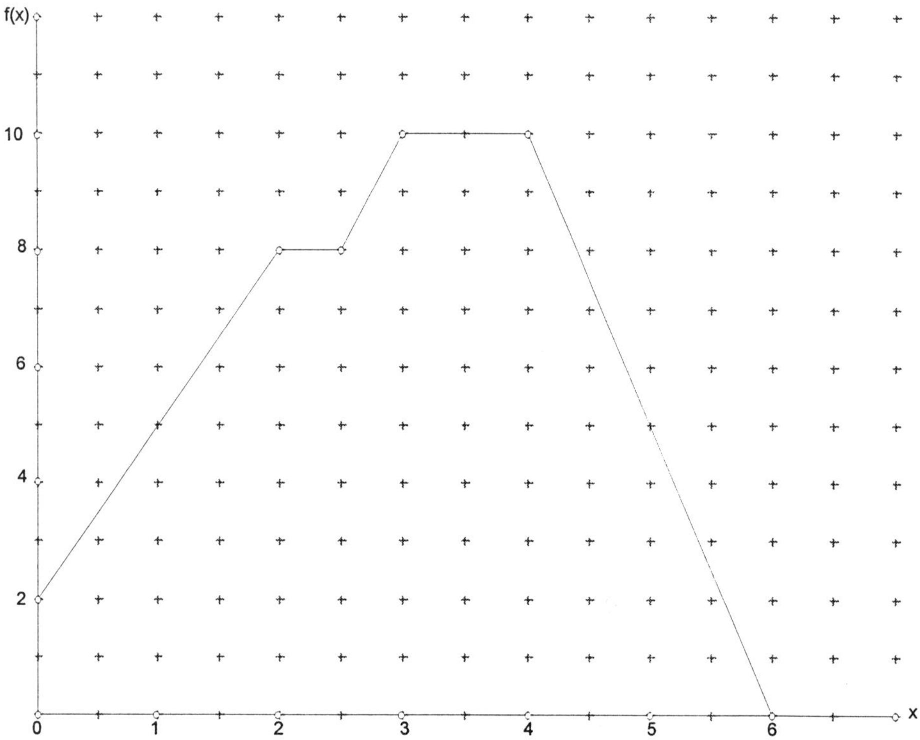

a) Solve the inequality $f(x) < 5$.

b) Find the minimum value of f.

c) Find a formula that defines f on the interval [0,2].

d) Find the values of a for which the equation $f(x) = a$ has exactly two distinct solutions.

e) For any instant of time x, let $f(x)$ be the distance between a person walking along a rectilinear road and a village close to the road (the time is measured in hours and the distance in miles). How many times did the walker stop and how long did the stops last?

f) Sketch the graph of the velocity of the walker.

2 Given the function $f(x) = (x^2 - x + 1)/x$

a) Find the equations of the tangent lines to the graph of f that are parallel to the x-axis.

b) Sketch the graph of f on the interval [-3,3].

c) Prove the inequality $\int f(x)dx$ (between x = 1/2 and x = 2) < 9/4

d) Find the minimum value of the area of the figure bounded by the graph of f and the lines $y = 0$, $x = a$, and $x = a + 1.5$ (a > 0).

3 Each face of a cube is coloured either black or white. Two colourings are said to be identical if one of them can be transformed to the other by a rotation.

a) The faces of the cube are coloured at random. Find the probability that the opposite faces of the cube have different colours.

b) How many different colourings of the cube exist?

c) Two players colour the faces of a cube in turn. Having coloured one cube, they begin to colour the next one. Prove that the second player can act so as to make all cubes coloured identically.

d) Two cubes are coloured at random. Find the probability that these cubes are coloured identically.

Set B questions

1 A problem from the work of Al-Khwarizmi is as follows:
<<< I have divided 10 into 2 parts, and having multiplied each part by itself, I have put them together, and have added to them the difference of the two parts previously to their multiplication, and the amount of all this is 54. >>>

a) Let x be one of the '2 parts'. Write down an expression for the other part.

b) Write two different expressions for 'the difference of the two parts'.

c) Show there are 2 ways in which the problem can be expressed in modern algebraic notation, and that in one of these the problem simplifies to $x^2+28=11.x$. Find a similar simplified form for the other.

d) The method developed by Al-Khwarizmi for solving equations of the form $x^2 + c = b.x$ reduces to $x = b/2 \pm \sqrt{((b/2)^2 - c)}$

e) Use this method to solve each of the 2 equations in part (c)

f) Explain how the roots of the 1st equation are related to those of the 2nd.

g) Explain why only one of the roots of each equation is appropriate.

2 A 'partition' of an ordered list of n elements A, B, C, ... is a division of the list into at least 2 non-empty ordered sublists. Each partition must include all elements of the list in their original order. Denote the number of partitions of n elements by p(n). For the case n=2 there is only the partition A/B and so p(2)=1
For the case n=3 there are 3 partitions, A/BC, AB/C and A/B/C so p(3)=3.

a) Work out p(4)

b) Explain why $p(n+1)–2.p(n) + 1$

c) Use induction to prove that $p(n) = 2^{n-1} - 1$.

An alternative way to think of partitions is to consider the gaps between the elements. A list of n elements has n-1 gaps, each of which could be assigned the value 1 or zero corresponding to whether it contains the symbol / or not.
A partition is then a list of n-1 digits (0s and 1s) excluding the case when they are all 0.

d) Use a combinatorial method to find the number of ways of partitioning a list of 8 elements into 5 sublists.

3 An oil container is in the form of a cylinder with a top and a base.
It holds 1000 litres (1 cubic metre).

a) Supposes the diameter is x metres and the height is h metres. Write down an expression for h in terms of x and hence find an expression for the total surface area of the drum in terms of x.

b) Use calculus to minimise the surface area. Show all your working and explain how you know why your amswer gives a minimum.

c) Sheet metal costs £a per square metre. The cost of cutting and welding the joins is £(2a) per metre. Find an expression in terms of x and a for the total cost of raw materials and construction of a drum.

28

The Influence of Teachers' Beliefs of Different Levels of Education on Students' Mathematical Culture

FRANCOIS KALAVASSIS & SONIA KAFOUSSI, University of the Aegean, Greece

The purpose of our study was to investigate if mathematics in education presents a cultural continuation in the different levels of education through the teaching and learning of mathematics or if there is a culturaldiscontinuation which discourages and sometimes excludes students from learning mathematics. In this paper, we present the first results from a research program which is concerned with the teachers' beliefs about the teaching of mathematics in the different levels of education (kindergarten, primary school, high school,lyceum) and with the comparative study of these beliefs.

Notre objectif est d'appréhender si l'école produit une continuité culturelle en mathématiques au cours des différents degrés de la scolarité à partir de la gestion didactique et des apprentissages, ou si l'école provoque au contraire une certaine discontinuité culturelle qui décourage les élèves et peut même les exclure de l'enseignement. Nous présentons ici les premiers résultats d'une recherche qui révèle les opinions des enseignants de différents degrés à ce sujet.

The purpose of our study was:

- to investigate if mathematics in education presents a cultural continuation in the different levels of education through the teaching and learning of mathematics or if there is a cultural discontinuity which discourages and sometimes excludes students from learning mathematics;
- to identify the difficulties which are presented in the effort to organize a "mathematical education for all".

The cultural continuation of mathematics in different levels of education is a mental operation, which consists in promoting the evolution of the same mathematical quality, through a constructivist approach

- from one level of knowledge to another
- from one age to another
- from one sociocognitive situation to another
- from one pedagogical situation to another.

The investigation of this issue can be approached from different viewpoints, for example, the mathematical curriculum, school textbooks, students' beliefs and actions, teachers' beliefs and actions.

In our research program, we focused on teachers' beliefs about mathematics and mathematics teaching and learning. We believe that the teacher is one of the most important 'vehicles' of transmitting mathematical culture at every level of education.

Over the last decades, there has been a significant increase in studies on teachers' beliefs about mathematics and its teaching and learning. The general conclusion of these studies is that teachers' beliefs influence their classroom behaviour (Thompson,1984, Hoyles,1992) and by extension, the quality of classroom mathematical activity.

Furthermore, classroom activities build up students' mathematical experiences and influence their beliefs about mathematics. As Cobb (1986) stated, "students' beliefs about mathematics are their attempted solutions to problems that arise as they interact with the teacher and their peers". Students' mathematical experience includes their stable representations of the mathematical concepts in which they deal with at different levels of education as well as the way they treat mathematics in or out of school. For example, students believe that the result of the multiplication is always bigger than the terms of the product, the algebraic transformations in identities can be used in inequalities, in equations they have the unknowns on left and the knowns on right etc.

Finally, the relationship which students develop with mathematics, according to the quality of their experience, expresses their mathematical culture. The main questions of our research programme were the following.

- Are there common cultural characteristics in mathematics at different levels of education and what are they?
- Do mathematics teachers feel responsible for the total mathematical education of students in school, regardless of the particular mathematical topics which they teach at different levels of education, and how this responsibility is expressed?

In this paper, we will present the first results from a pilot research programme.

The Research

Forty teachers - ten teachers from every level of education (Kindergarten, primary school, high school and lyceum)- participated in our research. In our country, the educational system is organized in four different levels of education : kindergarten (ages 4-6), primary school (ages 6-12, six grades), high school (ages 12-15, three grades) and lyceum (ages 15-18, three grades). The primary and the high school are compulsory. The teachers were asked to complete a questionnaire with 10 questions, which were related to the following topics: the mathematical knowledge; school textbooks; teaching and learning of mathematics; history of mathematics; the relationship between mathematics and the other lessons; and the application of mathematics.

In the presentation of our results, we tried to make a first categorization from the teachers' answers on three questions of the questionnaire which concerned their beliefs about students' mathematical knowledge and abilities at the end of their studies in different levels of education, teacher's role and students' role.

In the following table we present the teachers' answers on the first question: "Which mathematical knowledge and capacities do the students have to acquire, when they finish every level of education?"

		kinder-garten teachers	primary teachers	mathematicians in high school	mathematicians in lyceum
kinder-garten	-prenumerical concepts	40%	40%	10%	
	- numbers 1-10	100%	50%	30%	80%
	-geometrical shapes	30%		10%	20%
	-addition-subtraction	50%		20%	30%
	- No answer	-	20%	60%	-
primary school	-Four operations	30%	50%	60%	100%
	-proportions			10%	10%
	-geometry		10%	40%	50%
	-equations		10%	10%	10%
	- problem solving	10%	70%	20%	60%
	-mathematical reasoning		10%		
	- no answer	70%	-	40%	-
high school	-algebraic operations	10%	10%	90%	60%
	- functions	10%	10%	20%	20%
	-equation	20%	10%	30%	100%
	-geometry			30%	90%
	-trigonometry			30%	20%
	-problem solving	10%			
	- proof			10%	
	-mathematical reasoning		10%		
	- No answer	80%	70%	10%	10%
lyceum	-rational numbers	10%			
	-algebra		30%	30%	50%
	-functions			30%	40%
	-geometry	20%	30%	20%	60%
	-equations	10%			40%
	-statistics, probabilities			10%	30%
	-trigonometry			10%	
	-proofs		10%	20%	
	-mathematical reasoning			20%	
	- no answer	80%	60%	30%	20%

The teachers in all the different levels of education seem to believe that mathematical knowledge is mainly a series of topics which must be learned. The "why the mathematics works" or the "how and when we use them" appear to be absent from their way of thinking. Problem solving is limited in primary school.

Moreover, the teachers of the following levels consider that students' mathematical knowledge in the preceding level must incorporate more topics, but they do not know or care what happens in the level after theirs. This result could be interpreted as a transposition of their responsibilities, as they may find difficulties with the teaching of some mathematical topics. For example, the mathematics teachers in high school mention the teaching of proportion in the primary school.

Those teachers who did give an answer about students' mathematical knowledge at a different level than theirs have a different perspective about the importance of mathematical topics than those who teach mathematics in this level. For example, the mathematicians in high school gave more priority to algebraic operations, while mathematicians in the lyceum gave more priority to the solving of equations. Furthermore, the mathematicians in high school do not seem to have a complete picture about what happens in lyceum. This result was quite surprising, as we believed that the teachers in the last two levels had a somewhat similar concept of the mathematical subject matter.

The second question: "*What does a teacher have to pay more attention to, to have good results in his/her teaching of mathematics?*"

According to the results, the main concern of the teacher is the transfer of mathematical knowledge to the student in a pedagogical manner. We should note that teachers interpret the pedagogical behaviour as follows:

- the quality of the relationship between the teacher and the pupils together with friendliness and encouragement can dissolve the students' apprehension for this lesson;
- simplicity in the use of the language;
- explicit instructions or clear explanations.

The teachers of mathematics especially at the higher levels gave the impression that they pay more attention to their pedagogical behaviour than the others. In contrast to primary teachers, whose main concern is lesson planning.

Moreover, mathematicians in high school and in lyceum have no idea that mathematics can be taught seriously in kindergarten in contrast to kindergarten or primary teachers. This probably means that they do not consider kindergarten school as a prerequisite step for mathematics education.

Finally, the kindergarten teachers do not express any opinion about the role of their colleagues in different levels of education.

On the third question, "*What does a student mainly have to do to be successful in mathematics?*", we should mention that the role of the student is conceived in the same manner among teachers at different levels. The student is a passive receiver of mathematical knowledge. As a consequence, he/she must complete a lot of exercises to be successful in mathematics.

Conclusions

We observed that many teachers did not answer all the questions. We could interpret this behaviour as a problem between teachers and researchers or by the analytical approach of Chevallard: "...a resistance to the didactic analysis, like the resistance to the psychoanalysis that Freud justified as a psychological oppression which causes a refusal (to accept, to admit) or furthermore a recognition of culpability" (1991).

According to these results, we could assert that there are common cultural characteristics across the different levels of education, such as the following:

- mathematics consists of fixed and objective rules, procedures, and algorithms;
- the teacher feels obliged to transfer the mathematical knowledge to the students by giving a lot of examples;
- the student has to listen the teacher and to practice a lot.

We could say that this cultural sequence is supported by the curriculum which exists for every level of education in our country. This prescriptive curriculum lays emphasis on:

- the performance of techniques (extended from the numerals 1-10 in the kindergarten, to the four operations in the primary school, to the algebraic operations in the high school , and finally to the equations in the lyceum) *relative to the content of the mathematical knowledge.* This approach provokes epistemological obstacles to the continuum of understanding because it eliminates the change of the number set reference in each case, N, Z, Q, R, and it does not consider the necessary cognitive reorganizations by the pupil;
- the step by step lesson planning in the textbook *relative to the teaching of mathematics*, which eliminates the possibility for the teacher to produce activities according to the needs of a conceptual understanding. This situation refutes the teacher's responsibility for the results of his teaching and it promotes him/her to reproduce similar examples in the classroom;
- the attention in the classroom and the homework *relative to the learning of mathematics*, which causes a personal, affective culpability to the pupil, as the absence of understanding is related to an inconsistency of his/her behaviour or to a mental incapability.

These elements characterize the classroom mathematical experience and by extension shape the students' mathematical culture. In this context the mathematics teachers do not seem to feel responsible for the whole mathematics education (in all different levels of education). However, as Bishop (1988) has commented, "It is not that the teacher does not recognize the humanity and personal interests of the individual learners, but that mathematics education does not recognize it." (pp. 14).

In our opinion, these characteristics do not permit a basis for a cultural continuation. First of all, they isolate every level of education, as mathematical activity is concerned with the mathematical object and not with the mathematical knowledge. "The teachers in the classroom, the editor of the program, the constructor of the manual, institute a didactic norm, which constitute an object of teaching different from an object for teaching. So, they exercise their normality, without taking into consideration the responsibility - epistemological- of this creative power of the norms" (Chevallard, 1991, pp 45) Secondly, they do not offer the child the opportunity to develop their mathematical meanings. In contrast, " the child who is faced with difficulties in school, especially in mathematics, is a solitary child, at least from a cognitive perspective. Faced with the problem which is posed, the lesson which has to be understood, the child is alone and empty. He/she thinks that the answer is somewhere else, far from him/her, inaccessible" (Taurisson, 1993, pp 11).

The establishment of a cultural continuation in different levels of education is a difficult process because it must include the continual cognitive reorganization. In our view, this process can be facilitated by the construction of a dossier of the student, which can be used as an instrument and material for the evolution of his/her mathematical meanings. This dossier could include written answers of the student to prepared questions at the beginning and the end of every school year together with teachers' comments about student' performance. This record can also be helpful to the development of the teachers' responsibility for the whole mathematical education, as it provides a basis for communication between teachers of different levels of education.

References

Bishop, A. J.(1988). *Mathematical enculturation.* Kluwer academic publishers.

Cobb, P. (1986). Contexts, goals, beliefs and learning mathematics. *For the Learning of Mathematics, 6, 2-9.*

Hoyles, C.(1992). Mathematics teaching and Mathematics Teachers: A Meta - case study. *For the learning of Mathematics 12, 3, 32-44.*

Thompson, A. G. (1992). Teachers' beliefs and conceptions: A synthesis of the research. In Grouws, D.A. (Ed.) *Handbook of research on mathematics teaching and learning.* New York , Macmillan, pp. 127-146.

Chevallard, Y. (1991). La transposition didactique *Ed. La pensee sauvage.*

Taurisson, A. (1993). *Pensee mathematique et gestion mentale* Bayard Editions.

29

Combining Russian and Western Approaches in Teaching Mathematics To Students Of Humanities

ALEXANDER KARP, University of Education, St. Petersburg, Russia

L'article est consacré aux problèmes d'instruction dans les classes supérieures qui accueillent des élèves qui ne se dirigeront pas sur des études mathématiques. Nous proposons dans notre concept la jonction de méthodes traditionnelles russes et de méthodes occidentales. En partant de notre experience dans ce domaine, nous mettons en relief les principes que devraient appliquer selon nous les auteurs de manuels scolaires au cours de la préparation des programmes et de la conception des activités mathématiques.

Speaking about the role of mathematics, Hans Freudenthal (Freudenthal, 1973) once said, that some minimum of mathematical skills and knowledge is necessary even for students of humanities, but this minimum was not then absolutely clearly defined. After several decades it still is not. Everybody agrees that this minimum exists, but nobody knows its content and boundaries.

The problem of teaching students of humanities is especially difficult because here we are facing not only barriers between different sectors of education, but barriers between different cultures as well. Different approaches are suggested in different countries. We are starting with the Russian experience but will be moving towards a Western perspective.

For many years Russian mathematical education has been highly valued in the rest of the world. Not only Russian schools with advanced teaching of Mathematics (i.e. those with enriched syllabi – see Vogeli, 1997), but also ordinary schools have until recently achieved considerable results. Mathematics courses (Geometry especially) were strictly deductive; special attention was paid to teaching of demonstration; the majority of students had highly developed skills of algebraic manipulations. At the same time, some courses, for example, the theory of probabilities or statistics were not even present in the curricula. It would not be too much of a mistake to suggest that the aim of the course was to prepare a good military engineer. This is the reason why the syllabus looked as described in table 1.

Table1

Syllabus for last two years of education (usual school)

ALGEBRA and INTRODUCTION to ANALYSIS

10th Grade (2 or 3 hours per week, 85 hours in all)

1. Exponential function (11 h).
2. Logarithmic function (19 h).
3. Trigonometric equations and inequalities (25 h).
4. Trigonometric functions (15 h).
5. Revision (15 h).

11th Grade (2 hours per week, 68 hours in all)

1. Derivative and its application (30 h).
2. Integration (19 h).
3. Revision (19 h)

GEOMETRY

10th Grade (2 hours per week, 68 hours in all)

1. Introduction (3h).
2. Parallel lines and planes (14 h).
3. Perpendicular lines and planes (22 h).
4. Polyhedra (18 h).
5. Vectors in space (10 h).
6. Revision (6 h).

11th Grade (2 hours per week, 68 hours in all)

1. Coordinates in space (18 h).
2. Solids of revolutions (20 h).
3. Volumes of figures (19 h).
4. Revision (11).

Although somewhat obsolete in its content, mathematics was, perhaps, freer from official pressures than other subjects in Soviet schools: even in mathematics, free discussion was sometimes allowed. The role of mathematics was elevated and this impressed students and contributed to their development and their choice of mathematics as their future career.

After the beginning of Perestroika (restructuring) in 1985 circumstances have changed dramatically. Humanities areas (politics, history, sociology, etc.) came in to the focus of public interest. Today mathematical education no longer means a privileged position or even a secure job, which obviously influences secondary school students' motivation. Social crisis coincided with the technological revolution, which made redundant many skills previously thought valuable.

Now many students are choosing, for themselves, careers quite different from the traditional ones. Now we have schools which wish to provide only a short course of mathematics (table 2). But what should this course look like?

Table 2

Distribution of schoolchildren in St. Petersburg

SCHOOLS (25 000 Students per year)		VOCATIONAL SCHOOLS (20 000 Students per year)
Schools with advanced education in Math (2000 students)	Schools with standard course of Math (21 000 students)	Schools with advanced course of Humanities (2000 students)

Usually school students of humanities in St.Petersburg go to the university to study for degrees in history, languages, or art. What kind of mathematics might be useful for them? Some people are sure that no mathematics at all is the best choice. In theoretical discussions in Russia you will not find too many supporters for this idea, but in practice it seems to be the rule. Our experiments show that students of humanities are often nearly ignored in the mathematics lessons, and although they start senior forms with higher results than average, after some period of time their results get much lower.

Some suggest teaching students of humanities something that might prove useful later, for example, the foundations of mathematical linguistics.

It would not be appropriate here to discuss all the approaches tried during the last years (they range from very complicated proofs and notions to the style which would suit primary school pupils better than 16-year-olds), but I would like to emphasise that this position "to teach only those things which will be useful later" seems wrong to us, although it is rather popular.

I am sure that mathematics is necessary for everybody not only because it can provide some tools, which can prove useful even for humanities. Mathematics is important because it helps us to understand the structure of any theory and to develop intellectual abilities. Unfortunately, theoretical mathematics, traditional for Russian schools, does not always work well - students of humanities often find it too boring and too abstract. Evaluating their papers in St Petersburg we found three most essential drawbacks:

1. students of humanities were not sufficiently critical towards a new mathematical statement;
2. they could not interpret a new mathematical statement;
3. they tended to use general methods of solving a problem instead of specific ones, suitable for given situation only, which are also much simpler.

To put it in a nutshell, the teaching of mathematics failed these students.

Teaching mathematics in the West (if it is possible to unite teaching in different countries) is not so abstract. In its best parts it is really humanistic mathematics, which can be interesting to everybody, because it is trying to answer questions understandable by everybody. The idea of modelling and attention to problems arising from practice also seem very important. To transfer these principles directly into Russian teaching would hardly be possible – they are very different from the Russian tradition and neither teachers, nor parents will accept them easily. But it is essential to combine these principles with the Russian tradition of analyzing mathematical notions. To be more precise, we should teach how to work with mathematical notions, using examples which arise out of "realistic mathematics". On the other hand, I think this combination of Western "practical" mathematics with the Russian "theoretical" one, might prove useful for the West too. It will acquaint students who are not going to study mathematics in later life with the specifically "mathematical" way of thinking. And this is, as I have mentioned earlier, an essential aspect of mental development.

Professor Werner and I have written a new textbook for senior students of Humanities (Karp & Werner, in print). Let me set forth the basic principles of our approach.

1. ***Traditionalism.*** Topics traditionally developed in the country should be preserved wherever possible. We do not believe in revolution. We also do not think that it is really so important to change the field on which we are going to grow our crop. The procedure of growing is the most important for us. However, the emphasis should be on mathematical concepts and ideas rather than on the technique. According to this principle, the content of our book (judging by the titles of the chapters) is quite traditional –as it is shown below, (in table 3). However, we pay much more attention than usual to the revision of the basic concepts.

Table 3

Contents of the book:
1. Mathematics around us
2, Numbers and Calculation
3. Functions and Transformations
4. Some Elementary Functions
5. The Beginning of Solid Geometry
6. Calculus
7. Calculating Geometry
8. Introduction into Theory of Probabilities and Statistics.

2. ***Modelling.*** The idea of application and modelling, relatively new to Russia, should be one of the basic concepts of the course. See COMAP, 1996 – to name just one source of influence.

3. ***Unity of Mathematics.*** The course should not be split up into separate courses: Algebra, Geometry, etc., but rather be an integral course demonstrating general mathematical principles. It is really difficult to step over the traditional barriers but we try to do it, using all possibilities.

4. ***Teaching of translation.*** Skills of mathematical communication - understanding of statements expressed in different ways (by words, by graphs, by diagrams, etc.) - seem to be among the most important. It is interesting to mention that traditionally in Russian courses algebraic language (formulas) prevails over all the others. We suggest using methods which come from foreign languages textbooks with tasks such as, "make a statement using these words", etc.

5. ***Constructing of examples*** seems to be another valuable skill. Students should be taught to apply general mathematical notions in practical situations. Theory should grow from examples, and only after constructing several examples students would be able to understand the theory. Good Russian practice of meticulous analysis of notions should be transferred to much simpler ground.

Below is one example of the questions we suggest in the book – maybe one of the most difficult in it. It shows what we mean by meticulous analysis of rather simple notions.

Example:

The square is a base of prism. Is it true that

a) this prism is a cube?

b) this prism is a regular prism?
c) this prism is a right prism?
d) this prism is a parallelepiped?

If we wish to change the teaching, we should also change the content of education, its methodology and the system of teacher training. I believe that, teaching of mathematics should always demonstrate that mathematics is a part of human culture. It is common now to study not only political or economical history but history of "thoughts" as well. In every chapter of our book we have a special part devoted to it.

For example:

- In Chapter 2 "Numbers and calculation" we try to show the changes in attitude to numbers from Middle Ages to the present time. A medieval chronicle tells us how difficult it was to declare one of the participants of the duel late, because nobody knew the exact time (Bloch, 1968). We compare this episode with Benjamin Franklin's argument about the value of each penny, in which he calculates interest with great precision (see Weber, 1993).
- For co-ordinate geometry, we show that Descartes was not the only person in his time, who tried to create a general system based on quite simple and well-defined rules and ideas. In France, the statesman Richelieu and the artist Poussin did the same thing in politics and in paintings respectively.

It has been suggested that these problems should be discussed in the history lessons or somewhere else. Yes, we do suggest some changes in the traditional approach to the tasks of mathematical teaching, but we are sure, that there is only one way to save *real* mathematics when teaching it to the students of Humanities – to link it with real humanities.

We call these *historical* parts "Read it on your own" - students may read them without their teachers' help. I can even say – in humour, of course - that we are trying to eliminate the teacher from the learning process, wherever possible. The reason for it lies in the fact that the most difficult challenge for a school reformer is teacher training and retraining. Students are often not ready to overcome the barriers between different sectors of education because their teachers are not ready to do so.

Unfortunately, as a rule, social reasons prevent the best teachers of mathematics from working with students of humanities. Teachers involved in this work too often simply try to transform mathematics into a collection of rules. They are not ready either to work with mathematical notions in non-traditional situations, or to establish links with other subjects.

We organised special seminars for St Petersburg teachers and are planning to do the same in some other Russian cities. We suggest two programmes: one is for enthusiasts, attracted by our ideas. Here we discuss the basic principles of our approach, without dwelling on many practical details, in the hope that our new supporters and allies among teachers will be ready to introduce methods of their own. The second programme is aimed at a much broader audience. Here we discuss all practical details, suggesting additional problems and describing even variants of organising lessons, step by step. Of course, our advice is by no means obligatory for teachers, but we think that this system of support can help them to adopt the new methodology.

Our methods were tested in pilot schools. And now that our book (Karp & Werner) has won the All-Russia contest of textbooks organised by the Federal Ministry of Education, it is being disseminated to Russian schools on a wider scale. We believe that it will help to bridge two gaps: between humanities and mathematics and between Western and Russian traditions of mathematical education.

References

Bloch, M. (1968). La société féodale. Paris.

COMAP. (1996). For All Practical Purposes. Introduction to contemporary Mathematics. New York: W.H. Freeman and Company.

Freudenthal, H. (1973). Mathematics as an Educational Task. Dordrecht: Kluwer Academic Press

Karp, A. Werner, A.. (in print). Mathematics-10. Textbook for students of the schools with advanced education of Humanities. M: Prosveschenie.

Vogeli, B.R. (1997). Special secondary schools for the mathematically and scientifically talented – an international panorama. New York: Program in Mathematics, Teachers College, Columbia University.

Weber, M. (1993). The Protestant Ethic and the Spirit of Capitalism. London-New York: Routledg.

Sub-Theme V
Sous-Thème V

Beliefs and Practices in Mathematics and Mathematics Education
Convictions et Pratques dans les Mathématiques et l'enseignement des mathématiques

30

Mathematics Teachers' Beliefs About Teaching and Learning Mathematics

M. CHIONIDOU, Pedagogical Institute, Greece, A. BARKATSAS, La Trobe University, Australia, V. GIALAMAS, University of Athens, Greece, K. KASIMATIS, Pedagogical Institute, Greece

Teachers' beliefs influence their classroom practices and the beliefs are formed early. In this study we have endeavored to explore the mathematics teachers' beliefs regarding the teaching and the learning of mathematics. The espoused beliefs of a sample of 145 secondary mathematics teachers were the focus of this study. The data for this investigation were collected using a20 item questionnaire. A follow-up qualitative study is currently underway and it explores teachers' beliefs in practice in an attempt to identify inconsistencies between teachers' espoused beliefs and beliefs in practice. A Principal Component Analysis (PCA) was used along with an Analysis of Variance (ANOVA). There is evidence from this study that there are many teachers who espouse sets of beliefs that might be described as 'transmission' beliefs and many who espouse sets of beliefs that could be described as 'constructivist'. It is apparent from an initial analysis of interview data, that there is support for the view that teachers' reflection on their classroom experiences can shape and influence their beliefs.

Nous considérons que les pensées des professeurs grecs de mathématiques sont un des paramètres les plus importants du succès ou des reformes éducatives. Dans cette étude nous avons tenté d'explorer la topologie compliquée de ces pensées qui se manifestent au cours de l'enseignement et de l'apprentissage des mathématiques. Beaucoup de définitions ont été proposées par plusieurs chercheurs au cours des vingt dernières années. Les données de cette recherche ont été recueillies à l'aide d'un questionnaire de 20 items soumis à un échantillon de 145 professeurs de mathématiques. Les réponses ont étés analysées à l'aide de SPSSwin software. L'analyse descriptive des données suggère de distinguer deux groupes de professeurs. Les professeurs de mathématiques qui ont suivi un stage pre-service training obligatoire, ceux qui ont suivi un stage non-obligatoire in-service-training et le groupe de profs qui ont été sélectionnés au hasard forment un premier groupe qui semble suivre un paradigme de transmission. Les profs qui ont une grande expérience, ceux qui ont participé au programme innovateur d'enseignement des mathématématiques du type 'problem solving' et les membres du département de mathématiques de l'institut pédagogique forment un second groupe qui semble suivre le paradigme constructiviste. Comment les éducateurs et les specialistes du curriculum peuvent-ils utiliser cette information dans le cadre actuel du développement des programmes de préparation des professeurs est la question posée en discussion.

Introduction

Sweeping reforms are currently being implemented in the Greek education system and it is our contention along with Pajares (1992) and Hollingworth (1989), that mathematics teachers' beliefs represent one of the most important parameters of the success or otherwise of educational reforms. Pajares (1992) argued that knowledge and beliefs are inextricably intertwined and that individuals' beliefs strongly affect their behaviour and Hollingworth (1989) reported that the way teachers implement new methods or programs in their classrooms relates to whether their beliefs are congruent with the proposed new methods or programs. Teachers' beliefs influence their classroom practices, the beliefs are formed early and beliefs about teaching are well established by the time a prospective teacher starts attending University classes. It is therefore instrumental to the proponents of reforms in mathematics education to understand the impact teachers' beliefs have on their everyday cognitions and classroom practices. In this study we have endeavoured in an attempt to explore and chart the complex topology of the nexus of mathematics teachers' beliefs regarding the teaching and the learning of mathematics. Attitudes and beliefs have attracted a considerable interest in recent research studies (McLeod, 1989, 1992; Schoenfeld, 1989; Lester and Garofalo, 1987; Barkatsas and Hunting, 1996; Leder, 1993). Various researchers have put a number of definitions forward over the past two decades. The definition McLeod (1992), put forward has been considered sufficient for our research:

> "Beliefs are largely cognitive in nature, and are developed over a relatively long period of time. Emotions, on the other hand, may involve little cognitive appraisal and may appear and disappear rather quickly. Therefore we can think of beliefs, attitudes and emotions as representing increasing levels of affective involvement, decreasing levels of cognitive involvement (p. 579)."

Methodology

This investigation of the espoused beliefs of secondary mathematics teachers, working during 1997 in government High schools in the Metropolitan area of Athens, Greece, provided some basis from which decisions concerning a reform agenda for a mathematics curriculum framework and the implementation of contemporary teaching practices, can be made. The data for this investigation were collected using a 20 item questionnaire designed by Howard, Perry and Lindsay (1997), covering the following areas: subject demographics such as gender, age, length of teaching experience, beliefs about mathematics, mathematics learning and mathematics teaching. The sample comprised 145 mathematics teachers:

1. 66 mathematics teachers from 20 randomly selected government secondary schools in the Metropolitan area of Athens, Greece;
2. 15 experienced mathematics teachers who were participating in the innovative Teaching Mathematics as Problem Solving program at the Mathematics Department of the University of Athens;
3. 22 mathematics teachers attending a mandatory pre-service professional development course;
4. 36 mathematics teachers who attended a non-compulsory in-service professional development course;
5. The 6 staff members of the Pedagogical Institute's mathematics department, who are involved in planning, implementing and evaluating the centrally devised mathematics curriculum for all primary and secondary levels.

One hundred and forty-five responses were received by the end of 1997. Data from these responses were analysed using the SPSS win program to provide descriptive statistics for the demographic data and teacher beliefs about mathematics, mathematics learning and mathematics teaching. A follow-up qualitative study is currently underway aiming to explore teachers' beliefs in practice in an attempt to identify differences between teachers' espoused beliefs and beliefs in practice. The methodology utilised for the qualitative part of the study is purposeful selection of participants (Patton, 1990) for the identification of interview and classroom observations participants. Six participants were selected (3M, 3F). Since this part of the study is yet to be completed, a preliminary analysis of some interview data will be reported here. Questionnaire questions formed the first phase of questions participants had to answer and will be reported here. Examples of questions participants will have to answer during the second phase of interviews, to be completed in the year 2000, include the following: What do you think mathematics is all about? What are the most important characteristics of important teaching? How do you know your students understood a particular lesson? Which is the most effective way to teach mathematics? Can you describe the learning environment in your class? Which factors do you consider to have a significant influence on your beliefs about mathematics? Which factors do you consider to have a significant influence on your beliefs about mathematics teaching? Which factors do you consider to have a significant influence on your beliefs about mathematics learning? Which factors may explain the existence of inconsistencies between espoused beliefs and beliefs in practice?

Analysis

(1) Statistical data

Table 1 reports the overall frequency (%) of teacher responses to the 20 statements of beliefs concerning the nature of mathematics, mathematics learning and teaching.

Table1: Statements of beliefs - Frequencies of responses (%) (n=145)

Statement of beliefs	Disagree	Undecided	Agree
Mathematics			
1. Mathematics is computation	84	8	8
2. Mathematics problems given to students should be quickly solvable in a few steps	35	17	48
3. Mathematics is the dynamic searching for order and pattern in the learner's environment	6	20	74
4. Mathematics learning is enhanced by challenge within a supportive environment	55	11	34
5. Mathematics is a beautiful, creative and useful human endeavour that is both a way of knowing and a way of thinking	6	6	88
6. Right answers are much more important in mathematics than the ways in which you find them	85	7	7

Mathematics learning			
7. Mathematics knowledge is the result of the learner interpreting and organising the information gained from experiences	8	19	72
8. Students are rational decision makers capable of determining for themselves what is right and what is wrong	18	43	39
9. Mathematics learning is being able to get the right answer quickly	17	32	51
10. Periods of uncertainty, conflict, confusion, surprise are a significant part of the mathematics learning process	23	21	56
11. Students are capable of much higher levels of mathematical thought than has been suggested traditionally	21	39	40
12. Being able to memorise facts is critical in mathematics learning	62	14	24
13. Mathematics learning is enhanced by activities which build upon and respect students' experiences	4	7	89
14. Mathematics learning is enhanced by challenge within a supportive environment	1	7	92
Mathematics teaching			
15. Teachers should provide instructional activities which result in problematic situations for learners	4	5	90
16. Teachers or the textbook-not the student-are the authorities for what is right or wrong	70	22	9
17. The role of the mathematics teacher is to transmit mathematical knowledge and to verify that learners have received this knowledge	34	11	55
18. Teachers should recognise that what seems like errors and confusions from an adult point of view are students' expressions of their current understanding	10	36	55
19. Teachers should negotiate social norms with the students in order to develop a cooperative learning environment in which students can construct their knowledge	5	7	88
20. It is unnecessary, even damaging, for teachers to tell students if their answers are correct or incorrect	74	15	11

Teachers were asked to respond to each belief statement by utilising a 3-point Likert scale: disagree, undecided or agree. A limitation of this study is that all results must be considered in the context that responses to the questionnaire items depend on the interpretations assigned to them by each respondent.

(i) Beliefs about mathematics

A high proportion of the respondents (84%) indicated that they disagreed with the statement that *mathematics is computation,* and 85% also disagreed with *right answers are much more important in mathematics than the ways in which you get them.* On the other hand 74% indicated that *mathematics is the dynamic searching for order and pattern in the learner's environment* and 85% believe that *mathematics is a beautiful, creative and useful human endeavour.* This result could be an outcome of their mathematics training.

(ii) Beliefs about mathematics learning

A very high percentage of respondents (92%) indicated that that *mathematics learning is enhanced by challenge within a supportive environment* and a further 89% supported the belief that *mathematics learning is enhanced by activities, which build upon and respect students' experiences.* This is supported by 72% of respondents who believe that *mathematics knowledge is the result of the learner interpreting and organising the information gained from experiences.* A further 56% of the respondents supported the view that *periods of uncertainty, conflict, confusion, surprise are a significant part of the mathematics learning process.* This cluster of beliefs may be considered to follow the constructivist paradigm of learning mathematics or to represent a child-centered view of mathematics learning. A small proportion (24%) of the respondents agreed that *being able to memorise facts is critical in mathematics learning* and only 40% agreed that *students are capable of much higher levels of mathematical thought than has been suggested traditionally.* The large number (43%) of respondents who were undecided about the statement *students are rational decision makers capable of determining for themselves what is right and wrong* indicates that teachers could not express their support for an increased level of rationality and independent thinking capabilities of their students.

(iii) Beliefs about mathematics teaching

The two most prominent items in terms of percentage, in the agreement category, are the following: *teachers should provide instructional activities which result in problematic situations for learners* was agreed to by 90% of the respondents with 88% agreeing that *teachers should negotiate social norms with the students in order to develop a cooperative learning environment in which students can construct their knowledge,* suggesting a strong orientation towards a constructivist and/or a child-centered view of teaching mathematics. Teachers indicated some support for the statements that *the role of the mathematics teacher is to transmit mathematical knowledge and to verify that learners have received this knowledge* (55%), and the statement that *teachers should recognise that what seem like errors and confusions from an adult point of view are students' expressions of their current understanding* (55%), while a reasonably high proportion (74%) of the respondents disagreed with the statement that *it is unnecessary, even damaging, for teachers to tell students if their answers are correct or incorrect.* These results along with the relatively high (70%) percentage of the respondents who disagreed that *teachers or textbooks - not the student - are the authorities for what is right or wrong* may be suggestive of the fact that the stereotypical view of secondary mathematics teaching as sequential content and textbook oriented, is no longer the dominant paradigm being followed by mathematics teachers in Greece. It could be conjectured that Greek mathematics teachers have begun to accept that there may be ways to teach mathematics beyond those they have experienced as students.

(iv) Principal Component Analysis

It could reasonably be expected that teachers' beliefs about mathematics, mathematics learning and mathematics teaching would be linked in various ways. Inferential statistical techniques as well as Principal Component Analysis (PCA) was used in order to interrogate the 20 questionnaire items for a typology of teachers' espoused beliefs. Using an Analysis of Variance (ANOVA) and the scree plot technique it was found that most of the items loaded on two factors. The two factors represent two apparently contrasting beliefs about mathematics teaching and mathematics learning:

Item 17: The role of the mathematics teacher is to transmit knowledge and to verify that learners have received that knowledge.

Item 19: Teachers should negotiate social norms with the students in order to develop a cooperative learning environment in which students construct their knowledge.

Seven items loaded on each of the two factors. Items 2, 9, 10, 20, 1 and 12 loaded on item 17 (Factor 1, Table 2) and items 15, 13, 8, 4, 7 and 5 on item 19 (Factor 2, Table 2).

		Factors	
		1	2
Q17	The role of the mathematics teacher is to transmit mathematical knowledge and to verify that learners have received this knowledge	0.596	
Q2	Mathematics problems given to students should be quickly solvable in a few steps	0.498	
Q9	Mathematics learning is being able to get the right answer quickly	0.431	
Q10	Periods of uncertainty, conflict, confusion, surprise are a significant part of the mathematics learning process	-0.402	
Q20	It is unnecessary, even damaging, for teachers to tell students if their answers are correct or incorrect	-0.389	
Q1	Mathematics is computation	0.369	
Q12	Being able to memorise facts is critical in mathematics learning	0.362	
Q16	Teachers or the textbook - not the student – are the authorities for what is right or wrong		
Q14	Mathematics learning is enhanced by challenge within a supportive environment		
Q18	Teachers should recognise that what seems like errors and confusions from an adult point of view are students' expressions of their current understanding		
Q19	Teachers should negotiate social norms with the students in order to develop a cooperative learning environment in which students can construct their knowledge		0.556
Q15	Teachers should provide instructional activities which result in problematic situations for learners		0.448
Q13	Mathematics learning is enhanced by activities which build upon and respect students' experiences		0.397
Q8	Students are rational decision makers capable of determining for themselves what is right and what is wrong		0.397
Q4	Mathematics is no more sequential a subject that any other		0.390
Q7	Mathematics knowledge is the result of the learner interpreting and organising the information gained from experience		0.389
Q5	Mathematics is a beautiful, creative and useful human endeavour that is both a way of knowing and a way of thinking		0.381
Q11	Students are capable of much higher levels of mathematical thought than has been suggested traditionally		0.368
Q3	Mathematics is the dynamic searching for oder and pattern in the learner's environment		

Table 2

Teachers whose espoused beliefs are those expressed by item 17 (Factor 1), can be classified as following the transmission paradigm of teaching and learning mathematics believing that their role is to transmit knowledge. Teachers in this category believe that mathematics problems given to students should be quickly solvable in a few steps and quickly, mathematics is computation, and memorisation. Teachers whose espoused beliefs are these expressed by item 19, on the other hand, can be assumed to follow the constructivist paradigm of teaching and learning mathematics. They believe that they should create problematic situations for learners, that mathematics learning is enhanced by activities which build upon students' experiences, that students are rational decision makers and that mathematics knowledge is the result of the learner interpreting and organising the information gained from experiences.

(2) Interview data

A preliminary analysis of interview data shows that there is a high level of agreement (except in one case), between the beliefs presented in the statistical analysis and the beliefs expressed during the interviews. Regarding their **beliefs about mathematics learning**, all interviewees supported the view that *mathematics learning is enhanced by challenge within a supportive environment* and that *mathematics learning is enhanced by activities, which build upon and respect students' experiences.* Five interviewees (3F, 2M) supported the view that *mathematics knowledge is the result of the learner interpreting and organising the information gained from experiences.* It seems that all interviewees had difficulty in supporting the statement that *periods of uncertainty, conflict, confusion, surprise, are a significant part of the mathematics learning process.* A small proportion (1F, 1M) of the interviewees agreed that *being able to memorise facts is critical in mathematics.* All interviewees were undecided about the statement *students are rational decision makers capable of determining for themselves what is right and wrong* indicating that teachers were not sure about the independent thinking capabilities of their students.

Regarding their **beliefs about mathematics teaching**, four teacher interviewees (3F, 1M) strongly supported the view *that teachers should provide instructional activities which result in problematic situations for learners,* while 3 interviewees (2F, 1M) agreed that *teachers should negotiate social norms with the students in order to develop a cooperative learning environment in which students can construct their knowledge,* suggesting an orientation towards a child-centered view of teaching mathematics. All three male interviewees and only one female expressed support for the statement: *the role of the mathematics teacher is to transmit mathematical knowledge and to verify that learners have received this knowledge.* The majority of interviewees (2F, 3M) agreed with the statement that *it is unnecessary, even damaging, for teachers to tell students if their answers are correct or incorrect*, **in contrast to 74% of questionnaire respondents who disagreed with the statement.** All six interviewees disagreed with the statement *that teachers or textbooks - not the student - are the authorities for what is right or wrong.* This reinforces the view we expressed in the statistical analysis report, that the stereotypical view of secondary mathematics teaching as sequential content and textbook oriented, is no longer the dominant paradigm being followed by mathematics teachers in Greece.

Conclusion

Teachers hold beliefs towards the nature and the learning and teaching of mathematics. These beliefs do influence their teaching. There is evidence from this study that there are many teachers who espouse sets of beliefs that might be described as 'transmission' beliefs and many who espouse sets of beliefs that could be described as 'constructivist'. As well as seeking data from interviews with teachers, there is support for the view that teachers' reflection on their classroom experiences can shape and influence their beliefs. Further investigation comparing the espoused beliefs of teachers with their enacted beliefs is required. This will require some detailed classroom observation. Particular emphasis needs to be placed on investigating the effect of classroom experiences on the evaluation and reorganisation of teacher beliefs and the effect of this reorganisation on what occurs in the mathematics classroom. It is our contention that in attempting to transform current teaching practices, an understanding of teachers' beliefs and practices is pivotal and it will guide future in-service and pre-service programs.

References

Barkatsas, A. & Hunting, R. P. (1996). A review of recent research on cognitive, metacognitive and affective aspects of mathematical problem solving. *Nordic Studies in Mathematics Education, 4* (4), 7-30.

Hollingworth, S. (1989). Prior beliefs and cognitive change in learning to teach. *American Educational Research Journal, 26,* 160 189.

Howard, P., Perry, B. & Lindsay, M. (1997). Secondary mathematics teachers beliefs about the learning and teaching of mathematics. In F. Biddulph & K. Carr (Eds.), *People in mathematics Education.(pp. 231-238).* Rotorua, NZ.

Leder, G. C. (1993). Reconciling affective and cognitive aspects of mathematical learning: Reality or a pious hope? In I. Hirabayashi, N. Nohda, K. Shigemathu & F-L, Lin. (Eds.), *Proceedings of the Seventeenth PME Conference* (pp. 46-65). Tsukuba, Ibaraki: University of Tsukuba, Japan.

Lester, F. K. & Garofalo, J. (1987). *The influence of affects, beliefs and metacognition on problem solving behaviour: some tentative speculations.* ERIC Document Reproduction Service No. ED 281758.

McLeod, D. B. (1989). The role of affect in mathematical problem solving. In D. B. McLeod & V.M. Adams (eds.), *Affect and mathematical problem solving: A new perspective* (pp. 20-36). New York: Springer-Verlag.

McLeod, D. B. (1992). Research on affect in mathematics education: A reconceptualisation. In D. A. Grouws (ed.), *Handbook of research on mathematics teaching and learning* (pp. 575-596). New (pp. 575-596). New York: MacMillan.

Pajares, M. F. (1992). Teachers' beliefs and educational research: cleaning up a messy construct. Review of Educational Research, 62 (3), 307-322.

Patton, M. Q. (1990). *Qualitative evaluation and research methods.* (2nd ed). Newbury Park. CA: Sage.

Schoenfeld, A.H. (1989). Explorations of students' mathematical beliefs and behavior. *Journal for Research in Mathematics Education, 20,* 338-355.

Thompson, A. G. (1992). Teachers' beliefs and conceptions: a synthesis of the research. In D. A. Grouws (Ed.), *Handbook of research on mathematics teaching and learning (pp.* 127-146). New York: Macmillan Publishing Co.

31

Values and Mathematics Education

PHILIP C CLARKSON, Australian Catholic University, ALAN BISHOP, Monash University, Australia

Values are the deep affective qualities which education fosters through school teaching, including when mathematics is taught. However it seems evident that many teachers of mathematics are not aware that they also are teaching values when teaching mathematics, or if they do have such an awareness, are not fully cognizant of the values they are teaching. It is proposed that teachers need to make their implicit teaching of values explicit.

Les valeurs sont les profondes qualités affectives que les éducateurs développent par le biais de l'enseignement en général et de l'enseignement des mathématiques en particulier. Il semble pourtant évident que de nombreux professeurs de mathématiques ne se rendent pas compte du fait qu'ils enseignent aussi des valeurs quand ils enseignent des mathématiques et que, s'ils s'en rendent compte, ils ne sont pas vraiment conscients des valeurs qu'ils enseignent. Nous suggérons que les professeurs doivent expliciter leur enseignement implice des valeurs.

Values in mathematics education are the deep affective qualities which education fosters through the school subject of mathematics. There is generally acknowledged to be a close relationship between values and attitudes, reaching back to Rokeach (1973), with values occupying a more central and deeply held position than attitudes, which are often considered to be reflected in our patterns of response to particular situations (Seligman et al, 1996). Previous research by Buxton (1981) and Fasheh (1982), indicate this in relation to mathematics teaching practices, while Martin (1997) shows how values can enter into the mathematical modelling process.

The recent developments in culture and mathematics, such as Bishop's (1988) research on enculturation, Harris's (1991) research with Aboriginal students, and Powell and Frankenstein's (1997) overview on ethnomathematics and the politics of mathematical knowledge, have brought the issue of values into greater focus, raising awareness of non-Western mathematical ideas together with non-Western beliefs and values. It seems it is only since the realisation that there exist mathematical ideas other than those in the canonical mathematics curriculum of the West (Howson and Wilson, 1986) that there has been any concern about values teaching in mathematics. Until twenty years ago mathematics was considered a value-free and culture-free subject. That is no longer the case.

However, the realisation that mathematics teaching is as value-laden a school subject as any other has not meant that there are any clear ideas about how such values are taught. In fact we can state categorically that there is no empirical research to date on values teaching in mathematics. McLeod (1992) in one of the most comprehensive reviews of the affective research literature failed to find any research focussed on values. The tone of his discussion however makes it clear that ideas about both beliefs and attitudes towards mathematics do relate to the deeply held values of both teachers and students.

Wilson's (1986) chapter is one of the rare writings about values in mathematics teaching and the book in which it appears contains many useful points. Science educators have been almost as remiss as mathematics educators in their failure to address values, but Poole's (1995) book has made a huge contribution to knowledge. In our own work the enculturation book already noted (Bishop, 1988) has a chapter on the values underlying Western mathematics, and in Bishop (1991) values in the mathematics teaching process are analysed and discussed. Clarkson (1991) discussed issues of values embedded in different cultures and their implications for mathematics learning. There is a need to begin the difficult process of gaining some empirical basis for claims about values teaching in mathematics classrooms and about how to improve teachers' knowledge in this area.

The preliminary question however is what values are mathematics teachers teaching? Our concern with this question is that although values teaching and learning go on inevitably in all mathematics classrooms, most of it appears from our preliminary studies to be done implicitly. Therefore there is only a limited understanding of what values are being taught, and of how much mathematics teachers are aware of what values they are encouraging (Abreu, Bishop and Pompeu, 1997). We believe that teachers' knowledge needs to move from the implicit to the explicit.

We suggest three aims for future investigations that may move this discussion forward.

***Aim 1**: To investigate and document mathematics teachers' understanding of their own intended and implemented values.*

At present there is little knowledge about how aware teachers are of their own value positions, about how these affect their teaching, and about how their teaching thereby develops certain values in their students. Initial teacher education and in-service professional development need this kind of research basis in order to help change the situation.

We believe that the key to making development of values teaching possible is to investigate teachers' understanding of their own values. Teachers' intentions, and their actual teaching behaviours need to be studied in parallel. Values teaching happens both implicitly and explicitly and there is not necessarily a one-to-one correspondence between what is intended and what occurs. There is good evidence that teachers appear not to have consistent sets of attitudes to mathematics teaching events (Sosniak et al, 1991). Also, there is reason to believe that educational values are closely related to cultural norms.

***Aim 2**. To investigate the extent to which mathematics teachers can gain control over their own values teaching.*

Research and development projects suffer from the same lack of knowledge as do teacher education institutions. There are important ideas which have been developed in the last few years which could have widespread benefits for mathematics learners around the world. In the areas of technology (see Noss and Hoyles, 1996), ethnomathematics (see Gerdes, 1995) and critical mathematics education (see Skovsmose, 1994) the role of mathematics teachers in teaching values is being critically examined.

But what is of particular interest about these developments, and their proponents, is that they imply a strong concern to change the values which they assume are currently being taught. This ignores the fact that not only do we not know what values are currently being taught but also that we have little idea of how potentially controllable such values teaching is by teachers. Therefore a question arises as to whether teachers have, or can gain, control over their values teaching. This would then theoretically enable them to teach other values besides those which they currently teach.

Aim 3*. To increase the possibilities for more effective mathematics teaching through values education of teachers, and of teachers in training.*

At present mathematics teaching focuses on the coverage of specific content and on the learning of particular skills and knowledge. Values are rarely considered, and indeed if one were to casually ask teachers about the values they are teaching in mathematics lessons they might well answer that they do not believe that they are teaching values. However it is our contention that improving and making values teaching more explicit in mathematics classrooms will make mathematics learning more effective.

Initial analyses reveal that there are three kinds of values which teachers intend to teach: the general educational, the mathematical, and the specifically mathematics educational. For example, when a teacher admonishes a child for cheating in an examination, the values of 'honesty' and 'good behaviour' derive from the general educational and socialising demands of society. Then when a teacher proposes and discusses a task such as the following: "Describe and compare three different proofs of the Pythagorean theorem" the mathematical values of 'rationalism' and 'openness' are being conveyed (see Bishop, 1988). However there are other values being transmitted which are specifically associated with the norms of the institutions within which mathematics education is formally conducted. For example, the values implied by the following instructions from the teacher: "Make sure you show all your working in your answers", "Don't just rely on your calculator when doing calculations, try estimating, and then checking your answers", are about 'examination-wiseness' and 'efficient mathematical behaviour'.

If these different values are considered important in good practice teaching then improving teachers' knowledge of their values teaching will improve their mathematics teaching. Of particular interest are those values whose sources are either the culture of the mathematics itself, or the norms of the institutions of mathematics education. This leaves the general educational values, whose source is society. These may best be viewed from a cross cultural, international perspective.

Current written educational policies focus on improving achievement outcomes of students. Embedded in such statements is the intent of encouraging desirable values. For example, in *The national statement on mathematics for Australian schools* (Australian Education Council, 1991, pp.215-221), values such as 'clarity' are prominent in the non content oriented sections, but very few if any references to such values are made in the content sections, which are the sections that teachers tend to regard as the most important guides to what should be taught. This pattern of relegating statements on values to the periphery is repeated in most curriculum documents. In Victoria, the values such as 'flexibility' and 'rationalism', implied by highlighting the need for students to test different mathematical procedures, are simply not emphasized in those sections of the document which teachers turn to first when creating their own teaching situations (Board of Studies, 1995). The same pattern is also evident in documents from overseas. In the guide on assessment produced for teachers of mathematics in the USA, although 'openness' and 'consistency' make it to the glossary, very few other values are highlighted in these five pages (National Council of Teachers of Mathematics, 1995).

Clarke (1988, p.4) noted that alongside the assessment of various mathematical skills and content, there was also a need to assess "persistence, systematic working, efficient and effective organization, accuracy, conjecturing, ... creativity". Sadly in the rest of this valuable monograph, there is in comparison little emphasis on these values. We would contend that Clarke and others have got it right in that these qualities are absolutely fundamental to students' achievement in mathematics. However we strongly posit that until they are given as much emphasis in the documents as the content and skills of mathematics, then not much will change. We further suggest that such a change is long overdue, but will not happen until our collective knowledge - that of policy makers, curriculum developers, systemic beureacrats, classroom teachers, and academics - about values teaching in mathematics improves markedly.

References

Abreu, G. de., Bishop, A. J. and Pompeu, G.: 1997, 'What children and teachers count as mathematics?' in T.Nunes and P.Bryant (eds.), *Learning and Teaching Mathematics: An International Perspective,* Psychology Press, Hove, UK, pp. 233-264.

Australian Education Council: 1991, *A National Statement on Mathematics for Australian Schools,* Curriculum Corporation, Carlton.

Bishop, A. J.: 1988, *Mathematical Enculturation: A Cultural Perspective in Mathematics Education,* Kluwer, Dordrecht.

Bishop, A. J.: 1991, 'Mathematical values in the teaching process', in A. J. Bishop et al. (eds.), *Mathematical Knowledge: Its Growth Through Teaching*, Kluwer, Dordrecht, pp. 195-214.

Bishop, A.J. and Clarkson, P.C. : 1998, 'What values do you think you are teaching when you teach mathematics', in J.Gough and J.Mousley (eds.), *Exploring all angles,* Mathematics Association of Victoria, Melbourne, pp. 30-38.

Bishop, A.J., FitzSimons, G., Seah, W.T. and Clarkson, P.C.: 1999, 'Values in mathematics education: Making values teaching explicit in the mathematics classromm, in Proceedings of annual conference of the Australian Association for Research in Education, Melbourne.

Board of Studies: 1995, *Curriculum and Standards Framework: Mathematics,* Board of Studies, Carlton.

Buxton L. : 1981, *Do You Panic About Maths?,* Heinemann, London.

Clarke, D.: 1988, *Assessment Alternatives in Mathematics,* Curriculum Development Corporation, Canberra.

Clarkson, P.C.: 1991, *Bilingualism and Mathematics Learning*, Deakin University Press, Geelong.

Fasheh, M.: 1982, 'Mathematics, culture, and authority', *For the Learning of Mathematics* 3(2), 2-8

Gerdes, P.: 1995, *Ethnomathematics and Education in Africa,* Stockholm University, Sweden.

Harris, P.: 1991, *Mathematics in a Cultural Context.*, Deakin University Press, Geelong.

Howson, A.G. and Wilson, B.J.: 1986, *School Mathematics in the 1990s*, Cambridge University Press, Cambridge.

Martin, B.: 1997, 'Mathematics and social interests', in A.B.Powell and M. Frankenstein (eds.), *Ethnomathematics: Challenging Eurocentrism in Mathematics Education,* State

University of New York Press, New York, pp. 155-171.

McLeod, D. B.: 1992, 'Research on affect in mathematics education: A reconceptualization', in D. A. Grouws (ed.), *Handbook of Research on Mathematics Teaching and Learning,* Macmillan, New York, pp. 575-596.

National Council of Teachers of Mathematics: 1995, *Assessment Standards for School Mathematics,* National Council of Teachers of Mathematics, Reston, USA.

Noss, R. and Hoyles, C.: 1996, *Windows on Mathematical Meanings: Learning Cultures and Computers*, Kluwer, Dordrecht.

Poole, M.: 1995, *Beliefs and Values in Science Education*, Open University Press, Buckingham, UK.

Powell, A.B. and Frankenstein, M.: 1997, *Ethnomathematics: Challenging Eurocentrism in Mathematics Education*, State University of New York Press, New York.

Rokeach, M.: 1973, *The Nature of Human Values*, Free Press, New York.

Seligman, C., Olson, J.M. and Zanna, M.P. (eds.): 1996, *The Psychology of Values: The Ontario Symposium* (Vol 8), Lawrence Erlbaum Associates, New Jersey.

Skovsmose, O.: 1994, *Towards a Philosophy of Critical Mathematical Education,* Kluwer, Dordrecht.

Sosniak, L. A., Ethington, C. A. and Varelas, M.: 1991, 'Teaching mathematics without a coherent point of view: Findings from the IEA Second International Mathematics Study', *Journal of Curriculum Studies* 23(2), 119-131.

Wilson, B.J.: 1986, 'Values in mathematics education', in P.Tomlinson and M.Quinton (eds.), *Values Across the Curriculum*, The Falmer Press, Lewes, pp. 94-108.

32

The Role of Professional Knowledge in the Gap Between Wishes and Practice

CONTRERAS, L.C., CARRILLO, J. & CLIMENT, N., University of Huelva, Spain

Il arrive souvent que la pratique des professeurs ne concorde ni avec leurs désirs ni avec les nouvelles directives curriculaires. Nous portons l'attention sur plusieurs éléments qui expliquent ce décalage: a. les conceptions des professeurs sur les mathématiques, l'enseignement et les apprentissages; b. le contexte dans lequel ils travaillent et certaines conditions de ce contexte comme le temps disponible et la direction d'établissement scolaire; c. les facteurs qui sont liés aux valeurs sociales, morales ou philosophiques ou aux valeurs personnelles. Notre travail dévoile enfin deux autres éléments d'explication du décalage: les problèmes de gestion de la classeet les connaissances qu'ont les professeurs du curriculum.

Often one can see a gap between a teacher's wishes and agreements with the new curricula and his/her practice. Several reasons have been given to support the existence of this gap. Amongst them we highlight teachers' beliefs on mathematics and its teaching and learning, the context in which the teacher works or some of its elements such as time or school staff, factors related to social, ethical, philosophical or purely personal values. We consider two additoinal factors in our study: classroom management problems and deficient curricular knowledge.

1. Introduction

In recent years we have seen one of the most important changes in mathematics education. The new curricula include many of the recommendations which have been made by different research projects in what has been converted into an emerging and autonomous discipline. In the same way great efforts have been made in order to allow the teacher to adapt to the new ways of working in the classroom, to value the content and to understand the complex phenomenon of mathematics teaching and learning.

A large number of teachers have valued positively the recent changes in mathematics education, (albeit to a varied degree of acceptance) particularly those changes referring to new curricular directions and they have actively participated in the adaptation processes. However, on too many occasions, the reality of the classroom does not reflect such change.

Recent research has demonstrated that a relevant factor which may explain this phenomenon is derived from the teachers' conceptions of mathematics and its teaching and learning. Indeed, the investigations carried out in this area of professional knowledge have highlighted the existence of a gap between teachers' beliefs and teachers' practices. What elements hinder a desirable consistency? In other words: what key factors play a relevant role in the relationships between beliefs and practices?

Some researchers have written about the influence of the context. In general, we can say that there is no rule about such an influence. But let us consider the context in a broad sense. We mean that the context includes not only the colleagues at the department and the centre, but also the pupils and their families. From this perspective, the context is seen as a means to change or revise their beliefs. This social influence usually provokes a distance between their previous beliefs and their further practices. Often this distance is seen as negative, because the previous investigative tendencies move towards more traditional ones, sometimes the contrary happens.

Fernández and Vale (1994) highlighted, with the study of two inexperienced teachers, that the context within which the teachers work, conditions their practice, acting as a motivation in the adaptation process or contributing to a return to the traditional. On other occasions, as Manouchehri (1998) observes context elements such as time or the school staff are converted into unavoidable obstacles which do not leave the teacher any other option but to resort to what they have always done. It can also be attributed to, as Philipou and Christou (1997) have proposed, factors related to traditional social, ethical or philosophical values or purely personal ones.

In fact, practices help elaborate our own beliefs. At first, we have some beliefs, that belong to the realm of theoretical positions or ideas, which still have not been put into practice. Later, when we put them into practice, we receive a large amount of information, restrictions, other colleagues' beliefs and so on which are exchanged with our own beliefs. Sooner or later, more or less consciously, we will build a "new" body of beliefs. Starting from that, we could speak about beliefs, the adaptation of our beliefs to each particular context, and wishes. It seems very useful to us, in order to approach a teacher's profile and to make easier his/her professional development, to match beliefs with real and accessible situations, extracting from them what is desirable, although it is impossible to achieve at that particular moment.

It is not always the case that practices influence strongly on beliefs. When considering student teachers, Raymond (1997) affirms that the influence of practices on beliefs is weaker than vice-versa. Nevertheless, it seems to us very risky to deduce a general statement from Raymond's study. Sometimes, student teachers borrow beliefs from practice, occasionally more coincident with their previous ones, putting aside the beliefs that they have built up during the degree. But, as we have said before, there is no rule and all of us, dealing with students in their practice, have seen different cases. For example, we have usually observed how the over-riding goal consisting of keeping discipline prevents the application or the exploration of less traditional teaching methods (cf. p.506). We think that this obstacle appears also with teachers.

Hence, apart from the context (although not unconnected with it), and the other before mentioned constraints, other factors exist which play in this gap. Ponte (1994) and Raymond (1997) have pointed two of them out: classroom management and knowledge *of* and *about* the content. We will concentrate on the former and on curricular knowledge (considered by Carrillo, Coriat and Oliveira (1999) as an "intersection" between pedagogy and mathematics).

We present a case where classroom management and curricular knowledge are lacking, provoking a gap between a teacher's wishes and his/her practice.

2. The study

We deal with a case study of a secondary mathematics teacher (we will refer to her as KM), with more than 10 years' experience, who had taken part in many in-service training activities, particularly concerned with problem solving, and she appeared to be keen on the new curricular orientations. During a period of one year this teacher was submitted to questionnaires, semistructured interviews (including hypothetical situations in line with Even and Markovits (1997)), observations in the classroom and sessions of memory stimulation.

With the information gathered from the instruments mentioned above, we carried out a qualitative study as regards her conceptions of teaching and learning of mathematics, concentrating on the role which she gave to problem solving in the classroom[1]. The profile obtained did not coincide with what would have been expected of her professional history and of her attitude towards change.

We will analyse some of these aspects. With relation to the type of seating plan in the classroom, she declares:

"I believe that it has to be a little bit of both [individual and group work], although I work individually because I don't know how to work with groups"

On the other hand, when she refers to the use of problem solving in the classroom, she confirms that :

" through problem solving a lot of mathematics can be learned..., that is what I believe, but as I haven't put it into practice ..., the truth is I don't know..., I'm not capable of doing it.... "

Classroom observation allowed us to gauge the predominance of routine exercises instead of problems, as well as a traditional distribution of student and teacher tasks, including the absence of group work.

KM demonstrates (and admits) classroom management problems. Certain incapacity in this sense was observed linked to the concern about *order, silence* and *time,* sometimes incompatible with the research activities.

KM remarks that:

"...[my students] are sitting in twos, because, as I cannot control group work, last year I had very bad results, they wasted a lot of time, I didn't know how to deal with that class... "

Indeed, she tried to focus one of the observed sessions on problem solving, which allowed us to observe a lack of management capacity; the students contributed and asked questions but were not guided:

"*...I don't know what she was getting at* [a student's question] *I think that's why I didn't answer...I wasn't able to go beyond that ... the question... In others* [contents]...*I can see what they have been thinking in order to reach that conclusion. Here I'm unable to do that... "*

Her attempt to put her intentions into practice highlights again management problems with relation to information control:

"...it's just that ... there are things that get out of hand..., things that I can't control...In other areas ... I know what they are going to say...., I can guess what they are going to say, and I can be two steps ahead of them, but when ...I can't predict what they might say... I get lost... "

These problems appear to be connected to her curricular knowledge. She does not dispose of enough practical rules for determined mathematical contents:

"I'm not able, at the same time, to go on thinking at that speed, I have to go through it

much more slowly; and then ...there are situations which are beyond me...and those are the ones that I can't master, and when it's something I don't master that's where I begin to make mistakes...There are situations and answers which haven't occurred to me because I don't have great intuition, as I go beyond that [she is referring to the habit of directly approaching the situations from a formal view]..., *I'm no longer able to master that, I don't master that..."*

In the organisation process, she approaches the content to be taught from the mathematical point of view rather than reflecting on the possible viewpoints of her students:

"*...because with this problem, when I have done it myself...and I've discovered...my graphic, I've said to myself "I'll go on to the next one", to the next one...and that's it. And I haven't bothered trying other interpretations, if there were... more graphics other than the one I had found...and ,of course, as there have been many more... I haven't gone into that issue..."*

3. Conclusions

Analysing in depth the previous explanations by KM and our comments, we may conclude that the main obstacle that prevents her from transforming her wishes into real practice is her inadequate curricular knowledge, the classroom management problems being a direct consequence of the former.

Some training models for secondary mathematics teachers, as in KM's case, emphasise the knowledge of mathematical content. In this last decade, several studies have highlighted the inconsistencies of these models, because of the inadequacy of the knowledge *of the* content as the only element in the teacher's training. It is just as inadequate if the knowledge *about* is added to the knowledge *of* the content, as it is still within the mathematical component. In order for the teacher to be able to construct representations of the content which will be useful for the educational process, it is necessary to approach the professional knowledge from the practical point of view, where the knowledge of the content is constructed by the teachers with relation to "*...how students think in specific content areas, how to facilitate growth in students' thinking and self-awareness of their own cognitive processes"* (Fennema and Franke, 1992, p.157, about a Peterson's proposal,1988). The work of Even and Markovits (1997), based on Merseth's case method (1996), is an example of teacher training along these lines. Pre- and in-service teacher training should allow room for building personal representations on curricular knowledge, starting from knowledge of and about mathematics and pedagogical reasoning, within a practical context.

Note

1 The section of this study, concerning the other two teachers who took part in the research, was explained in Carrillo, Contreras and Climent (1998).

References

Carrillo, J.; Contreras, L.C. & Climent, N. (1998). Teachers' beliefs: starting point for professional development. Oral presentation at the *CIEAEM50*. Neuchâtel, Switzerland (to appear in 1999).

Carrillo, J.; Coriat, M. & Oliveira, H. (1999). Teacher education and investigations into teacher's knowledge. In Krainer, K. & Goffree, F. (eds.) *From a Study of Teaching Practices to Issues in Teacher Education*. Osnabrück: University of Osnabrück. Chapter 3 (electronic version).

Clark, C.M. & Peterson, P.L. (1986). Teachers' thought processes. In Wittrock, M.C. (ed.) *Handbook of research on teaching* (3rd ed., p. 255-296). New York: McMillan.

Ernest, P. (1989). The impact of beliefs on the teaching of mathematics. In Keitel, C. Et al. (eds.) *Mathematics, Education and Society*. Science and Technology Education. Document Series 35. Paris: UNESCO, 99-101.

Even, R. & Markovits, Z. (1997). A close look at the use of Mathematics-Classroom-

Situation cases in teacher education. *Proceedings of the 21st PME Conference*, II, 249-256. Lahti, Finland.

Fennema, E. & Franke, M.L. (1992). Teachers' knowledge and its impact. In Grouws, D.G. (Ed.) *Handbook of Research in Mathematics Teaching and Learning,* 147-164. Reston, Virginia : NCTM.

Fernández, D. & Vale, I. (1994). Two young teachers' conceptions and practices about problem solving. *Proceedings of the 18th PME Conference*, II, 328-335. Lisbon, Portugal.

Manouchehri, A. (1998). Mathematics curriculum reform and teachers: What are the dilemmas? *Journal of Teacher Education*, 49(4), 276-286.

Merseth, K.K. (1996). Case and case methods in teacher education. In Sikula, J. (S.E.); Buttery, T.J. and Guyton, E. (Eds.) *Handbook of Research in Teacher Education*, 722-744. New York: McMillan.

Peterson, P.L. (1988). Teachers' and students' cognitional knowledge for classroom teaching and learnig. Educationa Researcher, 17(5), 5-14.

Philiphou, G.N. & Christou, C. (1997). A study of teachers' conceptions about mathematics. *Proceedings of the 21st PME Conference*, IV, 9-16. Lahti, Finland.

Ponte, J.P. (1994). Mathematics teachers' professional knowledge. *Proceedings of the 18th PME Conference*, I, 195-210. Lisbon, Portugal.

Raymond, A.M. (1997). Inconsistency between a Beginning Elementary School Teacher's Mathematical Beliefs and Teaching Practice. *Journal for Research in Mathematics Education*, 28(5), 550-576.

Tabachnick, B.R. & Zeichner, K.M. (1984). The impact of the student teaching experience on the development of teacher perspectives. *Journal of Teacher Education*, 35(6), 28-36.

Wilson, S. et al. (1987). "150 Different Ways" of Knowing: Representations of Knowledge in Teaching. In Calderhead, J. (ed.) *Exploring Teachers' Thinking*. London: Cassel Education.

33

Une Approche de la Résolution de Problèmes et des Algorithmes de Calcul Centrée sur l'enfant

ANNICK FAGNANT, Université de Liège, Belgium

This contribution tackles two linked questions : (1) How to introduce addition and subtraction ? (2) What are the aims of problem solving ? By comparison with traditional approaches, we present two alternative methodologies which try to develop reflexive problem solving strategies and to give meaning to symbolic operations. The first proposed methodology focuses on informal and spontaneous strategies of children. The second methodology implements an explicit and direct instruction of an expert problem solving strategy.

I Comment introduire les additions et les soustractions et quel statut donner à la résolution de problèmes ?

Partons d'une citation de Nesher (1982) pour situer le débat concernant la manière d'aborder les opérations additives et soustractives: *Lorsqu'on parle des premières étapes de l'acquisition de l'addition et de la soustraction, avons-nous à l'esprit les opérations concrètes avec les objets (ex. faire une collection, ajouter ou retirer des objets réels, et garder une trace de leur quantité) ou pensons-nous aux opérations mathématiques avec les nombres?* (Nesher, 1982, p. 25).

Chacun s'accorde généralement à reconnaître l'importance des deux aspects ainsi que la nécessité d'une correspondance entre les deux. On admet également que les élèves entrent à l'école en disposant d'une large panoplie d'expériences avec les objets réels (voir Carpenter & Moser, 1982). Les choses deviennent moins claires lorsqu'on se pose la question de savoir comment on pourrait utiliser ces expériences pour développer un apprentissage mathématique plus formel. Par ailleurs, beaucoup s'accordent à penser que la correspondance entre les opérations concrètes avec les objets et le symbolisme mathématique se traduit, au sein de l'école, par la résolution de problèmes arithmétiques. Le vrai débat concerne le « statut » que l'on donne à cette activité: (a) la résolution de problèmes comme illustration de l'applicabilité des opérations formelles dans des situations concrètes ou (b) la résolution de problèmes comme un moteur de l'apprentissage formel.

Un autre point de vue théorique nous semble pouvoir éclairer la problématique. Hiebert (1988) propose une théorie de développement des compétences symboliques (en mathématiques) en 5 étapes séquentielles:

(1) Connecter les symboles individuels aux référents
- correspondance entre symboles et quantités:
- exemple: 7 correspond à 00000 00 ou à xxxxx xx
- correspondance entre symboles et actions ou relations:
- exemple. + correspond à une action d'augmentation, à un ajout, à recevoir quelque
- chose, etc..

(2) Développer des procédures de manipulation sur les symboles
- lier les actions sur les objets (monde réel) et les opérations symboliques (algorithmes de calcul) - cf. résolution de problèmes

(3a) Elaborer des procédures sur les symboles
- exemple: 3+8=3+7+1=10+1=11

(3b) Automatiser les procédures sur les symboles
- exemple: 4+3=7 → 14+3=17 → 40+30=70

(4) Construire des systèmes symboliques plus abstraits
- exemple: passage vers le calcul littéral.

Dans l'approche traditionnelle, la résolution de problèmes (ici étape 2) est considérée comme une activité complexe nécessitant comme pré-requis une certaine maîtrise des opérations formelles (élaboration et automatisation de procédures). Elle est alors postposée après les étapes 3a et 3b et introduite en deuxième année avec un objectif d'application (cf. position (a) du débat précité). Les compétences intuitives des jeunes élèves ne sont pas prises en compte. Selon Hiebert, cette manière de procéder pourrait, en grande partie, expliquer la perte de sens que les élèves attribuent aux opérations formelles et, en conséquence, le développement de comportements superficiels (résoudre un problème, c'est faire une opération) que présentent les élèves plus âgés (voir Verschaffel & De Corte, 1997).

L'approche que nous avons développée (introduire la résolution de problèmes en première année pour donner du sens aux opérations formelles) permet de répondre à plusieurs critiques faites à l'approche traditionnelle: (1) on situe la résolution de problème à la place qu'elle doit occuper dans le déroulement séquentiel proposé par Hiebert; (2) on prend en considération les compétences informelles des élèves (leurs conceptions intuitives des opérations) pour développer un apprentissage mathématique plus formel. On se place donc clairement dans la position (b) du débat précité: la résolution de problèmes comme moteur des apprentissages formels.

II Description des deux méthodes d'enseignement

Les stratégies

En résolution de problèmes, on rencontre généralement trois types de stratégies décrites dans la littérature de recherche.

(1) Les stratégies informelles

Ces stratégies modélisent directement la situation et entremêlent la phase de construction de la représentation et la phase de résolution proprement dite. On peut donc les considérer comme réflexives. Elles ne passent pas par l'écriture d'un algorithme (comptage par manipulation, comptage verbal,...).

(2) Les stratégies expertes

Ces stratégies consistent à choisir une opération arithmétique formelle sur base d'une représentation appropriée de la situation. Elles sont donc purement réflexives.

(3) Les stratégies superficielles

Ces stratégies consistent à choisir une opération arithmétique formelle sur base de critères superficiels (mots-clés, opération dictée par les nombres,...). Elles ne sont en rien réflexives.

Les objectifs visés

Les objectifs visés sont sensiblement identiques pour les deux méthodes d'enseignement mais les chemins à parcourir pour les rencontrer sont très différents. Le tableau suivant résume la situation.

Objectifs	Méthode A	Méthode B
Développer des stratégies de résolution de problèmes réflexives (par opposition aux stratégies superficielles)	Sur base des stratégies informelles et spontanées des élèves (pas d'enseignement explicite d'une démarche – on part des productions des enfants)	En enseignant une démarche experte de résolution (enseignement stratégique proposant explicitement une démarche de résolution)
Donner du sens au formalisme mathématique (aux opérations symboliques)	En lien direct avec les stratégies informelles des enfants (=> calculs = représentations des stratégies de résolution)	En lien direct avec la représentation de la situation (=> calculs = représentations formelles des situations décrites)

Méthode A

La première méthode que nous avons développée est inspirée des travaux de l'équipe de Jaspers et al. (1991). Elle est centrée sur les stratégies informelles des enfants. On part directement des productions des élèves pour construire l'apprentissage. Les stratégies informelles sont réflexives (par opposition aux stratégies superficielles); elles contiennent une phase de représentation mais celle-ci est enchevêtrée dans la phase de résolution proprement dite (on ne peut donc pas clairement distinguer les étapes). La phase de formalisation mathématique ne constitue nullement un passage obligé pour trouver la solution (cette phase est d'ailleurs généralement absente). Toutefois, en vue d'atteindre notre second objectif (donner du sens aux opérations formelles), nous allons «obliger» les élèves à ajouter cette étape, en lien direct avec les stratégies informelles de comptage. Les calculs produits sont donc des représentations de la stratégie de résolution.

Concrètement, la première méthodologie se déroule en plusieurs étapes:

(1) Résolution par manipulation d'objets
(2) Dessin de la manipulation
(3) Dessin du calcul qui «colle» à la manipulation
(4) Confrontation des différentes stratégies

On peut illustrer la démarche au départ d'un exemple:

Pierre avait 5 pommes. Anne lui a donné quelques pommes. Maintenant, Pierre a 11 pommes. Combien de pommes Anne a-t-elle données à Pierre?

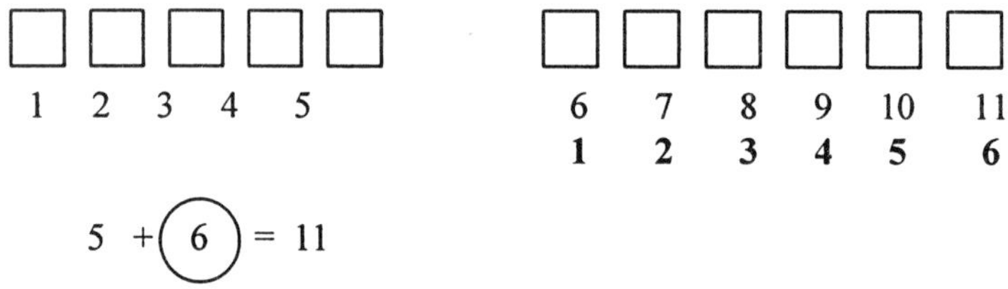

ou

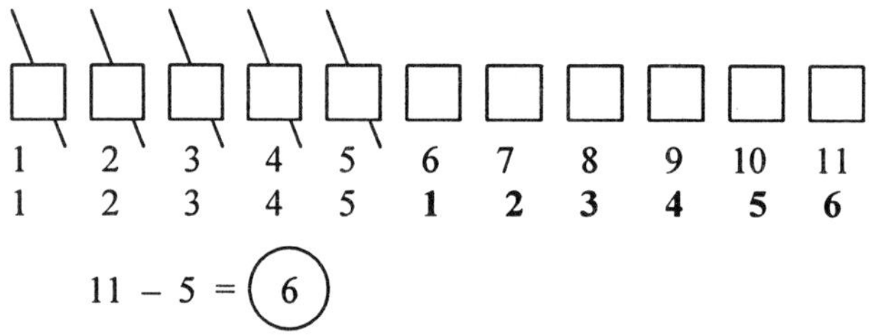

Méthode B

La seconde méthode que nous avons développée est inspirée des travaux de Dellarosa-Cummins (1991). Elle consiste à enseigner une démarche experte de résolution. Ceci correspond à un enseignement stratégique dans la mesure où on va apprendre explicitement une démarche de résolution aux élèves. Les stratégies expertes sont réflexives (par opposition aux stratégies superficielles). Elles permettent de distinguer une étape de représentation de la situation (modèle de situation), une étape de formalisation mathématique (modèle mathématique – algorithme de calcul) et une étape de résolution proprement dite (résolution du calcul, par comptage par exemple). Dans cette seconde méthodologie, on cherche à donner du sens à la formalisation en tant que seconde étape de représentation de la situation (modèle mathématique) liée à la première représentation plus concrète (modèle de situation). Concrètement, la deuxième méthodologie se déroule en plusieurs étapes:

(1) Résolution en jouant l'histoire avec des personnages et des objets
(2) Dessin de l'histoire phrase par phrase
(3) Ecriture du calcul qui colle à l'histoire
(4) Résolution du calcul par comptage sur le dessin
(5) Correction (une seule solution est attendue)

La démarche peut s'illustrer au départ du même exemple que pour la première méthode:

Pierre avait 5 pommes. Anne lui a donné quelques pommes. Maintenant, Pierre a 11 pommes. Combien de pommes Anne a-t-elle données à Pierre?

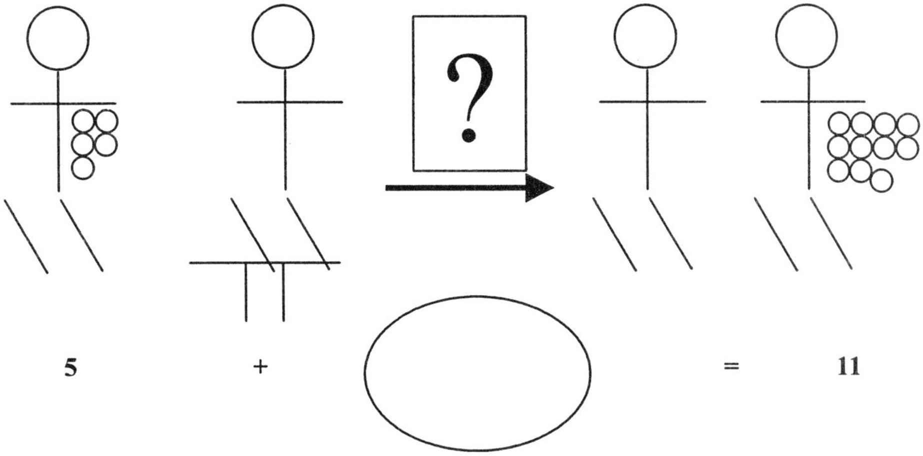

III. Les approches proposées sont-elles efficaces?

Les deux méthodologies ont été mises en place dans deux classes de première année primaire durant 10 séances d'instruction. Les problèmes utilisés provenaient de la classification de Riley et al. (14 problèmes additifs et soustractifs différents et ajout de données inutiles dans certains problèmes à partir de la sixième séance).

Afin d'évaluer l'efficacité respective de chaque méthode, nous avons procédé à un schéma sous forme de prétest, test intermédiaire et post-test. Nous avons également recueilli les feuilles des élèves en vue de procéder à une analyse fine de leurs productions au cours des séances d'instruction. Nous avons également fait passer le test final à un ensemble de classes témoins de première année (classes non soumises à un enseignement de la résolution de problèmes) et à une classe témoin de deuxième année (classe provenant de la même école que les classes expérimentales et soumise à un programme traditionnel d'enseignement de la résolution de problèmes).

Globalement, on peut remarquer l'efficacité des deux méthodologies :

a) Les résultats des deux classes expérimentales de première année sont plus élevés, pour tous les problèmes, que les résultats des classes témoins de première année ;
b) Les résultats des deux classes expérimentales de première année sont plus élevés que les résultats de la classe témoin de deuxième année, sauf pour les problèmes les plus « traditionnels » (état final inconnu et pas de données inutiles).

Nous ne nous positionnerons pas ici sur la détermination de la méthodologie la plus efficace. Pour répondre à cette question, il conviendra d'analyser les progrès individuels et les réponses des élèves aux différents tests (types de dessins et d'algorithmes produits, types d'erreurs,...). Il sera également important d'analyser les productions lors des différentes séances d'instruction.

Par ailleurs, une analyse des réponses des élèves des classes témoins semble montrer un développement de stratégies superficielles plus important en deuxième qu'en première année. On doit peut-être voir là un effet pervers du programme traditionnel d'instruction.

A ce stade de l'étude, nous ne pouvons donner qu'une conclusion très partielle mais néanmoins positive: les effets engendrés par les deux méthodologies proposées s'avèrent positifs...

References

Carpenter, T.P. & Moser, J.M. (1982). The development of addition and subtraction problem-solving skills. In T.P. Carpenter, J.M. Moser, & T.A. Romberg (Eds.), *Addition and Subtraction: A Cognitive Perspective*. Hillsdale, New Jersey: Lawrence Erlbaum Associates, Publishers.

Dellarosa-Cummins, D. (1991). Children's interpretation of arithmetic word problems. *Cognition and Instruction, 8(3),* 261-289.

Hiebert, J. (1988). A theory of developing competence with written mathematical symbols. Educational Studies in mathématics, 19, 333-355.

Jaspers, M.W.M. (1991). *Prototypes of Computer-Assisted Instruction for Arithmetic Word Problem Solving*. Unpublished doctoral dissertation. Department of Special Education, KU Nijmegen, Netherlands.

Verschaffel, L., & De Corte, E. (1997). Word problems: A vehicle for promoting authentic mathematical understanding and problem solving in the primary school? In T. Nunes & P. Bryant (Eds.), *Learning and teaching mathematic: An international perspective* (69-97). UK: Psychology Press Ltd.

34

Different Forms of Proving in Geometry Teaching in France and Germany

CHRISTINE KNIPPING, University of Hamburg, Germany

The presented case study of French and German mathematics teaching in geometry has revealed profound differences in the field of proof. The differences which have been found in forms and functions of proofs can be described as different "cultural dialects" of mathematics as they reveal different cultural values implicitly transmitted. German teaching of proofs can be interpreted as an calculus oriented "mathematical dialect", whereas in France the "dialect of mathematics" is dominated by geometrical ideas.

L'étude comparative présentée a mis en évidence des différences importantes dans l'enseignement de la géométrie en France et en Allemagne en ce qui concerne les preuves et les démonstrations. Les différences qui sont apparues dans la forme et la fonction des preuves sont interprétées ici comme ce qui correspond à différents dialectes culturels des mathématiques. Nous donnons ainsi une assise qui permet de dégager les valeurs implicitement transmises. Une première interprétation est que le dialecte mathématique utilisé dans l'enseignement des preuves en Allemagne serait plus orienté vers le calcul, alors qu'en France il serait plus dominé par des idées géométriques.

1. Introduction

Until several years ago mathematics was considered a value-free and acultural subject, as many believe "Numeration is numeration". In contrast to that recent developments in culture and mathematics, such as Bishop's (1988) research on enculturation, Powell and Frankenstein's (1997) overview of ethnomathematics have emphasised that there exist mathematical ideas which are different to those in the canonical mathematics curriculum of the West (see Howson and Wilson, 1996) and that both beliefs and attitudes towards mathematics do relate with culturally embedded values. However, there is little empirical research on which values are taught in mathematics classroom and how they are taught.

Recent results of international comparisons in mathematics teaching (Cogan & Schmidt, 1999) suggest that cultural diversity in mathematics education goes far beyond the commonplace notion that countries emphasise different elements in instruction. They have found qualitative differences which could be found in the topics that were the focus of lessons and in what students were expected to do when studying these topics. Cogan and Schmidt describe this as a form of introduction to different cultural dialects of mathematics. Comparative Studies like the case study project of Cogan and Schmidt or the Videotape Study as a component of the Third International Mathematics and Science Study (see Kawanaka, Stigler, Hiebert 1999) turned out to become an insightful tool to reveal cultural beliefs and practices in mathematics education which normally are nearly invisible to the members of a culture. As the teaching of values happens in large parts implicitly, the analysis "cultural dialects" of mathematics teaching might help to understand cultural embedded values of mathematics teaching.

Differences of mathematical cultures in classroom practice also appear in my comparative case study of French and German mathematics lessons in geometry. Observations in my study carried out during the school-year 1998/99 have revealed profound differences of mathematics teaching in France and Germany in the field of proof. In the following section, I will present the first results of this study. Differences that appear in forms and functions of proofs can be described as different cultural dialects of mathematics and will give a basis to single out, in the first step, the transmitted implicit values. But first let me offer you a brief outline of the methodical design of my study.

2. Methodical approach

The case study embedded in a qualitative paradigm seeks to explore differences in forms and functions of proof as they can be found in geometry teaching in France and Germany. Six classes of grade four (14 year old pupils) were observed in France and Germany, each class for a period of two weeks, within two classes of a French-German college. With respect to proof on the one hand and variation of subjects on the other hand, six units concerning Pythagoras' theorem and six further units dealing with similarity and special lines in triangles were chosen. Participating classroom observation were expanded by recording the lessons, so that analyses of transcripts and analyses of panels are possible. Analyses of the data are intended to be done from two different perspectives, subject bound analyses on the one hand and reconstruction of argumentation formats on the other hand. In the following I will present first results of the subject bound analyses. Exemplary analyses of forms and functions of proofs of Pythagoras' theorem as found in the classroom will be presented in the following and differences will be singled out.

3. First results: Characteristics of forms of proofs

Pre-sorting the proofs which have been observed in classroom situations in France and Germany showed four different forms of proofs.

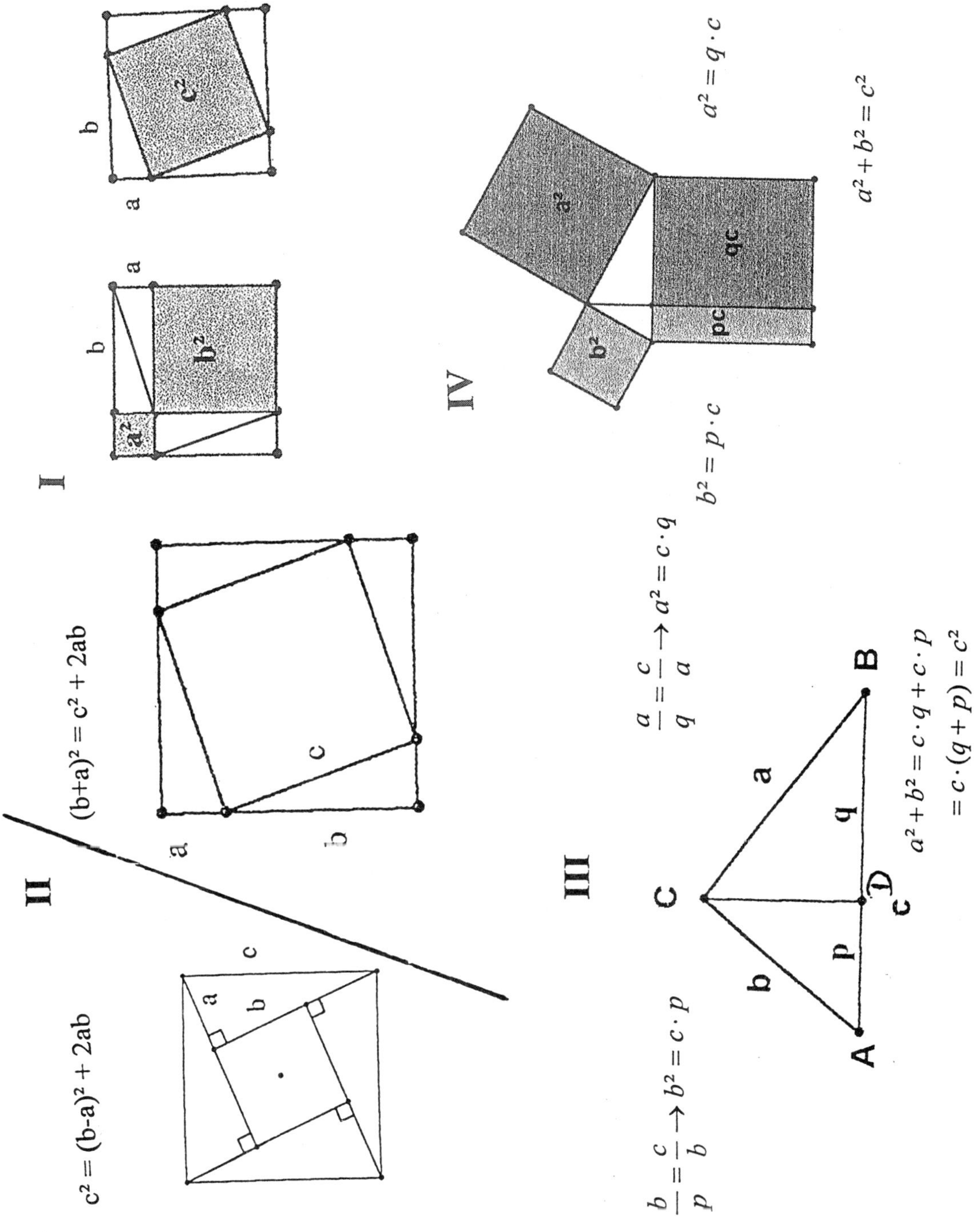
I
II
III
IV
$c^2 = (b-a)^2 + 2ab$
$(b+a)^2 = c^2 + 2ab$
$\frac{b}{p} = \frac{c}{b} \rightarrow b^2 = c \cdot p$
$\frac{a}{q} = \frac{c}{a} \rightarrow a^2 = c \cdot q$
$a^2 + b^2 = c \cdot q + c \cdot p$
$= c \cdot (q + p) = c^2$
$b^2 = p \cdot c$
$a^2 = q \cdot c$
$a^2 + b^2 = c^2$
A
B
C
D
qc
pc

Figure 1

I. Proofs based on comparisons of areas
II. Proofs based on calculations of areas
III. Proofs where algebraic manipulations of terms, generated by application of theorems which have already been studied in class – here similarities are central
IV. Proofs using visualisations of former theorems – here "Kathetensätze", meaning $a^2 = pc$ and $b^2=qc$.

In the first proof type two figures – a square of the area c^2 and the union of two squares of the area $a^2 + b^2$ – are completed by four equal right angled triangles to two equal squares, evidently of the same area. In the fourth proof type the square built up on the hypotenuse is divided into two rectangles whose areas are well known for the property that $a^2=pc$ and $b^2=qc$ which has been demonstrated in former lessons. In these two types of proof a^2, b^2 and c^2 are immediately interpretable as areas of the three surfaces appearing in the figures which are to be compared. Both proofs refer to essentially geometric ideas and therefore I will name them as *geometric* proofs. In contrast to this, proofs of type two and three mainly use algebraic operations. In the proofs of type two, Pythagoras' theorem is derived by calculating in two different ways, the area of a square (in one case a square of side c, in another case of side a+b), which is dissected in a small square and four right angled triangles. The area of the big square is, in both cases, the sum of the area of a small square plus the areas of four right angled triangles. In proof three, proportions - based on the similarity of the three right angled triangles ABC, ACD and CBD - are considered. Pythagoras' theorem is deduced by transformation and addition of the generated algebraic equations. Proofs of type 2 and 3 will be described as *algebraic proofs*. Nevertheless there is a substantial difference between proof two and three: in proof two, the generated equations are locally interpretable as areas, which is not the case in proof three, where quotients of lengths appear without any possible geometric meaning. In proofs of type 2 all steps of the proof are semantically interpretable, here geometrically. Hanna and Janhnke's distinction of *semantic* and *deductive* proofs seems to be helpful at this point (Hanna/Jahnke, 1993). According to them, semantic proofs intend to prove why a theorem is true and deductive proofs tend to prove that a theorem is true. Whereas understanding and meaning of deductive proofs become possible only from a global and systematic perspective as further theorems are referred to, in general semantic proofs are interpretable step by step - "locally" - as they mainly concern elementary ideas. Following these categorisations proof two can be classified as an *algebraic-semantic* proof while proof three can be seen as *an algebraic-deductive* proof. Consequently proof four, which depends on further theorems, must be regarded as a *geometric-deductive* proof whereas proof one can be classified as a *geometric-semantic* proof.

Comparing French and German teaching it is striking that no geometric-semantic proof, in our above classification, is found in German mathematics lessons, whereas in French classrooms no deductive proofs of Pythagoras' theorem have been observed. To put it another way, in German mathematics teaching only deductive or algebraic proofs could be found, while in French mathematics lessons only semantic proofs have been identified. These observations correspond with proofs in textbooks used in class and curricula. This can be interpreted as a calculus oriented mathematical dialect in German teaching of proofs, whereas in France the dialect of mathematics is dominated by geometrical ideas.

4. Further Results: Analyses of functions of proofs

A reconstruction of functions of proofs which we have observed in lessons have shown further differences.

Proofs play an important role in mathematics instruction in Germany - at least at the "Gymnasium", higher type secondary school (this has been concluded from the time teachers devote to proofs. For instance in one case teaching of a proof was continued through three lessons! The relatively large number of proofs prescribed in the curriculum also shows the importance which is given to proofs. French teachers focus on a few proofs during the school year, which corresponds strongly with the curriculum, in general these proofs are introduced by the teacher during the course. Apart from this, proving as a form of legitimating solutions of problems, plays an important role in French lessons. The following problems and exercises have been found in German and French mathematics lessons.

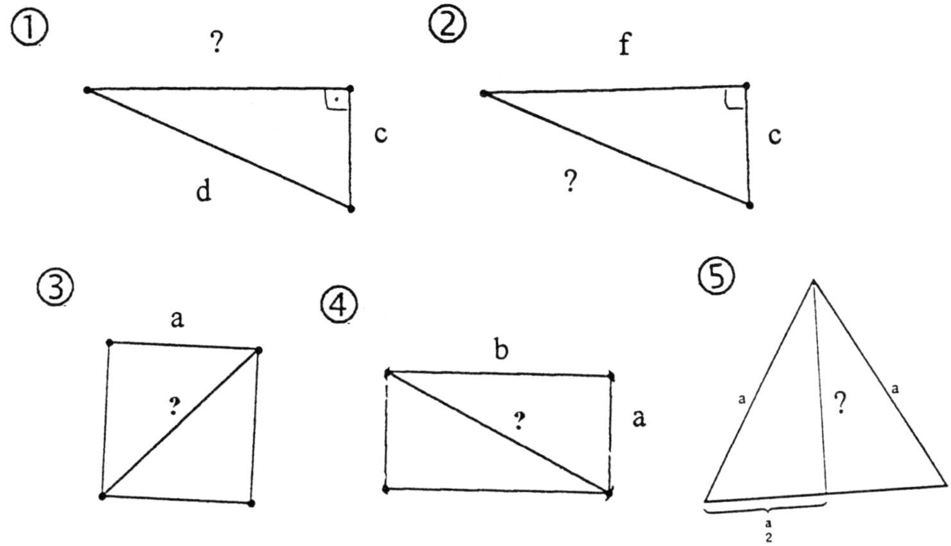

Figure 2

Whereas the following forms of problems have only been observed in French mathematics classrooms and text-books.

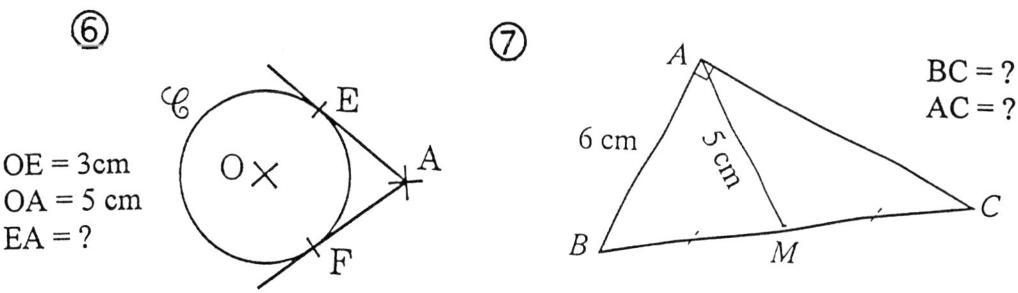

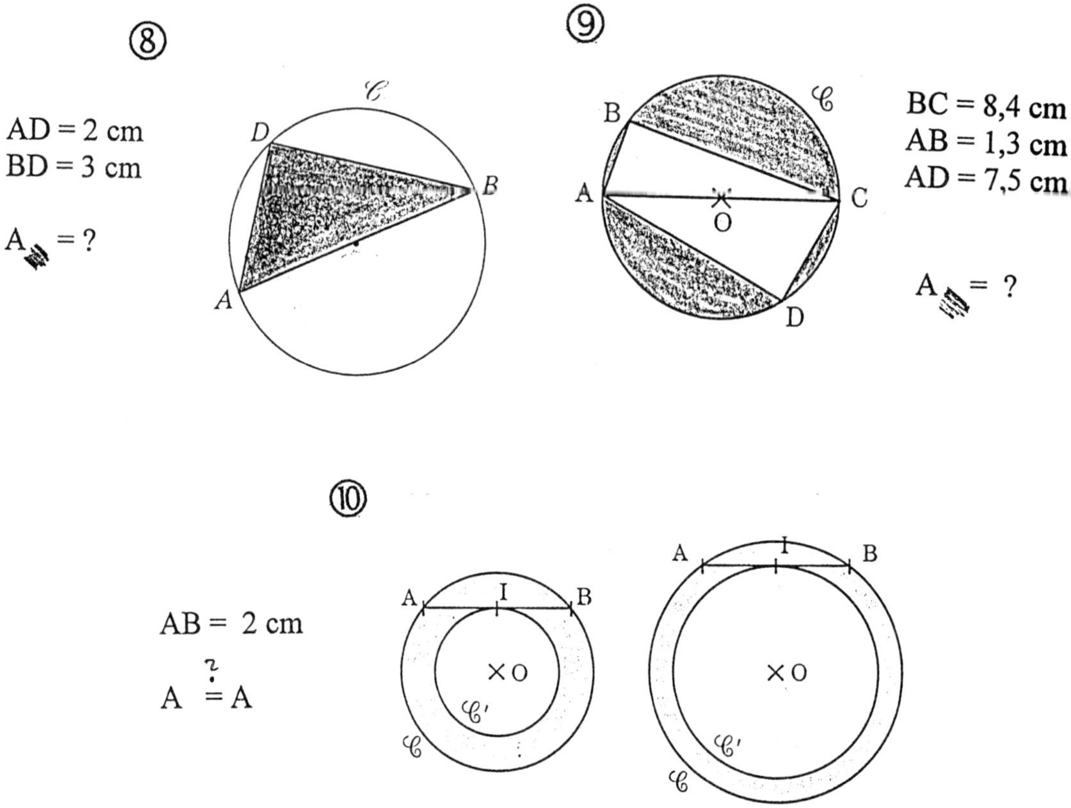

Figure 3

For these kinds of problems it is typical that other geometrical properties besides Pythagoras' theorem must be used. In the examples Ex. 6 to Ex. 8 properties of the circumcircle have to be taken into account, Ex. 9 requires application of calculation of a ring and Ex. 10 demands using properties of tangents. Students were not only expected to find solutions for these problems or simply to give results, but to give detailed proofs following a certain scheme. Explanations on one's reasoning and one's application of properties in order to legitimise one's results to the teacher and other students is regarded important. Balacheff has described these forms of proofs as *intellectual* proofs (Balacheff, 1996), which can also be seen as a form of semantic proof, as defined above. Differences of semantic proofs in general and intellectual proofs in particular will become more clear by analysing their functions within mathematics and mathematics education. As I have mentioned above, deductive proofs prove that a theorem is true, which means that the function of deductive proofs is to legitimate truth, de Villiers has classified this as a function of *verification* (de Villiers, 1990). In contrast to this, semantic proofs have an *epistemic* function, as they give insights why a theorem or property is true. Another function of proofs described by de Villiers is a *discursive* one which means that results have to be explained to others face to face. The discursive function of proofs have only been found in French mathematics lessons, where proofs in form of problem solving are expected by students.

Summarising the results concerning different functions of proofs in geometry teaching in France and Germany will give first hints for analysing the transmitted values of teaching.

Semantic proofs which could be found in German and French lessons have an epistemic function in mathematics, oriented to pupils process of learning. Intellectual forms of semantic proofs, found in French teaching, put the shift on intersubjective legitimisation of truth and students' active understanding, whereas deductive forms of proofs in German lessons are a reconstitution of a corpus of mathematical knowledge on a rather formal level.

5. Conclusion: Different cultural dialects of mathematics?

Finally I wish to summarise the main points of my contribution, where I have tried to reconstruct values and beliefs transmitted through the school subject of mathematics and its instruction. Classroom observations were the basis for the analyses of forms and functions of proofs, which I have named "cultural dialects of mathematics". While German mathematics teaching might be described as calculus-oriented, French mathematics instruction is mainly concentrated on geometrical ideas. The importance of proving activities and the implied discursive function of proofs in French teaching have not been observed in German instruction. In contrast to this, teaching of proofs as part of mathematical knowledge dominated the German teaching practice. The question of how far these findings can be generalised as typical of French and German teaching, still must be left open.

References

Balacheff, N.: 1996, 'Apprendre la preuve', in J. Sallantin, J. (ed.), *La preuve à la lumière de l'intelligence artificielle*, Paris.

Bishop, A.J.: 1988, 'Mathematical Enculturation: A cultural perspective in Mathematics Education', Kluwer, Dordrecht.

Cogan, L.S. and Schmidt, W.H.: 1999, 'An Examination of Instructional Practices in Six Countries', in: G. Kaiser, E. Luna and I. Huntley (eds.), *International Comparisons in Mathematics Education*, Studies in Mathematics Education Series 11, Falmer Press, London/ Philadelphia, 68-85.

Hanna, G. and Jahnke, H. N.: 1993, 'Proofs and Applications', in: Educational Studies in Mathematics 24(4), 421-437.

Howson, A.J. and Wilson, B.J.: 1996, 'School mathematics in the 1990s', Cambridge University Press, Cambridge.

Kawanaka, T.; Stigler, J.W. and Hiebert, J.:1999, 'Studying Mathematics Classrooms in Germany, Japan and the United States: Lessons from TIMSS Videotype Study', in: G. Kaiser, E. Luna and I. Huntley (eds.), *International Comparisons in Mathematics Education*, Studies in Mathematics Education Series 11, Falmer Press, London/ Philadelphia, 86-103.

Powell, A.B. and Frankenstein, M.: 1997, 'Ethnomathematics: challenging eurocentrism in mathematics education', State University of New York Press, New York.

De Villiers, M.: 1990, 'The Role and the Function of Proof n Mathematics', in: Pythagoras 24, 17-24

35

The Use of Projects as a Catalyst for Changing Beliefs of Pupils, Parents and Teachers

MARIE KUBÍNOVÁ, Charles University, MONIKA BAREŠOVÁ , Mathematical Institute, Academy of Sciences, JANA HANUŠOVÁ , Grammar School, Mnichovo Hradiště, Czech Republic

In our mathematics teaching we utilised projects to encourage creative approaches in problem solving. We analysed specific strategies and we discovered and described phenomena, which allow us to have a positive influence on our pupils and their approach to mathematics. Pupils find out that mathematics can be useful for problem solving. Projects can also have a good influence on teachers' beliefs that all pupils are capable of obtaining mathematical knowledge and at least some mathematical skills.

L'enseignement des mathématiques a servi de cadre de recherche. L`analyse des stratégies spécifiques nous a permis de décrire les phénomènes qui peuvent influencer positivement les élèveset leur opinion, par exemple celle que les mathématiques sont utiles puisqu'on peut les utiliser comme instrument dans le processus de solution des problèmes. Ces mêmes phénomènes peuvent aussi influencer les convictions des enseignants commecelle que les connaissances mathématiques sont ouvertes à tous les élèves, quelque soit leur âge.

"What should be done can be shown best if we do it ourselves".
J.A. Komenský

During the last few years the Czech educational system has changed in many ways. Now it is much more open to new ideas and methods of working and wants to give a place to alternative ways of teaching. This is embodied in the preamble of all three educational programs.

1. In "Základní škola" (Basic school) educational program (Jeřábek and team, 1995) it is stated that:
   "The typical feature of mathematics education is individual solving of tasks and problems demanding mathematical procedures. Mathematics teaching must be connected with the system of feed-back, based on the creativity of every pupil and reaction of teacher who generalises pupils' 'discoveries'."

2. The authors of "Občanská škola" (Civic school) educational program (Piťha and his team, 1994) require the following:
   "In the expected age of pupils the aim is not the education of mathematicians. Mathematics should be simple, graphical, applicable and should feed on pupils' own experience and should give an answer to searching for solutions of questions, which are at the same time sensible and topical for them. Pupils will learn mathematics actively and user-wise (and not passively and reproductively). ... To administer children to using mathematics, we will wittingly cultivate interdisciplinary connections and if possible support solving 'complex problems', ..."

3. The "Národní škola" (National school) educational program (Vondráček and his team, 1997) says that:
   "Mathematics education should be based on developing pupils' own experience, ... The aim is to endue pupils with a faculty to view world in which they live from the point of quantity, and abstract thinking development and logical operation, and to be able to make practical use of acquired knowledge."

Our experience from schools shows that, the expectation that together with a global change of school system, there would also be a change in teachers' thinking was not fulfilled. We expected that teachers would understand the need for changes including changes in mathematics education but unfortunately this does not seem to be the case. This is one of the reasons why mathematics is still thought and perceived by both pupils and their parents as a subject in which only 'mathematically gifted' children can succeed and the others, if they want to get a good mark, "must learn mathematics" without understanding what they learn.

The current reality of school is different. The educational program that is chosen depends on the previous experience of teachers. Usually their experience is based on the conventional instructive way of teaching and that is, in our opinion, the reason why the majority of schools choose the "Basic school" educational program. Even though this program promotes a creative approach to teaching, its contents are closest to traditional teaching. Pupils prefer getting to know mathematics through manipulation. This is exemplified in the following extracts.

Extract 1 (after a mathematics lesson, December 1998)
Jakub (a pupil of 7.E) "It was perfect today, we did not study at all. We just assembled ORIGAMA.
Teacher: "By the way it is ORIGAMI, but do you really think that there was no mathematics at all?"
Jakub: "Well, yeah there was, ...quite a lot."

Extract 2 (a conversation of students at school corridor, February 1996):
Petr (a pupil of 7.A): "So what?"
Pavel (a pupil of 7.B): "What do you think, maths, a horror again. I can never learn it."
Petr: "We do not learn maths, we do maths."
In actual school practice, the educational process is reduced to simple transmitting of

content from textbooks and the curriculum. The subject matter often exists only in a project and is not understood as a starting point for creative living. What is valued is 'knowing things when being examined'. Evidence of this is given below:

Extract 3 (data record from part of a teachers' discussion, April 1999)
The Mathematical subject commission at a basic school has met as they were asked to propose subject matter which could be left out of the last curriculum.
Chairwoman (54 years old): "They want us to leave out some subject matter. We must do it now as we are in a hurry."
Teacher A (female 59 y.o.): "Leave something out again? We are now teaching half from what we taught years ago."
Teacher B (female 51 y.o.) "Today children are not able to learn so much. They prefer sitting in front of a television or a computer."
Teacher C (female 47 y.o.) "What about leaving out operating with fractional algebraic expressions. Anyway it is like an alchemy for many pupils."
Teacher D (female 58 y.o.) "Not that, it is so easy to teach, I like it so much."
Chairwoman: "But we must leave something out".
Teacher A: "I would leave the unfortunate statistics from grade eight, neither me nor children like it."
Teacher E (male 29 y.o.) "But my pupils liked it and they also practised many other things without realising it."
Teacher D: "Oh, you younger ones take it differently but it is not proper mathematics."...

The realisation of 'the National school' educational program and 'Civic school' educational program assume the change of both the teachers' style and school as a unit aiming towards a more constructive way of teaching.

In our work we followed the idea that this change is possible. We are attempting to help teachers understand the usefulness of teaching mathematics in an active way and help pupils not to be only consumers but also users of mathematics. We want to increase the pupils' belief in their mathematical abilities and ensure that by using it they are able to solve many of their problems.

We therefore prepared mathematics lessons in order to allow our students to:

- have an opportunity to see mathematics from another standpoint, especially as a suitable method of solving problems from other disciplines and real life;
- discover not only possibilities of mathematics, but also their own.

We created situations, which encouraged creative approaches in problem solving. One of them is teaching mathematics through projects. Projects comprise, in our interpretation, various activities in which students discover mathematical concepts and laws and/or in which they learn about possibilities of the use of mathematical concepts outside mathematics. When working on a project, they are led by a teacher or they work on their own.

A project, which is well prepared and placed in a mathematics lesson, can:

- help students to overcome possible obstacles while learning mathematics in a natural way;
- help with relationships in mathematics as a subject;
- cultivate a student's ability to make abstractions, classify, find arguments and communicate;
- teach students how to deal with stressful situations (with successes and failures in their learning, with teachers' and parents' requirements, with the class climate and so on).

An example of our approach will be demonstrated by an analyses of students' work in the project titled "About Water". The project was presented in different forms (as a closed or opened project, long-term or short-term project, school or home project, ...) and in different contexts (mathematics, chemistry, physics, ecology, ...) in the years 1995, 1996, 1998 and 1999.

In 1995 we introduced the first version of the project "About Water" for a class of children with very poor subject knowledge. The project "About Water" was a part of a long-term project by a group of experienced teachers. The program attempted to change pupils' feelings in the following two ways:

a) that school is a place where they can partake in solving tasks which will provide them with useful attainments and skills for everyday life; and
b) at school everyone can be a successful pupil.

The project was concluded by giving pupils several work sheets. On individual pages easy problems were described from everyday life, which could be solved by using basic knowledge and skills from mathematics, physics, chemistry, ecology, geography. The project was structured so that the pupils would start working on it at school but finished it off at home. We positively evaluated the every slightest attempt of solving any task from the project. Consequently the climate in the class changed, and the pupils started looking for answers for other tasks connected with the project and collected a large amount of interesting things about water. As pupils said, many of them felt "being a successful student" for the first time in their life. Some of them clearly stated that successful work on the project made them change their belief about their potential and abilities.

Three pupils:

Petr - a boy who, for a long period of time, did not succeed on in mathematics, physics, biology and who was from a socially very poor and not at all stimulating background;

Barbara - a girl who did not prosper in the Czech language, mathematics and biology. Although she was from a well situated family, she was constantly negatively evaluated by her parents. Her younger brother attends the same class as her and is consistently successful at school;

Jana- a girl with average results in all subjects but the focus of interest of her divorced parents.

The parents of those pupils were, after considerable work, persuaded to pay at least minimal attention to their children's work on the project and to be interested in their results. Later we found that in all three cases through the long and sustained persuasion of the parents, that Petr's, Barbara's and Jana's beliefs that they cannot be successful at school had been broken.

In the following years, as a result of the above-mentioned success, we decided to offer this project in an open form and we allowed it to be solved in groups or together with parents.

Our last version of the project "About Water" was compiled in 1999 for two classes of very weak pupils (class C and E), one lyceum-like class (class F) and one study oriented class (class P). In all these classes mathematics, and in two of them also physics, is taught in a constructive way.

We constructed an open project, which was introduced orally in mathematics and physics lessons. There, we discussed details connected with the content and form of processing the project. For a month pupils worked on the project either individually or in groups. After that they gave us their results in a written form. At the end they presented their work in front of their classmates, teachers and school leadership at a 'students' conference' (one shared for classes C, E, F, another for class P).

From our observations, analyses of pupils' projects, analyses of video-recording of the course, of the 'students' conferences' and interviews with teachers who did not take a part in the realisation of the project, we discovered many interesting things. We think that the most important is that projects can positively affect the beliefs of pupils, parents and teachers.

Pupils:

- about the accessibility of mathematical knowledge to all pupils of commensurate age without regard to possible unfavourable climate of communities of which they are members;
- about sense and usefulness of mathematics as a tool for solving problems including the use of mathematical language (for example diagrams, charts and graphs) to simplify descriptions of complicated relations;
- about the availability of using mathematics in other fields of human activities and also in everyday life (for example meteorology, reservoir building, drinking regime, water requirement for households and industry including possible losses, ...);
- about their abilities to achieve success at school (*an example is Marek, from class C. He was evaluated by teachers, school psychologist, parents and himself as under-average but after the presentation of results of his work his self-confidence increased as his classmates and teachers praised his work very much.*).

Parents:

- about the usefulness and sense of school-work that their children do;
- about the possibility to get to know the cognitive faculty of their children through shared activities (for example, *Jakub's father when he wanted to show his son, a pupil of class E, how to work efficiently, first of all he taught him how to work with proper software*);

Teachers:

- about the acquisition of other than traditional forms of tuition (*for example a teacher who was present at the 'students' conference' of the project 'About Water' was so gripped by the pupils' achievements that she asked for the possibility of co-operation on the next project.*);
- about the possibility of giving a place for pupils with bad results to show their own ability. The aim here is to expose their positive achievements (*for example a form mistress after seeing results of a very weak pupil, was extremely surprised that the girl was able to do such a thing.*).

References

Barešová, M., (1997) "Families of problems", Basic elements of the culture of thinking. In: Proceedings ERCME 97. Prometheus Publishing House, Prague, Czech Republic, pp. 142-144.

Cobb, P., Yackel, E. & Wood, T., (1992) Interaction and Learning in Mathematics Classroom Situations. Educational Studies in Mathematics, 23(1), pp. 99-122.

Jaworski, B., (1994) Investigating Mathematics Teaching, A Constructivist Enquiry. The Falmer Press

Kubínová, M., (1996) Does experimental work belong to the mathematics education of 9-16-year old students?, In Proceedings Interakcja teorii i praktyki nauczania matematyki w szkole podstawowej i sredniej. VSP Rzeszów, Poland, pp 99-108. IBSN 83-87288-31-4.

Kubínová, M. & Novotná, J., (1997) Students' Independent Work in Mathematics Out of School. Mathematics Competitions, Vol. 10, No 2, pp. 14-28.

Kubínová, M., Novotná, J. & Littler, G.H., (1998) Projects and mathematical puzzles - a tool for development of mathematical thinking, in CERME 1, Osnabrück. http//www.erme.uni-osnabrueck. de/cerme1/ group5. htm.

Tichá, M. & Kubínová, M., (1998) On the activating role of projects in the classroom, in CERME 1, Osnabrück. http//www.erme.uni-osnabrueck. de/cerme1/ group5.htm

Kubínová, M. & Novotná, J., (1998) Projects in mathematics education, in CIEAEM 50, Neuchâtel, In print, (Abstract in Proceedings of abstracts.)

Lange, J., (1998) Real Problems with Real World Mathematics, in Proceedings of ICME 96, Sevilla, S.A.E.M. Thales, pp. 83 -110

36

Beliefs and Practices of Teachers of Numeracy to 4-16 Year Olds in Schools Serving the Same Catchment Area: Preliminary Findings

ADRIAN PINEL, University College Chichester, UK

This study explores two main questions: How do teachers' espoused beliefs about what it is to be a numerate pupil affect their enacted practices? How do teachers' espoused beliefs about how pupils learn to become numerate relate to their enacted practices? Data gathered is analysed using the terms 'connectionist', 'discovery' and 'transmission' [Askew et al. 1997]. The results suggest that longer term effectiveness of a strategy for enhancing numeracy may depend upon a greater change than teachers simply accepting and espousing that strategy.

Cette étude concerne l'exploration de deux questions principales: Comment les convictions des professeurs suъce qui caractérise selon eux un élève 'numerate' influencent-elles leurs pratiques d'enseignement? Comment les convictions des professeurs sur la façon d'apprendre à devenir de plus en plus 'numerate' sont-elles reliées à ces pratiques? Les données ont été analysées à partir des termes 'connectionist', 'discovery'et 'transmission' (Askew et al, 1997). Les résultats suggèrent que la strategie appliquée pour aider les professeurs à accroitre la 'numeracy' de leurs élèves ne peut être effective à long terme que si nous réalisons chez ces professeurs des changements plus importants que simplement l'acceptation et le partage des convictions liées au concept 'numerate' des innovateurs.

Introduction

In response to international comparison studies, England in 1996 saw the launch of various 5-year numeracy projects, which concluded prematurely (in the author's view) with the national launch in autumn 1999 of a *'National Numeracy Strategy'* in English primary schools; this drew on early findings from those projects. This study is located is a numeracy project run as an independent initiative by a consortium of 15 schools - 11 first schools [4-9 years], 3 middle schools [9-13] and one upper school [13-16] all within the catchment area of the upper school. 16 teachers are engaged on a '10-day' course over the first two years of the project[1].

Research into Beliefs of Teachers in Relation to Mathematics

Much had been reported about teachers' beliefs and attitudes, perhaps because teacher attitude affects student performance. This is partly because teachers' attitudes and beliefs seem to influence how students see their own abilities. Surveying study evidence led Askew and Wiliam [1995] to assert: "One of the most important things that a teacher can do is to foster a view of ability in mathematics as changeable rather than fixed". In this sense beliefs are seen as intimately linked to practice.

Ernest [1989:p20], referring to the "potent effect of beliefs", suggests that we need to consider beliefs to account for the differences between mathematics teachers whose knowledge is very similar, but whose practices show virtually opposite orientations. He offers three conceptions of mathematics as: [1] dynamic and problem-driven, [2] a static body of knowledge, and [3] a useful collection of facts, rules and skills. He suggests that the location of a teacher's beliefs in relation to these descriptions will have a powerful effect on their classroom practice, but that this practice will be strongly influenced by the teacher's fundamental educational principles.

Many studies conflate teachers' beliefs and knowledge, and as Nespor [1987, p323] said "to understand teaching from teachers' perspectives we have to understand the beliefs with which they define their work". It was the focus on teachers' knowledge that led to renewed interest in 'belief systems and conceptions' underlying teachers' practice. Teachers with low 'self-concept' in relation to mathematics become more confident as they become more knowledgeable and that this has some positive effect on their beliefs and practice. Surveying the research to date, Fennema et al. [1992] suggest that "The future lies in understanding the dynamic interaction between components of teacher knowledge and beliefs, the roles they play, and how the roles differ as teachers differ in the knowledge and beliefs they possess"

The present study is focused on the dynamic interaction between teachers' espoused beliefs, planning and enacted classroom practice, so it is important to attempt to clarify the 'fuzzy' distinction between beliefs and knowledge [Scheffler, 1965]. Green [1971] offered three dimensions of belief systems, namely that:

- beliefs are never completely independent of all other beliefs and that '*primary* beliefs and *derivative* beliefs' coexist in a quasi-logical structure;
- beliefs are *central* or *peripheral*, with central beliefs being most strongly held and peripheral beliefs being most prone to change;
- beliefs are held in *clusters* and largely isolated from other clusters, which enables individuals to hold conflicting beliefs simultaneously.

This suggests that: observers of classroom practice may see the playing out of derivative beliefs; when beliefs are challenged, initial change observed may be mainly peripheral, perhaps leaving central beliefs largely unaffected. The clustered nature of beliefs may enable such teachers temporarily to isolate new ideas and experiences where these embody beliefs that conflict with their central beliefs.

Teachers' Beliefs in relation to their Practice

The relationship between the beliefs that teachers espouse, the beliefs that guide their planning, and their enacted classroom practice is unclear. Some researchers have found some consistency between espoused beliefs and practice "although the complexity of the relationship between conceptions and practice defies the simplicity of cause and effect" [Thompson, 1984: p138]. As Ernest [1989] points out, many others have noted significant discrepancies between espoused beliefs and practice, [e.g. Cooney & Brown, 1986], Thompson [1992: p138]. Ernest suggests that the political climate may account for some of the observed discrepancies.

Method

The implications of the above for this study are that its methods should attempt to obtain separate data on these three aspects, and lead to an analysis of the nature of any inconsistencies observed. A study into *'Effective Teachers of Numeracy'* [Askew et al, 1997] focused significantly in its report upon the 'beliefs, knowledge and practice' of teachers pre-identified as effective, and offered a typology of beliefs about *'what it is to be a numerate pupil'* and *'pupils, and how they learn to become numerate'.* That study defined 'connectionist', 'transmission' and 'discovery' beliefs and exemplified these with around thirty belief statements[2].

An opportunity arose to gather and record the beliefs and practices of teachers entering the project and to track subsequent changes. Teachers were not pre-identified as 'effective teachers of numeracy'. Data was collected from the teachers to represent those teaching pupils from 4 to 16 years of age - 9 teachers were from First Schools, 3 from Middle Schools, and 1 from the Upper School.

Data Collection, Self-Description and Interview

Three datasheets[3] were prepared based specifically on connectionist, transmission and discovery beliefs as defined within *'Effective Teachers of Numeracy'* [Askew et al. 1997]. All teachers completed two self-description exercises based on these beliefs statements, by selecting 5 statements to reflect their beliefs, from a sheet of statements where 5 indicated each orientation. The first sheet sought their *'Beliefs about what it is to be a numerate pupil'* - an attempt to draw out their espoused *central* and *primary* beliefs. The second sheet asked for their *'Beliefs about pupils, and how they learn to become numerate'* - this was seeking their espoused *peripheral* and *derivative* beliefs which would broadly guide their planning and relate to their general teaching approaches. One-to-one clarifying interviews then established an agreed record of initial beliefs - to seek to identify and correct for any alternative interpretations of the statements. Teachers were visited in school and observed in their practice for one full lesson (normally of 40 to 50 minutes), and indications of orientation in five selected aspects of practice were recorded on a third datasheet. Each then participated in twenty minutes of structured discussion about their teaching, which confirmed the data in almost every case[4]. Further visits and follow-up discussions a few months later confirmed the summarised data.

Data Analysis, Summary And Discussion

Before analysing the data, it is necessary to recognise the limitations of the model used, acknowledging firstly that it is "fundamentally problematic to investigate teachers' beliefs" [Munby, 1982]. There were clearly other factors, for example, their subject knowledge varied, as did their confidence and self-concept in relation to mathematics. For example, one middle school teacher espoused strongly connectionist initial beliefs, with just a hint of transmission, but her planning beliefs showed a largely transmission orientation, and she taught in a very compatible way to this, near to the transmission pole. This teacher displayed a strong self-concept as an effective teacher, but avoided engaging with mathematics on the course.

The data was analysed using a data triangle[5] that used the terms connectionist, discovery and transmission as poles at its vertices. As part of the analysis, three categories of teacher were established: [A] first school teacher [B] first school headteachers, and [C] middle and upper school teachers[6]. Analysis centred on the variations in positioning of the three pieces of data gathered from each teacher[7].

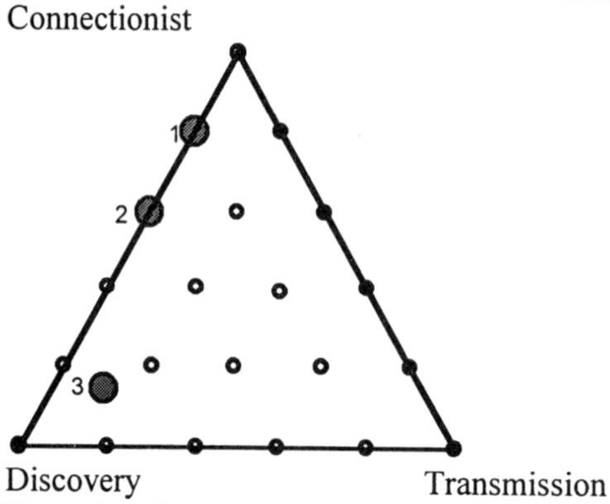

Data triangle: a category B teacher:
Circles 1, 2 & 3 represent the 3 sets of data: espoused beliefs through to practice

Overall, the data showed that category A and B teachers espoused generally connectionist views, with traces of discovery, but that their enacted practice moved closer to the discovery pole. There were striking variations however between categories A and B. The headteachers' espoused beliefs lay on the connectionist end of the connectionist-discovery edge, with their planning beliefs lying in the same region, but all their practices were significantly nearer to the discovery pole. The data on the six first school teachers who were not headteachers showed a clustering of espoused beliefs that were at, or very near, the connectionist pole. Their espoused planning beliefs remained in the same general region, but with some movement, mainly in the direction of the discovery pole, though none reached the mid-point of that side. Their enacted practices showed further movement nearer to the discovery pole, though this was much less marked than for the headteachers. Only one moved closer than halfway to the discovery pole and ***none*** moved nearer to the transmission pole.

Within category C (the four middle and upper school teachers), individuals varied so that it was initially only possible to note that transmission-based practice was the strongest element, even though all but one espoused balanced or generally connectionist views at both the initial beliefs and planning stages. In two cases their enacted practice data placed them near to the transmission pole, while a third remained near the centre of the triangle. The other teacher's practice was placed nearer to the discovery pole than any other teacher in the overall study.

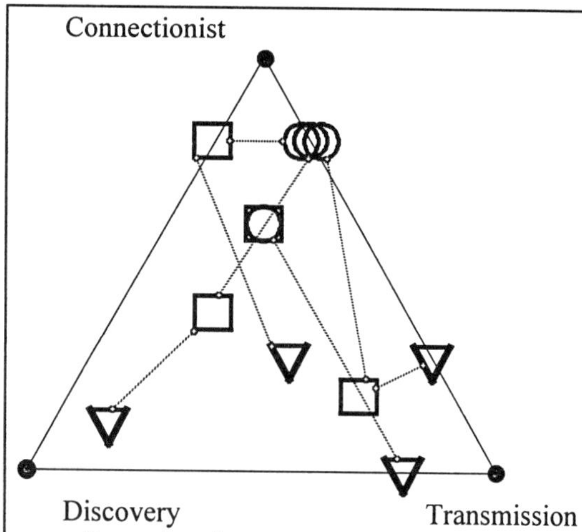

Data triangle: category C teachers:
1 Circles represent data from espoused beliefs
2 Squares represent data from planning beliefs
3 Triangles represent data from enacted practice - links from 1 to 3 shown as dashed lines

These results, if confirmed by larger scale studies, suggest that the longer term effectiveness of a national strategy may depend upon a greater change than teachers simply accepting and espousing the beliefs it conveys. It seems that enacted classroom practices draw from deeper beliefs than those teachers espouse - even when planning - and that consequently their teaching *explanations* and *representations* are more resistant to change than has been suggested.

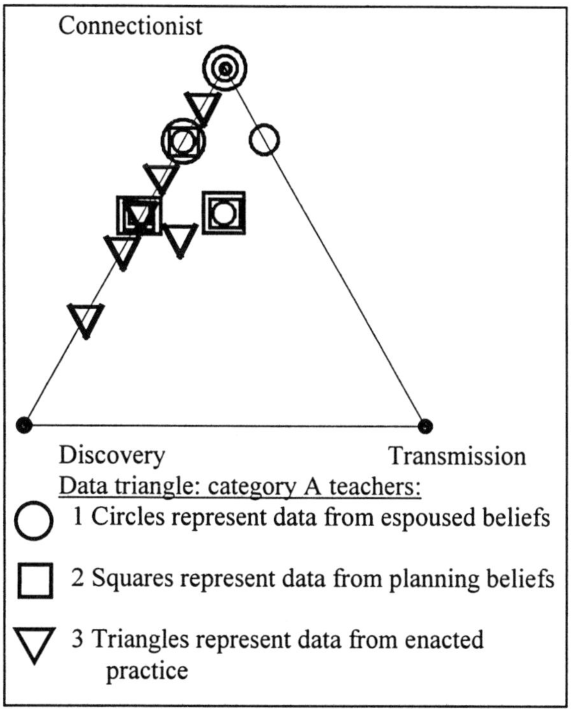

This study will continue to investigate these beliefs and how these may be affected by professional development. Its preliminary findings suggest trends both in the positioning of teachers relative to the three categories, and in the variations between their espoused beliefs and their enacted practices. Thompson [1992, p128] affirms that few of the many, diverse explanations for the state of mathematics teaching are informed by research, and "one would caution against planning remedies on the basis of superficial, albeit seemingly plausible, explanations; they can lead to misguided, futile efforts." This study suggests that we should view with care any presumed model for teaching numeracy that requires for its success that teachers alter their primary and central beliefs.

Notes

1 The end of its first year coincided with the national *'Numeracy Strategy'* launch, so that all but one of these teachers attended 3-day training courses for implementing *that* strategy. The current data was gathered well before this powerful outside influence occurred.

2 The descriptors used by this study can be found on pages 31-32 of *'Effective Teachers of Numeracy'*.

3 These three sheets were too large to be included here, but are available on request to the author.

4 The one case where the data from the lesson could not be confirmed in subsequent discussion led to that teacher's data being removed from the study.

5 Data Triangles: there are precedents for tripolar co-ordinate diagrams within mathematics, to indicate location relative to three extremities. Their use here is justified on the grounds of their provision of a graphic image of the relative location of three sets of data on each teacher.

6 Category A excluded headteachers. The data was also analysed in other ways, not presented here.

7 For the purposes of analysis stress is placed on the variation in location of a teacher's beliefs as they move from considering broad ideas, to considering more specific ideas, to planning and conducting specific teaching.

References

Askew, M et al: 1997, *Effective Teachers of Numeracy: Final Report,* London: King's College

Askew, M & Wiliam, D: 1995, *Recent Research in Mathematics Education 5-16,* London: Ofsted

Cooney, T & Brown, C: 1986, 'Stalking the Dualism between Theory and Practice', *Systematic Cooperation between Theory and Practice in Mathematics Education,* The Netherlands: Lochem, 3-7 November

Ernest, P: 1989, 'The knowledge, beliefs and attitudes of the mathematics teacher: a model', *Journal of Education for Teaching,* **15**[1], 13-33

Fennema, E & Loef Franke, M: 1992, 'Teachers' Knowledge and its Impact', In Grouws, D [ed]: *Handbook of Research on Mathematics Teaching and Learning* 147-164, New York: MacMillan

Green, T: 1971, *The Activities of Teaching,* New York: McGraw Hill

Munby, H: 1982, 'The Place of Teachers' Beliefs in Research on Teacher Thinking and Decision Making, and an Alternative Methodology', *Instructional Science,* **11**, 201-225

Nespor, J: 1987, 'The Role of Beliefs in the Practice of Teaching', *Journal of Curriculum Studies,* **19**, 317-328

Pinel, A [ed]: 1999, *Teaching Learning and Primary Mathematics,* Derby: ATM

Scheffler, I: 1965, *Conditions of Knowledge: An Introduction to Epistemology and Education,* Scott Foresman

Thompson, A: 1984, The Relationship of Teachers' Conceptions of Mathematics Teaching to Instructional Practice', *Educational Studies in Mathematics,* **15**: 105-127

Thompson, A: 1992, 'Teachers' Beliefs and Conceptions: A Synthesis of the Research', In Grouws, D [ed]: *Handbook of Research on Mathematics Teaching and Learning,* 126-146, New York: MacMillan

37

The Mathematics Curriculum: Training or Education?

JOANA PORFÍRIO, Escola Superior de Educação de Setúbal, PAULO ABRANTES, Universidade de Lisboa, Portugal

The low scores of Portuguese students in recent international comparative studies were the principal motivation for a public debate on the teaching and learning of mathematics in our country. Although these studies raise relevant issues to be discussed, the idea of "returning to the good old days" was the strongest message in articles published in press and in some TV debates.
Our presentation focused on two episodes suggesting that:

- those "good old days" were never really good;
- a different approach of mathematics education for all gives us some hope for better days in the future.

Le classement relativement bas des étudiants portugais dans les études comparativesinternationales a été la motivation principale d'un débat publique sur l'enseignement et l'apprentissage des mathématiques dans notre pays. Bien que ces études soulèvent des questions fondamentales qui devraient être discutées sérieusement, c'est surtout l'idée de 'revenir au bon vieux temps' qui a dominé les propos de certains journalistes de la presse écrite ainsi que ceux de certains participants aux débats télévisés.
Notre présentation est articulée en deux épisodes. Ils suggèrent d'une part que le 'bon vieux temps' n'a jamais été 'aussi bon que ça' et d'autre part que c'est justement une approche différente de l'éducation mathématique pour tous qui pourrait nous faire espérer des jours meilleurs dans l'avenir.

In Portugal, as in many other countries, students' scores in international comparative studies evoke political arguments, namely to propose that new ideas about mathematics education should be abolished and old approaches should be used again. Our purpose is not to discuss here the social and political implications of comparative studies, which are questioned from several points of view, for example, by Keitel and Kilpatrick (1998). However, it may be interesting to start with a comment on a debate organised by Portuguese television about school and learning and to contrast it with the views of students who lived an innovative curricular experience in their 8th grade mathematics classes.

EPISODE 1

Introduction

Some time ago, a TV programme with a large audience organised a debate about the recent curricular reform, raising important issues related to education and mathematical education.

First of all let us see how the animator (a journalist) introduced the debate. As he said, the main question to be answered and discussed was: "Nowadays, in school, do students learn more and better than 20 years ago?". After introducing this question he presented the participants in the debate. First of all two well-known intellectual leaders who were teachers many years ago. As the animator announced, their thesis (and also his own) was that today, in school, not only students learn less but also the methods used by the teachers are wrong.

The other participants in the debate were two teachers strongly committed to innovation and teacher education. One of them was a mathematics educator. In the studio there were also some secondary school students and teachers. At some stage in the debate, the animator gave them the opportunity to express their opinions.

During the debate there has been a very interesting discussion centred on the recent curricular reform and showing different perspectives about teaching and learning. In this paper, we will focus on the meaning of "culture" and the relation between mathematics and culture that emerged from some of the participants' statements.

Culture: does mathematics count?

In her first intervention, the mathematics educator decided to use an example related to the learning of mathematics. The immediate reaction of the animator was, "About mathematics, we don't understand anything beyond the Pythagoras' theorem".

He was clearly confessing his ignorance in relation to mathematics. The intellectual leaders, although implicitly, assumed an identical attitude. The most amazing aspect was that this ignorance did not seem to bother them at all. At the same time, they were very concerned with students' lack of knowledge and, as previously planned, they even asked a few questions to the students in the studio. Of course, those questions represented "those that all students should know how to answer" to be considered as culturally prepared by the school. For example, students should know how to answer to a question like: "who was the poet that, in 1871, was the animator of a set of forbidden conferences?". This question, in a certain sense, would indicate the cultural level of a person. Mathematics had no relationship with this cultural level. Three intellectual leaders and opinion-makers were claiming against the "ignorance" that school promotes while they did not have any problem in admitting their lack of mathematical knowledge.

In fact, these people showed that their level of mathematical ignorance was deeper than they even could realise. They confessed to ignore a set of techniques that they identify as being the heart of mathematics (that all students should learn). They view mathematics as a "building" and assume that they can only remember some pieces of that building. They don't have any idea about the nature of mathematical activity or about the way how mathematical ideas are generated, develop and relate to other ideas. For them, however, this fact is not relevant in cultural terms.

EPISODE 2

Introduction

Throughout 1997/98, in a secondary school in the Lisbon area, the seventeen students of a 8th grade class (the 8A class) participated in a curricular innovative experience. In this experience, a strong emphasis was given to:

- the exploration and discussion of investigative tasks as the context to introduce and explore mathematical topics;
- co-operative work;
- communication, involving
  - oral and written presentations of the work developed in small groups
  - whole class discussions based on some problematic aspects raised by the investigations developed by the students.

These aspects of the curriculum were interconnected. The investigative tasks proposed by the teacher were explored in small groups and the students presented a written report reflecting the processes and conclusions reached by their group. The work developed by the students was also discussed in a whole class format. This discussion could lead to a deeper analysis of the investigative process and, at the same time, it was the starting point to explore the mathematical content related with the task.

The teacher was strongly engaged with the development of the curriculum. She worked co-operatively with a researcher on every aspect of the work: the design of the tasks to be proposed in the classroom, the way these tasks could be explored and discussed with the students; the analysis of the main features of the classroom atmosphere (Porfírio and Abrantes, 1999).

Another aspect that is important to emphasise is related to the former experience of the students. Throughout the previous school year, in grade 7, the teacher began to introduce small group work and the presentation of written essays in the classroom. The teacher also began to create a learning atmosphere where the students were encouraged to actively participate in the exploration of mathematical tasks and in the discussion with their colleagues and the teacher about the problematic aspects raised by their own investigations.

At the end of the school year, these students, as well as their colleagues from all the other 8th grade classes of the same school, answered a questionnaire. They try to explain what mathematics is and what is the importance of studying mathematics, argue about the possibility of students being creative in mathematics, and reveal their understanding of the meaning of concepts such as conjecture and theorem.

The questionnaire included two kinds of questions. In some questions, they had to choose one out of several statements and justify their choice. These statements had been selected from students' sentences in written reports or oral comments. The other questions followed an open format: students had to elaborate their own answers.

Students' answers to the questionnaire

Let us see the students' answers to some of the questions.

1. What is mathematics?

Students should choose one of the following possibilities:

a) mathematics is a discipline that I have in school and where we learn lots of things; we can learn how to solve scientific, social and even daily problems;
b) mathematics is a science where we work with numbers and geometry;
c) mathematics is everywhere around us.

Among the 8A students, 88% had chosen option (c) while all the others indicated the option (b). The choices of the other students of the school were: (a) 9.1%; (b) 12.7%; (c) 76.4%

As we can see, option (c) was considered as "the best one" in both groups. This fact did not surprise us: it corresponds to the answer that includes several aspects, not stated in a clear form. In a certain sense, this option does not compromise them with a narrow view about mathematics but neither does it "say" much about the way they see mathematics.

All the 8A students justified their option. From the other group, 30.9% didn't present any argument at all. The analysis of these students' statements helps us to understand some differences between the two groups. It is clear that a few 8A students tended to use arguments that reflect changes about their previous understanding and view of mathematics:

> "(...) I think that wherever we are and in every moment, mathematics is near us. For instance, for a table we have to use some computations so that it can be properly built... But what attracted me more was the Vasco da Gama Bridge. The piers are triangles ... We do not notice but if we pay attention we will see that mathematics is more than a simple discipline or science."

Another clear difference between the two groups' answers was that the 8A students did not restrict their answers to the importance of doing arithmetic computations.

2. Can students be creative in mathematics and discover things by themselves? Try to explain your answer and present some examples.

Almost all the 8A students (94.1%) considered that students can be creative while only 36.4% of their colleagues had the same opinion. More important than this numerical difference, is the number and type of justifications used by the two groups. All the 8A students presented an argument reflecting their own curricular experience:

> "For example, in our group work we have to let imagination fly and try for ourselves to find out the solution for things that we had never before seen in life."
> "We can investigate and discover things that we did not know: to investigate the symmetry axes, to do investigations with numbers, ..."

Only 14 of their colleagues that answered "yes" justified their choice. But, more relevant than this, is that they seem to have understood the meaning of discovery and creativity in a completely different way:

> "Yes, another way of solving the problems or the functions"
> "Yes, because our imagination allow us to do imaginary things, like to put a football field and a tennis or basket court in the same place."

It is also interesting to notice, in the arguments used by the other class's students, the view of mathematics and learning that seems to justify the choice of the "no" answer:

> "No. Because in mathematics lessons we do not discover things, it is the teacher that explains."
> "No, because in mathematics there is a solution to everything"
> "No, because in mathematics everything has already been discovered"

3. What is a theorem?

Only 40% of the students from other classes answered this question (contrasting with 94.1% in the 8A group). The analysis of the arguments they used shows a clear difference between the two groups.

The 8A students' answers involve ideas relating theorem with "something that is valid in some cases", "a mathematical law that can be applied in certain situations" or "a theory that can be applied in several things".

Many of the other students associate the term *theorem* to the Pythagoras' theorem: "it is to find the hypotenuse", "it as an exercise about triangles", "it is a sort of equation about triangles". Others express ideas like: "to prove something that was not known before", "it is where we show what we know", "it is a new problem", "it is to teach how to solve an exercise".

4. What is a conjecture?

The difference between the number of students that answered to this question was large: 8A students: 17 (100%); other students: 3 (5.5%).

For the 8A students, a conjecture is "a hypothesis", "something that can be valid", "a discovery that we are not sure if it is correct", "a proposal of a theorem that we do not know if can be true" or "a possibility that was not yet confirmed".

The answers of the other 3 students were: "a problem in stand by", "an attempt of solving a calculus"; and "a mathematical innovation".

Discussion of students' answers

The students' answers we have presented in the previous section of this paper are just a part of the data collected with this instrument. From the 10 questions of the questionnaire we have chosen 4 to illustrate and support some aspects that appeared as relevant.

We have stressed the differences between the two groups. Although, the analysis of the questionnaire also suggests some similarities. For instance, the answers of the 55 8th grade students suggest that they have some experience in working in small groups and in solving mathematical problems. This data confirm some tendencies identified by recent research studies that have pointed out that problem solving and small group work have now a stronger presence in our mathematics classes (APM, 1998).

Nevertheless, we could clearly identify relevant differences between the two groups. Some of them refer to students' ideas about the nature of mathematics.

The 8A students showed concrete ideas about the nature of mathematics and about the major characteristics of the mathematicians' work. For instance, they clearly understood the meaning of the word "conjecture" and showed some understanding on the way mathematical ideas are generated.

They understand the meaning of the word "conjecture" not because they have learned its definition by heart but because they have a mathematical experience which involves the formulation and testing of conjectures they have formulated. They know they can investigate mathematical relations not because someone told them to but because they have lived a concrete experience focusing on this aspect.

The analysis of all the answers of the questionnaire indicates that this curricular experience allowed the students to understand important aspects related with the nature of mathematics. Contrasting with their previous answers (at the beginning of grade 7), suggesting a view about mathematics that emphasised computation and routine procedures, they now show some understanding of the processes of doing mathematics: exploring situations and problems, identifying patterns, formulating and testing conjectures, generalising and proving.

Concluding remarks

The view of mathematics that students develop is influenced by a variety of factors, but it largely depends on their own school experience, namely in mathematics classes.

The curricular experience we refer to in this paper strongly suggests that students (in this particular case, at a low secondary level) may develop a view of mathematics in which the way mathematical ideas are generated plays a major role. But it also suggests that this view is directly related to an extended practice in the mathematics classroom which emphasises students' involvement in mathematical explorations and investigations as well as reflection on these activities, supported by written productions and discussions, both among students and with their teacher.

We believe that the evolution of these students' perspectives is a consequence of the learning atmosphere that was created throughout an extended period of time experiencing those aspects of the mathematical activity. This was made possible by an approach, which emphasised the cultural aims of the curriculum. Assuming that the major reasons for teaching mathematics to everyone - reasons such as to develop understanding about the nature of mathematics and to generate positive attitudes towards mathematical activity - have a cultural nature, this approach tended to organise the classroom work around mathematical ideas and processes, or centred on mathematical "habits of mind", to use the expression of Goldenberg (1996).

The development of the above episode 1 illustrates that a "technique curriculum (...) can only instruct and it can only train, provided that it is successful, but however successful it does those things it cannot, by itself, educate" (Bishop, 1991, p.8-9). In fact, this episode shows what happens with many of those who are successful in school and have a high "cultural level": they forget the memorised rules and they have no idea about the history of mathematics, its evolution and its nature, nor about the mathematical modes of thinking.

On the contrary, episode 2 suggests that a different approach may contribute in generating, among the students, important ideas about mathematics. From this study, as well as from previous research (for example, Abrantes, 1994), there is evidence that some curricular approaches may have a powerful effect on changing students' views about mathematics. A key factor is, of course, the intellectual nature of the activity developed in the classroom. However, it seems that reflection and explicit discussion about that activity play an essential role. In other words, mathematics education is not only a matter of knowledge of mathematics, it also includes knowledge about mathematics.

May we hope that, within a few years, these students will have a cultural perspective on mathematics, contrary to what happens now with many "educated" adults?

References

Abrantes, P (1994). *O trabalho de projecto e a relação dos alunos com a Matemática* ["Project work and students' relationship with mathematics"]. PhD dissertation. Lisboa: APM.

Associação de Professores de Matemática (1998). *Matemática 2001* (study on beliefs and practices in math classes at a national level). APM: Lisboa.

Bishop, A (1991). *Mathematical enculturation.* Dordrecht: Kluwer Academic Publishers.

Goldenberg, P (1996). 'Habits of mind' as an organizer for the curriculum. *Journal of Education 178 (1)*, pp. 13-34.

Keitel, C and Kilpatrick, J (1998). The rationality and irrationality of international comparative studies. In Keiser, G., Luna, E., Huntley, I. (Eds.), *International comparisons in mathematics education.* Studies in mathematics education, series 11, pp. 241-256. London: Falmer Press.

Porfírio, J and Abrantes, P (1999). Teachers, research and curriculum innovation in mathematics. In F. Jaquet (eds.), *Les liens entre la practique de la classe et la recherche en didactiques des mathématiques* (Proceedings of CIEAEM 50), p.151-158. Neuchâtel: Salvini arti grafiche, Bellinzona.

Workshops
Ateliers

38

Pre-service Mathematics Teacher Education: How to Deal with New Challenges?

ANA MARIA BOAVIDA, JOANA PORFÍRIO, ESE Setúbal, Portugal

Après une brève caractérisation des défis que soulève la formation initiale de professeurs, nous proposons de discuter de quelques possibilités de travail qui, selon nous, offrent des perspectives de réponses aux questions suivantes:

- Comment pouvons-nous donner l'occasion aux enseignants en formation de concevoiret d'agencer dans leur classe des situations d'apprentissage souvent très différentes de celles de leur propre scolarité qu'ils ont tendance à prendre en exemple?
- Comment pouvons-nous aider les professeurs de formation initiale à développer dans leur classe une culture qui permet à leurs étudiants de percevoir les mathématiques comme une activité à laquelle ils donnent leur propre sens et d'apprendre à penser mathématiquement?

Mudam-se os tempos, mudam-se as vontades,
Muda-se o ser, muda-se a confiança;
Todo o mundo é composto de mudança,
Tomando sempre novas qualidades.
Luís de Camões

E se todo o mundo é composto de mudança,
Troquemos-lhe as voltas que ainda o dia é uma criança.
José Mário Branco

Times do change and so do wills,
The human nature changes, and so does the trust;
The whole world is made of change,
Always getting new qualities.
Luís de Camões

And if the whole world is made of change,
Let's twist its turns as the day is still a child

José Mário Branco
(Musician who adapted Camões' poem to a song)

As a motto for this workshop we have chosen a Camões' poem because, in a certain way, it expresses some of our feelings about the educational challenges we face, as teacher educators, in our changing postmodern world.

Some years ago, a mathematics teacher was seen as someone who mainly had to transmit mathematical contents. Today, although there is no universal agreement on what constitutes "good mathematics teaching", the ideas about what it means to know mathematics, about the nature of the teaching and learning processes, about the reasons that can justify the need for school mathematics and about the relevant educational aims, have changed. All of this raises new questions about mathematics education.

Several committees, influential reports and projects, professional associations and many mathematics education researchers have pointed out the need to renew mathematics teaching. Recent curricular reforms have been oriented by key ideas such as: becoming a mathematical problem poser and problem solver, learning to value mathematics, to reason critically and to communicate mathematically (NCTM, 1989). The development of routine competencies, an important goal in societies of the industrial age, is nowadays considered less important. Instead of this, in today's information society, it is essential that all citizens have a mathematical culture which allows them to interpret critically the mathematics underlying several daily situations, and to understand the characteristics of mathematics as a way of thinking, a human activity and a historical and cultural product. According to Bishop (1991), mathematical education is "essentially concerned with a *way of knowing* "(p.3). This means that it is not enough to teach mathematics. It is also important to educate *about* mathematics, to educate *through* mathematics and to educate *with* mathematics (Bishop, 1991).

This calls for change! As Camões suggests, "the whole world is made of change" and if the rules of the world are changing, "it is time for the rules of teaching and teachers' work to change with them"(Hargreaves, 1994, p. 262).

Several challenges must be faced by educational policies, by curricula developers, by teacher educators and by teachers. Some of these challenges are related to pre-service teacher education courses. In fact, pre-service teachers frequently bring with them a set of ideas about teaching, learning and the nature of mathematics, which conflict with those informing the most recent calls for school mathematics reform. These beliefs have been developed as a result of their own experiences within the traditional "transmission paradigm". They have also been developed in traditional mathematics classroom cultures in which the day-to-day rituals and practices have emphasised the idea that mathematics is a body of absolute truths, with little room for creativity or personal judgement. As future teachers, "they are likely to value right answers over tentative conjectures, the correct application of standard procedures over developing personal approaches to solutions, and learning a body of facts and algorithms over improving problem solving and reasoning skills" (Borasi, 1998).

Therefore, "teacher education programs must sometimes help participants to "unlearn" as well as to learn. That is, "mathematics teacher education must help teachers to discard some of the knowledge, beliefs, and dispositions regarding mathematics and pedagogy they bring to the pre-service and in-service programs" (Brown & Borko, 1992, p. 235). In this process, we must consider that although teachers' beliefs about mathematics and about the nature of the teaching and learning processes have a strong influence on the way they teach, changing these beliefs does not result, necessarily, in changes in their practice. The relationship between beliefs and practices is not a simple cause-and-effect one. Between teachers' conceptions – "mental structures, encompassing both beliefs and any aspect of the teachers' knowledge that bears on their experience, such as meanings, concepts, propositions, rules, mental images, and the like" (Thompson, 1992, p. 141) – and teachers' practices there are complex and systemic relationships, with a dialectic nature, in which mathematical and non-mathematical factors are involved, namely personal, institutional, social, cognitive and affective ones (Thompson, 1992; Boavida,1993).

In this context, the workshop *Pre-service mathematics teacher education: How to deal with new challenges?* had a twofold purpose:

- to solve some mathematical tasks used in a pre-service mathematics teachers course;
- to reflect about ways of dealing with the educational challenges we face today, so that we can develop, with our students, a shared understanding of the nature and role of mathematics.

Workshop's organisation

We organised the workshop into three main parts. After an introduction to the theme, we proprose, at the first part, three tasks[1] to be solved in small groups: *inscribed squares, consecutive sums*, and *shadows of a cube*. According to Ponte et al (1998) these tasks can be considered as mathematical investigations since "a mathematical investigation begins with a situation which must be understood or a set of data which must be organized and explained in mathematical terms. It is necessary to start asking reasonable and fruitful questions. Then it is essential to run the risk of proposing conjectures. Testing these conjectures and collecting more data may support them or lead to new conjectures. Plausible arguments and formal proofs may provide further arguments to confirm or reject our standing conjectures. During this new process new questions may also arise for further research"(p. 3).

Together with the tasks we also proposed some questions to be discussed in small groups. Namely, the participants discussed the following questions:

- How can we introduce pre-service teachers to thinking about and acting in classroom situations in ways which are often very different from those exemplified by their previous classroom experiences?
- How can we help pre-service teachers to create classroom cultures in which their students can see mathematics as a sense-making activity and can learn to think mathematically?

In a second part, and having as reference the tasks that had been solved, we analysed the main ideas discussed by each group. Finally, the workshop finished with a presentation of some ideas related to the exploration of the proposed tasks in a pre-service mathematics teacher education course.

One way to deal with the challenges we face as teachers educators: A concrete example

The mathematical tasks, proposed in this workshop, were explored with students who intend to be mathematics teachers of pupils from 6 to 12 years old, having the goals of (a) helping students to enlarge their perspectives about the nature of mathematics and (b) reflecting on issues related to the mathematics teaching and learning processes.

The following will provide a synthesis of the main ideas analysed in the third part of the workshop. In particular, we will present our perspective about the educational potential of dealing with mathematical investigations in pre-service mathematical teachers' courses as well as some aspects related to the concrete exploration of the tasks *inscribed squares*, *consecutive sums* and *shadows of a cube* with our students.

1. All the students must have experience in solving this type of tasks.

This type of tasks can promote the development of mathematical thinking and can contribute to the enlargement of the students' perspective about the nature of mathematics. In particular, the exploration of this type of tasks can help students to see mathematics as a human problem posing and problem solving activity that occurs in a social context.

2. The exploration of this type of tasks can contribute to the creation of a mathematical culture in which students can deepen their understanding of mathematical concepts and ideas.

For instance, our students have dealt with number sense, divisibility, mathematical induction, area, relationships between the sides of a triangle, regularities, patterns,...

3. The exploration of this type of task can be a starting point for discussing some pedagogical theoretical ideas related to Didactics of Mathematics.

In our case, we analysed the meaning of the expression *thinking mathematically* and we discussed the processes *specializing, generalizing, conjecturing* and *justifying*; the phases *entry*, *attack* and *review* and some *emotional states* associated with these phases, described by Mason, Burton, and Stacey (1984).

We also reflected about the role of connections in mathematics learning and we have explored and discussed several types of connections: connections among mathematical topics, connections between conceptual and procedural knowledge, connections among graphical, numerical, physical, algebraic and verbal mathematical representations, connections between mathematics and other disciplines and connections between mathematics and real life. With this discussion we intended to emphasise the idea that mathematics must be approached as a whole, that concepts, procedures and intellectual processes are intertwined.

Besides, we analysed the meaning of "mathematical discourse" (NCTM, 1991) and both the students' and teachers' roles in the development of a fruitful mathematical discourse in the classroom. This discussion had, as a starting point, the analysis of data collected from classroom interactions and concrete teaching episodes. This data were related to the exploration of the tasks, in mathematics classrooms of pupils of 5th grade.

4. Students must reflect on the integration of this type of mathematical tasks in the K- 9 curriculum

We discussed with our students the educational potential of this type of tasks and we reflected how to adapt the tasks for pupils in grades k-4, grades 5-6 and grades 7- 9 and how to plan the lessons. In particular, we presented and we analysed a concrete teaching experience related to the exploration of the task *Inscribed squares* in a 8th grade mathematical classroom.

This task was one of the tasks proposed to the class involved in a curricular innovation project developed along the school year 1997/98 (for more details about it see Porfírio & Abrantes, 1999). We had some of the data collected by the research team that developed this curricular experience and we discussed it with our students. Mainly we focused on the analyses of four aspects:

a) The processes used by the 8th grade students to solve the task.

One of the characteristics of a mathematical investigation is that it can be a challenge for people with different levels of mathematical knowledge. In fact, this task was a good example of this: it could be the starting point of an investigation activity both for our students as well as for a group of 8th grade students. To emphasise this idea it was important that our students could see that this task could also be explored by students much younger then them. But, most of all, we consider very important to offer them concrete opportunities to analyse the processes used by younger students: how did they begin to pose conjectures? Which conjectures did they present? How did they test them? What was their idea of proof? All these questions are relevant aspects that can foster the knowledge of our students of the investigation process as well as support them in the development of their pedagogical knowledge.

b) The role of the teacher.

What did the teacher of the 8th grade class do to encourage her students to explore the task? How did she present it? How did she interact with her students? In our opinion, the analyses of these questions having as a starting point a concrete example, can promote the discussion of pedagogical theoretical ideas related to the role of the teacher.

c) The materials produced by the 8th grade students.

The 8th grade students organised written reports describing the processes they used to explore this task. The contact with this kind of material allowed our students to reflect on relevant aspects such as: the importance of giving guidelines for supporting the organisation of students' reports and the assessment of these reports.

d) Curricular implications

We believe that in spite of the particular characteristics of any prescribed curriculum the teacher can always integrate the exploration of investigations in his/her lessons. However, the official curricular document can pose several constrains that must be analysed by the teacher. In the Portuguese case, a regular use of investigations in the classroom conflicts with the extension of the curricular contents, with the message transmitted by the curriculum about the nature of mathematics and with the assessment practices traditionally used (Silva *et al*, 1999).

Along with the presentation of the material referred in the previous items we also presented some of the curricular dilemmas that the research team had to face to develop an all year experience in this 8th grade class.

In summary the exploration of mathematical investigation tasks with the students of a pre-service mathematical teachers' course, has allowed us to work on some aspects of *content knowledge*, *curricular knowledge* and *pedagogical content knowledge* (Shulman, 1986). These three categories of professional knowledge are, in our perspective, essential to the professional development of the mathematics teacher.

Notes

1 The tasks are presented in Annex.

2 Mathematical task adapted from Chapin, S. (1998). Mathematical investigations — powerful learning situations. In *Mathematics Teaching in the Middle School* 3 (5), 332 - 338.

3 Mathematical task adapted from *Problems with patterns and numbers*, Shell Centre for Mathematical Education, Univ. Nottingham.

4 Mathematical task proposed in the context of the project *Matemática para todos: Investigações na sala de aula* (Mathematics for everyone: Investigations in the classroom)

References

Bishop, A. J. (1991). *Mathematical Enculturation.* Dordrecht: Kluwer Academic Publishers.

Boavida, A. M. (1993). *Resolução de problemas em educação matemática: contributo para uma análise epistemológica e educativa das representações pessoais dos professores.* (Master Degree Thesis). Lisboa: APM:

Borasi, R. (1998). Unpublished manuscript prepared for inclusion in the multi-media package *Introducing math teachers to inquiry: Framework and supporting materials to design professional development* (Borasi & Fonzi, 1998).

Brown, C. & Borko, H. (1992). Becoming a mathematics teacher. In D. A. Grouws (Ed.), *Handbook of research on teaching* (pp. 209-239). New York: Macmillan.

Hargreaves, A. (1994). *Changing teachers, changing times.* London: Cassel.

Mason, J., Burton, L. & Stacey, K. (1984). Thinking mathematically. Addison-Wesley Publishing Company: London

NCTM (1989). *Curriculum and evaluation standards for school mathematics.* Reston: NCTM.

NCTM (1991). Professional Standards for teaching mathematics. Reston: NCTM.

Ponte, J., Ferreira, C., Brunheira, L., Oliveira, H. & Varandas, J. (1998). Investigating mathematical investigations. In P. Abrantes, M. Baía & J. Porfírio (Eds), *The interactions in the mathematics classroom* (proceedings of CIEAEM-49), p.3-14. Setúbal: Escola Superior de Educação.

Porfírio, J. & Abrantes, P. (1999). Teachers, research and curriculum innovation in mathematics. In F. Jaquet (eds.), *Les liens entre la practique de la classe et la recherche en didactiques des mathématiques* (Proceedings of CIEAEM 50), p.151-158. Neuchâtel: Salvini arti grafiche, Bellinzona.

Thompson, A. G.: 1992, 'Teachers' beliefs and conceptions: A synthesis of the research', in D. A. Grouws (ed.), *Handbook of research in mathematics teaching and learning*, Macmillan, New York, pp. 127-146.

Shulman, L. S. (1986). Those who understand: Knowledge growth in teaching. *Educational Research*, 15 (2), 4-14.

Silva, A., Veloso, E,. Porfírio, J., Abrantes, P. (1999). O Currículo de Matemática e as actividades de investigação [Mathematics curriculum and investigation tasks]. In Abrantes, P., Ponte, J., Fonseca, H & Brunheira, L. (Eds), *Investigações matemáticas na aula e no currículo*, p. 69-85. Lisboa: APM.

Annex

1. Inscribed squares[2]

In a square you can inscribe other squares. Consider those that follow the pattern of the figure 1:

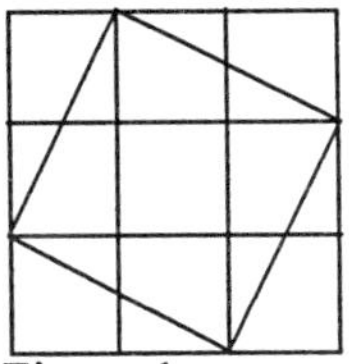

Figure 1

1.1 - How many squares of this kind can you inscribe in this square 3x3? What about a 4x4 square? And a 5x5 square?

1.2 - Investigate possible relations between the inscribed squares and the initial one.

2. Consecutive sums[3]

The number 15 can be written as the sum of consecutive whole numbers in three different ways:

15 = 7+8
15 = 1+2+3+4+5
15 = 4+5+6

The number 9 can be written as the sum of consecutive whole numbers in two ways:

9= 2+3+4
9= 4+5

2.1 - Look at numbers *other than* 9 and 15. Which numbers cannot be written as consecutive sums? And what kind of numbers can be written as the sum of 2 or 3 or 4 or... consecutive numbers?

2.2 - Investigate all you can about writing numbers as sums of consecutive whole numbers.

3. Shadows of a cube[4]

Suppose you have a cube resting on one of its sides on a table (Imagine que tem um cubo assente por uma das suas faces sobre a mesa). Suppose you also have a small, but very intense, light bulb, which you can move around and above the cube. For instance, we can imagine the light bulb exactly above the center of the top side of the cube, at a close distance. In this case the shadow of the cube on the table would be like the shaded zone represented in figure 2.

Figure 2

We can also suppose that the table is very big and is represented by this piece of paper. The white square is the top view of the cube and the point L is the top view of the light bulb.

3.1 - Suppose that the light bulb, still above the center of the top side of the cube, is moving closer to the cube. How will the shaded zone change? And if the light bulb is moving away from it?

3.2 - What we propose now is to that you carry out an investigation. What will the shadow projected by the cube look like, with the light bulb in different positions? Discuss with your group different types of positions and how many there are. For each one, the group must:

- draw a diagram similar to figure 2, which shows the top view of the cube, the light bulb and the shadow;
- describe the position of the light bulb in relation to the cube.

All the findings and statements must be justified by the group.

39

Music and Mathematics: a Tuned Partnership

JOSÉ-PAULO Q. CARNEIRO, Santa Ursula University; Rio de Janeiro; Brazil

Il y a toujours eu des relations très étroites entre la musique, les mathématiques et l'enseignement, comme en témoigne l'étude de la Géométrie, de l'Arithmétique, de la Musique et de l'Astronomie dans le *Quadrivium*. Le modèle mathématique le plus ancien d'une réalité physique, - le modèle pythagoricien pour le monochorde - établit une relation entre la sensation subjective de consonance et les rapports entre les nombres entiers les plus simples. Pourtant l'évolution de ce modèle jusqu'à l'échelle diatonique a conduit à l'introduction d'une progression géométrique qui semble irrationelle. L'atelier donne l'occasion d'exploiter ces modèles en faisant des mesures sur une guitare pour comprendre les principes de l'organisation des six cordes de cet instrument.

Music has always presented a very strong relationship to mathematics and mathematics education. The pythagorean Archytas of Taranto (428-365 b.C.) introduced in the "common education" (*enkýklion paidéia*) the study of Geometry, Arithmetic, Music and Astronomy, setting the basis for the *Quadrivium*, which would prevail in the European medieval curriculum for a thousand years.

Is it surprising that Bolyai was a skilful violinist, De Morgan a flute player, Grassman a pianist, composer and conductor? Is it surprising that Galileo used to find in music consolation for his old age misfortunes? Not if one thinks with Leibniz that "music is an unconscious exercise of arithmetic", or with Sylvester that "music may be described as the mathematics of sense, mathematics as the music of reason...". On the other side, musicians like Igor Stravinsky (1882-1971) thought that "the musician should find in mathematics a source of study as useful as is the study of another language for a poet", and F. Chopin (1810-49) used to say that "the fugue is like pure logic in music".

Actually music has provided mathematics with many interesting problems, and their solutions contributed to crucial moments in the History of Mathematics. That is the reason why so many mathematicians wrote about music and sound: Plato, Archytas, Euclid, Ptolemy, Cardano, Kepler, Galileo, Mersenne, Huygens, Wallis, Hooke, Newton, Leibniz, Taylor, Daniel Bernouiili, Euler, Fourier, D'Alembert, Kelvin, Helmholtz.

Among such moments are:

i) the discovery that consonant sounds were produced when a string was divided in duc proportions;

ii) the temperament of the diatonic scale;

iii) the sound as vibration of air, having its characteristics determined by the parameters of a sinusoidal curve;

iv) the equations governing the vibration of strings, tubes and drums.

It turns out that these topics not only were instrumental in developing mathematics but each of them is specially suited to serve as a class theme at the appropriate level.

In this workshop, the activities focused on the two first of the mentioned problems, exploiting the potential of music to provide a concrete setting for such subjects as fractions, means (arithmetic, geometric and harmonic) and geometric progressions.

The relationship between the consonance and length of a string is the most ancient mathematical model for a physical phenomenon, including Pythagoras himself, but is also very useful as a source of examples and applications of operations with fractions, a topic for 11-year students, and work with arithmetic, geometric and harmonic means.

Trying a *monochord* – a primitive instrument with just one string - Pythagoras discovered that consonance, that is, pleasant combination of pitches, was tied to division of the string in very simple proportions. Starting from a basic note, say C1 (we use modern terminology), an octave (C2), a fifth (G) and a fourth (F) are produced when the string is divided into the proportions of 1/2, 2/3 and 3/4, respectively.

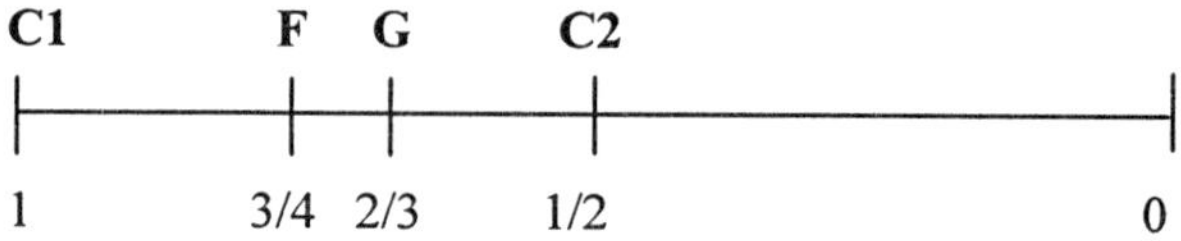

"The discovery of those relations remains as one of the nicest achievements of Greek science. It is easy to understand that not only the Pythagorean School but all the ancient thought became fascinated by that finding. It was possible to associate definite and simple (whole) numbers 1, 2, 3, 4, to the subjective feeling of consonance. After that, could anybody doubt that number is the secret frame of the kosmos, that everything in the universe is not number?" (Marrou [1948]).

Later the interval of a second, that is, $\frac{8}{9}=\frac{2}{3}\div\frac{3}{4}$, already existing between F and G, was introduced twice after C1 and three times after G, giving birth to the well known seven notes scale: C1, D, E, F, G, A, B. As a consequence, the interval between E and F, as well as between B and C2, called a semitone, turned out to be $\frac{243}{256}=\frac{3}{4}\div\left(\frac{8}{9}\right)^2$.

The successive efforts to introduce in a coherent way semitones (the keyboard black notes) between the tones of the heptatonic scale collided with the fact that $\sqrt{\frac{8}{9}}\cong 0.9428$ is slightly different from $\frac{243}{256} \cong 0.9492$. This problem would only be solved by the "equal temperament" of the diatonic (twelve notes) scale, whose most famous witness is Bach's "Well Tempered Clavier". The solution which eventually prevailed was the insertion of 12 geometric means between 1 and 2, producing a tempered semitone equal to $\sqrt[12]{1/2} \cong 0.9439$.

To illustrate this point, the following question was posed: Why are guitar frets not equally spaced, and how exactly are they constructed? To answer this question, concrete measures were taken on an normal Spanish guitar. The following table exhibits the actual measures.

Spaces between frets	Vibrating string lenghth	Successive Ratios	Ratios raised to 12
	22,30		
1,30	23,60	1,058	1,974
1,40	25,00	1,059	1,997
1,50	26,50	1,060	2,012
1,55	28,05	1,058	1,978
1,65	29,70	1,059	1,986
1,75	31,45	1,059	1,988
1,90	33,35	1,060	2,022
2,05	35,40	1,061	2,046
2,10	37,50	1,059	1,997
2,20	39,70	1,059	1,982
2,35	42,05	1,059	1,994
2,50	44,55	1,059	2,000
2,65	47,20	1,059	2,000
2,80	50,00	1,059	1,997
2,95	52,95	1,059	1,990
3,20	56,15	1,060	2,022
3,30	59,45	1,059	1,984
3,50	62,95	1,059	1,987
3,80	66,75	1,060	2,021

In the first instance, it is natural that people try to find some mathematical regularity in the numbers that measure the spaces between the frets. But the regularity is found only when we add the initial lenghth of the string, since what matters is the length of the freely vibrating string, as the Pythagorean model dictates. And the fact that these lenghts are in geometrical progression with ratio $\sqrt[12]{1/2}$ shows that the guitar scale is "well tempered".

This topic is well suited for 14-year old students. In more advanced courses, it is also possible to show that the relations between string lengths and sound pitches can be explained by the vibrational nature of sound, leading to consideration of the sine curve and Fourier series.

References

Archibald, R.C. (1924) *Mathematicians and Music*; American Mathematical Monthly.

Boyer, C.B. (1989) *A History of Mathematics*; 2nd ed., New York, Jonh Wiley and Sons.

Dieudonné, J. (1978) *Abrégé d'histoire des mathématiques 1700-1900*; Hermann.

Encyclopédie de la Pléiade (1960) *Histoire de la Musique* ; Gallimard.

Helmholtz, H. (1954) *On the sensations of Tone as a Pysiological Basis for the Theory of Music*; Dover.

Jeans, J. (1956) *Mathematics of Music*, in The World of Mathematics; ed. J.R. Newman; Simon and Schuster.

Kline, M. (1987) *Mathematics in Western Culture*, Penguin Books.

Kock,W.E. (1971) *Seeing Sound*; J.Wiley & Sons.

Marrou, H..I. (1948) *Histoire de l'éducation dans l'Antiquité*; Éditions du Seuil.

Morse, P..M. (1948) *Vibration and Sound*; McGraw-Hill.

Randel, D..M. (1978), *Harvard Concise Dictionary of Music*; Harvard University Press.

Rothstein, E. (1995) *Emblems of Mind; the Inner Life of Mathematics and Music*; Avon Books.

40

A Cognitive Co-operation Across Different Sectors of Education

SILVIA DALLANOCE, LUCIA GRUGNETTI, FIORENZA MOLINARI, ANGELA RIZZA, MARIA FELICIA ANDRIANI, SERAFINA FOGLIA, SILVANO GREGORI, CARLO MARCHINI, FRANCESCA PEZZI[1] Local Unity of Research in Mathematics Education at University of Parma, Italy

Les participants de l'atelier se sont penchés sur l'importance de vérifier la présence chez les élèves d'idées intuitives concernant l'infinie, la limite et la continuité. Nous pensons qu'il faut, dès les premières années scolaires travailler sur ces thèmes, non pas pour introduire d'avance les concepts de l'analyse infinitésimal, mais plutôt pour développer les intuitions éventuellement présentes. Nous pensons, d'un point de vue didactique, qu'il faudrait aussi construire de nouvelles intuitions – secondaires, encrées dans des habitudes mentales que devraient développer les élèves et qui demandent un entraînement très long. L'enseignement d'un sujet exige, pour être efficace une analyse préalable de la connaissance intuitive des élèves.

"And so any human knowledge begins from intuition, from there it goes on with the shaping of concepts and it ends with ideas" Kant.

Introduction

Our working team has been carrying out, for some years, research on difficulties related to the learning of the concept of limit. During CIEAEM 50 (1998) a communication and a workshop (Grugnetti, Rizza & all and Andriani, Dallanoce & all., 1999) were presented that illustrated the first step of our work: an enquiry that was aimed at answering the question "why?". Among the numerous aspects, more or less well known, which are related to the learning of the concept, our work pointed out the importance of the linguistic aspect. The assumption that natural language affects or even hinders the understanding and the acceptance of the mathematical concept of limit was confirmed. In particular the "strong" idea of limit as a barrier and the deriving negative connotation can represent a huge pre-existing obstacle to any didactic action. Such an idea, together with the well known epistemological difficulties, makes the teacher's intervention ineffective. The examination of enquiries carried out has pointed out that in students, the mastery of calculation techniques does not always coincide with an actual understanding of the concept.

Traditional teaching as an answer to the complexity of issues that are related to the concept of limit appears to be unsatisfactory. As a matter of fact the introduction of such a concept is confined to the last years of high school without any previous proper preparatory work. The teacher actually seems rather concerned with "keeping the problem hidden" until it is formally dealt with than with having students intuitively and gradually familiarising themselves with limit-related concepts such as that of infinity, infinitesimal, and continuity by using opportunities that even "elementary" mathematics can offer. Being convinced that these concepts are present at an intuitive level at all ages, our research was aimed on the one hand at revealing them and on the other at looking for strategies to strengthen them.

We agree with Fischbein (1987) that the teaching of a subject, in order to be effective, should be preceded by an exploration of a pupil's intuitive knowledge. The several studies that have been carried out over the years, about the intuition of infinity concept, all recognise that common experience supports learning while simultaneously raising contradictions and paradoxes. For example the idea of boundlessness, "there are no obstacles", which is indeed the basis for the concept of infinite is clear even to a pupil: no matter about the fact that a segment can be indefinitely extended or about the fact that the sequence of natural numbers endlessly goes on. On the contrary some characteristics that are typical of the numerical sets, mainly of the real numbers, are not immediately intuitive concepts: for example the fact that the set of real numbers can not be put in one to one correspondence with the set of natural ones.

For these reasons, in our opinion it is important, in the didactic context, to play on current propitious intuitions and build new intuitions, called secondary intuitions, being based upon mental habits the creation of which demands an extremely long training.

The research

Our team has devised some cards (see the figures 1-4) to be submitted to *all* school levels with the aim of testing which intuitions are actually present in students and mainly how they evolve over the years. The number of the students involved in the research is approximately 300. These students are from 10 to 19 years old. (We realise the limits of such an inquiry that should be carried out on the same student over time but this was obviously impossible for us.) We have checked the following ideas:

- the same kind of intuitions referring to the concepts of infinity, infinitesimal and continuity are present in every age level, especially in the youngest students;
- during the school process no further development of these intuitions can be checked, on the contrary, in some cases a regression is possible.

PROBLEM 1 SPOT

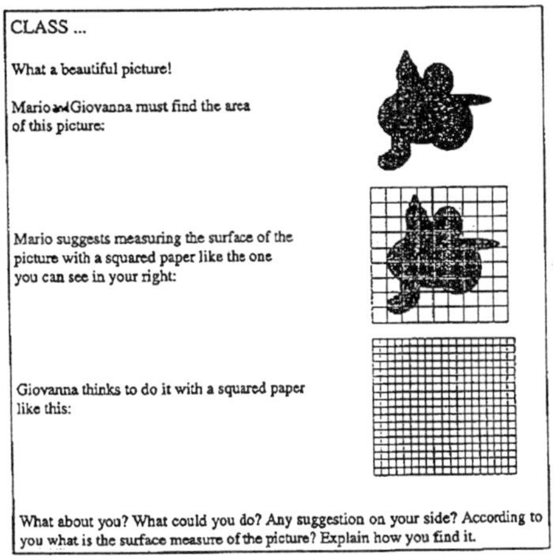

Figure 1

PROBLEM 2 PORTAL

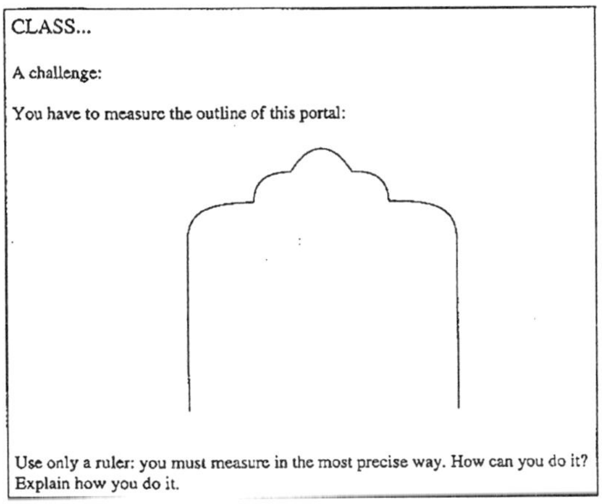

Figure 2

In those that are generically referred to as "spot card" (figure 1) and "portal card" (figure 2), the subject of investigation is the approach of students to problems of measures (of either areas or lengths) than cannot be elementary solved.

The card called "pack of cards" (figure 3), suggesting a "dynamic situation", was conceived to verify the presence, at an intuitive level, of the principle of quantity preservation. This is the only one card presented to children from six years old based on its accessibility.

PROBLEM 3 PACK OF PLAYING CARDS

Instructions :
A pack of playing cards (rummy) is on the teacher-desk (right parallelepiped).
Ask the students to look at the face "in front" of them. Then give a tap so that the parallelepiped becomes no more right.

Draw the face of the pack of playing cards in front of you.

Before	After

Is the face you see greater before or after the tap ? Why ?

Figure 3

PROBLEM 4 TRIANGLES

Do triangles with the following measures exist ?

a) 7 cm, 9 cm, 5 cm
b) 6 cm, 9 cm, 5 cm
c) 5,5 cm, 9 cm, 5 cm
d) 5 cm, 9 cm, 5 cm
e) 4,5 cm, 9 cm, 5 cm
f) 4 cm, 9 cm, 5 cm

Explain how you proceeded and comment

Figure 4

In the card called "triangles" (figure 4) the recognition of an evolution of figures up to an extreme case was hoped for.

The workshop

Workshop attendees were divided into groups. Each group analysed one single card (different from those given to the other groups) and was requested to answer to following list of questions:

- At which school levels is it possible to pose this problem?
- Which intuitions do you think students will show?
- Are these activities usual in your own school experience?
- Do you think it is important to propose them? Why?

Consequently we then provided each group with a set of students' solutions (chosen from the most significant from every school level) corresponding to the given card. The attendees had to compare them with their own analysis. Afterwards all participants were involved in a general discussion concerning the hypothesis of the research.

The results

Analysing the students' work, everybody could see that intuitions connected with the idea of infinity are present in any school level, particularly in the primary school. We did not see, however, any evolution of these ideas, neither in a quantitative way (because intuitions are always present in a small percentage) nor in a qualitative way (because in any case we observe only primary intuitions, related to a concept of potential infinity). So, even if our sample cannot be considered representative, we can confirm our hypothesis that these intuitions, in the didactic practice, do not have an opportunity for development and consolidation. Our results show also that a teaching based too much on automatism can obstruct the production of "natural" and good intuitions.

For example, in the "spot card" and in the "portal card" only the youngest students took care to underline the approximation of the result: they used expressions like "the measure is about..", "approximately". On the contrary the oldest students gave only a number as a solution.

In particular, Jacqueline (11 years old) realised that it is possible to find the measure of the portal drawing inner and outer lines to approximate the portal (see figure 5).

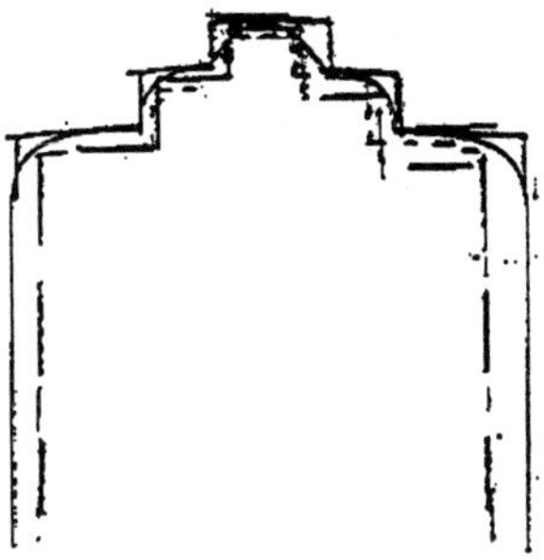

Figure 5

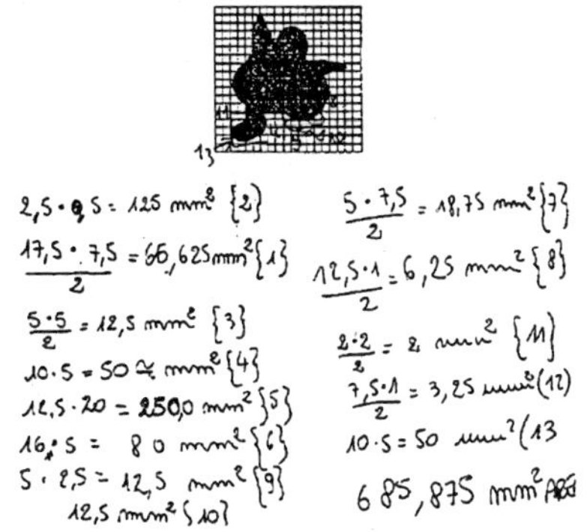

Figure 6

Also in the problem of the "pack of cards" the most intuitive are the youngest students. Stefano (6 years old) said: "they are the same since you don't add any more card". With the increase in age, the students used to answer through the equivalence of areas or by areas formula: the infinitesimal character is lost. Several drawings by young students show the continuity, neglecting the discontinuity of actual cards. The proposed problems are only apparently simple: the tight and inevitable link of the ideas of infinity, infinitesimal and continuity, and consequently the difficulty to manage them together, constitutes a big obstacle. But the main difficulty seems to originate from strong (and wrong) beliefs, which are present in the mind of the students and in the time increase becoming sort of "implicit theorem":

"For any problem, there is a formula to solve it"

"Each problem must have a result, and possibly an integer one"

The first belief is more evident in the problems about areas and triangles. The students rely on formulas (see figure 6, 16 years old) and theorems more than on their own reasoning ability. The second belief appears particularly in the problems about curves and areas; the students think that it is possible to reach the right measure by a finite number of iterations or more advanced tools, like the computer. An example of these convictions is represented by the work of a seventeen years old student, saying: "I used the theorem of Pythagoras but I'm sure that if I remembered Euclid's one I would have got better results" (Problem 4). He is so worried about the search for the "right" theorem, that he loses sight of the real object of the problem.

Conclusions

The ultimate aim of our research is to construct a "conceptual map" of activities in order to develop the student's intuitions at any school level. In this way our research, starting from an investigation research about the difficulties of concept of limit, will become a construction research about the same concept.

We think for example that the measure problem (length, area and volume) (Marchini, 1999) can offer a real opportunity to become familiar little by little with the idea of infinity. In effect, through this problem, it is possible:

- to pass gradually from operative techniques to theoretical constructions'
- to connect different fields (geometrical and numerical) by using the primary intuition of continuity'

- to follow the historical development of the infinitesimal calculus, where many remarkable applications preceded the correct arrangement of the general theory (Grugnetti & Jaquet, 1996).

However we think that the actual teaching (at least in Italy) allocates too much time in determining measures for special classes of polygons and polyhedrons and delays unnecessarily, until the last year of the secondary school, the study of the general measure problem. Moreover it does not take enough advantage of the manual abilities, which the students learned to use in the primary school and neglects the approximation techniques (Impedovo, 1998).

Instead, in our opinion it is important on the one hand to continue in making use of empirical methods of measure and improving them with more advanced tools, like computers, and on the other hand giving some example of historically relevant techniques before developing the general theory of the integral calculus. We refer particularly to the methods performed by Archimedes and Cavalieri concerning the measure of areas and volumes. Some didactic use of these techniques are present, for example, in an Italian school book (Lombardo Radice - Mancini Proia, 1979). We think that, through these activities, students can appreciate later the integration theory as a need of generalisation.

There are many other situations suitable to a first approach to infinity which we can not analyse deeply here, but which in our opinion are all of the same significance. The elementary mathematics is full of subjects related to infinity, but often we "hide" them from our students because we believe them to be too difficult. For example the problem of division by zero and its different implications (fractional equations, slope of a straight line, tangent, and so on...) could offer interesting cues, but it is often resolved in a incomprehensible prohibition.

We conclude with some remarks of a methodological character, which we would like to develop in a future research:

- revising the way of introducing the real numbers. Many didactic experiences show that the concept of real number does not appear clear enough to the students and sometimes also to the teachers. The introduction of real numbers usually in secondary schools, often results in careless and unsupported significant applications.
- making the students familiar with approximation procedures, by using modern technologies. Today computers lead very easily to solving ordinary problems. So, it seems not to be the case of learning sophisticated techniques in order to solve only a few problems but the approximation methods provides the students with a tool to afford a large number of different situations and to make direct experiments.
- proposing significant problems. A large part of exercises you find in textbooks is reduced to making use of a formula or a special technique. This fact increases the above mentioned wrong beliefs in the students. It is important to present also some open problems, which cannot be immediately translated into mathematical terms and where more conjectures and argumentation than calculations are required.

As an example of this kind of problem we introduce, from an interesting recent book (see CREM, 1995), the following: "Is it possible to cover an A4 sheet using identical squares?"

This problem, starting from a very simple situation, leads students to make more conjectures and to try to verify them using different tools. They should realise by themselves that the empirical tools are insufficient and the theoretical ones are necessary. All the activities we mentioned, accomplish a very primary need: reinforcing the students' imagery and leading their intuitions in view of an useful and justified approach to the analysis. We know that many researchers agree with this position; even the above mentioned book states, about the definition of limit: "*It is interesting to construct Analysis in terms of "mental objects" until it is clear that these are no more sufficient and it is possible to understand the reasons why the formalism ε-δ is required."*

Note

1 In collaboration with Nicola Alberti, Rossana Falcade and Cristina Valenti.

References

Andriani, M.F, Dallanoce, S. & all., 1999, 'Autour du concept de limite' in F. Jaquet (ed.) *Proceedings of CIEAEM 50*, Neuchâtel 2-7 August 1998, 329-335.

Centre de Recerche sur l'Enseignement des Mathématiques: 1995, *Les Mathématiques de la maternelle jusqu'à 18 ans*, CREM.

Fischbein, E.: 1987, *Intuition in Science and Mathematics*, D. Reidel Publishing Company.

Grugnetti, L., Jaquet F.: 1996, 'Senior Secondary School practices' in Bishop A.J. et al. (eds) *International Handbook of Mathematics Education,* Kluwer Academic Publishers, 615-645.

Grugnetti, L., Rizza, A. & all.: 1999, 'Le concept de limite: Quel rapport avec la langue naturelle?' in F. Jaquet (ed.) *Proceedings of CIEAEM 50*, Neuchâtel 2-7 August 1998, 313-318.

Impedovo, M.: 1998, 'Errori tipici in matematica e inopportunità didattiche', *Notiziario dell'Unione Matematica Italiana*, anno XXV, suppl. al n. 10, 37-54.

Lombardo Radice, L., Mancini Proia, L.: 1979, *Il metodo matematico*, Principato.

Marchini, C.: 1999, 'Il problema dell'area', *L'Educazione Matematica*, anno XX-Serie VI-Vol.1, 27-48.

Pellerey, M.: 1997, 'Continuità e discontinuità nello sviluppo degli atteggiamenti e delle conoscenze e competenze in ambito matematico', *Notiziario dell'Unione Matematica Italiana*, anno XXIV, suppl. al n. 17, 9-20.

41

Mathematics Learning and Social Interactions in Small Groups

ANNA MARIA FACENDA, ANNA MARIA PICCOLI, Local Unity of Research in Mathematics Education, University of Parma, Italy

Le but de la recherche presentée est d'une part de faire émerger les comportements métacognitifs et les aspects affectifs liés à la résolution des problèmes; d'autre part de comparer l'efficacité du travail en groupe et de celle du travail individuel au cours de la résolution de problèmes non standard.
Les participants de l'atelier ont analysé avec nous les protocoles des élèves pour vérifier de quelle façonet dans quelle mesure le travail de groupe

1. permet à l'élève de jouer un rôle social dans le groupe et de mieux contrôler ses émotions;
2. contribue à le rendre plus conscient de son fonctionnement cognitif;
3. stimule et active des processus de contrôle du travail qui lui permettent de se corriger en cas d'erreur et
4. améliore la qualité du travail, en particulier du point du vue linguistique.

Introduction

Many variables interact during the teaching-learning process in a class and very different situations take place. A deep knowledge of each separate variable is not enough in making the teaching-learning process effective because the complex system of the class is formed by the interaction of all the variables. During his/her work the teacher can know the cognitive aspects through the pupils' work and can obtain a partial knowledge of the metacognitive processes by interpreting these works. On the other hand the knowledge of the affective aspects often depends on the teacher's sensitivity. Moreover a teacher could refer to models of pupil learning through theoretical studies. But often all this is not sufficient. From the socio-constructivistic point of view, the pupil becomes a subject who constructs relationship inside his/her own mind. If teachers recognise pupils' individuality then they can understand what the pupils really think and feel.

The research

Our research took place in a class of twenty-five students (eleven or twelve years old) in a compulsory school. We asked them to answer this question:

"The maths teacher gives you a problem. You describe the emotions you feel, the thoughts that cross your mind and the decisions you make before, during and after the solution."

With this question we wanted to find out the metacognitive behaviours (thoughts and decisions) and the affective aspects (thoughts and emotions) which are connected with the problem-solving activity. We analysed the pupils' work concerning the emotional aspects based on the idea that it is not the event by itself which cause an emotion, but how one person interprets the event (Zan, 1998). The pupils elaborate negative or positive emotions when they interpret their experiences in mathematics in the light of the aims that they set themselves and the convictions that they have developed. By way of an example we reported some extracts derived from the pupils' answers:

Affective aspects *"... the emotions that I feel are good....and every time I think that I must solve it in the right way..." "... I am not able to reason anymore, or rather, it isn't that I don't reason, but it is that I am afraid not to be able to solve it..." "...then I understand that I must trust myself only...".*

Metacognitive behaviours *"...for understanding the problem I re-read the text two or three times, but I don't understand it after I try to combine, adding, dividing and multiplying the numbers...", "...I check if the problem is difficult or easy, so I read it. During the solution I put myself many problems and every time I check that the operations and the reasoning used are correct...", "...I mistake them because I think quite the opposite, or I don't read well the text, or I undervalue the problem too much and I feel too much self confident..."*

At the end of this part of the research we make the following observations:

- the presence/absence of metacognitive processes is not enough to account for the success/failure of pupils involved in problem solving activities;
- the affective aspects seem to be the discriminating factor;
- good solvers are able to control their emotions which often get the upper hand;
- the convictions, that the pupils elaborated during their scholastic experience can direct the emotions in two ways: either as a negative feed-back which enables them to control the situation or as a positive feed-back amplifying the emotions involved. In this case the situation of problem-solving becomes uncontrollable.

These observations were the starting point of other activities through which the pupils could live the mathematics experience as a moment of knowledge and remark about their knowledge. The organisation of these activities was founded on the following ideas: 1) the importance of the social interactions in the knowledge such as underlined by Piaget (sociocognitive conflict), Vygotsky (tutoring), Bruner (negotiation of meanings); 2) the socio-constructivistic model of teaching-learning; 3) the relationship among peers are a resource not yet well utilised in the class.

The activities were carried out in the same class divided, at first, into two groups of mixed capabilities. During the first session one group was divided into four pupil subgroups; while the pupils from the other group worked individually.

During the second session the roles were exchanged. This method was chosen in order to be able to compare the group work effectiveness with the individual one with the aim of using these two procedures in the most profitable way.

The organisation of the group work is divided into three sections:

a) arrangement
b) introduction to the activity
c) observation and review.

In the workshop we did not present the part c) because it is still being studied.

Arrangement

Objectives

- Pose to the pupils non standard problems with the aim of modifying the conviction that many of them have about mathematics problems.
- Develop the argumentation and linguistic competencies of the pupils.
- Find analogies and differences among the different solutions.
- Make use of the list of metacognitive behaviours constructed by every pupil.
- Help each other in the solution of the problem.
- Think about the activity that they have taken part in.

Foreseen work structure: In the groups everyone shall read and propose the solution of the problem. The others will listen and ask questions or ask for explanations. When the members of the group are in agreement about the solution, they will have to decide how to present it to the others.

Groups composition: Number of pupils: four or five with heterogeneous capabilities

Social competencies

1. To allow everyone to speak.
2. To accept different ideas and to be available to understand them.
3. To ask for explanations if they have not already been.
4. To look for an agreement which is accepted by all the members of the group.

Introduction to the activity

The teacher shows briefly to the pupils what they will do during the activity.

Individual responsibility structure: Every member of the group will share with the others their proposal of solution.

Criteria of success: One member of the group will explain the reasoning followed in the solution of the problem to the class.

Behaviours expected

1. To help those who have difficulties not by telling them the solution but underlining the useful information of the problem.
2. To be able to present the solution of the problem explaining all parts of the solution.

During the workshop we proposed that the participants analyse and compared the solutions that the pupils gave, about one of the non-standard problems. The text of problem is the following:

THE LATECOMER

In Luca's class several children have fallen into the bad habit of arriving late at school.

The teacher proposes a condition for the last twenty-five days of school before the Easter holidays. At the end of the fixed period she will give three sweets to every child for each day on which they arrived on time and she will ask twelve sweets from them for each day they arrived late. Luca, who has been present twenty five days, neither receives a sweet nor must give some to the teacher.

How many days did Luca arrive late at school?

Explain your reasoning.

All the groups and five of the pupils who worked individually solved the problem in the correct way, two pupils gave only an attempt of solution and four pupils did not understand the problem.

Examples of groups' solutions.

1) Legend O= 1 day R= day on late A = day on time

0000 0 0000 0 0000 0 0000 0 0000 0
A R A R A R A R A R

Reasoning Considering that each time a child arrives on time he/she receives three sweets, while if he/she arrives late he/she has to give twelve back, knowing that Luca doesn't receive and doesn't give back any sweet, we deduced that four days he arrives on time while the fifth day he arrives late because: 3x4=12 12- 12 = 0 . **Answer.** Luca arrives twenty days on time while he arrives late five days.

2) 1 2 3 4 5 6 7 8 9 10 11 12 13 14 15 16 17 18 19 20 21 22 23 24 25
3 3 3 3 **12** 3 3 3 3 **12** 3 3 3 3 **12** 3 3 3 3 **12** 3 3 3 3 **12**

□ □□□□□

sweets gave back to the teacher

Answer Luca arrived late five days out of twenty five.

Development Luca arrived late five days out of twenty-five because 3x4=12 and so Luca arrived four days early but the fifth day he arrived late and he had to give the sweets back to the teacher. This happened for four times and so at the end of the twenty-five days Luca hadn't any sweets and the teacher didn't have to give him any.

Examples of individual solutions:

1) Luca arrived five days late and the other twenty days on time.

Reasoning At first I wanted to find with how many days on time one can arrive at twelve against a day late, therefore four days. If in five days (4 on time + 1 late) one is able not to give and not to receive anything, I divide 25 by 5 which results five times and on one hand I multiply it by 4 (20) and on the other hand by 1 (5) so I attained that Luca arrived twenty days on time and five not on time. (20+5=25).

2) To find the number of days in which Luca went to school late one had to find the number of same sweets so that Luca will not have to give any because the sweets that the teacher has to give are the same as those Luca has to give back.
3) g.p.= days of presence ass.= days of absence
4 g.p. - 1 ass (3+3+3+3)- 12 =0 5 days + ; 4 g.p. - 1 ass (3+3+3+3)- 12 =0 5 days +
4 g.p. - 1 ass (3+3+3+3)- 12 =0 5 days + ; 4 g.p. - 1 ass (3+3+3+3)- 12 =0 5 days +
4 g.p. - 1 ass (3+3+3+3)- 12 =0 5 days +

Luca arrives at school five days late and twenty times he arrives on time. I made some attempts.

During the discussion in the workshop these observations emerged:

1) all the groups gave solutions with clear representation of the problem which explains how the group solved it;
2) only a few of the individual works contain representations and sometimes they are expressed in a language that has to be interpreted by the teacher;
3) some individual solutions, in particular those of the less gifted pupils, are only a verbal description of the procedure and not an explanation of the reasoning;
4) the groups presented reasoning explained in a more synthetic and less repetitive way than those of the individual works;
5) the individual works have the characteristic of the "interior thought" not yet socially shared according to Vygotsky's theory and often present a scarce use of the punctuation marks.

We also want to underline the importance of the working group as a moment of emotional support which allows the students to share the mental exertion. In this way the anxiety, produced by the problem solving situation, is reduced and the students can elaborate different convictions about themselves and the mathematics experience. The confirmation of our ideas is given us by the impressions that the pupils elaborated about working group:

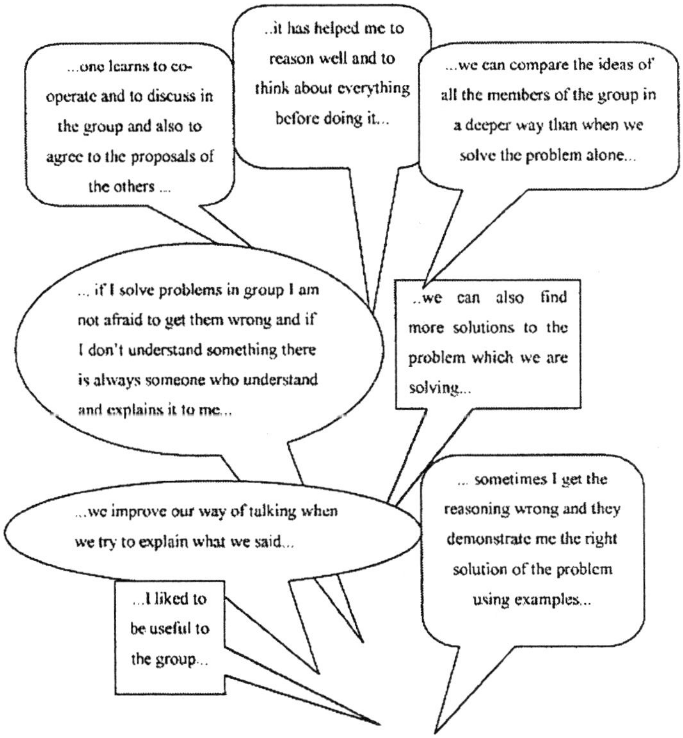

References

Cobb, P.: 1997, 'Accounting for mathematical learning in the social context of the classroom (first part)', L'educazione Matematica, n. 2, 66-81.

Dekker, R.: 1995, 'Learning mathematics in small heterogeneous groups', L'educazione Matematica, n. 1, 9-19.

Johnson, R . T., Johnson. D. W., Holubec Johnson, E. (eds). 1987, *Structuring cooperative learning: lessons plans for teachers*, Interaction book company, USA.

Vygotsky, L. S.: 1987, *Mind in society. The development of higher psychological processes*, Cambridge, Mass. , Harvard University Press.

Zan, R.: 1998, *Problemi e convinzioni*, Pitagora Editrice Bologna

42

Using Seminars to Teach Calculus to Undergraduates

JEAN FLOWER, University College Chichester, UK

The style of learning mathematics as an undergraduate student of mathematics in UK universities tends to be different from the way knowledge is shared and gained by professional mathematicians or professional users of mathematics. This workshop looks at a module taught at University College Chichester: "Applications of Calculus", which aimed to reduce the gap between the studying of mathematics and the professional activities of learning and using mathematics. The module made extensive use of student seminars and hand-held technology.

Le style d'apprentissage des mathématiques d'un étudiant britannique diffère en principe de la façon des mathématiciens et des usagers professionels des mathématiques de recueillir et de partager les connaissances. Cet atelier est centré sur une unité enseignée au Collège Universitaire de Chichester - «Des Applications du Calcul», dans le cadre de colloques d'étudiants où les technologies actuelles étaitent appliquées. Cette unité avait pour objectif de réduire les différences entre l'étude des mathématiques et les activités professionelles de l'apprentissage et de l'utilisation des mathématiques.

Introduction

The research builds upon work undertaken during the past three years as part of the FLAMHE project (Flexible Learning Approaches in Mathematics in Higher Education), in particular drawing upon our experience of introducing peer-tutoring at Foundation-level (Year 1). See "Peer tutoring in undergraduate mathematics" - W. Evans, J. Flower and D. Holton, presented at ICTCM, Samos, 1998.

The style of learning mathematics as an undergraduate student of mathematics in UK universities tends to be different from the way knowledge is shared and gained by professional mathematicians or professional users of mathematics. A module titled "Applications of Calculus" was taught in the first semester of the year 98/99. The students were either training to be teachers of mathematics, at primary and secondary school level, or studying towards a BA(hons) in mathematics. Weekly topics covered included "Curvature of graphs", "Centres of gravity", "Fourier Analysis of data sequences".

The students formed groups and, alongside weekly lectures, each group spent one hour participating in a "seminar". The students were given notes from which to start learning and were expected to use other resources to add detail or fill in gaps in their understanding. They learned co-operatively in groups as active participants with shared responsibility for each others' success. Each student took on roles of responsibility in the group, including a "chair" and a "scribe" and they were assessed by their peers as well as the module tutors. Extensive use was made of technology. Each student was loaned a TI92 graphical calculator which can be used for graphical and algebraic approaches as well as numerical work.

Aims of the module

The module aimed to:

- increase student confidence in calculus, and enable fluid application of basic calculus techniques and awareness of higher-level calculus concepts;
- use a wide range of applications to encourage students to appreciate the power of calculus, and interpret the outcome in each application;
- enable students to work in a co-operative professional environment.

The mathematical content

The content that was covered in the module included some topics that have not been a part of the syllabus in recent years. The combination of group-learning and use of the TI92 calculator led me to have confidence in the group's ability to tackle harder topics such as

- using curvilinear polar co-ordinates and calculus to predict planetary motion;
- using calculus to measure the curvature of curves;
- using calculus to find centres of gravity;
- using Fourier Series to analyse patterns in discrete data.

Some of the text-books we had to use to cover these topics were quite old, and I felt like we were reclaiming some mathematics that was in danger of being lost from University syllabuses. With the help of technology, examples can be tackled without spending a long time grappling with algebraic tricks and techniques, allowing us to spend more time focusing on the concepts behind the two main calculus operators of derivative and integral. More important than including these specific topics, I hoped to broaden students' perception of the nature of calculus. After having met calculus at school level and as part of "Foundation modules" in year 1 of university, students' perceptions include:

calculus is a process which turns one algebraic expression into another
calculus is a process which enables you to find turning points and volumes
calculus is a process which needs rules, like the product rule, the quotient rule, the chain rule, trigonometric properties, integration tricks ....
calculus is a process which can be done by computers and calculators
source for quote: FLAMHE interviews

After having completed the module, the student evaluations included these comments:

I have gained a lot of knowledge of how calculus is in everything.
From being fairly miserable about calculus in general, I have come during the course of the module to thouroughly enjoy calculus in its various manifestations.

This was a good experience- I repeatedly put in more than the regulation 6 hours outside the lecture because of a sense of responsibility towards the group as a whole. As I had previously had difficulties in calculus, this module has been surprisingly successful for me.
source for quotes: student evaluation forms

These comments are not statistically representative, but they effectively provide evidence to support one of the aims of the module. It is especially gratifying to think that the author of these comments intends to teach mathematics at school-level and now has a more positive and accurate view of the role of calculus in mathematics.

Using seminar groups

In all mathematics modules, many students form co-operative groups spontaneously. Members of an academic community naturally come together to exchange ideas, test conjectures and ask questions of each other. I wanted to formalise the students' tendencies to work together and encourage them to learn in co-operative groups. I hoped to create a sceptical yet supportive environment for them to tackle the harder concepts behind the calculus material underlying the course.

The students met each week in group seminars. Each seminar had a "leader" and a "scribe", roles which rotated amongst the group from week to week. The role of the leader was to make sure that the discussion was orderly, stayed on track, involved the whole group, and made some progress. The job of the scribe was to take notes of the meeting and prepare "minutes" after the seminar, for public view. The group meetings and activities by no means replaced the need for private work. One prerequisite for a successful seminar is that members of the group properly prepare for the seminar. This preparation includes reading around the topic under discussion, actively engaging in attempts to solve problems and coming up with problems for the group to discuss and resolve. The students also attended a lecture each week, and any remaining questions about the work they had studied in their seminar groups could be included in the lecture. The lecture also covered ground which was necessary preparation work for future seminars.

The transferable (general) skills covered

In their various roles as leader, scribe and member of the group, each student was exposed to:

- using computer packages (Word, Sketchpad, TI Graphlink) for document preparation
- use of the computer network to disseminate finished documents
- working as part of a team and working to lead a team
- taking notes as part of a group discussion
- undertaking independent learning and research on a chosen mathematical topic
- evaluating the work of other students

A great number of the responses on student evaluation forms focused on these transferable skills. Here are some more comments from the student evaluation sheets in response to the question "Do you feel that you have learned other skills, outside of calculus, during this module? If so, what other skills?"

Working with and for my team - leadership and organisation..
Tolerance and groupwork.
Patience, teamwork

I don't feel I had leadership skills before this module, and I have developed my leadership skills and working as a team. I feel I have gained something personal as well as academic.

source for quotes: student evaluation forms

Assessment of the module

Each student was asked to select a topic from calculus, and write a set of notes for the rest of their seminar group on that topic. They then led a seminar on the topic at the end of the semester. Assessment took all forms: the tutor assessed both the notes and the seminar (by observation) and the rest of the seminar group assessed the notes and the seminar (as participants). The weighting and assessment criteria were negotiated with the group as a whole, halfway through the semester. Most of the marks were allocated to the tutor's judgement of the written work and the students' judgement of the seminar.

It became apparent that the nature of the role of "leader" was different for the assessed seminars. During the semester, the leader was not necessarily the most expert in the group. The leader's job was to co-ordinate the learning process by steering other people's ideas, rather than by "teaching" the rest of the group. In the assessed seminars, the leader was also an expert, having written the worksheet and researched the topic for weeks. As a result, many groups fell into the pattern of the leader "teaching" the rest of their group.

Suggested innovations and changes for future years

One of the messages which arose from the student evaluation of the module was that the scribe had to spend a long time preparing the notes after the seminar. The students did not feel that this time was adequately "rewarded". One of the intended outcomes of the course was that students spent some time preparing notes, increasing their familiarity with the computer network, and using Word to present mathematical documents. It was suggested that the notes which the scribes produced should form a group assessment document.

The students had two opportunities to take on the role of leader and two opportunities to take on the role of scribe, before the assessed seminars took place. My feeling was that at the beginning of the semester, the groups needed to "settle in" and find the best ways of working as a group. Would it be fair to assess the group from week 1?

Remaining concerns from student evaluations

There were three main criticisms of the module:

Many students felt that they had been asked to study too much content for the module, to the detriment of their other studies. It may be appropriate to take a larger topic (like planetary motion) and extend it over two weeks, giving the students two seminar slots to look at the material. Some of the work done as preparation for this topic (polar co-ordinates, for example, or Euler's method for solving ordinary differential equations) could be included into an extended block so that the material is repackaged as five two-week packages rather than ten one-week packages. This would raise questions about the cycling role of the leader and scribe within the group. Either the roles would change part-way through the mathematical topic or some students would not get a chance to lead a group until near the end of the semester.

Another doubt arising from the nature of study is that the student's scepticism extends beyond the end of the discussion. Some issues are not satisfactorily resolved in the group, and afterwards, there is uncertainty about the topic. Here is one student quote:

It is possible that what I have learnt is wrong, as it is mostly self-taught.

source for quotes: student evaluation forms

If we want to encourage a sceptical debate between students, is it inevitable that some doubts remain? To some extent, I tried to resolve these doubts by spending part of the lectures following the seminars covering ground from the seminar material. The intention was that the students could compare their group-work with the lecture and feel reassured that they had reached the correct conclusions (or ask why not). As the semester progressed I noticed that students were less likely to accept arguments from the rest of the group that were less than convincing. Without realising it, because students were uncomfortable with a uncertain knowledge of some mathematical fact, they were asking the other group members to put together some kind of proof for them. In the end, the tutor was always available for consultation, during or after the sessions, and students had plenty of opportunity to resolve remaining questions from the seminars.

The third criticism of the module was that some students were uncomfortable being asked to assess each others' work. Some students doubted that this was a fair system of assessment, because other groups could be too generous, whereas others said that they felt under-qualified to judge a piece of mathematical writing for its accuracy. Peer-assessment is an important step towards awareness of the qualities and weaknesses of one's own work. Comments on the assessment came from the tutor, and anonymous comments from the peer assessment forms were typed and returned to the students. It was important that the assessment criteria were discussed with the students before they took part in peer-assessment. The marks that came back from the peer-assessment were moderated within the groups (scaled to match the College average mark of 57%), but the students were unaware of this moderation, and may have been happier with the assessment process if they had known about this.

One of my doubts about the module was that it would be viewed as a way for me to spend less time in the classroom and more time in my office (on administrative chores). However, it became clear that the time spent supporting the seminars and writing material for the seminars was comparable, if not greater than, the time which would have been invested in giving lectures. Using seminars to teach mathematics does not seem to be a cheap, easy option for teaching staff!

Conclusion

Given that the mathematical content is chosen carefully, properly supported with learning materials, and that seminars are accompanied by lectures to consolidate the work done by student groups, it appears that the learning objectives can be achieved, both from a mathematical curriculum perspective and from the point of view of transferable skills for further study and the workplace.

Both weaker and stronger students can benefit from the co-operative learning atmosphere provided by a seminar, and general mathematical skills such as scepticism and argument are an integral part of learning by seminar.

Care needs to be taken for assessment of work done by seminars, and this is one aspect of the module which I would change in future.

Note

FLAMHE is a research project designed to identify and address some of the major difficulties encountered with and by undergraduate students of mathematics and mathematics related courses. Director: Afzal Ahmed, University College Chichester.

References

Ahmadi, M. H., *Group research projects and co operative learning in standard calculus*, ICTCM, 1998

Evans W., Flower J. and Holton D., *Peer tutoring in undergraduate mathematics* presented at ICTCM, Samos, 1998.

Goodlad S. and Hirst B., *Peer Tutoring: A Guide to Learning by Tutoring*, London,Kogan Page, 1989

Cohen, M., Gaughan, E., Kurtz, D., Knoebel A. and Pengelley A. *Student research projects in calculus*, Pubished by MAA, 1991

43

Mathematics Education Based On Alternative Realities

UWE GELLERT, Freie Universität Berlin, Germany

Nous avons présenté dans cet atelier la notion des réalités alternatives et établi un rapport entre ces notions et la construction hypothétique de convictions. Après l'exposition de quelques exemples de réalités alternatives à différents niveaux, les participants se sont penchés sur leurs propres idées sur la nature et le rôle des mathématiques. Cette réflexion révèle des différences remarquables de convictions.

1. Introduction and Background

It is an open question whether beliefs and practices in the teaching and learning of mathematics are dictated by individuals or society. Certainly, mathematics education is framed by routines and institutions that are socially taken for granted. Within this framework, individuals experience mathematics classes differently so that they base their activities on different systems of beliefs. Later on, these beliefs affect the institutions and routines are experienced differently.

Mathematics education has taken the hypothetical construct of beliefs, or belief systems, from cognitive psychology. In a line with constructs such as attitudes, it stands for a shift from investigations into pure knowledge to the acknowledgement of a kind of background that guides people's actions. In mathematics education, researchers sometimes refer to the cognitivist Abelson's article "Differences between belief systems and knowledge systems" (Abelson, 1979) when describing the status of beliefs (Nespor, 1987; Thompson, 1992). In this article, Abelson states that beliefs refer to *alternative worlds* in which people base their actions. This notion has been slightly changed by Nespor (1987) to *alternative realities*. Alternative realities serve as a promising metaphor for descriptions of the sources of both people's teaching and their mathematical activities.

Nespor gives an account of an English teacher's alternative reality:

> "Ms Skylark drew her ideal of teaching from a model of what she had wanted classes to be like when she was a child - friendly and fun. Although she worked to shape her class to that ideal, she had never achieved it; nor had she experienced it as a child." (Nespor, 1987, pp. 318-319)

Another study on alternative realities is reported by Chapman (1997). She identifies metaphors that support understanding of three teachers' views on problem-solving, and their conception of problem-oriented mathematics lessons. The three metaphors (community, adventure and game) condense their different experiences with, and personal views on, problem-solving. They can be seen as examples of Abelson's alternative realities. As a result, it is stated that teachers' learning experiences exert a tremendous influence on their design of mathematics classes. This emerges particularly clearly in the case of one elementary teacher who had only been teaching for half a year: As a beginning teacher, and rating herself as lacking mathematical knowledge, she connects her mathematics lessons with concrete everyday problems.

> "Without a strong background in mathematics and no significant teaching experience, she turned to her social personal experiences for a basis to make sense of her teaching. Her strong sense of community in her personal life became the most natural basis for her to make sense of her teaching. This resulted in her adopting the same metaphor she used to make sense of her personal life, in her teaching, in general, and her teaching of problem solving in particular." (Chapman, 1997, p. 223)

Her alternative reality, community, signifies solidarity and commitment; it includes sharing, exchanging as well as caring within a community. This requires the capability to solve conflicts by means of communication, and to influence interpersonal relationships in a positive way. In her view, solving a problem means resolving a conflict. Consequently, she characterizes mathematical problem-solving through the students' activities: the students develop strategies for solving the problem and, jointly, come to a decision. Therefore, a problem is a conflict situation taken from personal experience or context. From her point of view, mathematical strategies and answers only form one part of the total solution.

Gellert (1999a) reports of a study on prospective elementary teachers' conceptions of mathematics teaching. In this study, two alternative realities are extracted which stand for some of the participants ambitions to transfer their general pedagogical ideas to mathematics instruction: child-centredness and fun. Their main approach to mathematics teaching is to look for motivational aid. They take for granted that pupils entering school already have negative emotions and attitudes to mathematics. One pattern among the participants of the study is that they conceive the concept of child-centredness as a mark of quality for mathematics instruction. They see a child-centred learning atmosphere as the basis for promising instruction. Closer examination reveals that this child-centredness is rarely linked with content but with the way of transmission. An illustrative example is the following account given by a participant of the study:

> "There is a radio play cassette from Benjamin Blümchen [a famous children's cartoon character] which imparts arithmetic to the children by means of cooking. ...One need not tell them that they actually calculate." (Cf. Gellert, 1999a, p. 34.)

The second alternative reality can be seen as a reaction of the experience of mathematics classes as boring, dry, incomprehensible, and, furthermore, threatening. The guideline is that the main thing in mathematics lessons should be having fun. Consequently, the main task for the teacher is to teach in an entertaining way. For instance, another illustrative quote from the study:

> "In principle, I want to try to teach the children mathematics in a playful way. I remember drawing little crowns for the pupils who were very fast in solving mathematics problems: that was fun, that encouraged to learn." (Cf. Gellert, 1999a, p. 33.)

These examples of alternative realities served as background for the workshop activity.

2. Questions and Workshop Activity

For researchers aiming at identification of alternative realities on which people base their actions, a crucial question is how to find access to these hidden realities. What kind of data justifies the interpretation of what other people have in their mind (even unconsciously)? Traditionally, questionnaires, often with participants answers on Likert scales, were used. More recently, researchers triangulate insights from the analysis of questionnaires with more carefully made observations and more open procedures such as narrative interviews and journal keeping.

Gellert (1999a) used journals and open ended questions for the collection of data. Part of the journals were prospective teachers' reflections on their mathematical experience, their mathematical history. Another part were responses to open ended questions, or tasks, which were designed for that purpose. One task was to work on two descriptions of the use of mathematics and of characteristics of mathematics education, inspired by a textbook and by a book on methods in mathematics teaching, both from the sixties and originally in German (for an overview of the other questions, see also Gellert (1999b)):

> "Mathematics may be the source of ethical values. Education for functionality and veracity, for thoroughness and accuracy, for cleanness and conscientiousness, for loyalty in little things and subordination to the laws of facts, and, last but not least, for modesty in relation to the work of the authorities in the realm of mathematics - all this may grow from good mathematics lessons."

> "It is the very structure of the subject arithmetic that gives reason for its particular value. Arithmetic teaching can and must urge the child to be accurate, precise, functional, and conscientious. The strictness of arithmetic unmasks the prattlers, the dreamers, and the happy-go-lucky fellows. Arithmetic teaching educates towards clarity, persistence, veracity, discipline, and order."

The task for the participating prospective teachers was to analyze these quotes and to formulate a text which reflects their views.

We can also use the two descriptions to tackle the question of how we, as teacher educators and teachers, can take account of different beliefs to develop a shared understanding of the nature and role of mathematics. Compared to the evidence that mathematics teachers held different beliefs, there obviously is a lack of investigations into researchers' and teacher educators' alternative realities (for an exception, see Mura (1995)). Moreover, are teacher educators and teachers themselves aware of the alternative realities they base their actions on? When, during pre-service and in-service teacher education, teacher educators try to change (prospective) teachers' beliefs and attitudes, in what direction do they go? On what alternative realities do teacher educators base their teaching? Is this consistent with their educational goals? Or, is there a common understanding of the nature and role of mathematics among teacher educators?

During the workshop, its members wrote descriptions of the nature and role of mathematics and, individually, they gave reasons for their mathematical activities. So we looked on our own alternative realities. As a matter of course, the two descriptions from the sixties were given in advance.

3. Results and Discussion

It was very astonishing how differently mathematics was described. Among the members of the workshop, there was some consent of mathematics being developed by humans and forming part of peoples' knowledge. Thus, it might be useful and powerful to think about, to explain, or to interpret aspects of our life. However, descriptions varied in many ways. A striking difference is the degree of personal involvement in mathematics. Some members took mathematics as externally given. They described mathematics well as human endeavour, but also as a venture they do not really take part in. Mathematics, then, is a tool for handling with routines and problems of our world. There is no question if we want to do mathematics - we have to because our world is shaped and organised by mathematics (politics, technology, ...). A particular aspect of this argument is the case of logical thinking: Doing mathematics is seen as the way to become logical. The capacity to think logically is highly valued in a modern society.

On the contrary, mathematics can be regarded as emotionally important. Some descriptions show mathematics as a personally challenging activity one can get a kick out of. Mathematics, in this view, is not just a necessary tool, but a means one may like to use to explore the world, or just to enjoy discovering patterns, relations, and solutions.

In my view, this is an important difference. I would like to call the alternative reality behind the first kind of description "the world of duties". The world of duties is mathematised, ruled by technology and expects its members to be able to live with its mathematical structures. This world demands from its members to learn mathematics. Learning mathematics becomes a duty for its members.

The second alternative reality I might call "self-determination". Human development included the triumph of mathematics, and for individuals it is possible to curiously approach this invention. Mathematics, in this reality, is not pre-fabricated to certain given problems but open to individual sense-making. Everybody can use mathematics for her/his own purpose. Mathematics is a means for exploration but there is no guideline of what to explore.

Reflection on these alternative realities opens up new, perhaps more detailed, questions: What are consequences of these different alternative realities? What about mathematics in a world of duties when duties, to a certain degree, are suspiscious? Does self-determination include the possibility that individuals reject to give mathematics a personal meaning at all? Is it promising to try to combine both realities? Or, do we have to accept that people look differently at mathematics? How, then, can we develop a shared understanding of the nature and role of mathematics?

References

Abelson, R.: 1979, 'Differences between belief systems and knowledge systems', *Cognitive Science*, 3, 355-366.

Chapman, O.: 1997, 'Metaphors in the teaching of mathematical problem solving', *Educational Studies in Mathematics*, 32, 210-228.

Gellert, U.: 1999a, 'Prospective elementary teachers' comprehension of mathematics instruction', *Educational Studies in Mathematics*, 37, 23-43.

Gellert, U.: 1999b, 'Vorstellungen angehender Grundschullehrerinnen von Schülerorientierung. Eine Analyse von Unterrichtskonzeptionen im Kontext universitärer Lehrerbildung', *Journal für Mathematik-Didaktik*, 20, 2/3, 113-137.

Mura, R.: 1995, 'Images of mathematics held by university teachers of mathematics education', *Educational Studies in Mathematics*, 28, 385-399.

Nespor, J.: 1987, 'The role of beliefs in the practice of teaching', *Journal of Curriculum Studies*, 19, 4, 317-328.

Thompson, A. G.: 1992, 'Teachers' beliefs and conceptions: A synthesis of the research', in D. A. Grouws (ed.), *Handbook of research in mathematics teaching and learning*, Macmillan, New York, pp. 127-146.

44

Factors Of Resistance To Change: A Study Of Teachers Beliefs

GUEVARA, F. & CARRILLO, J., University of Huelva, Spain

Our work intends to provide teachers and researchers with an investigation model of teachers' beliefs in order to reflect those factors which are opposed to any process of curricular innovation as regards the teaching of mathematics. Starting from current practice in order to build a theory and to search forways which find permanent relationships between theory and practice, opens the way forward for research so as to originate a real change and allow for the possibility of innovations. From this persepctive we offer a list of factors and a process model, based on problem solving, which will attempt to uncover and approach these factors.

Notre travail a pour but d'offrir aux professeurset chercheurs un modèle d'investigation des croyances des professeurs. Ce modèle détecterait les différents facteurs qui s'opposent à tout processus d'innovation dans le curriculumet dans l'enseignement des mathématiques. Nous proposons de partir de la pratique pour construire la théoriœt d'explorer les voies qui permettent de lier en permanence théorie et pratique. Cette approche ouvreun chemin dans la recherche par lequel il semble possible de renforcer et de déclencher un véritable changement, et de réaliser également d'autres objectifs d'innovation. En partant de ce point de vue nous offrons un catalogue de facteurs ainsi qu'un modèle de processus fondés sur la résolution des problèmes.

The background

Research which aims to favour a curricular innovation should attempt to consider some of the factors which are opposed to change. We say attempt to consider *some*, as the complexity of the education phenomenon makes its elements difficult to approach in depth within the natural confines of a particular study.

Some of these factors are intimately related to teachers and students, and are obscured beneath beliefs and the teachers' didactical models. Understanding the beliefs and implicit theories which teachers have is of vital importance in order to understand teaching, as well as favouring a change in the teacher training programmes (fundamentally relative to in-service training, as regards this research project) and finally, as the main objective, to promote an improvement in the quality of the teaching in the school (Marrero 1993).

This research project involving 4 secondary teachers (model is explained in Guevara and Carrillo (1999), and which falls within the paradigm of the colloborative research projects (Feldman, 1993)) has completed its first phase (*relation*) of cohesion and establishment of relationships. Here, the opening conditions have been explained and the compromises acquired by all have been negotiated. In addition, we have identified the most important obstacles which the group has in order to promote the curricular change, one which they are interested in (*identification*). Currently we find ourselves in the transition to the third phase (*understanding and analysis*) which consists of a detailed description of the problems which affect them, causes and possible solutions. These teachers agree to the necessity of understanding and investigating the above mentioned obstacles in order to improve their teaching practice and propitiate an important change in their educational model.

Among the obstacles detected, the group has decided to *uncover the conceptions opposed to change as the first step in designing innovation strategies*[1].

The process

In the process of approaching the above mentioned problem, we highlight the following:

1) Elaboration of the information recovery instruments: a questionnaire[2] for the students and a didactical essay[3] prepared for the teachers. The questionnaire is directed towards verifying the degree of student satisfaction with their teachers' teaching methods. It serves as an instrument of triangulation with the didactical essay and can contribute data for the future elaboration of a didactical proposal (phase 4: planning; phase 5: execution).

2) Analysis of the data gathered. In order to facilitate the analysis, including the contrast or triangulation, the essay and questionnaire are organised with relation to the same categories (according to Carrillo, 1997): methodology, subject significance, learning conception, student's role, teacher's role and assessment.

3) Obtaining the teachers' didactical model. The analysis of the questionnaire and of the didactical essay provides us with information like shown in table 1 (concerning the category of methodology).

Students Questionnaire	A Teacher's essay
Methodology *His activity in the classroom is characterised by the repetition of types of exercises until most of the students know how to understand them or until it is the moment to move on to another content.* *The teacher's performance is influenced by his use of explanation, although he favours the investigative processes occasionally. We can deduce the teacher uses different methods as a resort to obtain better results.*	**Methodology** *In general he prefers to reinforce the understanding of the concepts and situations rather than advancing to cover other concepts.* *He puts forward problematical situations, highlighting comprehension by means of a search for data, analysis of the adequacy of these, on the layout, scheming and checking. He challenges results as well as processes.*

Table 1

This information which is presented regarding one of the categories studied and corrresponding to one of the participating teachers in the project leads to the construction of a profile or a didactical portrait of this teacher. This profile will be negotiated with him in the presence of the group (4 teachers) to discuss the didactical tendencies which appear in the reports compiled. We try to look for coincidences in both, and if this were not possible, obtain the acceptance of the teacher under study of the opinions of his students, as well as adding some aspects or tendencies which have not come up in either of the reports and in the discussion and analysis of the group (the goal being that they be accepted by the teacher under study).

4) Identification of factors which obstruct professional development. Once the didactical model of each of the teachers has been defined, we then identify the factors which are opposed to change or innovation. In order to do this we have developed a list of factors which is still provisional, but which is being completed as the research project continues (starting from the bibliographical reviews and the reports of the participants).

The example in Table 1 shows the methodological characteristics in line with those which would be expected from a teacher concerned about innovation, interested in materializing within his classroom the new curricular directives, with particular emphasis on problem solving.

Although the students' questionnaires and the teacher's report seem to be contradictory with regard to the repetition of 'exercises' versus 'problem' solving, the overuse which teachers as well as students make of the term exercise and problem leads us to the conclusion that they are referring to the same thing. However, on presenting the students information to this teacher, he recognises the truth of the situation. We can therefore conclude that:

*....the work in his class is characterized by the repetition of exercises, (*a factor which we have coded as (factor PRA) in the list which we present in the next epigraph.) Similarly, the student information on the use of explanation, ratified by the teacher himself, allows us to confirm that:

... the teachers perfomance is dominated by the use of explanation.(factor EXP).

In the concensus session, the teacher connected the use of explanation with the following sentence:

...there is a lot to be gained if we present the content adequately, which can be associated with the APR factor (a coherent presentation of the content is enough to result in learning taking place).

5) Design of a curricular proposal. Once the factors which we consider opposed to a process of change or innovation have been detected, we go on to design strategies and curricular material which help to challenge the resistance found.

6) Evaluation. Finally, we analyse the implementation of the new design and we evaluate the whole process in order to correct the problems or difficulties detected, those not corrected previously as well as those which appear for the first time.

Phases 5 and 6 have still to be developed. Below we present the Factor List in its current form and which allows us to analyse the profiles obtained.

FACTORS OF RESISTANCE TO CURRICULAR CHANGE IN MATHEMATICS SECONDARY TEACHERS

Factors related to the methodology

ADQ

The acquisition and memorisation of concepts and rules, of data and mathematical results is fundamental in the mathematics class.

APR

Learning mathematics is made possible by the presentation of the contents so that the students can understand and assimilate them.

EST

The internal structure of mathematics is the one which outlines and guides the planning design.

DIF

The diversity of students cannot be dealt with within any mathematics curricula.

CON

The mathematical knowledge is an intermediate link in the necessary training to continue with the study of mathematics in the following levels.

PRA

The repetitive practice of exercises and problems is the best way to acquire concepts and to get procedural abilities.

EXP

The teacher's explanation of the mathematical contents is the most effective way to guarantee that the intended learning takes place.

CNT

The mathematical contents are an end in themselves and they are necessary to solve the exercises and problems effectively.

PRO

The planning in mathematics is rigid, usually structured externally and has above all far reaching implications.

EQU

It is impossible to establish a balance between the boredom and dejection of some students and the lack of comprehension of others.

NUM

A large number of students in a class obliges the implementation of a teaching method based on the transmission of knowledge.

Factors related to the subject significance

FIN

The purpose of mathematical learning is to provide the students with useful instruments to apply to mathematics itself and to other subjects.

NEU

The neutrality of mathematics with regard to the diverse social aspects of our world is evident and it should be taught accordingly.

ETN

Ethnomathematics, understood as mathematics that does not originate from the school and that the students possess in the form of cultural baggage, can be taken into account but should not be included in the mathematics curricula.

Factors related to the conception of learning

RES

The results of the mathematical learning depend, almost completely, on the student's training.

ACT

The negative attitude of some students towards mathematical learning is difficult to overcome.

GRU

Group work is not desirable because the students waste time, they copy from each other and individual learning cannot be controlled.

Factors related to the roles that the student and the teachers play

PRF

The teacher is an expert and the students never question his/her work nor his/her knowledge. He/she provides the motivation, the explanations and the necessary help to the class, adjusting his/her methods according to the demands of the class.

REP

The faithful reproduction by the students of the logical process shown by the teacher in the tasks is fundamental.

DEC

The teacher has full responsibility for the planning decisions with respect to the development of the tasks, the evaluation, etc.

RSP

The student is totally responsible for his/her own learning-.

PRE

The presentation of the mathematical contents always corresponds to the teachers.

Factors related to the assessment

EXA

A test is the main instrument to control the effectiveness of student learning.

REC

The students who fail should work outside the class or do different tasks as well as those usually done in the classroom.

EVA

The assessment in mathematics is aimed exclusively towards checking what the students have learned in relation to the topic studied.

Context factors

DES

To stand out in mathematics is a guarantee of success for a student in their education.

VER

"True mathematics" cannot be taught to everybody.

SOC

Society perceives the importance of mathematics in training of the individual and its social use as an effective way of selection.

Notes

1 The teachers are interested in promoting a methodology based on problem solving in their classes, in a context of curricular innovation and of professional development.

2 Its elaboration is based on Carrillo´s work (1997); as we are dealing with 12-14 year old students, it was considered to be more prudent to use a multiple choice questionnaire with closed questions (Gil et al.,1997) thus trying to avoid too much dispersion of their replies.

3 The Didactical Essay is a report semidirected by the researcher regarding the themes to be dealt with in order to discover the teachers opinions with respect to determined categories or set of variables which are going to be studied. It is constructed in a similar way to that of the layout of the questionnaire, although in this case, being directed towards teachers, they are allowed greater freedom in their replies.

References

Carrillo, J. (1997). *Modos de resolver problemas y concepciones sobre la matemática y su enseñanza de profesores de matemáticas de alumnos de más de 14 años. Aportaciones a la metodología de la investigación y estudio de posibles relaciones.* Huelva: Universidad de Huelva Publicaciones.

Feldman, A. (1993). Promoting equitable collaboration between university teachers and school teachers. *Qualitative Studies in Education*, 6(4), 341-357.

Gil, F. et al. (1997). Elaboración de cuestionarios para determinar creencias de los profesores. *UNO. Revista de Didáctica de las matemáticas*, 11, 34-50.

Guevara, F. (1999). La resolución de problemas, un modelo de desarrollo profesional desde la investigación-acción. In Contreras, L.C. & Climent, N. (Eds) La Formación de profesores de Matemáticas. Estado de la cuestión y líneas de actuación. Huelva: Universidad de Huelva Publicaciones.

Guevara, F. & Carrillo, J. (1999). Curricular change starting with problem solving. A research model. In Relationships between classroom practice and research in mathematics education. Proceedings of the CIEAEM50, Neuchâtel (Switzerland, 1998), p. 144-148.

Marrero, J. et al. (1993). *Las teorías implícitas. Una aproximación al conocimiento cotidiano.* Madrid. Visor.

45

Analyse Comparative de Procédures de Résolution de Problèmes

LUCIA GRUGNETTI, Dipartimento di Matematica, Université de Parme, Italy
FRANÇOIS JAQUET, Institut de recherche et documentation pédagogique, Switzerland

Mathematical competitions allow participants to solve problems and develop their motivation for the discipline. When the objectives of these trials extend themselves to the realm of mathematics education, through the solution of problems under the responsibility of the whole class, one discovers a data source of great wealth, in the procedures of solution, in the representations of pupils and in the manner with which they transfer their acquired knowledge from their daily mathematical experiences. The workshop proposed the study of these didactical contributions through the examination of the pupils' protocols, about a problem of the "Rallye mathématique transalpin", which was solved by a large number of class as in Italy, France, Switzerland and Luxembourg. All the participants contributed a great deal for those who had conceived the problem and analysed it.

Cadre général

On assiste actuellement à un fort développement des confrontations internationales en mathématiques. Certaines concernent les connaissances ou aptitudes des élèves et se déroulent sous forme d'enquêtes (IEAP. TIMMS, PISA), d'autres proposent des concours dans lesquels les élèves s'engagent individuellement, parfois en très grands nombres (Kangourou des Mathématiques, Championnat de la FFJM, Olympiades), d'autres encore offrent des confrontations collectives, (Mathématiques sans frontières, Olympiades par équipes, ...). C'est dans cette dernière catégorie que se situent les origines du "Rallye mathématique transalpin" (RMT), qui propose aux élèves de résoudre des problèmes sous leur entière responsabilité, par classes, sans la présence de leur maître.

Les problèmes du RMT sont élaborés en coopération, par les différentes équipes régionales et font l'objet d'analyses a priori très développées, au plan des procédures et des représentations des élèves. Leur résolution se déroule selon le contrat particulier suivant:

- La classe dispose d'un temps limité, de 50 à 60 minutes, pour s'organiser, rechercher la solution de chacun des 6 à 8 problèmes proposés, en débattre et la rédiger. Il n'y a pas que la "réponse juste" qui compte. Les productions sont jugées aussi sur la rigueur des démarches et la clarté des explications fournies.
- La classe dans son ensemble est entièrement responsable du choix de la solution proposée et de sa rédaction, sans aucune intervention du maître, absent lors de chaque épreuve.
- Les classes qui obtiennent le meilleur score sur les deux premières épreuves sont qualifiées pour une épreuve finale.

Ce contrat est le même pour toutes les classes, et pour toutes les régions. Il contient des contraintes de temps qui, à première vue, paraissent limitatives, mais qui, à l'expérience, se révèlent parfaitement acceptables du fait de la répartition des problèmes au sein de la classe. En général, un groupe d'élèves n'aborde qu'un ou deux problèmes durant l'épreuve et la confrontation des solutions se fait le plus souvent en son sein. L'exigence de fournir toutes les justification des solutions et la description des démarches est plus contraignante pour les élèves. Elle a cependant le grand avantage d'expliciter les stratégies de résolution et de fournir beaucoup de matériaux en vue de l'analyse des résultats", comme le détail des opérations effectuées, l'inventaire des pistes suivies. La confrontation avec d'autres classes est un élément important du contrat qui stimule les recherches et enrichit les productions des solutions. Il faut ajouter, à ce propos, que la décision de participer au concours est prise en accord entre les élèves et le maître, après une épreuve d'essai.

La participation au RMT est en constante augmentation et s'étend actuellement à près de 2000 classes des degrés 3 à 8 (8 à 13 ans) en Suisse, Italie, France, Luxembourg et République tchèque. Les dimensions de l'épreuve et l'accumulation de ses résultats, depuis sept ans, constituent une source de données extrêmement riche pour la didactique des mathématiques: des centaines de problèmes ont été analysés a priori et a posteriori pour lesquels on dispose de très nombreuses solutions élaborées par des groupes d'élèves, d'origines différentes.

Le travail de l'atelier a porté sur l'examen de l'un de ces problèmes.

Le problème et son analyse a priori

LA CIBLE

Xavier a obtenu un total de 11 points en lançant ses quatre fléchettes sur cette cible. Il dit que, avec quatre fléchettes, il peut obtenir tous les autres totaux de 3 à 20.

Qu'en pensez-vous ?

Indiquez vos calculs pour chaque total que vous avez trouvé.

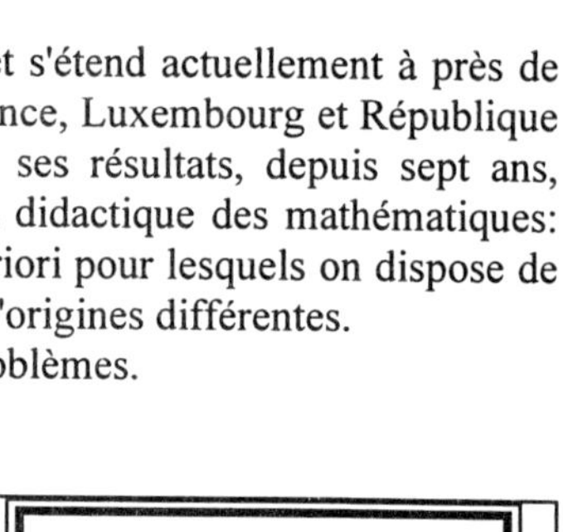

Domaine de connaissances :

- arithmétique, combinatoire (inventaire de sommes de 4 termes)

Analyse de la tâche :

- appropriation de la situation : comprendre que chaque flèche donne un certain nombre de points, que les flèches de Xavier donnent 0, 3, 3, et 5 points et que le total 11 est la somme de ces points;
- appropriation du problème : comprendre que 3 = 3 + (5 x 0);
- vérification pour certains nombres de 3 à 20 par essais;
- constater que 4 et 7 ne peuvent être obtenus, ainsi que 17 et 19;
- tenter de le justifier en dressant l'inventaire de toutes les sommes de quatre termes 0, 3 ou 5.

Évaluation : (selon le nombre de points attribués à chaque type de réponse)

4 Réponse optimale : on ne peut atteindre ni 4, ni 7, ni 17, ni 19, avec justification des cas possibles et de 4 et 7 au moins pour les cas impossibles; (exemple de justification attendue pour ces deux premiers cas : "le plus petit est 3, puis 5, puis 6 = 3 + 3, puis 8 = 5 + 3, on voit que 4 et 7 ne sont pas possibles")

3 4 et 7 seulement sont mentionnés dans les totaux qu'on ne peut atteindre (on ne parle pas de 17 et 19, ou on estime qu'on peut les atteindre) et justification pour les 14 totaux : 3, 5, 6, 8, 9, 10, 11, 12, 13, 14, 15, 16, 18, 20

2 De 10 à 13 totaux seulement sont justifiés

1 De 6 à 9 totaux seulement sont justifiés

0 Moins de 6 solutions ou incompréhension du problème

Niveau : degrés 3 et 4 de la scolarité (8-9 ans et 10-11 ans)

Discussion de l'énoncé

Dans une première étape, ce sont les deux dernières phrases de l'énoncé : *"Qu'en pensez-vous ?"* et *"Indiquez vos calculs pour chaque total que vous avez trouvé."* qui ont été mises en question. certains participants à l'atelier ont fait remarquer qu'une réponse à la première question présentant un seul contre-exemple, du genre "Non, Xavier a tort car il ne pourra pas obtenir 4", doit être considérée comme satisfaisante. Pour éviter ce type de réponse leur paraissant "trop courte", les auteurs du problème ont ajouté la deuxième question qui aurait été suffisante pour obtenir le type de solution attendue, mais qui, d'une part, ne leur paraissait pas assez "ouverte" pour engager les élèves dans la résolution et, d'autre part, trop indicatrice de la méthode à suivre pour arriver à une réponse complète.

Cette redondance dans les questions soulève l'importance du contrat didactique qui lie l'élève et le maître. Dans les classes qui participent depuis plusieurs années au RMT, les élèves savent qu'ils doivent toujours expliquer leurs démarches par le détail, ce qui a un effet sur le nombre de points obtenus. Dans les classes "débutantes" dans le RMT, cette demande de justifications, bien que formulée explicitement dans les consignes, n'est pas encore assimilée et des réponses du genre "Non, Xavier n'a pas raison" peuvent apparaître. Une seconde remarque sur l'énoncé touche à la difficulté d'appropriation du problème. La phrase "Il dit que, avec quatre fléchettes, il peut obtenir tous les autres totaux de 3 à 20" est effectivement correcte et suffisante, mais bien synthétique pour des élèves de 8 à 9 ans. (Effectivement, comme le montreront les résultats, il y a beaucoup d'incompréhension de la tâche à cet âge).

En conclusion de cette première discussion, pour une prochaine épreuve ou pour des expérimentations élargies à d'autres régions, l'énoncé sera revu, avec une consigne plus explicite pour les jeunes élèves et un seule question du genre : "Quels sont tous les totaux que Xavier pourrait atteindre, avec ses quatre fléchettes ?"

L'analyse des résultats

Dans une deuxième phase, les participants ont pu comparer l'analyse a priori aux résultats obtenus, par un examen détaillé d'une trentaine de protocoles de résolution élaborés par des groupes d'élèves de Suisse romande et de la région de Parme. Ceux-ci ont été classés par catégories, selon les stratégies développées, les procédures relevées, les erreurs rencontrées. Ce tri a permis de mettre en évidence les obstacles rencontrés et aussi, de constater une grande homogénéité des résultats entre les deux régions, bien que leurs programmes ne coïncident pas.

Voici quelques exemples de procédures relevées et les commentaires qui s'y rapportent :

A. Inventaires relevés au moyen d'écritures additives (Voir tableau 1)

Ces listes répondent évidemment à la deuxième question de l'énoncé "Indiquez vos calculs pour chaque total que vous avez trouvé". Elles sont plus ou moins organisées.

Dans la classe A1, on voit apparaître les multiples de 3, puis ceux de 5, puis un début de combinaison des termes 3 et 5 qui conduit à des répétitions (le "8" apparaît quatre fois, le "16" deux fois). Toutes les totaux possibles ont été trouvés, à partir de dessins - comme le mentionne le commentaire - et cette recherche a fait oublier la première question, qui n'a pas de réponse explicite.

Pour la classe A2, on note un remarquable début d'organisation des termes "0", "3" et "5", qui révèle une maîtrise de la commutativité de l'addition, contrairement à l'exemple précédent. Il ne manque que les combinaisons "0 + 3 + 3 + 3", "0 + 3 + 5 + 5" et "0 + 5 + 5 + 5". Ici aussi, la première question est ignorée. La classe A3 a donné une réponse à la première question après avoir cherché à obtenir les nombres naturels successifs, de 3 à 20, par des sommes de termes "3" et "5". La contrainte du nombre de flèche donnée par la situation n'a pas été entièrement respectée. Le "19" a bien été biffé, mais pas le "17".

A1. (Classe de 4e année)	A2 (Classe de 3e année)	A3. (Classe de 4e année)
On a fait des cibles sur une feuille de brouillon, on a dessiné des flèches pour faire des calculs et on a trouvé : *0 + 0 + 0 + 3 = 3* *0 + 0 + 3 + 3 = 6* *0 + 3 + 3 + 3 = 9* *3 + 3 + 3 + 3 = 12* *0 + 0 + 0 + 5 = 5* *0 + 0 + 5 + 5 = 10* *0 + 5 + 5 + 5 = 15* *5 + 5 + 5 + 5 = 20* *0 + 0 + 3 + 5 = 8* *0 + 3 + 3 + 5 = 11* *3 + 3 + 3 + 5 = 14* *0 + 0 + 5 + 3 = 8* *0 + 5 + 5 + 3 = 13* *5 + 5 + 5 + 3 = 18* *5 + 5 + 3 + 3 = 16* *3 + 3 + 5 + 5 = 16* *0 + 5 + 3 + 0 = 8* *0 + 3 + 0 + 5 = 8"*	*0 + 0 + 0 + 3 = 3* *0 + 0 + 3 + 5 = 5* *0 + 0 + 3 + 3 = 6* *0 + 0 + 3 + 5 = 8* *0 + 0 + 5 + 5 = 10* *0 + 3 + 3 + 5 = 11* *3 + 3 + 3 + 3 = 12* *3 + 3 + 3 + 5 = 14* *5 + 5 + 3 + 3 = 16* *3 + 5 + 5 + 5 = 18* *5 + 5 + 5 + 5 = 20*	*3 → 3 = 3* *5 → 5 = 5* *6 → 3 + 3 = 6* *8 → 5 + 3 = 8* *9 → 3 + 3 + 3 = 9* *10 → 5 + 5 = 10* *11 → 5 + 5 + 3 = 11* *12 → 3 + 3 + 3 + 3 = 12* *13 → 5 + 5 + 3 = 13* *14 → 5 + 3 + 3 + 3 = 14* *15 → 5 + 5 + 5 = 15* *16 → 5 + 5 + 3 + 3 = 16* *17 → 5 + 3 + 3 + 3 + 3 = 17* *18 → 5 + 5 + 5 + 3 = 18* *19 > ~~5 + 5 + 3 + 3 + 3~~ = 19* *20 → 5 + 5 + 5 + 5 = 20* *On ne peut pas faire tous les chiffres de 3 à 20.*

Tableau 1

Lorsqu'on examine l'attribution des points sur la base de ces trois exemples, il est évident que les barèmes prévus par l'analyse a priori sont à revoir et préciser. La classe A2 a oublié trois totaux, la classe A3 en a donné un de trop, mais la classe A3 a donné plusieurs fois le même. Une seule d'entre elles a répondu à la première question, aucune n'a justifié pourquoi on ne pouvait pas atteindre certains totaux. Les critères d'évaluation, n'ont pas prévu ces différentes variantes et les équipes de correcteurs peuvent alors prendre des décisions différentes d'une région à l'autre. Cette "insuffisance" du problème est due en partie à la redondance des questions de l'énoncé, déjà relevée précédemment.

B. Inventaires de type additif, mais sans écriture formelle des sommes (Voir tableau 2)

Chez les jeunes élèves, l'écriture d'une somme selon les conventions mathématiques n'est pas le seul moyen de rendre compte des totaux découverts. Dans la classe B1, les élèves ont trouvé tous les totaux mais ils s'accordent une grande liberté d'écriture des sommes de quatre nombres, en particulier, ils ne mettent pas de signe "+" entre deux "0" - ce qui semble conférer un autre statut à ce nombre - et ils n'utilisent pas de parenthèses. Les élèves de la classe B2 n'ont pas hésité à remplir deux pages entières en répétant quinze fois la même phrase et les mêmes fautes d'orthographe (corrigées sur l'extrait du tableau), pour ne trouver que 10 totaux.

B1 (Classe de 4e année)

Il manque le 4, 7, 19, 17

$3 + 0\,0\,0 = 3$ $5 + 0\,0\,0 = 5$ $2 \text{ x } 3 + 0\,0 = 6$ $5 + 3 + 0\,0 = 8$

$3 \text{ x } 3 + 0 = 9$ $5 \text{ x } 2 + 0\,0 = 10$ $5 + 3 + 3 + 0 = 11$ $4 \text{ x } 3 = 12$

$5 \text{ x } 2 + 3 + 0 = 13$ $5 + 3 + 3 + 3 = 14$ $5 \text{ x } 3 + 0 = 15$ $5 \text{ x } 2 + 3 \text{ x } 3 = 16$

$3 \text{ x } 5 + 3 = 18$ $4 \text{ x } 5 = 20$

B2 (Classe de 3e année)

On peut faire , 5, 6, 8, 10, 13, 15, 16, 18, 20.

Si on met une flèche sur le 3 et le 0 et encore deux sur 0 ça fait 3.

Pour faire 5 on met une flèche sur le 5 et trois flèches sur le 0.

Pour faire 6 on met deux flèches sur le trois et deux flèches sur le 0.

.....

Pour faire 20 on met 4 flèches sur le 5.

On ne peut pas faire tous les chiffres de 3 à 20, on ne peut pas faire 4, 7, 9, 11, 12, 14, 17, 19.

B3 (Classe de 4e année)

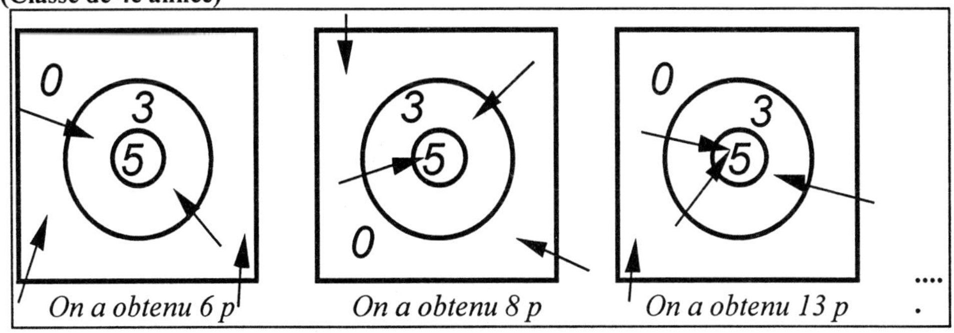

Tableau 2

Ceux de la classe B3 ont dessiné 13 cibles avec quatre flèches, sur deux pages, pour trouver 12 totaux entre 3 et 20 et 0 (avec quatre flèches dans le "0"). Ces productions sont jugées différemment d'une région à l'autre. Par exemple, les écritures de la classe B1 sont admises par certains, au vu de l'âge des élèves, et ne le sont pas par d'autres. Ces observations, faites en commun lors de l'atelier ou dans les confrontations interrégionales permettent de prendre du recul sur les exigences et traditions locales et de dissocier les opérations effectuées de la manière dont les élèves les expriment. Certains groupes n'ont pas répondu complètement aux injonctions de la deuxième question et n'ont donné que les totaux possibles ou impossibles, sans indication des calculs effectués. On ne sait pas comment ils ont été obtenus, mais leur analyse montre une grande analogie avec le type de réponses observées dans les catégories "additives" précédentes, A et B.

C. Procédures multiplicatives

Certains protocoles ne contiennent que des totaux obtenus sur la base de multiplications. Par exemple, une classe de 3e année donne les 8 totaux, multiples de 3 et de 5 :

La réponse est 8. 4 x 5 / 1 x 5 / 2 x 5 / 3 x 5 1 x 3 / 2 x 3 / 3 x 3 / 4 x 3

Une autre classe de 3e année donne une solution très voisine, avec un commentaire différent :

Oui, c'est possible 1 x 3 = 3, 2 x 3 = 6, ... 1 x 5 = 5, 2 x 5 = 10, 3 x 5 = 15, 4 x 5 = 20

Une autre classe, toujours de 3e année, ne trouve que 3 totaux corrects, par hasard semble-t-il, car les élèves s'engagent dans une démarche qui oublie peu à peu les contraintes de la situation :

Nous devons calculer combien est le total de Xavier avec les flèches qu'il a lancé. Qu'en pensez-vous? Oui mais certaine parce qu'il y a 4 x 5 = 20, 3 x 5 + 1 = 16, 2 x 5 + 3 = 13, 1 x 5 + 4 = 9, 0 x 5 + 5 = 5, 2 x 10 = 20, 1 x 20 = 20, 2 x 5 = 10, 4 x 2 = 8, 2 x 8 = 16, 1 x 9 = 9

Une classe de 4e année ne se réfère plus du tout à la situation et donne onze tableaux en colonne des multiples de 2, de 3, ... de 12, qui sont inférieurs à 20, dont voici un extrait, (repris en ligne) :

2. 1 x 2 = 2, 2 x 2 = 4, ... 10 x 2 = 20 / 3. 1 x 3 = 3 .... 6 x 3 = 18 / .... / 12 . 1 x 12 = 12

On constate, au travers de ces productions d'élève, une perte de sens de l'activité, qui dérive vers des écritures formelles décontextualisées, ressemblant à des exercices traditionnels. L'influence des pratiques scolaires et du moment où est introduite la multiplication semble plus forte que celle de la région de provenance des régions sur ce genre de protocoles n'est pas clairement perceptible.

Les classes de 5e et 6e années, ont eu un problème analogue à résoudre, sur la même cible, mais avec 7 flèches au lieu de 4, et avec une recherche sur les totaux de 3 à 35 au lieu de 3 à 20. Les résultats font apparaître une fréquence beaucoup plus élevée de procédures multiplicatives qu'en 3e et 4e. Ceci tend à confirmer l'hypothèse de l'influence du moment de l'introduction de la multiplication - et de l'étude des multiples en particulier - et celle des pratiques d'activités décontextualisées sur des expressions mathématiques.

D. Les obstacles à la compréhension

L'analyse a priori a prévu une catégorie de réponses sous "incompréhension du problème". On y trouve, évidemment les feuilles blanches, mais aussi des réponses qui nous apprennent beaucoup sur le niveau d'appropriation du problème.

Une classe de 4e année semble ne pas avoir compris que Xavier peut reprendre ses flèches pour d'autres essais. Elle reprend le dessin de l'énoncé et écrit :

Ce n'est pas possible car il n'y a pas assez de flèches. 3, (4 biffé), 5 et 6. Il y a déjà 4 flèches.

Plusieurs classes se sont intéressées au total "20" uniquement, du genre :

Nous avons fait 4 x 5 = 5 x 4 = 20.

D'autres ne se sont intéressées qu'aux totaux "3" et "20" de l'énoncé :

Si les 4 flèches vont sur 5 cela fera 20 et s'il y a une flèche sur le 3 et les autres sur le 0 cela fera 3.

D'autres encore, se sont contentées de justifier le total de "11 mentionné :

1 x 5 + 2 x 3 + 1 x 0 = 5 + 6 + 0 = 11

Les participants ont ainsi pu relever que les incompréhensions" sont rarement totales, mais témoignent d'une interprétation restrictive de l'énoncé.

Synthèse et réflexions

L'apport du RMT à la didactique des mathématiques est évident pour tous les participants à l'atelier, au travers des analyses effectuées. Pour les animateurs, les débats et discussions de l'atelier constituent également un apport important car il leur permet de défendre et justifier leurs choix devant d'autres personnes qui portent un regard extérieur sur le concours. Ces enrichissements mutuels se retrouvent à tous les niveaux de l'organisation du RMT:

Lors de l'élaboration des problèmes et de leur analyse a priori, entre ceux qui les ont conçus et ceux qui les testent selon les critères de choix du concours.

Lors de la correction des épreuves, entre les correcteurs et ceux qui ont établi les barèmes d'attribution des points.

Lors du retour en classe des épreuves, entre les différents groupes d'élèves ayant rédigé les solutions et leur enseignant.

Lors des analyses approfondies des résultats, entre tous ceux qui cherchent à déterminer les stratégies des élèves, leurs représentations, les effets de contrat didactique, etc.

Lors des journées d'études internationales sur le RMT[1] ou lors de comparaisons interrégionales, entre les différentes équipes d'animateurs.

Et à chaque étape, ce sont des élèves, des enseignants, des formateurs et des chercheurs qui confrontent leurs points de vue. C'est en ce sens que le RMT constitue une interface entre recherche en didactique en mathématiques et pratique de la classe.

Notes

Les deux premières journées internationales sur le RMT ont eu lieu à Brigue (CH) en 1997 et 1998, la troisième se tiendra à Siena (I), en octobre 1999. Les actes des premières journée figurent dans la bibliographie.

Bibliographie

Actes des journées d'étude sur le Rallye mathématique transalpin, Brigue 1997, 1998. *Le Rallye mathématique transalpin, Quels profit pour la didactique ?* L. Grugnetti et F. Jaquet (eds.) 1999. Dipartimento di matematica de l'Université de Parma et IRDP de Neuchâtel.

APMEP. 1995. *Jeux 4 "De l'intérêt des problèmes de rallyes"* Publication de l'APMEP no 97, Paris.

Comité International des Jeux Mathématiques. 1999. *Panoramath 2.* Coédition CIJM, Paris.

Crociani, C., Doretti, L., Iesu, N., Orrù, M.G., Salomone, L., Susnik, G.: 1999, 'Un problema e la sua analisi. il ritardatario', *L'Educazione Matematica*, n. 1, 49 - 52.

Grugnetti, L., Jaquet, F., Vighi, P.: 1995, 1996. 'Rally Matematico alla scuola elementare'. *L'Educazione Matematica* 3.1995 (1 a parte), pp.113 - 123. 1.1996 (2 a parte), pp. 1 - 12

Grugnetti, L., Jaquet, F.: 1998, 'La résolution de problèmes par classes', *Grand N* 61, pp 61- 69 et in Abrantes, Porfirio, Baia (eds.) *Les interactions dans la classe de mathématiques*, Actes de la 49e rencontre de la CIEAM, Setúbal 1997, pp 352 - 359 .

Grugnetti, L., Jaquet, F., Rinaldi, M. G.: 1998, *Sesto Rally Matematico Transalpino e relativi aspetti didattici.* Quaderni del Dipartimento di Matematica, Università degli Studi di Parma.

Grugnetti, L., Jaquet, F.: 1998, *Problemi che passione.* Edizioni *il capitello*, Torino.

Jaquet, F.: 1996, 'Entre addition et multiplication', *Math-Ecole* 174 pp. 24 - 28.

Jaquet, F.: 1997, 'Sixième Rallye mathématique transalpin', *Math-Ecole* 180 pp. 4 - 7.

Medici, D., Rinaldi, M. G.: 1997, Un problema e la sua analisi. *L'Educazione Matematica* 3.1997, pp.110 - 112.

Rinaldi, M. G.: 1997, 'Bordures', *Math-Ecole* 177 pp. 24 - 28.

45

Un Exemple d'une Démarche Stimulante d'enseignement et d'apprentissage des Mathématiques

BERNARD HÉRAUD, Université de Sherbrooke, Québec, Canada

In accordance with the sub-theme 3 of this conference and focusing on the following keyquestion : "How can we increase access to mathematics for all? ", we present in this paper the results of an experiment conducted with secondary school pupils, so that they take an active part in their learning of mathematics by engaging them in their own process of problem solving. We propose some conditions to enhance this process.

Dans le cadre du sous-thème 3 de cette rencontre, et en particulier en rapport avec la question clé no 3suivante : « Comment accroître pour tous l'accès aux mathématiques? », nous présentons dans cet exposé les résultats d'une expérimentation conduite auprès d'élèves du secondaire, visant à les amener à prendre une part active dans leur apprentissage des mathématiques, en les amenant à s'engager dans une démarche de résolution de problèmes qui leur est propre. Par ailleurs, nous présentons quelques conditions pour améliorer ce processus.

Introduction

Un des problèmes essentiels lorsqu'on s'intéresse à l'enseignement des mathématiques est d'amener les élèves à prendre une part active dans leur propre processus d'apprentissage et à les amener à s'engager dans une réelle démarche de résolution de problèmes. Selon une perspective classique d'une situation d'enseignement, les interactions entre le professeur et ses élèves se limitent bien souvent à un exposé de l'information pertinente pour résoudre le problème, de la part du professeur, et à des éclaircissements demandés, du côté des élèves. Le professeur agit ainsi selon un modèle établi à l'avance qui ne réserve aucune surprise, et il s'attend, en retour, à ce que les élèves réagissent en fonction de réponses attendues.

Il est toutefois possible d'envisager de créer des situations d'enseignement et d'apprentissage qui présentent une dynamique beaucoup plus riche et stimulante pour les deux parties. Les interactions entre les élèves et le professeur se tissent alors autour d'un projet commun de résolution d'un problème ouvert, pour lequel aucun des intervenants ne sait *a priori* où cette démarche va les conduire. Il faut comprendre qu'il s'agit là d'un caractère essentiel d'une telle démarche, à savoir qu'il est impossible de prévoir l'issue finale du travail commun en raison de l'évolution complexe de la situation, mais aussi des caractéristiques propres des élèves. En conséquence, il faut subdiviser le problème en sous-problèmes plus faciles à traiter et qui permettent aussi d'obtenir des résultats intermédiaires qui sont une satisfaction en soi. Et il faut veiller également à répartir le travail en fonction des capacités de chacun pour que chaque élève soit stimulé dans la recherche qu'il entreprend et ait aussi la certitude de participer au travail collectif.

Nous nous proposons, dans le cadre de cette présentation, d'illustrer un tel type de démarche par un exemple vécu avec des élèves du début du Secondaire et de différents niveaux.

Le problème

Avant de présenter le problème en tant que tel, précisons le contexte qui nous a amenés à le présenter. Nous nous sommes basés sur une émission radiophonique fort populaire au Québec auprès des jeunes, où l'on essaie de répondre aux questions d'apparence fort simple et de tous ordres qu'ils peuvent se poser (e.g. « Pourquoi le ciel est-il bleu le jour? », ou encore « Comment font les poissons pour dormir puisqu'ils semblent bouger tout le temps! »), mais qui recèlent toutes une richesse scientifique en elles. Nous avons voulu appliquer ce même procédé, en invitant les élèves à nous soumettre des problèmes de leur cru, à partir des découvertes qu'ils sont amenés à faire et des questions qu'ils se posent, et non pas en fonction de celles du professeur. Nous croyons en effet, qu'il est important, sur le plan de la motivation, de partir d'un problème mathématique que les élèves sont amenés, eux-mêmes, à se poser.

Dans le cas présenté, nous avons demandé à des élèves du début du Secondaire (12 à 14 ans) de nous faire part de résultats curieux qu'ils obtiendraient dans leurs calculs et d'établir des hypothèses à ce sujet. C'est ainsi que, collectivement, parmi plusieurs problèmes présentés, nous avons été amenés à sélectionner le problème apporté par un élève qui croyait avoir fait une découverte de taille en mathématiques et qui tenait absolument à la communiquer aux autres. En travaillant sur les fractions, il était arrivé un peu par hasard, à exprimer le nombre 9 de façon bien curieuse en se servant du nombre 10: $9 = (10 \times 90) / (10 + 90)$. Fort de cette trouvaille, il avait alors émis l'hypothèse que tout nombre pouvait s'écrire sous cette forme, c'est-à-dire comme quotient du produit et de la somme de 2 entiers dont l'un était 10 et l'autre obtenu à partir du produit de 10 et du nombre de départ (90 dans le cas présent). Considérant que cette hypothèse, si elle s'avérait vraie, constituerait une découverte importante, la classe tout entière s'est alors trouvé engagée dans la recherche de la véracité d'une telle affirmation. Malheureusement, en testant plusieurs entiers, les élèves se sont très vite aperçus que ce n'était nullement le cas; par exemple, l'un deux a fait presque immédiatement remarquer que $8 \neq (10 \times 80) / (10 + 80)$, puisque $8 \neq 800 / 90$. En conséquence, la classe s'est vite rendu compte que 9 constituait un cas particulier.

Le problème aurait pu en rester là, mais le rôle de l'enseignant n'est-il pas justement de relancer les débats pour que les élèves se posent de nouvelles questions à partir des résultats obtenus, conduisant ainsi vers de nouvelles hypothèses. C'est ainsi que le groupe en est arrivé à élargir le premier problème pour aboutir au suivant: Y aurait-il une façon d'exprimer 8 en se basant quand même sur celle découverte pour 9? Plus généralement, est-ce que n'importe quel entier peut s'exprimer sous la forme du quotient du produit et de la somme de deux mêmes entiers? Par exemple, on peut constater que $4 = (5 \times 20) / (5 + 20)$. Est-ce la seule solution ou y en a-t-il d'autres, et si oui, combien? Qu'en est-il pour les autres entiers?

C'est ainsi que, progressivement, les élèves ont été amenés à se pencher sur des questions du genre : Existe-t-il des règles me permettant d'obtenir des solutions à ce problème? Y en a-t-il qui sont les mêmes pour tous les entiers? Peut-on trouver toutes les solutions pour un entier donné?

Nous n'avons pas la place malheureusement ici pour développer les hypothèses émises par les élèves ni les règles qu'ils ont pu trouver (le lecteur peut s'amuser lui-même à résoudre ce problème). Cependant, nous tenons quand même faire état du fait que cette expérience nous a amenés à dépasser amplement le cadre de la simple résolution ponctuelle d'un problème. Nous allons examiner ci-après les caractéristiques de la démarche suivie tout en posant des jalons pour l'améliorer.

Caractéristiques de la démarche

Le processus que nous avons suivi repose sur plusieurs principes que nous avons développés tout au cours de l'expérience et que nous allons examiner ci-après.

1. **Le problème posé part d'une question que se pose un (ou des) élève(s) et qui présente un défi pour toute la classe.**

   Nous pensons en effet qu'il est essentiel, sur le plan de la motivation, que le problème trouve son origine dans les préoccupations des élèves, et non à partir de celles de leur professeur. Nous avons pu nous rendre compte par nous-mêmes combien les élèves étaient fiers de s'approprier <u>leur</u> problème et non pas travailler sur un problème qui leur était étranger.
2. **Nul ne connaît *a priori* (ni le professeur ni les élèves) la réponse à la question soulevée par l'élève.**

   Même s'il faut bien admettre que le professeur dispose de moyens que n'ont pas ses élèves, il demeure primordial, pour qu'il ait vraiment problème, que la solution ne soit pas évidente pour le professeur et que les élèves sentent ainsi qu'il se place sur un même pied d'égalité qu'eux dans la recherche d'une solution.
3. **Le problème posé doit permettre plusieurs approches (voies d'accès) et de résolution.**

   Il est entendu que la démarche de résolution n'est pas fixée au départ et, qu'au contraire, plusieurs possibilités de résolution s'offrent aux élèves, pour permettre à chacun de trouver une démarche qui lui est propre, tout en lui permettant, autant que possible, d'explorer plusieurs volets des mathématiques.
4. **La démarche de résolution peut s'étendre sur une très longue durée.**

   Les élèves ainsi que les professeurs sont généralement habitués à travailler sur des problèmes qui peuvent se résoudre en très peu de temps (maximum une heure). Il est en effet bien difficile de retenir l'attention d'un élève pendant une longue période de temps. Pourtant, dans le cadre de notre expérimentation, les élèves que nous avons suivis ont pour la plupart persévéré dans la résolution de leur problème, pendant plusieurs jours voire plusieurs semaines. Il faut y voir ainsi l'effet d'une réelle appropriation du problème et d'une plus grande motivation à le résoudre que s'il s'agissait d'un problème présenté dans un livre ou bien encore par le professeur. Mais, il faut ajouter aussi que la découverte de solutions partielles, qui constituaient autant d'étapes vers la résolution finale, apportait une satisfaction immédiate aux « découvreurs » et relançait le processus en permettant d'établir de nouvelles hypothèses.
5. **Le problème doit demeurer accessible à tous.**

   Un bon nombre d'élèves, pour ne pas dire la plupart, se sentent bien souvent découragés face à la résolution d'un problème mathématique quelque peu difficile. L'intérêt d'un problème comme celui auxquels se sont attaqués les élèves de notre expérimentation est qu'il est en premier lieu accessible à tous, dans le sens que, n'importe quel élève, même avec très peu de possibilités sur le plan mathématique, peut arriver à trouver des parties de solution au problème présenté. Il a ainsi l'impression qu'il participe, tout comme l'élève fort, au processus collectif de résolution. L'existence de solutions partielles est donc essentielle dans le cadre d'une telle démarche de résolution, pour permettre, entre autres, à l'élève satisfait de sa trouvaille, de pouvoir s'arrêter momentanément et éventuellement de recommencer ultérieurement sur la base d'une nouvelle hypothèse.

Conclusion

Nous ne pensons pas bien évidemment qu'une telle démarche puisse s'appliquer continuellement dans un contexte de classe. Les contraintes des programmes d'études font que, très souvent, le professeur est amené à suivre de façon très rigoureuse un plan d'enseignement où ni lui ni les élèves n'ont une grande liberté d'expression. Mais, nous pensons aussi qu'il y a également lieu d'inclure dans notre enseignement des moments privilégiés où l'élève peut réellement jouer avec la mathématique, dans le sens qu'il apprend à devenir un vrai mathématicien qui, face à un problème, émet des hypothèses, les vérifie en développant des stratégies diverses de résolution, évalue les résultats obtenus et formule de nouvelles hypothèse à partir de ces résultats. C'est ainsi que les élèves sont amenés à s'investir dans une véritable démarche de résolution de problèmes.

Il faut alors accepter que celle-ci évolue dans le temps, en fonction des diverses découvertes qui sont faites par les élèves et des nouvelles voies d'exploration qui s'offrent à eux. Il faut préciser aussi que chacun des intervenants dans la relation élèves–professeur a un nouveau rôle à jouer. Le professeur est amené à sortir du schéma classique d'une situation d'enseignement où il se trouve en position de force, dans le sens qu'il est le seul à savoir quel est l'aboutissement des questions (aussi pertinentes soient-elles) qu'il pose à ses élèves, pour "descendre" en quelque sorte au même niveau que ses élèves, dans un rôle beaucoup moins sécurisant certes, puisqu'il fait face aux mêmes interrogations qu'eux, mais aussi où il a l'avantage d'être un participant à part entière. Son rôle consiste alors à entretenir cette activité mathématique en action, à faire progresser les élèves à travers leurs découvertes, vers un résultat qu'il ne connaît pas plus qu'eux, mais qui est porteur d'une activité mathématique intense.

Les élèves, de leur côté, doivent apprendre à vivre dans l'incertitude, c'est-à-dire dans la recherche d'un résultat qui peut leur paraître parfois bien lointain et qui n'admet pas de solution immédiate, mais qui leur permet cependant, chemin faisant, de faire des découvertes stimulantes, les amenant ainsi à créer leur propre mathématique.

Il nous semble qu'une telle voie, même si elle sort des sentiers traditionnels et n'est pas facile à mettre en application, est fort prometteuse pour l'avenir, dans le sens où elle permet au professeur de tirer le maximum des possibilités de chacun de ses élèves, tout en tenant compte de la diversité qui se manifeste dans leurs idées et dans leurs réactions. Elle constitue assurément un des moyens à considérer pour rendre véritablement la mathématique accessible à tous.

Références bibliographiques

Brousseau, G. (1998). *La théorie des situations didactiques.* Grenoble: Éditions la Pensée Sauvage.

Chevallard, Y. (1991). *La transposition didactique: du savoir savant au savoir enseigné.* Grenoble: Éditions la Pensée Sauvage.

Jaworski, B (1994). *Investigating Mathematics teaching.* New York: Falmer Press.

Jonnaert, Ph. (1997). *L'enfant-géomètre. Un autre regard sur la didactique des mathématiques*. Bruxelles: Éditions Plantyn.

Jonnaert, Ph. (1996). *Apprentissages mathématiques en situation: une perspective constructiviste*. Revue des sciences de l'éducation, XXII (2), 233-252.

Rouche, N.(1987). Questions sur les erreurs. *Actes de la 39e rencontre de la CIEAEM*, 97-121

Sierpienska, A. (1995). *La compréhension en mathématiques*. Montréal: Modulo.

Vergnaud, G. (1981). *L'enfant, la mathématique et la réalité*. Berne: Peter Lang.

46

Is it Possible to Comprehend how do Foreigners Teach and Learn Mathematics?

OLEG IVANOV and ANDREI SEMENOV, St. Petersburg State University, Russia

Some aspects of a communication between educational systems within the modern society are discussed.
On discute les aspect des communications entre les systèmes d'enseignement dans la société contemporain.

> The knowledge of mathematical things is almost innate in us... This is the easiest of sciences, a fact which is obvious in that no one's brain rejects it; for laymen and people who are utterly illiterate know how to count and recon.
>
> *Roger Bacon (1267).*

In this presentation we are going to outline possible directions of studies concerning certain aspects of international comparisons in mathematics education (cf. Keitel & Kilpatrick, 1999), the problem of evaluation of their results, and, more generally, the whole problem of communication between teachers and researchers from different countries. The latter problem became notable in recent years because of the exponential growth of the Internet-technology (e.g., creation of innumerable educational Web-sites) that provides an trans-national and culturally independent communication device. To begin with, what language is the following equation written in: $x^2+4x-5=0$? Or, are you able to reconstruct a problem for which the following solution is given:

For given x, y, z the answer to the problem is $a=x/(y+z)$.

And, what if we change a notation and write:

For S, v_1, v_2 *let* $t=S/(v_1+v_2)$,
is it easier now to find an adequate interpretation of the given solution?

Of course, there do not exist an 'English' or 'Russian' quadratic equation, moreover, the mathematical notation used in many countries is based on the Latin (and, partly, Greek) alphabet. The point is that special notation borrowed from various subject fields: physics, economics, etc., form something like a *metalanguage* that serves as a bridge between science and the real world. Teaching and learning is, obviously, a kind of support for the development of firm skills in solving various particular problems. However, there is a danger that pupils may misinterpret the role of mathematics as a united language used in studying the reality and lose a general view of the 'proper' mathematical content. Thus, it is highly important to keep a balance between a subject specific notation and a general-purpose one; if we prefer to use the former kind of notation, then pupils may get the impression that there is specific *mathematics for physics, mathematics for geometry of real world*, and so on.

In most cases pupils deal with numerical data given in a problem. To what extent it is necessary to distill (and emphasize) the mathematical content of the problem by using an appropriate symbolism prior to carrying out the concrete calculations? Or is it sufficient to write out the solution in the following form (the authors deliberately used the transliteration of Russian text into Latin alphabet): *Poskol'ku pervaya mashinistka pechataet v minutu 2 stranitsy teksta, a vtoraya pechataet 1 stranitsy, to na rukopis' v 180 stranits im potrebuetsya 180/3=60 minut, to est' odin chas.* Note, that, unfortunately, according to contemporary Russian tradition of school mathematical writing, pupils will put in their copybooks only the following line,

1+2=3, 180/3=60 *minut*=1 *chas.*

Note, that the reasons for using different kinds of notation are connected with personal *motivations* for studying mathematics. If a pupil is interested mostly in mathematics as an apparatus that helps him or her to describe, explore, and understand real situations (i.e., the applications of mathematics), then it is possible for a teacher to introduce mathematical notions and ideas by means of the usage of an adequate notation that will help a pupil to understand these ideas. On the contrary, if a pupil has already formed his/her own mathematical universe and is at ease with abstract mathematical facts, quite often he or she needs help to find room for the application of his or her formal knowledge; it may sometimes happen that a pupil overestimates his or her understanding.

To proceed, there are national distinctions that are more closely connected with the linguistic features of a particular language. Here is an example.

Nothing is better than eternal happiness.
A ham sandwich is better than nothing.
A ham sandwich is better than eternal happiness.

The point is that it is impossible to translate this absurd 'syllogism' (invented by Nickerson; see, Schoenfeld, 1991) into Russian, since it is based on the grammar construction, which is inherent to English language, but does not exist at all in Russian.

Many researchers and teachers emphasize the role of *metaphors* in bridging the gap between the modern mathematics with all its model-theoretical interpretation of statements obtained within formal systems and direct, everyday experience (see, e.g., Manin, 1991; Lakoff and Nuñez, Chapter 2 in English, 1997). However, it is a real problem to translate (transfer) metaphors from one language to another one, since the associations they awaken may be nationally specific. The above examples show with all clarity that certain local features may prevent the transfer of an experience from one system of mathematical education to another.

In connection with the aforesaid, the authors argue that the analysis of the linguistic dependence of national educational systems may provide the understanding, of the possibility of transfering concrete pieces of teaching, didactical schemes, and learning units to distinct cultural ground, and of the ways to adapt the existing experience to worldwide use. In particular, even in the context of the pre- and in-service mathematics teacher education, it will be interesting to engage educational students (teachers) in two opposite forms of activity: to minimize the verbal contact by producing a symbolic written narration; to retell a subject matter in a common sense form.

To conclude, is a foreign expert able to understand "what is going on" in a classroom (for example, when watching videotaped lessons)? 'A solid teaching', - what does it mean in different countries? Do we always understand each other when speak about 'creativity in mathematics' 'doing mathematics', 'cooperative learning'? We have to answer all these naïve (and, obviously, not only these) questions if we are going not to simply "put the national systems of mathematics education in a rank order", but to try to highlight its distinct features in all their strengths and weaknesses. One of the possible ways of doing so is indicated in Evans, Ivanov, and Karp (2000). From this viewpoint, we are concerned with the general idea of the comparison and therefore to consider the following tasks separately: a) to develop a culturally independent general standpoint, and b) to create nationally specific inventory devices.

References

English L. D. (Ed.): 1997, Mathematical Reasoning: Analogies, Metaphors, and Images, Lawrence Erlbaum Associates, Publ., Hillsdale, N. J.

Evans W., Ivanov, O., & Karp, A.: 2000, An approach to the assessment of students' mathematical development: A pilot UK/Russia comparison (this volume).

Ivanov, O. & Semenov, A.: 1999, Have you ever watched how a foreigner teaches mathematics, Workshops at CIEAEM-51, Chichester, UK.

Keitel, C. & Kilpatrick, J.: 1999, The rationality and irrationality of International comparative studies, In: Studies in Mathematics Education Series, no. 11, International Comparisons in Mathematics Education, Falmer Press.

Manin, Yu. I.: 1991, Mathematics as metaphor, In: Proceedings of ICM-1990, Kyoto, 1665–1771.

Schoenfeld, A. H.: 1991, On Mathematics as Sense-Making: An Informal Attack On the Unfortunate Divorce of Formal and Informal Mathematics, In: J. F. Voss, D. N. Perkins, and J. W. Segal (Eds.) Informal Reasoning and Education , Lawrence Erlbaum Associates, Publ., Hillsdale, N. J., 311–343.

47

Reflections on Proof in Mathematics and in Mathematics Education

CÂNDIDA MOREIRA, Oporto University, Portugal, TONY GARDINER, University of Birmingham, UK

Le travail rapporté ici concerne la présentation et la discussion du système de compétences impliquées dans l'enseignement et l'apprentissage de la notion de démonstration en mathématiques au niveau des études universitaires. Ce travail s'inscrit dans le cadre d'une recherche sur la démonstration qui a porté sur la formation des instituteurs en mathématiques. Nous présentons une analyse de la notion de démonstration sous deux points de vue: d'une part à partir de la vision qu'ont les mathématiciens et les logiciens de la démonstration et de son rôle; d'autre part à partir de la variété de difficultés que peuvent rencontrer les élèves et les étudiants au cours de leurs apprentissages.

This workshop is part of an ongoing research on proof in mathematics teaching. It takes place at a time of change in school mathematics curricula in England. The recent revision of the curriculum may still not reflect the significance of, or the need to present proof. But the climate of change provides an opportunity for mathematics educators and teachers to analyse effective ways of teaching pupils about proof and how to prove.

Our aim is, first, to argue that proof matters in school mathematics, and secondly, to provide some tasks that may 1) help understand what proof is about, and 2) make proving a worthwhile experience.

As a background to the workshop, it will be useful to present a snapshot of existing research as to the kinds of major difficulties learners have in dealing with proof. Moreover, we briefly digress on what proof is about and why it must be conceptualised as integral to learning mathematics, rather than additional to it.

The special character of proof

A central idea of our work is that we can only improve the teaching and learning of proof through a clear understanding of what 'mathematical proof' is about. What are the main ingredients of a mathematical proof? What is the role of proof in mathematics?

With this in mind, an appropriate first step is an examination of the views of several authors (mathematicians, logicians, philosophers of mathematics) about proof and the activity of proving. Two analyses of proof provide useful starting points for understanding its main aspects. For example, the logician Church (1944/1956) has described proof in the sense of formal logic:

> A finite sequence of one or more well-formed formulas is called a *proof* if each of the well-formed formulas in the sequence either is an axiom or is immediately inferred from proceeding well-formed formulas in the sequence by means of one of the rules of inference. A proof is called a proof *of* the last well-formed formula in the sequence (p. 49).

Such a perspective can be traced back to the end of the nineteenth century, especially to Frege's (19884/1959) programme to provide mathematics with a rigorous basis.

An interesting and more modern analysis of what proving is about has been made by the mathematician Thurston (1995). For him, "for the present, formal proofs are out of reach and mostly irrelevant" (p. 34). He elaborates further:

> When people [mathematicians] are doing mathematics, the flow of ideas and the social standard of validity is much more reliable than formal documents. People are usually not very good in checking formal correctness of proofs, but they are quite good at detecting potential weaknesses or flaws in proofs. (p. 33)

This view reflects the assumption that the primary force of a proof depends on the insights of the active mathematician, and does not result in some mechanistic way from its formality. Most mathematicians succeed in using a mixture of ordinary language and mathematical symbols. According to Wolf (1998), "as long as [these] words strictly correspond to the axioms and valid logical principles, the use of [ordinary language] does not make a proof informal" (p. 76). It is even the case that these *semiformal* proofs often provide better insight and convey information more effectively than strictly formal ones. The problem is that, as Wolf observes, "they open the door to sloppy thinking and errors" (p. 76), especially in the case of less experienced proof writers.

These apparent differences in conceptualising proof, and in particular, the difference as to the desirable level of formality, help us to understand the nature of the problem presented by proof in the context of school mathematics. It is tempting to reformulate mathematical proof at school level in terms of pupils' explanations or justifications (Bell, 1976) - on the grounds that informal language is closer to their everyday life experiences, and so will help their understanding. But if the evidence from the research is correct, the result is that many pupils experience mathematical key concepts in a very unsatisfactory way.

Any attempt to improve the quality of mathematical learning by ignoring the essential characteristic of mathematics is probably misconceived. Mathematics without proof is an impossibility. Insistence on proof is what inspires trust in whatever mathematical results mathematicians come up. In a recent work on polyhedra, Cromwell (1997) put it this way:

> Proofs point out where limitations and restrictions need to be imposed when our imaginations jump to conclusions which are too general. A proof is the check that we have not deceived ourselves. (p. 11)

In its fundamental sense, proof is strongly linked to the idea of demonstrating the truth of a mathematical result. But there are other important purposes of proof in academic mathematics to which we need direct attention. Several of these roles are summarised by Resnick (1992) and outlined below:

- presenting axiomatic derivations of previously unsystematised results
- presenting an alternative demonstration by using methods from a different area of mathematics
- presenting a weaker or more economical demonstration
- showing that one mathematical statement is equivalent to or implies another
- reformulating extant axiomatic theories

Wittgenstein emphasised another fundamental sense in which a proof is useful - mathematics is normative, and proofs have the potential to help us to recognise its norms (Shanker, 1987).

Proofs also catch the imagination of mathematicians. Thus proving is often pursued in the same way as art: a proof that seemingly unrelated things are in fact interrelated can evoke a profound sense of beauty and surprise.

We want our students to understand the central role of proof in mathematics and to be able to reproduce proofs and construct proofs of their own. But we would also like them to appreciate the other aspects of proof - in providing insight, connections, surprises and beauty.

Learners' difficulties with proof

There are a few research studies that have addressed the question of the problems learners experience in dealing with proof. One of the earlier studies which caught our eye was that by Smith (1940). In his paper, which describes in a detailed manner a long-term study (1932-1938), Smith demonstrated three major errors made by pupils beginning the study of demonstrative geometry: 1) those due to unfamiliarity with 'complex' figures, 2) those due to not sensing the meaning of the if-then relationship, and 3) those due to meager understanding of the meaning of proof.

More recent studies tend to confirm these kinds of difficulties, but have also expanded the picture. Bringing together findings from the studies reviewed, we identified five main general areas of problems:

- lack of mathematical knowledge (e.g. Mayberry, 1983)
- unfamiliarity with mathematical language and notation (e.g. Moore, 1994)
- unfamiliarity with logical concepts and ideas (e.g. Smith, 1940; Duval, 1991)
- getting started (e.g. Senk, 1985; Moore, 1994)
- meager understanding of the meaning of proof (e.g. Smith, 1940; Chazan, 1993).

The first two types of difficulties may seem pretty obvious and it is easy to understimate the seriouness that needs to be attached to them. One important issue is raised in Smith's study. As he recognised, even though pupils may be able to perform a given construction in a simple figure they may not be able to perform the same construction in a complex figure. Similarly, terms and theorems that may have meaning to them in simple figures may be not clear to them in a complex one. It seems likely that the same kind of problems emerge in other areas of mathematics too. Another reason we focus on these two types of difficulties has to do with the realisation that proofs are often presented before learners have grasped the concepts involved in them. There has to be some kind of common ground where learners feel reasonably comfortable. Otherwise, the experience can be frustrating and alienating. A commitment to teaching proof and to improving learners' understanding of what proving is about can only have positive results if we do take these aspects into consideration.

The third type of difficulties, unfamiliarity with logical concepts and ideas, encompasses a variety of problems: lack of clear understanding of the *if-then* relationship, failure to recognise the 'operational' status of mathematical propositions within a proof, misuse of terms as *some*, *all*, *neither*, and *nor*. These matters are further complicated by the interplay between the use of logical terms used in everyday reasoning and their precise meaning in mathematical logic.

Getting started seems to be a major problem when the proof involves an auxiliary construction (as, for example, in the classical proof of the theorem related to the sum of the interior angles of a triangle is two right angles, one has to draw a line parallel to one side of a triangle). In such proofs there are no 'cues' to help pupils and students identify the appropriate construction. Hence these auxiliary constructions are considered as magic tricks which learners would never be able to figure out for themselves.

The last main type of difficulty, *meager understanding of the meaning of proof*, appears to be of a different nature, and it will be examined in some more detail in the following section.

Learners' misconceptions about proof

There appears to be two main misconceptions related to proof. One is that of closely associating proof with the process of establishing a conjecture of a mathematical result (e.g. Hoyles, 1997). Engaging in experiences that may lead to formulating conjectures may be important; but conjecturing should not be seen as a substitute for proving. Conjecturing and proving are complementary processes, and require totally different skills. This difference needs to be clearly understood.

The second misconception is that proof is merely a "convincing argument" (e.g. Galbraith, 1981). There are serious dangers in such a view. The main danger is that the *methods* used to "convince" are selected in order to achieve an effect. In contrast, when proving a statement in mathematics one is restricted in the methods one can use and the reasons one can give, involving definitions, axioms and the propositions which have been previously proved. Hence proof differs in its fundamentals from the way in which *convincing* is realised in other contexts.

From reflections to practice: A possible itinerary

Arising out of such reflections, we have delineated a series of tasks which include the kinds of competences we seek to develop in our undergraduate mathematics students (many of whom will become mathematics teachers) with a view to restoring the place of proof in mathematics teaching. We are particularly interested in having students to construct (enjoyable) proofs of their own. But we understand that this is far from easy and that not all students will be able to attain such an objective. Figure 1 is aimed to illustrate a possible itinerary of the teaching/learning how to prove process.

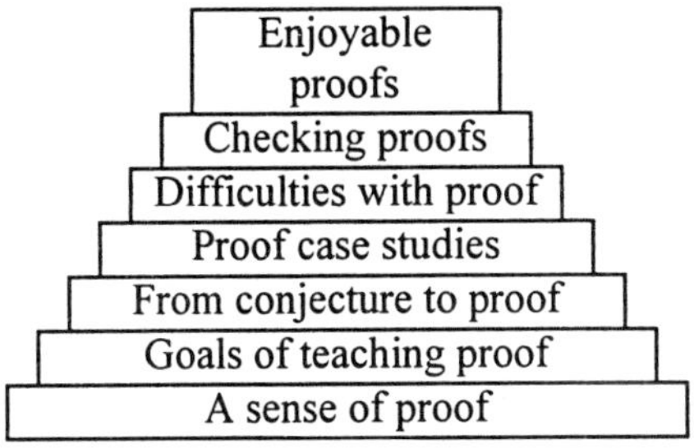

Figure 1: A possible itineary of the teaching/learning how to prove process

The tasks are described in brief:

Task One - A sense of proof

As we have already argued, it is important to focus first on the meaning of proof and of its role in mathematics. As a possible approach to this, it may be helpful have participants to articulate their own conceptions of proof and what they regard as the roles of proof in mathematics, by discussing metaphors for proof (for example, proof as a labyrinth, proof as a crsswords puzzle).

Task Two - Goals of teaching proof

Having reflected upon what proof is about and on its role in mathematics, it is important to identify (i) the goals, or the objectives, of teaching proof in school, and (ii) possible conflicts and problems that may emerge as a result of so doing. In particular, it is important to address the question of whether or not proof should be an integral part of the mathematics curriculum *for all*.

Task Three - From conjecture to proof

This task relates to the idea that proof is "the check that we have not deceived ourselves", the last step in a process that involves messing around, experimenting and conjecturing. It may be useful to make these aspects explicit as part of the route to proving. Conjecturing and proving are two diferent aspects of mathematicians' practice and should be seen as complementary. From this viewpoint, tasks should be set which include several activities leading to a 'intelligent guess' of a particular result, as for example, that the sum of the angles of a triangle is equal to two right angles (Cojorem, 1995). However, it is important to choose these activities so that students can follow this by taking the step "from conjecture to mathematical proof".

Task Four - Proof case studies

Detailed examples of proofs should be examined to serve as templates of different aspects of proving, and as models of what it means to do things correctly. In other words, a given proof is valuable not only for establishing the truth of a particular result, but also for what it illustrates about a larger set of proofs. As an example of this, one may focus on the hierarchical character of proof and show how a particular result depends on previously established results and axioms.

Task Five - Difficulties with proof

Problems that learners experience with proof have been widely identified. Solutions to overcome these problems may not be readily available, but no progress can be made unless we recognise and understand these problems. Activities can be designed which focus on a specific difficulty, such as the *if-then* relationship, and which give rise to ways in which that specific difficulty can be mastered (Cojorem, 1995).

Task Six - Checking proofs

To quote Allenby (1997) "one learns a lot more from trying to find the mistakes in a specious argument than one does in merely checking through an argument which one is convinced is correct. (p. 209). Although Allenby's claim that 'one learns a lot more' is probably incorrect, it is appropriate to say that one learns something valuable from trying to find errors in flawed 'proofs'. As a transition from reproducing to constructing proofs, students are confronted with correct and incorrect "proofs" (Movshovitz-Hadar & Webb, 1998). Thus learners are required to assess, and identify the possible flaws in simple "proofs" presented in deductive style.

Task Seven -Enjoyable proofs

Constructing, rather than reproducing, proofs is the ultimate goal of teaching/learning how to prove. To make the task of proving relevant and at the same time enjoyable is an important goal. As examples of relevant and enjoyable activities we might take proofs of 'paper folding' (Fehlen, 1975) or game-like (Gardiner, 1987) results.

Concluding remarks

The activities presented in the workshop (detailed versions available from the first author) were set against this basic framework, with the goal of stimulating discussion among the participants. Only a constructive dialogue between mathematicians, mathematics educators and teachers can place us in a position to promote the change we are aiming at.

During the workshop, which was attended by about 20 people, participants organised themselves in groups and actively engaged in the activities proposed.

References

Allenby, R. (1997) *Numbers & Proofs*. London: Arnold.

Bell, A. (1976) A study of pupils' proof-explanations in mathematical situations, *Educational Studies in Mathematics*, 7,23-40.

Chazan, D. (1993) High scholl geometry students' justification for their views of empirical evidence and mathematical proof, *Educational Studies in Mathematics*, 24, 359-87.

Church, A. (1956) *Introduction to mathematical logic* (tenth printing of a revised and enlarged edition of *Introduction to mathematical logic, Part I,* 1944). Princeton, NJ: Princeton University Press.

Cojorem (1995) *Des situations pour enseigner géométrie: 1re/4e guide méthodologique.* Bruxelles: De Boeck Wesmael.

Cromwell. P. (1997) *Polyhedra*. Cambridge: Cambridge University Press.

Duval, R. (1991) Structure du raisonnement deductif et apprentissage de la demonstration, *Educational Studies in Mathematics*, *22*, 233-61.

Fehlen, J. (1975)Paper folds and proofs. *Mathematics Teacher*, *68*, 608-611.

Frege, G. (1959) *The foundations of arithmetic: A logico-mathematical enquiry into the concept of number*, (English translation by J. Austin of *Die Grundlagen der Arithmetik: Ein logisch mathematische Untersuchung über den Begriff der Zahl*, 1884). Oxford: Basil Blackwell.

Galbraith, P. (1981) Aspects of proving: A clinical investigation of process, *Educational Studies in Mathematics*, 12, 1-28.

Gardiner, A. (1987) *Discovering mathematics*: *The art of invesstigation*. Oxford, England: Clarendon Press.

Hoyles, C. (1997) The curricular shaping of students' approaches to proof, *For the Learning of Mathematics*, 17(1), 7-16.

Mayberry, J. (1983) The van Hiele levels of geometric thought in undergraduate preservice teachers, *Journal for Research in Mathematics Education*, *14*, 58-69.

Movshovitz-Hadar, N. & Webb, J. (1998) *One equals zero and other mathematical surprises*. Berkley, CA: Key Curriculum Press.

Moore, R. (1994) Making the transition to formal proof, *Educational Studies in Mathematics*, *27*, 249-66.

Resnick, M. (1992) Proof as a source of truth. In M. Detlefsen (Ed.), *Proof and knowledge in mathematics*, pp. 6-32. London: Routledge.

Senk, S. (1985) How well do students write geometry proofs?, *Mathematics Teacher*, *78*, 448-56.

Shanker, S. (1987) *Wittgenstein and the turning-point in the philosophy of mathematics*. London: Croom Helm.

Smith, R. (1940) Three major difficulties in the learning of demonsttrative geometry, Part I, *Mathematics Teacher*, 33, 99-134.

Thurston, W. (1995) On proof and progress in mathematics, *For the Learning of Mathematics*, 15(1), 29-38.

Wolf, R. (1998) *Proof, logic and conjecture: The mathematician's toolbox*. New York, NY: W. H. Freeman and Company.

48

Mathematics for All

JARMILA NOVOTNÁ, JANA HANUŠOVÁ, Charles University & Gymnázium
Mnichovo Hradiště, Czech Republic

Chaque élève a sa propre personnalité qui peut être si différente de celle des autres élèves que les professeurs doivent varier leurs méthodes et leurs stratégies d'enseignement et d'apprentissage pour être efficaces. Nous soulignons ici l'importance de la collaboration entre l'enseignant et l'élève pour le développement de la personnalité des élèves. L'école devrait être selon nous une institution qui stimule l'initiative et l'indépendance des étudiants. Nous profitons, au cours de l'enseignement des mathématiques des problèmes que l'on peut transformer simplement, afin de permettre aux élèves d'utiliser les informations que peuvent donner tous les sens et qui favorisent ainsi une participation maximum aux processus de solution (jeux, dramatisation, etrx). Nous présentons ici quelques exemples d'activités qui font appel à plusieurs sens et qui permettent ainsi aux élèves de profiter de plusieurs sensations (visuelles, auditives, motoriques etc.) au cours de la résolution de problèmes .

The diversity of students' personalities demands adiversity of teaching strategies. We stress the co-operation between teacher and students aiming to develop students' personalities. The school should be an institution helping to stimulate initiative and independence in its students. In teaching mathematics we use problems that can easily be modified for using different senses in the solving process, e.g. games and dramatisation. In the article we give examples of activities in which different types of stimuli are involved (movements, sounds, pictures, speech, different types of activities involving the students in action).

A Chinese proverb: *Tell me and I forget; show me and I will remember; let me do it and I will understand.*

The student should be the centre of all education (not only of mathematical education). The diversity of students' personalities and learning strategies demands that a diversity of teaching strategies are used in school.

The famous Czech educator J.A. Komenský (17th century) mentioned that "the golden rule for the teachers should be to present everything to as many senses as possible". To cope with the different learning styles of individual students, the teacher must present his/her students with problems and tasks creating situations in which different types of stimuli are involved - movements, sounds, pictures, speech and different types of activities involving the students in action.

The traditional Czech educational system was aimed at fulfilling the needs of the *average student* and an individual approach was not officially promoted. The main task for teachers was to teach students the most powerful and quick procedures for solving important types of problems. The ways in which these procedures were evolved were not presented to the students and it was assumed that they would not ask about them. Individual learning styles were not taken into account.

The current changes in the educational system (e.g the programme Obecná škola) give the teacher the space to develop students' abilities through their cognitive development (OECD, 1996). Several problems are presented to a pupil who struggles with them, firstly alone (possibly with a teacher's help), later in the class. He/she creates his/her personal solving strategies and algorithms and his/her efforts end in discovering a suitable method to gain a solution. In this case, a mistake is a necessary step towards understanding. A response to a mistake is an analysis of the reasons for making it (Novotná., 1998).

In our approach we stress the co-operation between teacher and students aiming to develop students' personalities. This facilitates the development not only of the students' skills but also enables them to make sensible choices about their own future. The school should be an institution stimulating initiative and independence in its students.

It is often supposed that gifted students do not need any special teaching strategies and that the use of adequately difficult tasks is sufficient for developing their knowledge and skills. Our longitudinal experience of teaching mathematics at the 8-year gymnasium[1] would indicate a contrary point of view. Although the differentiation of students is done so early, the respecting of students' abilities and learning styles even of gifted students is necessary.

In teaching mathematics we use problems that can easily be modified for using different senses in the solving process, for different cognitive styles of students and for different levels of students' abilities, e.g. games and dramatisation. In the following text we give examples of such activities. All of them have been used with different groups of children and in many modified forms. The most striking outcome of all this work was that: students liked them, they worked with enthusiasm and the results attained were mostly at the limit of their abilities.

1 Discovering the rules of divisibility of natural numbers

The following activities were combined in order to give students several tools to discover the rules.

1.1. Applauding

Description of the game

a) Students say the numbers from 1 to 30 together. They clap their hands when the number is a multiple of 2, snap their fingers when it is a multiple of 3. It is possible to add e.g. slapping the thigh for multiples of 4 etc.

b) Students form circles with the same number of students in each circle. In each of them, one student after the other says the numbers 1 to 30, the multiples of 2, 3, 4 etc. being accompanied by the sounds given above. When a mistake occurs the next student restarts with 1. The circle that reaches 30 the first is the winner.

c) Students form circles with different number of students in each circle. The rules are the same as in b).

After the game students discuss whether the number of students in the circle influences the course of the game.

1.2. Number basket

Students sit on chairs in a circle, each of them holding the number chosen before the beginning of the activity. One student, who does not have a chair, stands in the middle. He/she calls, e.g. "Divisors of 20". Students with numbers 1, 2, 5, 10 or 20 have to move on another chair and the "caller" has the opportunity to sit on one of the chairs. The student who has no chair takes the role of the "caller". After several experiences, students choose the numbers and questions thoughtfully.

1.3 *Manipulations with haricots*

By manipulating with haricots (other small objects can be used) students discover knowledge of multiples and divisors and their characteristics. Students work in pairs, triples or individually according to their personal choice.

Tasks:

- Group the haricots in regular patterns and find different ways of describing the patterns in words.
- Choose from your patterns those with rectangular shapes and express their number by means of a multiplication expression.
- Find how many haricots you can group in pairs, triples, ...
- On the number line, record in colours multiples of 2, 3, 4, ...
- Find all possible rectangular patterns of 20 haricots. Record these patterns.

Questions:

Decide whether 28 is/is not a multiple of 3. Give reasons for you decision.

- Name numbers whose multiple is 15, ...
- Write down which numbers do not belong to the group of numbers 5, 225, 54, 10, 15, 45. Give reasons for you choice.
- Describe the rule for finding whether a number is/is not a multiple of another number.

1.4 Using number cards

By comparing the common properties of numbers divisible by a given number, students should discover the rules of divisibility[2].

Students work in pairs, triples or individually according to their personal choice.

a) Each group has a set of cards with numbers from 1 to 60. They display them on the desk.

Tasks:

- Choose the numbers divisible by 10 and find what they have in common.

Do the same task for 5, 2. [Repeated tasks will be indicated by brackets e.g. (5, 2).]

Give the rule for finding whether a number is divisible by 10 (5, 2).

- Write down all numbers divisible by 3 (9) and investigate.

Choose three from the numbers 0, 1, 2, 3, 4, 5 and from them form a three-digit number which is divisible by 3 (9).

Give the rule for finding whether a number is divisible by 3 (9).

b) Each group has a set of cards with numbers 0, 1, 2, 3, 4, 5, 6, 7, 8, 9.

Tasks:

- Form different three-digit numbers which are divisible by 4.

Check that you really chose numbers divisible by 4.

Investigate and try to find the rule for divisibility by 4.

c) Create posters on which you write the rules of divisibility by 2, 3, 4, 5, 6, 8, 9, 10 and 12. Use the posters for decorating your class.

2 Comparing numbers

To compare numbers is a basic task when dealing with different sets of numbers, from natural to real numbers, fractions, multiples of certain number etc. Operations with numbers can also be included in the activities.

2.1. Arranging numbers according to their size

Example

Arrange the following numbers according to size (from the smallest to the biggest):

a) 4, -1/6, -1/3, 3/2, 1/2, 1/2 + 1/3.

b) 4π, $-\pi/6$, $-\pi/3$, $(3/2)\pi$, $\pi/2$, $\pi/2 + \pi/3$.

Various activities

A number line is drawn on the blackboard. Numbers are written on cards and put in an envelope. Each student takes one of the cards and marks the chosen number on the number line.

- Each student holds one card with a number and together they form a line in the increasing order of numbers.
- A student/a pair of students receives an envelope containing number cards and arranges them in ascending/descending order on the desk.
- Numbers are written on a sheet of paper, the students cut out each number separately and then arrange the numbers in order. (Supports also manipulative skills.)
- The teacher/one of the students pins number cards on students' backs. Students have to form a line such that the numbers on their backs are in increasing order. This must be done without speaking. (Supports the strategic and team behaviour of students.)
- Students choose the gestures for YES and NO, e.g. *hands down* for NO, *hands up* for YES; or "*sleeping*" (= the head lying on the hands on the table) for NO, "*awake*" (lifting the head up) for YES. The teacher/one of the students gives a statement such as "1/2 is smaller then 1/3" and the students have to agree or disagree by using the correct gesture. This activity enables the teacher to see immediately those who used the correct gesture and those with incorrect gestures. The use of "sleeping - awake" has one important feature - students have to decide themselves without having the opportunity to copy their colleagues' answers.

3.2. Playing number cards (practising activity)

Cards: 104 cards in 4 colours, two cards of the same colour have the same number, that is each of the 13 numbers chosen is on eight cards.

Recommended number of players: 3 to 5 ("a player" can be an individual or a team)

Rules: The rules are the modification of the common card play and are given at the start:

- the number of cards to be given to each player;
- which combinations of cards can be placed on the table (card formations);
- how further cards can be added to those card formations already placed;
- choosing the starting player;

- when a player is allowed to add a card to a formation already on the table;
- how to add further cards to already created card formations.

The goal of each player is to include each card that he/she holds in his/her hand in a card formation. The player who first places all his cards on the table is the winner.

Example: Arranging negative number according to size

- Cards have the numbers -13, -12, -11, -10, -9, -8, -7, -6, -5, -4, -3, -2, -1.
- Card formations:
  - Sequences - at least three cards of the same colour forming an increasing sequence of neighbouring negative numbers
  - Thirds/fourth - three/four cards of different colours with same number
- Additional rule: The player who makes a mistake when forming a new card formation or when adding a card to an already created card formation, adds to his hand all the cards from this card formation together with 3 additional cards from those cards remaining.

Conclusions

We have indicated above that we try to vary the nature of the activities used. It allows students of different cognitive and learning styles to choose the most suitable one for them (Hejny et al., 1990). The use of manipulative and practical activities in mathematical investigations enables students to discover knowledge and understanding for themselves and offers the possibility of success to those who are not considered as gifted in mathematics. This increases their self-confidence in mathematics with a likely improvement in their attitudes towards mathematics (Littler at al., 1993). The number of questions given to the students initially depends on their ability and the teacher's wishes.

Notes

1 A 8-year gymnasium is a general secondary school, students enter after the 5th grade (11-year old). This type of school is designated for gifted children. There are a limited number of places and students are chosen according to several criteria, the main ones being entrance exams (usually mathematics, Czech language and a general psychological test) and previous school results.

2 A 8-year gymnasium is a general secondary school, students enter after the 5th grade (11-year old). This type of school is designated for gifted children. There are a limited number of places and students are chosen according to several criteria, the main ones being entrance exams (usually mathematics, Czech language and a general psychological test) and previous school results.

References

Ginbayashi, K. (1984). Principles of Mathematics Education. Tokyo: AMI.

Hejny, M. et al. (1990). Teoria vyučovania matematiky. Bratislava: SPN.

Littler, G.H. (1985) Keeping Pupil's Interest. Derbyshire College of Higher Education (1985).

Littler, G.H., Taylor, V., Novotná, J. & Kubínová, M. (1993). Do teaching strategies affect student's attitudes to mathematics. In M. Hejny, J. Novotná (ed.), *Proceedings SEMT 93* (pp. 102-107). Praha: Charles University.

Novotná, J., Kubínová, M., Sýkora, V. & Sinková, M. (1996). Matematika s Betkou 1 pro 6. ročník základní školy. (Textbook.) Praha: Scientia.

Novotná, J. (1998). Cognitive Mechanisms and Word Equations. In M. Neubrand (ed.), *Beiträge zum Mathematikunterricht 1998, Vorträge auf 32. Tagung für Didaktik der*

Mathematik vom 2. bis 6.3.1998 in München (pp. 34-41). Hildesheim, Berlin: Verlag Franzbecker.

Reviews of National Policies for Education. Czech Republic. 1996. OECD.

Acknowledgement

The research was partially financially supported by the Grant Agency of the Czech Republic, grant No 406/99/1696, and by the Grant Agency of Charles University, grant No 306/1998/A PP/PedF.

49

Mathematical Investigations with the Computer

MONIQUE PIJLS, Graduate School of Teaching and Learning, University of Amsterdam, Netherlands

Les investigations mathématiques avec l'ordinateur s'inscrivent aux Pays Bas dans le cadre d'une réforme de l'éducation secondaire qui met l'accent sur l'apprentissage autorégulé. Nous voulons par notre recherche essayer de déterminer comment les investigations avec l'ordinateur peuvent permettre aux élèves d'élever leurs connaissances du niveau perceptuel au niveau conceptuel. Nous présentons ici certaines expériences faites dans le cadre d'investigations dans le le domaine du calcul des probabilités, à partir d'une activité que nous avons développée autour d'un jeu 'Plinko', disponible sur Internet. Nous considérons le travail de quatre élèves, groupés par deux. Les différence sont claires et nettes. Alors qu'un pair donne des réponses au niveau perceptuel, l'autre s'engage au niveau conceptuel. L'effet de la seconde partie de cette tâche est surprenant.

Introduction

In the Netherlands the curriculum within the upper secondary school grade is currently undergoing wide reform. In this reform the focus is on independent and self-regulated learning. Part of the new curriculum includes mathematical investigation tasks with the computer, which have been developed for students working together in small groups. They have to explore a real-world or theoretical problem and to construct their own solution. The computer is used for calculations and computations and thus serves as a tool to solve mathematical problems. The question is whether these tasks do improve the learning of mathematics, and whether they 'work' for all students. By 'work' we mean that they lead to level raising (Elshout-Mohr & Dekker (in press)). This expression is used to indicate the transition from thinking processes on an intuitive level towards the reasoning at a more abstract level. For example, students have an intuitive notion of 'chance' even before they learned about probability theory in classroom. They think and talk about chances at an *perceptual level* (cf. the visual Van Hiele-level in geometry education (van Hiele, 1986; Dekker, Elshout-Mohr & Pijls, 1998)). In the mathematics lesson students will learn to reason about chances and to calculate them, often with the help of combinatorics. They learn to deal with chances at an *conceptual level* (cf. the descriptive Van Hiele-level (van Hiele, 1986; Dekker, Elshout-Mohr & Pijls, 1998)). The didactical means that we use to achieve this level raising are: the use of computer; working together in pairs and tasks for mathematical investigations.

The use of computers in mathematics has increased in the few last years. Using computers makes sense only if students can do something with the computer that they cannot otherwise do. This is what we call functional use of computers (Doorman, Kemme & Wijers, 1998). For example:

- to support routine calculus (calculations, graphing) (Ruthven, 1996). The computer is able to perform specific calculations much quicker than humans. This makes it possible to make more calculations and to compare different solution methods, which could lead to level raising.
- to test hypotheses on a phenomena by using simulations (Doerr, 1997; de Jong & van Joolingen, 1998).

In the last decades there has been a focus in the mathematics classroom on cooperative learning (Webb, 1991). Dekker and Elshout-Mohr (1998) developed a process model for students working (together) on a mathematical task. It concerns four key-activities that lead to level raising. These key-activities are: to show one's work, to explain one's work, to justify one's work and to reconstruct one's work. Dekker (1994) gave four criteria for tasks that evoke interaction in group work. Firstly tasks must be real and meaningful for students. Secondly, they must be complex so that students with different abilities and qualities need each other. Thirdly, the task must be designed to construct something so that the thinking processes can become visible. Finally, the tasks must aim at level raising. They must be difficult enough for students to need each others' help, to criticise and seek explanations.

Our aim of investigation tasks is firstly that students get the opportunity to explore a subject at the perceptual level and secondly that they develop concepts to treat the problem at the perceptual level. Problem solving and making investigations are very closely related in the learning of mathematics. The reason for this is that in mathematics no physical experiments are carried out. In his classical work 'How to solve it' (1945), Polya distinguishes several phases in solving a mathematical problem: understanding the problem, making a plan, carrying out the plan, looking back. These phases are similar to the phases of making investigations.

The investigation task 'Plinko'

We developed an investigation task based on the gambling game 'Plinko', that is popular in the United States and can be found on the Internet to be played on the computer. The player can click on one of the five 'go-boxes' and then a 'ball falls down'. From every box the ball has the same chance to fall to the left or to the right. At the bottom it arrives at a box where a number of points is indicated. The idea is to gain as many points as possible. To sharpen this we changed the '40-points-box' into a '1000-points-box'. The task is to find out whether there is a winning strategy for this game. For this, probability theory and combinatorics are needed. Counting the possible routes that the ball can follow is an application of 'counting in a grid'. The second task is to develop a new, exiting form of Plinko. Students are then allowed to change the point-boxes, the amount of points and the form of the grid. We hope that students will create games with other grids, so that they explore the phenomena 'counting in a grid' in different grids, which may lead to an insight of 'counting in a grid' on the descriptive level.

We trialled the investigation tasks on Plinko in April 1999 to find an answer to the following questions:

- Do the students carry out the investigation tasks?
- Is the aim of the tasks clear for students?
- Do students cooperate when they work on these tasks?
- Do students make functional use of the computer?
- Do these tasks evoke explorations at the perceptual level?
- Do these tasks evoke answers at the conceptual level?

The subjects were four students from a senior general secondary education - school in Amsterdam. The students worked in pairs, Anouk & Michel and Joost & Brigitte. Earlier in the school year they had lessons on probability theory. They worked on the task for two lessons of 45 minutes.

In the first lesson the students worked on the task about the winning strategy for Plinko. Between the pairs there were striking similarities and differences in their working on the task. The similarities are the following:

- the task was meaningful for the students: from their comments we could conclude that they played computer games rather often; they immediately started to work and the aim of the task was clear.
- the students played the game several times and mentioned the amount of points that they won; the task evokes experimenting.
- they assumed quickly that the balls from left boxes have more chance to fall in the 1000 than balls from the right boxes
- both pairs found a winning strategy.

The differences between the pairs were:

- Anouk and Michel compared two strategies by playing them several times and writing down the amount of points that they won. One of the strategies was to click alternating on one of the two left boxes. Ten times playing resulted in an average of 2448 points each time. The other strategy (clicking alternating on one of the three right boxes) resulted in 694 points average.
- Anouk and Michel compared the possibilities to come in the 1000 from the left and the right boxes. Anouk tried to draw all possible routes from the left box. She drew several of them, and this became rather cluttered (figure A). Michel stated that from the box on the right there were only two routes that lead to 1000 (figure B). They wrote: 'Between the left go and the right go, the left go has more possibilities to come in the 1000 because the right box has two possibilities and the left more than six. The second go has more possibilities, but more possibilities to go to the right and the left has not.'

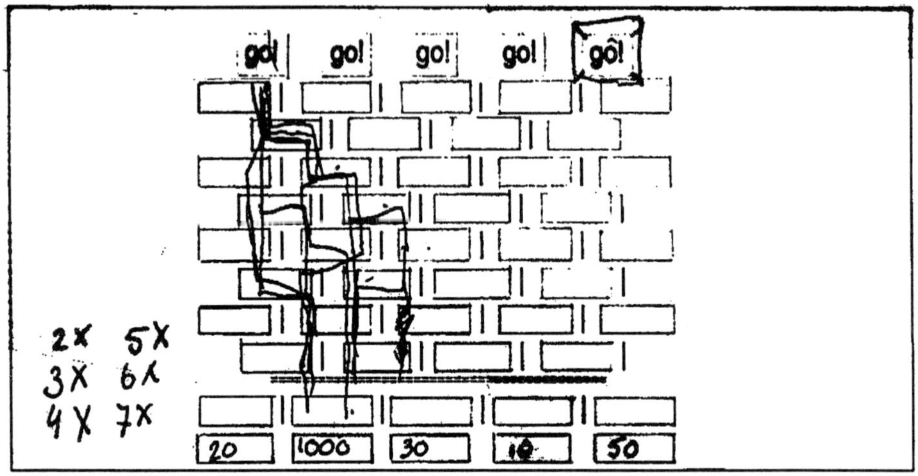

Figure A

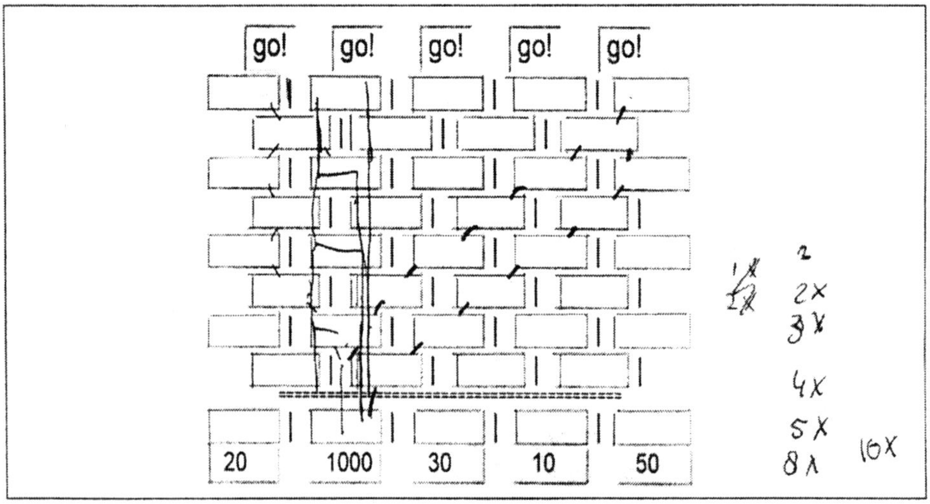

Figure B

- Joost and Brigitte calculated for the three left boxes the chance to reach the 1000. They wrote: 'The left 'go' boxes have the largest chance to reach the 1000, that is to get the highest score. The two 'go' boxes on the right have the smallest chance. Because of the chance to go to the left every time is smaller than to go to the left or to the right. And at the most left box you must go to the right in the beginning, so the chance to come in the 1000 is larger. The box in the middle has a chance but not so large as the first two. We have calculated how much chance the first three 'go' boxes have to reach the 1000. First box: 56/128; second box: 49/128 and third box: 32/128 chance.' In figure C we see one of the three calculations of Joost and Brigitte.

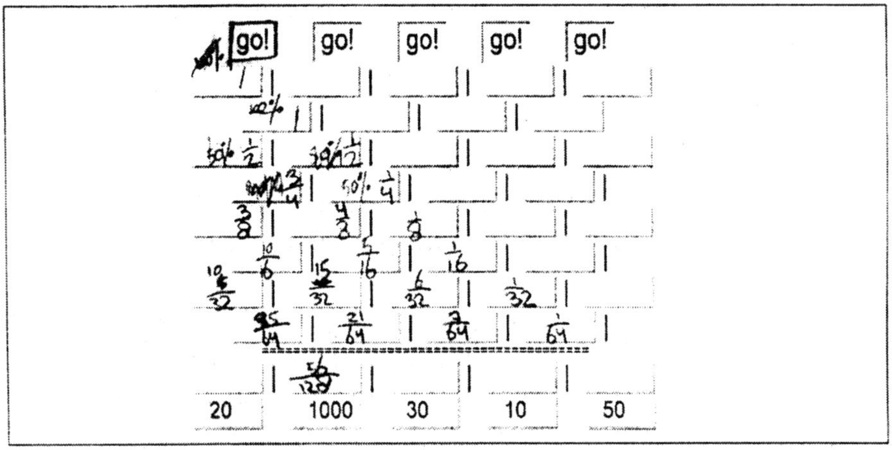

Figure C

The second task was performed without a computer. The students worked together in the same pairs as with the first task. Here we list the main results of the second lesson:

- The task was meaningful for both pairs. They were familiar with the idea of several versions of one game.
- They worked alone on a design, not together on one design. When their design was ready, they showed each other their results, explained their games, justified them and reconstructed them.
- This task was undertaken without a computer, but it referred to a game on the computer. Joost mentioned that he would like to simulate his game at the computer to test it.
- Both pairs introduced 'special effects': Anouk & Michel introduced a loser (a box where you lose all your points), a bonus (a box where you get another ball) and a boem (the ball goes back to its beginning position and then takes another route). Joost & Brigitte introduced black boxes (where the ball cannot fall in) that change position with every game, and they gave additional points at the beginning position (the more you start to the right, the more points you get). The students probably introduced these effects to make the game more exiting. However, the consequence was that they could escape the original grid structure and hence they did not gain experience with the subject 'counting in a grid'.

Analysis of the results

We analysed the results of the trial in the light of the questions that we formulated before.

- *Do the students carry out the investigation tasks? Is the aim of the tasks clear for students?*

Yes! They carried them out immediately. The tasks are meaningful for them and it is linked to their reality. The aim of the first task, to find a winning strategy, is clear. The students perform mathematical investigations. They explore the problem, formulate hypotheses which they try to prove by calculations. The methods of proving differ, but for the students it is clear that this is the aim. In the second task the aim is less clear. The students have invented creative games, but they did not exactly follow the rules. This was possible because there was no medium (like the computer) that forced them to follow the construction rules. Besides there seems to be less opportunity to test hypotheses because of lack of computer.

- *Do students cooperate when they work on these tasks?*

In particular with the first task each pair showed a high degree of co-operation. The following key-activities have been observed:

to show one's work: In the first task they tried several strategies and showed them to each other. This is a very natural activity when two people work on one computer. They also show each other possible routes.

to explain one's work: In the first task Anouk & Michel explain the possible routes they found to each other.

to justify one's work: In the first task, when Joost & Brigitte made calculations, they criticised each other, and they justified their work.

to reconstruct one's work: In the first task, when Joost & Brigitte made calculations, they criticised each other, and they reconstructed their work.

We also see that the criteria for tasks that evoke interaction, (Dekker (1994)) do indeed evoke interaction: the task is real and meaningful for the students, it is a complex task where different skills are needed (to play the game, to count the points, to analyse the strategy, to reason about the possibilities), the task is to construct something (a strategy), the task is aiming at level raising (get insight in the game).

- *Do students make functional use of the computer?*

This only concerns the first task. Both pairs made use of the computer for their explorations at the perceptual level. This is functional use of the computer: the computer is simulating the game Plinko and is calculating the points. In addition the computer seems to be very motivating because of it is something new for the students: it is exciting for them to play a game on the Internet. For the second task it seems that they wanted to use a computer, but they could not.

- *Does the task evoke explorations at the perceptual level?*

With reference to the first task: Firstly both pairs played the game several times. They explored the game on the perceptual level by trying out different strategies. Secondly they compared the strategies. This is the start of level raising. On basis of the differences in outcomes they formulated conjectures ('the boxes on the left provide more points than the ones on the right'). Anouk and Michel gave solutions at the perceptual level. They drew some possible routes to the 1000. They did not draw all possible routes. If they had systematically drawn all possible routes, then they would have given a solution at the conceptual level. In the second task all answers were at the perceptual level, because they concerned specific situations, and no general strategies.

- *Does the task evoke answers at the conceptual level?*

For the first task: Brigitte and Joost gave a solution at the conceptual level. They calculated from all the top-boxes the chance to reach the different down-boxes. In this way they described all possibilities that can happen in this game, although they did not calculate this in the most efficient way. They calculated with chances; it is easier first to count possibilities and then to divide to obtain the chances. This could be a refining of their answer at the conceptual level. In the second task there were no answers on the conceptual level. Each pair gave an example of a specific game. Their creativity made them invent such complex games, that none of them had a watertight strategy for their own game.

Discussion

We have seen that generally, the investigation tasks with the computer on Plinko worked well. This made it plausible to continue with them. However, the second task (designing a new version) could be slightly changed by doing it with the Plinko game on the computer. The task could be to design a new version of Plinko within the boundaries of the old version (it is possible to change the amount of points). This may make this task more explicit from a mathematical point of view and give students the opportunity to test their designs and to improve them. What students learned from this task with respect to mathematics is not measured. We do not know which pair learned most: the pair that gave an answer at the perceptual level or the pair that gave an answer at the conceptual level. In our trial the students made the investigation task after they learned about probability theory. It would be interesting to see how students perform this task before they learned about probability theory. We may expect that when students perform these tasks before they learned on probability theory, that their reasoning will be rather intuitive and that they give answers at the perceptual level. We hope that the task will raise questions like 'We have the feeling that our strategy works, but is this always true? How can we decide that?'. Maybe, when they learn probability theory – later in the school year- they will get answers to their questions. In this case the task would contribute to the understanding of probability theory.

References

Dekker, R. & Elshout-Mohr (1998). A process model for interaction and mathematical level raising. Educational Studies in Mathematics 36, 303-314.

Dekker, R. Elshout-Mohr, M., & Pijls, M.H.J. (1998). Interaction, self-regulated learning and the process of level raising. In P. Abrantes, J. Porfírio & M. Baía (Eds.), The interactions the mathematics classroom – Proceedings of CIEAEM 49 (pp. 27 – 34). Setúbal, Portugal: Escola Superior de Educação de Setúbal.

Doerr, H.M. (1997). Experiment, simulation and analysis: an integrated instructional approach to the concept of force. International Journal of Science Education, 19, 265-282.

Doorman, M., Kemme, S. L., & Wijers, M. (1998). Oefenboek praktische opdrachten informatietechnologie in het studiehuis wiskunde. Groningen: Wolters Noordhoff.

Elshout-Mohr & Dekker (in press). Opdrachten om samen van te leren. In J.van der Linden & E. Roelofs (Eds.) Samenwerkend leren. Groningen: Wolters Noordhoff.

Van Hiele, P.M. (1986). Structure and insight. Orlando: Academic Press, Inc.

Jong, T. de, & Joolingen, W. R. van, (1998). Scientific Discovery Learning With Computer Simulations of Conceptual Domains. Review of Educational Research, 68(2), 179-201.

Plinko! The game http://www.skinnypimp.com/plinko.html

Polya, G. (1945). How to solve it. Princeton University Press, Princeton.

Ruthven, K. (1996). Calculators in the Mathematics Curriculum: the Scope of Personal Computational Technology. In A. J. Bishop et al. (Eds.), International Handbook of Mathematics Education (pp. 435-468). Dordrecht, The Netherlands: Kluwer.

Webb, N. M. (1991). Task-related verbal interaction and mathematics learning in small groups. Journal for Research in Mathematics Education 22, 366-389.

50

Watching Video-Recorded Sessions as a Support in the Construction of a Shared "Classroom Culture"

FULVIA FURINGHETTI, Gremg, Dipartimento Di Matematica , Italy, FEDERICA Olivero, University Of Bristol, UK, DOMINGO PAOLA, Liceo Scientifico Issel, Finale Ligure, Gremg, Dipartimento Di Matematica, Italy

Nous considérons dans cette étude les difficultés éprouvées par les élèves au cours des changements des conditions de leur situation d'apprentissage. Il peut s'agir du passage d'un niveau scolaire au suivant, mais aussi du changement d'approche à différents niveaux d'abstraction et de généralisation, comme par exemple dans le cas de l'introduction de la preuve. Nous considérons plus particulièrement deux stratégies qui apparaissent efficaces parmi celles que nous avons envisagées pour surmonter ces difficultés provoquées par ces changements. Il s'agit d'une part de créer des environnements d'apprentissage qui favorisent la continuité sur le plan cognitifet d'autre part de créer une ambiance dans la classe qui repose sur la communication des idées et des expériences. Nous proposons deux moyens pour réaliser ces stratégies: la discussion en classe, au cours de laquelle l'enseignant joue le rôle de modérateuret l'analyse de ces discussions par l'intermédiaire des bandes vidéo. Cette analyse nous semble utile comme moyen de réflexion tant pour les élèves, qui peuvent ainsi considérer leurs metacognitions que pour les enseignants, qui peuvent de leur côté se pencher sur leurs décisionset interventions didactiques.

Introduction

Students usually find the transition between different sectors of education to be very difficult. There are a number of factors related to cognitive and environmental aspects, whatever the subject, which create differences in the learning contexts of these different sectors. The epistemological discontinuity that characterises some specific topics which are taught throughout all the school levels adds to this.

In Italy the transition from compulsory schooling (6-13 years old) to post-compulsory education (14 -18 years old) has always presented problems due to discontinuity. There are two main features. First, the shift from a child-centred didactic focus to a content-centred teaching that is focused on the learning of concepts and their applications. Secondly, the shift of focus from activities based on creativity and freedom of expression (e.g. brainstorming activities) to the assessment of the acquisition of very definite contents.

We believe that a smooth transition from the one sector to the other can be achieved by:

- Paying attention to affective aspects of students' behaviour, even in secondary school.
- Planning learning environments that can support a cognitive continuity so that the epistemological discontinuity of some subjects can be managed without too many problems.
- Providing a "classroom culture" by means of sharing students' experiences and knowledge.

This paper discusses some crucial aspects concerning the second and third point. In particular we intend to investigate two objectives.

First, we present an example of a classroom activity that supports the production and validation of conjectures; it is based on an open geometric problem to be solved by small groups of students in the classroom. This activity relates to the research project we have been working on for some years now, which is aimed at identifying and planning learning environments that can support a kind of cognitive continuity in the transition from argumentation to proof, so making the epistemological discontinuity manageable by students [2, 3, 4]. Our claim is that a cognitive continuity in the transition from argumentation to proof can be constructed through the activity of producing and validating conjectures.

Secondly, we intend to make clear the need for identifying means and techniques that foster the construction of a shared "classroom culture". This should be one of the objectives of any teaching and learning process. Students should always be able to share experiences and knowledge, both when they undertake the passage from one school sector to another, and whilst in the same school sector. As a matter of fact, it often happens that experiences that are relevant for teachers and for some students are not so important for the rest of the class; this situation does not allow the creation of a common classroom experience and culture, upon which knowledge can progress. Therefore, whenever teachers refer to an episode taken from the past life of the class, it is likely not to have the expected and wanted effect, as the students may have forgotten everything about it.

The "Problem By Arsac"

A problem was given to a classroom of 16 years old students in the Liceo Scientifico "Issel" in Finale Ligure (Italy), in which one of the authors is a teacher. This problem is well known and it has been analysed from the didactical point of view by Arsac [1, p.48].

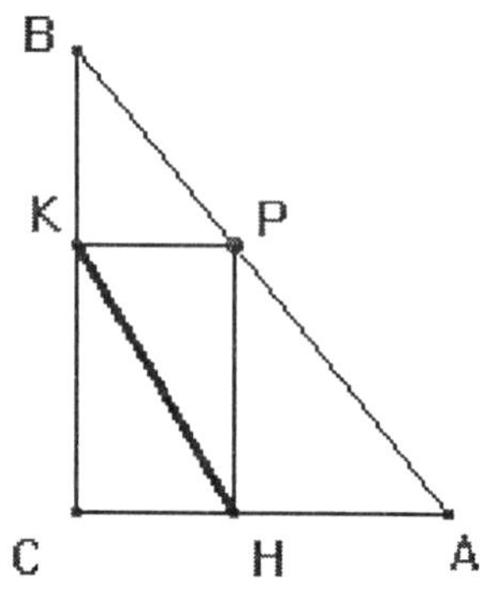

You are given a right-angled triangle ABC, AB being the hypotenuse. Take a point P on AB. Draw the parallel lines to AC and BC through P. Name H and K the points of intersection with AC and BC respectively. For which position of P does the line HK have minimum length?

The problem was chosen because of the variety of solution strategies it offers, allowing students to exploit knowledge and techniques previously acquired (e.g. synthetic and analytic geometry).

The classroom activity was divided in two parts. First, students were divided in groups (three students per group) and were given one hour to try and solve the problem. Then a student from each group presented the group solution in front of the whole class; a classroom discussion orchestrated by the teacher allowed the students to compare all the strategies.

During the first part of the session, the teacher intervened only if students required his/her help, making sure to foster discussion among students and not to close the debate.

The whole session was video-recorded and watched during the following lesson.

The groups were chosen according to the following criteria.

- avoiding the presence of very extrovert and very introvert students in the same group, in order to foster group discussion;
- putting in the same group students who are happy to work together and used to do it, in order to provide a friendly atmosphere;
- providing the same level of students' achievement within a group, in order to avoid very good students providing the solution too quickly and to let everyone take part in the process.

We observed a variety of solution strategies and means of working co-operatively in groups.

In the following section we present a description and analysis of students' group work done by the three authors on the basis of the video and fieldnotes taken during the session.

An Analysis Of Students' Group Work

Group 1: Camillo, Silvia, Ivan.

The three students sit together but work on separate papers. They feel the need of working on their own first, and they communicate only in case they need help. They do not believe in the richness of group work compared to individual work. Regarding the solution to the problem, Camillo, Silvia and Ivan exploit many different strategies. They use ruler and measures; they work a lot with the equivalence of areas. They do not use analytical geometry at all. They are not able to provide a solution by the end of the group session.

Group 2: Marta, Tatiana, Elisa

This group shows a totally different modality of working. Marta, Tatiana and Elisa tackle the problem together. They write on one sheet of paper, they all speak in turns, paying attention to what the others say. This group can be considered a co-operative one [5]: the students are aware of the fact that everyone can and should contribute to the solution of the problem, and that sharing and comparing strategies and ideas is much more productive than working alone.

Elisa, Marta and Tatiana start with considerations in synthetic geometry: Elisa draws the diagonal PC of the rectangle CKPH. However this path is abandoned in favour of other ideas, mainly exploiting analytical geometry. Only at the end, they go back to the initial idea; the solution the group provides consists of realising that HK equals PC, because diagonals of the same rectangle, and using the fact that the distance of a point from a line is the length of the segment joining the point to the line and having minimum length. In this case we might think that such a strong co-operation caused a delay in the final solution, due to the very soon abandonment of Elisa's idea. Perhaps, in a competitive group Elisa would have pursued her strategy and solved the problem more quickly.

Group 3: Mauro, Luca, Claudio

Mauro, Luca and Claudio find co-operation extremely difficult. Luca and Mauro work on their own and come to two different solutions. Eventually, Claudio, who seems to suggest a sort of collaboration, shows the equivalence of the two solutions. This is a typical pseudo-learning group [5]: the students work together but they are not interested in doing it, they are very competitive, they hide useful information and they do not trust their colleagues. Such a group might be of no help at all to students; it could even diminish the potentiality of individuals.

In solving the problem the students begin by considering particular cases and using measures in a dynamic way. Luca uses the ruler and moves it in order to show how the length of the segments varies. Mauro suggests the final solution they come up with. He considers a pencil of circles centred in C and going through P. The circle whose radius is minimum is the circle tangent to the segment AB; therefore HK has minimum length when P is the point of contact (point of tangency) between AB and the circle centred in C. This idea came from applying Pythagoras' theorem to the triangle PHK, in a system of Cartesian axes centred in C, which produced the formula $\sqrt{x^2 + y^2} = d$.

Group 4: Vittorio, Greta, Alessia

This group shows co-operative work. Our observations reveal the great potentialities of the discussion in small groups: for example Alessia uses her hands a lot, in order to tell the others what she is thinking. Individual problem solving wouldn't allow such an activity, therefore many communication and listening strategies, which play an important role in this phase of the solution process, would be lost.

As far as the solution is concerned, the students begin with synthetic geometry first, and then they switch to analytical geometry and explore extreme cases. They perform dynamic explorations, especially Alessia, who moves her hands on the figure in order to show what happens when the point P moves on AB. In our opinion, these dynamic explorations might be favoured by the work in small groups. At the end they provide the same solution as group 2.

Group 5: Claudia, Monica, Michela.

The students seem to co-operate. However a deeper analysis of their work suggests it is a traditional learning group [5], that is, students agree to work together, but they are not organised in the division of tasks; they know they will be assessed as individuals and they are not interested in a learning exchange with their colleagues. Their way of dealing with the problem would probably be the same if they were working on their own.

Claudia, Monica and Michela are not deeply engaged with the new kind of work they are required to do (conjecturing). Their desk is covered with traditional learning tools, e.g. books, notebooks, ruler, compass, calculator. These students seem to rely on these tools in order to find a solution. They spend a lot of time in browsing books in order to find any useful information related to the given task. At some point, Michela says "do you remember that time we studied...", referring to a topic studied the previous year. They do not follow a precise strategy and they can not come up with a final solution by the end of the session.

Watching Video Recorded Sessions in the Classroom: Some Remarks

First of all, we believe that video-recording sessions and therefore analysing a lesson or some parts of it, as we demonstrated in the previous paragraph, can be a powerful instrument: it is a means of metacognitive analysis for both students and teacher; watching the video in the classroom allows a detached and critical analysis of behaviours.

Another important issue concerns the possibility of creating an 'echo' of the most significant voices that emerge during the classroom discussion orchestrated by the teacher. This potentiality of the videos provides the construction of a common classroom experience. When the teacher refers to a situation (teacher's explanation, a student's intervention, an exercise,...) which has been not only experienced, but also watched, analysed and criticised by the students themselves, the impact on students can be very different from reminding them a situation which has to be reconstructed only through memory. In the first case the situation provides a basis for the construction of a shared "classroom culture", on which to build knowledge.

In the classroom activity we described in the paper, two significant episodes in the discussion, were pointed out by the teacher when analysing the video in the classroom with the students: the relationship drawing/figure in geometry and the dialectic synthetic/analytic geometry. During the discussion, one of the students says: "*By using Euclidean geometry we can draw a figure, while using analytic geometry we can determine the position of the point P [...] with analytic geometry we are able to find the exact position of P, while Euclidean geometry would require the use of measures*". Camillo goes on "*Euclidean geometry comes first, then analytic geometry. Analytic geometry wouldn't exists without the Euclidean one, because a triangle can be thought of as a figure, and not as co-ordinates, formula, equations*". The two interventions gave raise to a debate, which continued in the following sessions and is still open. This debate is still alive in students' mind as a research question aimed at defining the terms synthetic/analytic geometry and drawing/figure in geometry precisely.

In our opinion, watching and analysing video-recorded sessions, pointing out the most significant episodes, contributes to keep alive that sort of mathematical debate, which plays a fundamental role in the mathematics class.

References

[1] Arsac, G., Germain, G. & Mante, M.: 1988, *Problème ouvert et situation – problème*, IREM, Villeurbanne.

[2] Arzarello, F., Micheletti, C., Olivero, F., Paola, D. & Robutti, O.: 1998, A model for analysing the transition to formal proofs in geometry, *Proceedings of PME XXII*, v.2, 24 – 32.

[3] Arzarello, F., Gallino, G., Micheletti, C., Olivero, F., Paola, D. & Robutti, O.: 1998, Dragging in Cabri and modalities of transition from conjectures to proofs in geometry, *Proceedings of PME XXII*. v. 2, 32 – 40.

[4] Bartolini Bussi, M., Boero, P., Ferri, F., Garuti, R. & Mariotti, M.A.: 1997, Approaching geometry theorems in contexts: from history and epistemology to cognition, *Proceedings of PMEXXI*, v.1, 180-195.

[5] Johnson, D.W., Johnson, R.T & Holubec, E.J.: 1994, *The nuts and bolts of cooperative learning*, Interaction Book Company.

Forum of Ideas
Foire aux Idées

51

Transitions Between Different Contexts of Mathematical Practice

GUIDA DE ABREU, University of Luton, UK, ALAN BISHOP, University of Monash, Australia, NORMA PRESMEG, Florida State University, USA

The topic of this special session is related to the main theme of the conference and is indeed linked to several sub-themes. It links with sub-theme 4 in the sense that it addresses how individuals experience transitions between "mathematics cultures" specific to school and non-school practices. It also relates closely to sub-theme 3 in the sense that the various projects attempt to understand the impact of social and cultural diversity in the learning and uses of mathematical knowledge.

Le propos de cette session spéciale se rapporte directement au thème principal de la conférence mais concerne plus particulièrement les aspects de certains sous-thèmes. Les présentations sont liées au sous-thème 4 dans la mesure où nous examinons comment les individus vivent des 'transitions' entre les 'cultures mathématiques' très spécifiques des pratiques dans et en dehors de l'école. Les présentations sont liées au sous-thème 3, puisque les projects présentés ont pour but de mieux comprendre l'influence de la diversité sociale et culturelle sur l'apprentissage et l'utilisation de savoirs mathématiques.

Introduction: The possibilities and limitations of researching transitions in mathematics education

In the last decades educational, psychological, sociological, and anthropological research have raised awareness of the complexity of the process of learning and using mathematics in specific socio-cultural practices. Recent studies have:

- documented the wealth of mathematical knowledge accumulated over history by specific cultural groups;
- identified relationships between logical and social organisation of specific

mathematical tools and the individuals′ thinking processes;

- given some indication of the relationships between the ways knowledge is valued and the mechanisms which can lead to social inclusion or exclusion; and
- developed theories of mathematical learning in socio-cultural contexts.

To achieve such a state of knowledge researchers had to be selective and sometimes have carried out studies in isolated practices. Some relevant examples here are the studies on "everyday cognition" focused on out-of-school practices, such as tailoring, farming, cooking, street vending, etc., conducted by both anthropologists and psychologists.

Focusing on individuals already engaged in a particular socio-cultural practice, was very important to produce evidence of the existence of legitimate forms of mathematical knowledge, other than school knowledge. However, individuals and societies are not static, but are very dynamic entities. It is our belief that the aspects of change both ontogenetically (individual development) and sociogenetically (social group development) are not properly accounted for either by situated cognition theories or by ethnomathematical theories (Abreu, 1998, Bishop, 1994, Presmeg, 1998). To capture this dynamic aspect, of societies continually in the process of change, and of individuals who might behave in situated ways, but who certainly move across different social contexts, it is necessary to focus on analyses of how individuals and/or social groups experience their participation in more than one socio-cultural practice. This is the main focus of this special session, which will consist of: (1) A brief introduction of alternative theoretical ways of exploring transitions in mathematics learning; (2) Examples of empirical issues based on three distinct research projects, which are summarized below; (3) An interactive group discussion with the audience.

References

Abreu, G. de (1998). Reflecting on mathematics in and out of school from a cultural psychology perspective. In A. Olivier & K.Newstead (Eds.), *Proceedings of the 22nd conference of the International Group for the Psychology of Mathematics*

Bishop, A.J. (1994). Cultural conflicts in mathematics education: developing a research agenda. *For the learning of mathematics. 14,2,15-18.*

Presmeg, N. C. (1998). A semiotic analysis of students' own cultural mathematics. In A. Olivier & K.Newstead (Eds.), *Proceedings of the 22nd conference of the International Group for the Psychology of Mathematics Education, Vol 1* (pp. 136-151). Stellenbosch, RSA : University of Stellenbosch.

Project 1: A collaborative research project within a complex socio-cultural context: difficulties and challenges

NURIA GORGORIO, NURIA PLANAS AND XAVIER VILELLA,
Universitat Autonoma de Barcelona, Spain

A project was commissioned by the Ministry of Education in Catalonia in northern Spain, concerned with mathematics teaching in schools with large numbers of immigrant students. Our contribution will describe the goals of the project and will focus on the political and socio-cultural aspects of developing such a project, especially the difficulties and challenges the collaborative team has had to face.

This project began in 1997 and is concerned with finding more appropriate ways to teach mathematics to immigrant students both in primary and secondary schools. Regarding the social context of the project, one has first to take into account the immigrant and educational legislation.

Regarding the legal situation for immigration into Spain since the beginning of the present decade, the changes in the laws and their consequent application no longer create the illusion that our society is a tolerant one. Instead it is one where the individuals concerned feel that their integrity or their status is at risk. In particular, as a result of the situation, many of the schools that initially did good work with culturally diverse populations of students have become 'ghetto' schools. In a context where the immigrant population feels the need to protect their rights and identities, and therefore focus in on themselves, they in fact become a closed society. In addition, the characteristics of that population's children affect the possibilities of undertaking the study, its goals, methodology, and obviously its results. Besides that, the people of the local communities, parents, teachers, principals or educational administration, also create constraints to its development.

At the end of the 1980s, both state and regional governments with educational power in Spain (as in the case of Catalonia) promoted a broad reform of the educational system. As a result of that reform we can claim that, since then, education to age 16 has been regarded as a right accessible to most children. However, the difficulties that many teachers encounter today, especially in facing mixed abilities and multilingual groups, are far beyond their initial expectations. Moreover, although the changes suggested in the official documents are meaningful, old beliefs have not yet been abandoned by most of the educational community, including the administration.

Having received the request to address an issue which is mainly connected with schools, the director of the project, as a researcher and university lecturer, argued for the necessity of having a team which included different members of the educational community, to work in the project. The result of this negotiation resulted in a collaborative team, whose other members are two secondary teachers and one primary teacher, all working in multi-ethnic schools, and a psychologist.

The reasons that lead to the decision to work with a team that included in-service teachers were several. First of all, we are convinced that those who know best the needs of the schools, and therefore, who could help best to establish the goals of the project, are teachers. Besides that, the need to contact other teachers, the better knowledge of the context and the possibilities for change, together with the value of having explanations from a knowledge domain that is distinct from, and complementary to, that of isolated researchers from university, led to the conclusion that it was necessary to work with teachers as a researchers.

However, we have to face the reality that working for and within the educational administration also creates some difficulties. In particular, we have found that it is impossible:

- to change any aspects of the intended curriculum;

- to allow teachers to teach in any other language different from Catalan, the official language;
- to involve adults from the different communities in the actual teaching to help overcoming linguistic barriers; or
- to obtain any significant information about the previous school history of the immigrant children.

However, the most significant difficulty we have had to face is the impossibility of having other teachers released to collaborate in the work of the project. Moreover, the involvement of the teachers in the team as researchers creates other difficulties. From the point of view of validity it makes it difficult to create sufficient distance between the research and the practice, which in particular creates conflicts of interest between the teachers' responsibility to the students or to the research. Besides that, there is a practical matter, namely the difficulty of finding enough time to teach and to do research, being two very different jobs.

As a result of the complexity of the socio-cultural context where the research takes place and, in particular, because of the roles and responsibilities of the educational administration, the characteristics of schools that receive immigrant students, and the fact of working collaboratively, we have had to face some real and immediate challenges:

- to achieve a full acceptance of the project by the educational politicians;
- encouraging the involvement of school principals and inspectors who see it as a threat to the well-established tradition;
- seeking support from groups of teachers within schools and overcoming teacher-researcher conflicts;
- gaining the trust of students, and establishing the credibility of the research team with immigrant parents and with significant members of the different communities;
- overcoming practical matters for gathering and interpreting information, especially language barriers.

References

Gorgorio, N. (1998, Sept). Starting a research project with immigrant students: constraints, possibilites, observations and challenges. *First International Conference: Mathematics Education and Society,* MEAS 1, Nottingham.

Gorgorio, N., Planas, N. Vilella, X. & Fontdevilla (1998, Sept). Multiculturalidad y matematicas. *First International Conference on Ethnomathematics. ISGEm*, Granada.

Planas, N., Vilella, X., Gorgorió, N., (1999): 'Fiayaz en clase de matemáticas: ambiente de resolución de problemas en un aula multicultural' in *SUMA* 30, Feb. 1999, pp. 65--75.

Planas, N., Vilella, X., Gorgorió, N., (1999): '¿Dónde hay Matemáticas?' in *Cuadernos de Pedagogía* 281, Jun. 1999, pp. 25--29.

Planas, N., Vilella, X., Gorgorió, N., (1999): 'El cálculo en contexto: aportaciones de alumnos de distintos entornos culturales' en *UNO*, Oct. 1999.

Project 2: Linking Home and School Mathematics

MARTA CIVIL, University of Arizona, USA

In this talk I will present a research project that has as an overarching goal the development of teaching innovations to help students (most of whom are Mexican American and working class) advance in their learning of school mathematics by building on their knowledge of and experiences with everyday mathematics. A key focus for us is the development of learning environments that allow students to participate in activities that are meaningful to them and that at the same time allow them to advance in their learning of academic mathematics (van Oers, 1996). Our work is framed by a sociocultural approach to the education of minority students (Moll, 1992). In this approach, we attempt to uncover and build on these children's and their families' resources and experiences.

Our research project has four main components: 1) Ethnographic household visits to learn about the social and cultural contexts of the students; 2) Study group meetings in which school teacher/researchers and university researchers work together on the development of such teaching innovations; 3) The classroom implementation in which actual curriculum units have been tried out; 4) Mathematical workshops for parents as one more step towards linking in-school and out-of-school mathematics through the establishment of an authentic two-way dialogue. The presentation will illustrate the different components of our project while concentrating on raising questions that attempt to engage in a self-critical appraisal of our work (Apple, 1995). In particular, I will focus on the Study Group meetings as an arena for the transformation of knowledge as well as for discussion of our own values and beliefs about different forms of mathematics (Abreu, 1995; Abreu, Bishop, & Pompeu, 1997; Bishop, 1991) and about the education of minority children.

References

Abreu, G. de (1995). Understanding how children experience the relationship between home and school mathematics. *Mind, Culture, and Activity*, 2, 119-142.

Abreu, G. de, Bishop, A., & Pompeu, G. (1997). What children and teachers count as mathematics. In T. Nunes & P. Bryant (Eds.), *Learning and teaching mathematics: An international perspective* (pp. 233-264). Hove, East Sussex: Psychology Press (Taylor and Francis group).

Apple, M. (1995). Taking power seriously: New directions in equity in mathematics education and beyond. In W. G. Secada, E. Fennema, & L. B. Adajian (Eds.), *New directions for equity in mathematics education* (pp. 329-348). New York: Cambridge.

Ayers, M., Civil, M., Fonseca, J.D., & Kahn, L. (1998). Connecting students' everyday mathematics and school mathematics. In S. Berenson, K. Dawkins et al. (Eds), *Proceedings of the Twentieth Annual Meeting of the North American Chapter of the International Group for the Psychology of Mathematics Education* (Vol.2, 533-540). Columbus, OH: ERIC Clearinghouse.

Bishop, A. (1991). Mathematical values in the teaching process. In A. Bishop, S. Mellin-Olsen, & J. van Dormolen (Eds.), *Mathematical knowledge: Its growth through teaching* (pp. 195-214). Boston: Kluwer.

Civil, M. (1998). Linking students' own cultural mathematics and academic mathematics. In A. Olivier & K. Newstead (Eds.), *Proceedings of the Twenty Second Annual Conference of the International Group for the Psychology of Mathematics Education,* (Vol. 1, 52-59) Stellenbosch, SA: University of Stellenbosch.

Civil, M. (1998). *Bridging In-School Mathematics and Out-of-School Mathematics.* Paper presented at the Annual Meeting of the American Educational Research Association, San

Diego, CA, April, 1998. ERIC # ED 425 066.

Civil, M. (1998b). Parents as resources for mathematical instruction. In M.v. Groenestijn & D. Coben (Eds.), *Mathematics as part of Lifelong Learning: Proceedings of the Fifth International Conference of Adults Learning Maths-a Reseach Forum* (pp.216-222). London, UK: Goldsmiths College.

Moll, L. (1992). *Bilingual classroom studies and community analysis. Educational Researcher,* 21 (2), 20-24.

van Oers, B. (1996). Learning mathematics as a meaningful activity. In L. Steffe and P. Nesher (Eds.), *Theories of mathematical learning* (pp. 91-113). Mahwah, NJ: Lawrence Erlbaum.

Project 3: Thinking about mathematical learning with Cabo Verde *'ardinas'*

MADALENA SANTOS & JOÃO FILIPE MATOS, Centro de Investigação em Educação, da Faculdade de Ciencias da Universidade de Lisboa, Portugal

This presentation focuses on a first stage of a project[1] which explores the ways children experience the transition between school mathematics practice and a selling practice - namely, of Cabo Verde children selling newspapers. From the theoretical framework of the project (Santos & Matos, 1998a; Santos & Matos, 1998b) we can highlight two ideas connected with the issues discussed in this chapter: (i) "learning as increasing participation in communities of practice" (Lave & Wenger, 1991, pg. 49), and (ii) "if we treat thinking as internal conversation, then thinking must be constructed out of past, anticipated, and hypothetical conversations. In other words what we think is connected to our social networks" (Restivo, 1998, pg.11). In the city of Praia, Cabo Verde, the national newspaper *A Semana* is sold only on the street once a week and only by young boys (12 to 20 years old). Every Friday, at the newspaper office, the newspapers are delivered to an adult (Egídio) who is responsible for the administration of the selling process. Egídio gives a number of newspapers to each one of the 19 *ardinas* (from 50 to 150 exemplars each). Immediately after that the *ardinas* rush to their selling places in the city and try to sell the newspaper as fast as possible during that day. They sell the newspaper at places chosen by themselves according to the rhythm of selling. The newspaper costs 100 escudos (fixed by the newspaper office) and the *ardinas* should pay (to Egídio at the end of the day) 87.5 escudos for each newspaper sold. Some of them began to sell one month before the observation and others were selling for four years. Most of them sell newspapers in order to help their families. The level of schooling of these boys goes from 2nd grade to 9th grade. At the end of the observation process, only three of the 19 *ardinas* were studying at the local school as five of them dropped out the school year before and the others had left it several years ago.

The *ardinas* come from two places: Praia, the capital of Cabo Verde (from a poor and problematic area) and S. Martinho (a rural small village near Praia). Egídio is the one who invites or accepts boys for selling newspapers. There is a history of these groups, there is an on-going learning process and each boy comes with initial expectations and feelings about what they will find in this practice. Some contingencies that shape this practice are strongly connected with the cultural and social aspects of life in Praia. For instance, on the cultural side we can see such aspects as: language (there is a natural language different from the official one), values (their respect for the elderly and sense of community support), their particular sense of "living" (the wish for enjoyment is stronger then the "economic" desire). On the social side, other issues show their importance, such as: the problems of this particular country (10 islands where the newspaper should arrive also that day), the problems of this particular city (its physical and political organization, the difficulties with the distribution of electricity), the *ardinas* background (2 groups from different places with different expectations from each other), the *ardinas*' status (from their own point of view and from the newspaper's perspective).

In this presentation we will (1) discuss how the above socio-cultural context contributes to the emergence of mathematical strategies required in order to become a "good ardina"; (2) argue that an understanding of why "all ardinas are competent in selling even if not all of them are competent in school mathematics" needs to take into account differences related to the "discursive opportunities" in each respective practice.

Note

The Project Named "Cultura, Matemática e Cognição: Pensar a Aprendizagem em Portugal e Cabo Verde" Has the support of Fundação Ciência e Tecnologia, Grant

#Pchs/148/96.

References

Lave, J., & Wenger, E. (1991). Situated learning: legitimate peripheral participation. Cambridge, USA: Cambridge University Press.

Restivo, S. (1998). Mathematics; mind and society: an anarchist theory of inquiry and education. Personal communication, 1st Conference on Mathematics, Education and Society, Nottingham 98.

Santos, M & Matos, J. F.(1998a).Mathematical practice out of school: how does it help to understand school mathematics learning?. In Alwyn Olivier & Karen Newstead (ed.). Proceedings of the 22nd Meeting of the International Group for the Psychology of Mathematics Education, vol4, 300.

Santos, M. & Matos, J. F.(1998b). Learning about mathematics learning with Ardinas at Cabo Verde. In Peter Gates (ed.). Proceedings of the First International Mathematics Education and Society Conference, 306-308.

52

Teaching Mathematics in a Diverse Society

MIRIAM AMIT, Ben-Gurion University of the Negev, Israel

Une large réforme de l'enseignement des Mathématiques centrée sur le thème des 'Mathématiques pour tous' est en cours Israël ces dernières années. Deux secteurs - en dehors de la minorité chrétienne - dominent dans la société israélienne trés diversifiée: 81% de juifs hébraisants d'origines et de cultures différentes et 17% d'arabisants, musulmans pour la plupart.
Les enseignants disposent d'un programme national, valable pour tous les élèves. Nous constatons pourtant des différences notables de performances en mathématiques entre les élèves des deux groupes et à l'intérieur de ces groupes dans le primaire et le secondaire ainsi qu'au cours des études universitaires.
Le programme national a été adapté et assoupli au niveau de ses aspects culturels et structurels, afin de permettre aux enseignants de mieux répondre aux besoins du plus grand nombre d'élèves. L'adaptation culturelle consiste à faire en sorte qu' un grand nombre d'élèves s'intéressent aux mathématiques. Les exemples de l'article montrent que nous intégrons dans ce but dans le programme de mathématiques des sujets liés à la Bible pour la populationjuive et liés au Coran pour la population arabe. L'adaptation structuelle consiste à moduler le programme d'études ainsi que l'évaluation des apprentissages. Nous montrons par nos exemples que cette cette adaptation permet aux élèves d'étudier au niveau et au rythme qui leur convient le mieux et qu'elle favorise l'acquisition de connaissances mathématiques de haute qualité qui sont cruciales pour leur vie future d'adulte. C'est dans cette adaptation culturelle et structurelle du programme que réside selon nous le potentiel de réponses aux questions que soulève la variété des tendances, centres d'intérêt et capacités des éléves d'une société diversifiée comme celle que nous connaissons dans notre pays.

In recent years there has been a vast reform in the Israeli mathematics education which has focused on the theme of "Mathematics for all". Yet, despite the exsistence of a national curriculum, performance in mathematics at every level still shows significant differences between the Jewish and the Arab populations and within each population. In response to this, a curriculum has been developed for the above sectors and adjusted with regard to structure and cultural considerations. The cultural adjustment involves integrating subjects from the Bible and Koran into the curriculum. This structural adjustment involves developing a progressive model of the curriculum and evaluation system, whereby students, according to their specific ability, can learn mathematics both essential to their adult life and of a high quality.

Background on Israel and its educational system

A call for 'Mathematics and science for all' was the key note of a report by a national committee appointed by the Israeli Minister of Education to examine the state of scientific and technological education in Israel (Tomorrow 98, 1992).

As a result of the report a large reform has taken place during the last 5 years in Israel. New curricula for learning and assessing mathematics were developed and adjusted to the diversity of the Israeli population.

Israel is home to a population of 5.7 million people, from diverse ethnic, religious, cultural, and social backgrounds. 81% of the population is Jewish, 17% is Arab (mostly Muslim), and the remaining 2% comprises Druze, Circastian, and other small communities. Out of the Jewish population, 25% are Israeli origins, 16% from Asian origins, 18% African origins and 41% European-American origins. During the last 10 years, Israel absorbed about 800,000 new immigrants, mainly from former USSR and from Ethiopia. The diversity of the Israeli population is reflected in the educational systems. The number of students in the whole K-12 is about 1.8 million, and consists of two parallel sectors: Hebrew language sector and Arab language sector. The ministry of education provides the teachers with a national curriculum, which is aimed at helping teachers to shape their teaching. The curriculum taught in the two sectors is identical, with necessary changes to accommodate the different language and culture of these populations.

A national assessment takes place at the end of high school, when students have the option of taking the National Matriculation Examination ('Bagrut'), which is mainly used as a school graduation certificate and for university admission. Success in the Mathematics 'Bagrut' examination is a pre-requisite in all universities.

Although both sectors share the same curriculum, teacher training and source materials, there is still a large gap between the Arab language sector and the Hebrew one regarding achievements and participation in mathematics courses, both in school and in university. In addition to the cultural gap between the two sectors, there is also large diversity within each sector, based on personal ability, socio-economic background and family origins. Below we shall describe how we adjusted mathematics teaching to match with the diversity of the student population.

Cultural considerations in mathematics teaching

Integrating children's everyday life experiences and cultural background in mathematics curriculum has the potential to reduce math anxiety and to motivate learning, and is, accordingly, highly recommended in the NCTM standards (1989). In Israel this recommendation was implemented in the school curriculum by taking advantage of the important place studies from the Bible and Koran have in the educational and cultural worlds of the Jewish and, Muslim populations, respectively. For example, Rules of inheritance from the Koran[1] have much to do with rational numbers. These rules of inheritance give rise to discussion and exercise concerning ratios and proportions in a context that is familiar to many Arab students:

"...Allah has thus enjoined you concerning your children: A male shall inherit twice as much as a female. If there be more than two girls, they shall have two-thirds of the inheritance; but if there be one only, she shall inherit the half. Parents shall inherit a sixth each, if the deceased have a child; but if he leave no children and his parents be his heirs, his mother shall have a third. If he have two brothers, his mother shall have a sixth after payment of his debts and any legacies he may have bequeathed. You may wonder whether your parents or your children are more beneficial to you. But this is the law of Allah. He is the wise and all-knowing (*Women: 11,12*).

You shall inherit the half of your wives' estates if they die childless. If they leave children, a quarter of their estates shall be yours after payment of their debts and any legacies they may have bequeathed.

Your wives shall inherit one quarter of your estates if you die childless. If you leave children, they shall inherit one-eighth, after payment of your debts and any legacies you may have bequeathed. If a man or a woman leave neither children nor parents and have a brother or a sister, they shall each inherit one-sixth. If there be more, they shall equally share the third of the estate, after payment of debts and any legacies that may have been bequeathed, without prejudice to the rights of the heirs. That is a commandment from Allah. He is gracious and all-knowing".

Teachers might ask questions such as the following:

1. A father dies and leaves 10,000 Dinars. He had a wife, two sons and one daughter. How much will each receive?
2. Assume there is a debt of 200 Dinars - how much will each of them inherit?

Or:

3. Describe in mathematical terms: the cases in which parents receive an inheritance from the deceased?
4. How much will the deceased's mother and father get in each case? Give your own examples.

The emphasis in this chapter on ratio and proportion allows for a classroom discussion having a genuine mathematical and social content.

For the Hebrew language speakers, the Bible is a vast resource for mathematical events. One example has to do with the priests in the Temple who take $\frac{1}{10}$ of the harvest of the rich and $\frac{1}{60}$ of the poor. Another story of the flood and Noah. Issues, like conversion of units, estimation and measurement, rate of change (of the altitude of water) emerges from the chapter, as following:

From the Story of the Flood[2]:

"And this is how thou shall make [the ark]: the length of the ark three hundreds cubits, the breadth of it fifty cubits, and the height of if thirty cubits..." (Genesis, 6:15).

"Fifteen cubits upward did the waters prevail; and the mountains were covered" (Genesis, 7:20).

Estimation of π has the ratio of the circumference to the diameter of a circle, as 3:1: "And he made the molten sea of ten cubits from brim to brim, round his compass, and the height thereof was five cubits": and "a line of thirty cubits did compass it round about" (First Kings, 7:23).

Teachers using the cultural approach report that students respond enthusiastically to the integration of these Bible and Koran stories into their mathematics lessons. However, the influence of this approach on achievement and later participation in advanced mathematics courses has yet to be rigorously evaluated.

Structural Aspects in the Education System:

With the aim of addressing the diversity of students, a structured "Modular System" (see diagram A) based on three levels of curriculum was developed. Each level is embodied in the next level. Three levels of the final examination, the 'Bagrut' tests (Amit & Koren, 1993, 1994) were developed to match the three levels of curriculum. The curriculum was designed so students could gain access to important mathematics in each level.

Learning important mathematics means that all students of all levels will be able to:

- *deal with quantities and the relations between them;*
- *use a variety of methods to represent quantities and relations;*
- *develop and use mathematical models that describe the world;*
- *mathematize complex situations;*
- *Manipulate with mathematical symbols and figures in order to simplify those situations.*
- *understand the notion of change – rate of change, marginal value, accumulating processes and optimizations;*
- *collect and interpret data;*
- *make logical inferences and justify them.*

Modular structure of the Bagrut Examination

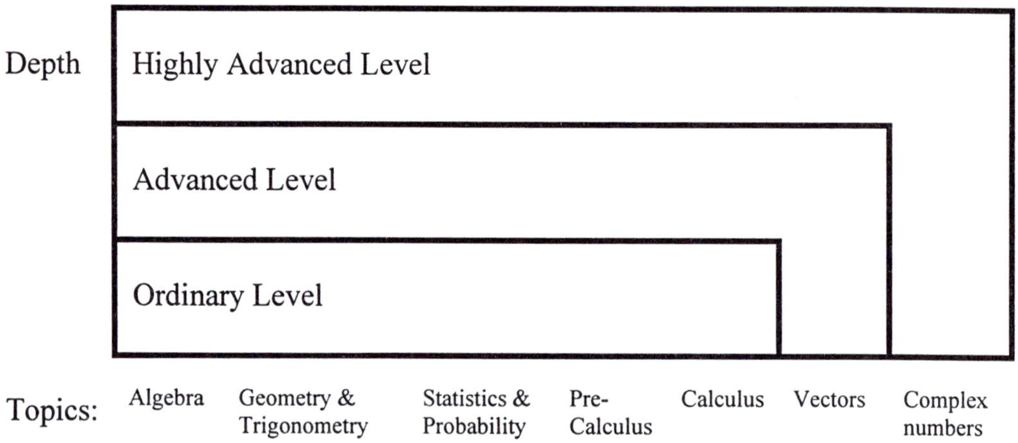

Diagram A

In all levels students solve complicated problems (including real life problems), optimize situations using differential calculus or linear programming and accumulate areas with integral calculus. The student can choose the level of learning and examination that is most suited for him or her, according to personal preferences, abilities and interests.

In order to help teachers handle the diversity of students' abilities and cultures, special materials were developed and distributed all over the country (Harcavi, Hadas & Dreyfus, 1995) and special teachers' education programs were conducted.

Although the modular structure allows students to "surf" from one module to another in search of the level most suited to them, there are still students for whom even the ordinary level is quite difficult. For these, we have developed an alternative curriculum containing mathematics that will be useful and meaningful in their adult life. This curriculum includes information given in newspapers; finding and understanding measures of centrality, making inferences and developing critical thinking, calculating probability and chance and making predictions based on these calculations, solving word problems that deal with discounts, interest, etc. Special materials were developed for teachers and students. These materials, called "Mass-Mathics" (Movshovits-Hadar N., 1996), are accompanied by appropriate teacher education all over the country.

Conclusion

To create equal opportunity in a diverse society, one must adopt diverse approaches in curriculum design, assessment and teacher training - and adjust the flexible educational system as described in this paper.

Notes

1 From *The Koran*, N.J.Dawood trans., Harmondsworth, Middlesex: Penguin Books, Ltd., 1959, pp. 355-356.

2 Originally, one *cubit* was the length from the elbow to the end of the middle finger. Standard lengths vary, from the *Egyptian cubit* - about 63 cm, to the *Roman* cubit - about 44 cm.

Bibliography

Amit, M. and Koren, M., 1993, *Mathematics Curriculum for 4 and 5 units*, Ministry of Education, Culture and Sports,

Amit, M. and Koren, M., 1994, *Integrated Curriculum in Mathematics: 3 units*, Ministry of Education, Culture and Sports,

Amit, M. and Koren, M., 1995, *Modular Structure in Mathematics: 1 and 2 units,* Ministry of Education, Culture and Sports, Jerusalem, Israel,

Hrcavi, A., Hadas, N. & Dreyfus, T., 1995,Engineering Curriculum Tasks on the Basis of Theoretical and Empirical Findings, *Proceedings of the 18th PME Conference, Vol. II (pp. 280-287)*, Lisbon, Portugal,

Movshovits-Hadar, N., 1996, Project *Mass-Mathics*, Technion - Israel Institute of Technology, Department of Education in Science and Technology, Haifa, Israel,

National Council of Teachers of Mathematics, 1989, *Curriculum and Evaluation Standards*, Reston, Virginia.

Tomorrow 98, 1992 *Report of the Superior Committee of Science, Mathematics and Technology Education in Israel*, Ministry of Education, Culture and Sports, Jerusalem.

53

Is it Possible to use Cultural Heritage to Change Attitudes about Mathematics and its Teaching?

Exemplifications from an activity in primary schools

MILENA BASSO, Scuola Elementare di Trebaseleghe, CINZIA BONOTTO, Università di Padova, Italy

Les études expérimentales dont nous donnons quelques exemples ont été effectuées pour mieux accorder les expériences culturelles à l'intérieur de l'école aux expériences en dehors de l'école, en tenantcompte des faits culturels relevants. Nous pensons que les enseignants peuvent et doivent, au moins partiellement, recréer par les activités en classe les conditions qui peuvent rendre les apprentissages extra-scolaires plus efficaces. Les apprentissages résultent selon nous d'un processus qui engage les élèves à construire leurs connaissances et leur savoir faire mathématiques par les activités en classes. Ce processus peut inciter les élèves (et les enseignants) à développer une attitude positive à l'égard des mathématiques qui favorise aussi les apprentissages extra-scolaires.

Many studies have pointed out that the local strategies developed in practice are more effective than the arithmetic algorithms, which are usually taught in school to give students powerful general procedures that, in fact, are frequently useless in out-of-school contexts [Schliemann, 1995]. [Related research: Nunes, Schliemann, & Carraher 1993; Saxe, 1991, on street vendors' mathematics; Bishop & Abreu, 1991.]

Having recognized a gap of competence between the mathematics individuals develop in out-of-school contexts and the mathematical reasoning which is usually performed in classroom, we propose to introduce in the school contexts, at least partially, the conditions that often make the out of school learning more effective[1]. We find a significant convergence with the ethnomathematical perspective about this point [D'Ambrosio, 1995].

In this presentation we discuss some of the classroom proposals devised to connect children's out-of-school cultural experiences with classroom activities, as suggested for example by D'Ambrosio, 1985, and Greer, 1997 "*In line with the principles laid down in many recent reform documents, we advocate that doing mathematics should be relatable to the experiental worlds of the pupils, and consistent with a sense-making disposition*". These experiences require an extensive use of culturally significant artifacts (see Saxe 1991).

In this perspective, learning can be intended as a process of mathematical knowledge construction, by engaging the children in classroom activities that require an extensive use of culturally significant artifacts in order to encourage them to develop a positive attitude towards school mathematics, and some modifications are introduced in order to enable the children to extend, reflect, generalize, apply their knowledge.

Cultural artifacts embodies the intellectual history of a culture and also incorporates many theories the users accept, albeit unconsciously. Their use mediates the intellectual activities, and at the same time enables and constrains human thinking. Through these subtle processes social history is brought into any individual act of cognition [Cole, 1985]. Thus learning mathematics is not excluded. There is a great deal of mathematics embedded in every day life. Effective learning situations in classrooms can be carried out by encouraging the children to analyze some 'mathematical facts' that are embedded in some cultural artifacts. Children can be supported in grafting the mathematics they are learning on their everyday experience, and - conversely - to bring their previous knowledge up to higher levels of understanding.

The cultural artifacts we have introduced in classroom activities are: bottle and can labels, railway schedules, a ski-race time table, the weather forecast presented in a newspaper, and others.[2] They offered the children the opportunity of making connections between the mathematics utilized in the real world situations and the mathematics which is the target of classroom education. They stir up curiosity, attention, a positive attitude, even an emotional involvement towards mathematics. This enables children to keep their reasoning processes meaningful and to monitor their inferences. As a consequence, they can 'off-load' their cognitive space and free cognitive resources to develop more knowledge (Arcavi, 1994).

Mathematics was introduced in the context of activities which could promote the movement from situations in which it is usually utilized to the underlying mathematical structure, and back, from the mathematical concepts to the real world situations, according to the 'horizontal mathematization' approach proposed by the Freudenthal Institute Research Group. The double nature of these artifacts, that of belonging to the world of everyday life and to the world of symbols, to use Freudenthal's apt expression, makes it possible. A different use of the artifacts supported the opportunity to do 'vertical mathematization', from concepts to concepts. This manifested itself when symbols, embedded mathematical facts, become objects to be put in relationship, modified, manipulated, reflected upon by the children through noticing properties conjecturing, problem solving. In this way the artifacts become more explicitly tools of mediation and integration between out-of-school and classroom knowledge, between experiences within schools and external experiences, and, if correctly used, can create new mathematical goals, thus becoming real *mathematizing tools*.[3] In this new role, the cultural artifact can be used to introduce new mathematical knowledge through those special learning processes that Freudenthal defines '*anticipatory learning*' or '*learning by advance organizers*'.[4]

We analyze some of our experiences accompanied by the artifacts used and part of the given tasks. They have been carried out in fourth and fifth classes of a primary school institute (Trebaseleghe, PD), by the author of this paper, as on-site person in charge of updating, in the presence of the official teacher of logic-mathematical area. These experiences have led to situations that are typical examples of both horizontal and vertical mathematization.

We will also analyse some protocols and some types of reasoning concerned with strategies used. Furthermore children are asked to select other cultural artifacts from their everyday experiences, to point out the embedded mathematical facts, to look for analogies and differences (for example, different number representations), and to generate problems (for example, discovering relationships between quantities). In contrast with the traditional classroom curriculum, children are offered endless opportunities to become acquainted with mathematics. This is a motivating starting point for the development of the ability of reality mathematization, and for a change of attitude towards mathematics on the part of both students and teachers.

Notes

1 Our studies on problems related to teaching-learning of decimal numbers in primary and secondary schools enabled us to note that the usual school practice is different to the rich experience students attain about numbers out of and before primary school (see Bonotto, 1993, and Bonotto, 1996).

2 For an extended version see Bonotto, 1999.

3 As to the analysis of the triple role of the ticket, *as cultural artifact, as mental organiser and as mathematizing tool,* see Basso & Bonotto, 1996.

4 Freudenthal defines this type of learning "*prospective*" as counterpart of that he defines "*retrospective*" learning, that occurs when old notions are recalled to be considered at a higher level and within a broader context, typical process of adult mathematicians. And he states "*prospective learning should not only be allowed but also stimulated, just as the retrospective learning should not only be organized by teaching but also activated as a learning habit*".

References

Arcavi, A.: 1994 'Symbol sense: Informal sense-making in formal mathematics', *For the Learning of mathematics*, **14** (3), 24-35.

Basso, M. & Bonotto, C.: 1996 'Une expérience didactique d'intégration entre réalité intuitions des enfants et concepts mathématiques sur l'introduction de l'idée de proportionnalité et de la structure multiplicative entre nombres décimaux', in C. Keitel (ed), Atti CIEAEM 47, Berlino, 414-417.

Bishop, A. & de Abreu, G.: 1991 'Children's use of outside-school knowledge to solve mathematics problem in-school', *Proceedings of the Fifteenth International Conference for the Psycology of Mathematics Education*, 1, Assisi, 128-135.

Bonotto, C.: 1993 'Origini concettuali di errori che si riscontrano nel confrontare numeri decimali e frazioni', *L'ins. della matematica e delle scienze integrate*, 16 (1), 9-45.

Bonotto, C.: 1996 'Sul modo di affrontare i numeri decimali nella scuola dell'obbligo', *L'insegnamento della matematica e delle scienze integrate,* 19A (2), 107-132.

Bonotto, C.: 1999 'Sull'uso di artefatti culturali nell'insegnamento/apprendimento della matematica", *L'Educazione Matematica,* Anno XX, Serie VI, 1 (2), 62-95.

Cole, M.:1985 'The zone of proximal development: where culture and cognition create each other', in *Culture, Communication and Cognition: Vygotskian Perspectives* (Wertsch, J.V. ed), Cambridge University Pres, New York.

D'Ambrosio, U.: 1985 'Ethnomathematics and its Place in the History and Pedagogy of Mathematics, For the Learning of Mathematics, 5 (1), 44-48.

D'Ambrosio, U.: 1995 'Multiculturalism and mathematics education', *International Journal of Mathematics for Education, Science and Technology*, 26 (3), 337-346.

Freudenthal, H.: 1991 *Revisiting Mathematics Education. China Lectures*, Kluwer, Dordrecht.

Greer, B.: 1997 'Modelling reality in mathematics classrooms: The case of word problems', *Learning and Instruction*, 7, 293-307.

Nunes T., Schielmann D. & Carraher D. W.: 1994 *Street mathematics and school mathematics*, Cambridge, MA, Cambridge University Press.

Saxe, B. G.: 1991 *Culture and Cognitive Development. Studies in Mathematical Understanding*, Hillsdale, NJ: Lawrence Erlbaum Associates, Inc.

Schliemann A. D.: 1995 'Some concerns about bringing everyday mathematics to mathematics education', *Proceedings of the XIX International Conference for the Psycology of Mathematics Education*, Recife, Brasil, 45-60.

54

Pupils Beliefs about their Role and the Teachers' Role in the Mathematics Class: data from an action-research project[1]

CÉSAR, M., SILVA DE SOUSA R., FONSECA, S., MALHEIRO, L.& MARTINS, H.,
Universidade de Lisboa, Portugal

Cet article présente une partie du travail du projet *Interaction et Connaissance*. Nous traitons deux aspects essentiels des interactions sociales dans le cadre des activités mathématiques: le rôle de l'enseignant du point des vue des élèves, lorsqu'ils travaillent en dyades et le rôle des élèves, comme ces élèves le perçoivent dans les mêmes conditions de travail. Cette étude nous a conduit à une observation évidente: les élèves ont une vision assez traditionnelle du rôle du maître et de l'élève. Mais le travail interactif réalisé dans le cadre de notre projet favorise la transformation de ces conceptions en une vision plus dynamique et inovatrice des rôles de chacun.

Changing attitudes, beliefs and social representations is a slow process demanding continuous work (Tillema 1998). This was the conclusion drawn by this author after a study about student teachers' beliefs about their role in the mathematics class in which they acknowledged that the changes were not meaningful. Maybe the reason for this result is that the more beliefs and attitudes are solidified, the more difficult it is to change them.

Tillema and Knoll (1997) also highlighted two essential features: the importance of changing beliefs in order to yield changes in practice and the role of co-operation in this process of change.

Rooney (1998) carried out a qualitative study in which he sought factors influencing adults' negative and positive perceptions of mathematics, having found strong empirical proof that the school has a fundamental role in a person's perceptions of mathematics and emphasising the responsibility teachers have in promoting positive attitudes towards mathematics.

Davis (1997) discusses the research which has looked into the teacher's role in the mathematics classroom over the last few years. Conventional practices have been put in doubt and others which consider the element of co-operation are emerging. Teachers have been "caught" in the midst of researchers' theoretical and sometimes evaluative discourses, criticising the frequent lack of dialogue between these two levels.

1. The Teacher's Role

We asked pupils from 20 classes (n=391) attending the 7th to the 10th grade about their opinion concerning the teacher's role when the school year began and at the end of it. These questions were part of the questionnaire about the project's evaluation.

There are six types of visions: A traditional vision (TV), where the teacher holds the knowledge and transmits it to the pupil. His/hers is the more active role. An innovative vision (IV), where the pupil has a more active role. The third type has to do with the role of affection (A) in the teacher/pupil relation. The fourth type of answer corresponds to traditional rules of behaviour (TB) and the fifth to innovative rules of behaviour (IB). In the sixth type, pupils' answers do not fit into any of the five previous types and are other answers (OA). There are also pupils who do not answer (DA) and others who do not know (DK).

At the start of the school year, the percentage of pupils with a traditional vision (TV) regarding the teacher's role in the classroom is higher than those who have an innovative vision (IV) in all school grades, except the 8th grade. Answers such as ***"I thought teachers were meant to talk during the whole hour"*** (7th grade) and ***"The one who lectured"*** (10th grade) reveal a traditional vision (TV).

Statements like ***"Teaching pupils to work with Mathematics"***(7th grade), ***"The teacher is quite important because he explains what we do not understand and books do not always do that"*** (8th grade), ***"Explain as much as necessary, answer our doubts and let them participate"*** (9th grade) and ***"Exchange fundamental knowledge with pupils and teach them in an efficient and lively way"*** (10th grade) show an innovative vision (IV).

We also find another type of answer concerning the teacher's affection (A): ***"Have the patience to repeat things when the pupil does not understand"*** (7th grade), ***"(...) be a friend"*** (8th grade), or***"(...) always be good-humoured and have a friendly relationship with pupils"*** (8th grade).

There are answers reflecting traditional rules of behaviour (TB) which are imposed upon pupils: ***"The teacher has to keep pupils still in the class"*** (7th grade) and ***"He was good but he should send pupils out"*** (10th grade).

In order to study the evolution of pupils' opinions regarding the teacher's role, we asked them again at the end of the school year and still received some answers revealing a traditional vision (TV). However, the percentage of pupils with an innovative vision (IV) of the teacher's role increased and became equal to or higher than that of pupils who still had a traditional vision (TV). This evolution happened at all levels, except in the 10th grade. Answers such as ***"The mathematics teacher does all she can to help us..."*** (7th grade), ***"He likes what he does and tries hard to transmit that to his pupils"*** (8th grade), and ***"Puts us at ease. I like my teacher, she gets us to like the contents and Mathematics"*** (10th grade) allow us to verify this.

We also had answers reflecting the importance some pupils gave to the affective (A) relation with teachers. For example: ***"Understanding, cool"*** (8th grade), ***"He should keep being patient to put up with his pupils"*** (9th grade) and ***"Explaining contents, answering doubts and, more importantly, having a good relationship with pupils"*** (10th grade).

As for rules of behaviour, we now identify two types: traditional rules (TB), ***"He is getting better, but as I say, he should send pupils out"*** (10th grade) and ***"I also think the teacher should end bad behaviour in the class"*** (10th grade) and innovative rules (IB), ***"I***

think he should keep pupils quiet but also play a bit" (9th grade).

Some pupils did not answer the question clearly (OA): ***"I can't complain"*** (7th grade) and ***"Everything is fine, the teacher lives up to things"*** (7th grade).

Discussion

At the start of the school year, most pupils at all levels have a traditional vision about the teacher's role (44% to 57%). In the family, at school and even through the *media*, this is the most commonly transmitted vision. Therefore it is not surprising that pupils internalised such a social representation (TV) regarding the teacher's role. Traditionally the teacher is only concerned about teaching content, caring little about pupils' diversity. The teacher is the centre of the whole process and the pupil is a passive element in his/her own learning. The teacher/pupil relationship is rather formal. Yet at the end of the school year, this vision has changed (29% to 44%). Besides explaining content and clearing up doubts, the teacher cares about pupils, is understanding, friendly and patient, giving them time for them to build their own knowledge - innovative vision (IV).

When pupils become part of this project, they are submitted to a new working method. On working in dyads they become used to clearing up doubts with their peer before asking for the teachers help. To have the opportunity to explain certain things to their peers, collaborating with one another in order to appropriate knowledge, makes them realise the importance of the role they have in a learning process. Self-esteem also develops. On the other hand, pupils with greater difficulties have their peer who is always available, which is something that cannot always happen with teachers for lack of time. Also, the ease with which some pupils turn toward their partner for help may be different than when they go to the teacher. Questions asked by the teacher are reformulated and sent back to the pupil so that he/she may find the solution. Pupils learn to give their opinion, listen to and respect others' opinions, make conjectures, debate and discuss different paths and reach an agreement regarding the solution.

Pupils understand that they must be active elements in their own learning process. The teacher is no longer the centre of the whole process and is now seen as a guide, someone who raises issues for pupils to think about and solve. However, this does not mean that the teacher's role is no longer important, but that the pupil now has a meaningful role in the classroom, which was not happening previously.

2. Pupils' Role

The types of answer are consistent with the ones we used for analysing the teacher's role in the classroom.

As for the traditional vision (TV), we find that only 7th-graders do not have it as a whole (26%). In the remaining school grades, this is the dominant vision (between 41% and 43%). We have responses such as: ***"Listen and shut up"*** (9th grade), or ***"Answer everything, just like Robots"*** (8th grade).

The innovative vision (IV) has less followers at the start of the school year (17% to 26%). Examples of this vision are: ***"They can ask when they have doubts, participate and correct questions"***, (7th grade) and ***"Working in group with one another and helping each other"*** (10th grade).

Regarding rules of behaviour (B), in the 7th grade this vision holds 40% of the opinions. ***"To behave well and not make any noise"*** and ***"Pupils leaving the classroom quietly"***, are examples of this. In the other grades, the opinions with this vision rate 13% in the 8th grade, 28% in the 9th grade and 20% in the 10th grade, as we see in ***"Listening to the teacher and even if we don't want to, staying quiet for others who do"*** (8th grade), ***"It is essential to behave well"*** (10th grade).

In the group of other answers (OA), we see an uneven distribution according to school grades: small percentages in the 7th and 9th grades (9%) and a higher percentage in the 8th grade (20%). Examples of these answers follow: '***Good***', '***That we are good mates***' and '***They get on well with each other***' (7th grade). The number of pupils who do not answer (DA) or reply ***"I don't know"*** (DK) is very small, never going beyond 3%, and non existent in the 8th grade.

At the end of the school year 26% pupils from the 7th grade still have a traditional vision (TV). In the other grades (8th to 10th grades) less pupils choose this type of answer (24% a 32%) than at the start of the school year. As for the innovative vision (IV), 34% 8th-grades have this opinion, which is quite a leap compared to the start of the school year. In the 9th grade (22%) and 10th grade (30%) the increase is not so large. In the 7th grade, just as with the traditional vision (TV), the percentage of innovative answers remains the same (22%).

With reference to the rules of behaviour (B), we find that 40% of the 7th-graders defend them, as at the start of the school year, making them the greatest choice in this grade. In the remaining grades percentages also stay the same (9th grade - 28%) or very similar (8th grade - 11% and 10th grade - 21%).

As for other answers (OA), we found similar percentages to those of the start of the school year. 9th-graders had the largest rise, reaching 13%. As with the opinion of pupils at the start of the year, there is a small number who answers '*I don't know*' (DK) or who simply do not answer (DA), and this is most common in the 9th grade, reaching 6% of the pupils.

Discussion

In the 7th grade, we focus on three aspects: on the one hand, it is the only school grade where pupils have an identical number of traditional (TV) and innovative (IV) visions regarding their role in the classroom; on the other hand, the opinions expressed at the start and at the end of the school year are practically the same; finally, a vision based on behavioural rules (B) is dominant and forms the basis of pupils' conduct in the classroom.

Although at first sight it may seem these pupils have a greater innovative vision (IV), if we cross traditional visions (TV) with rules of behaviour (B) we find that the influence of the traditional didactic contract is still very large. Due to their level of development, these pupils tend to over-value behavioural rules compared to other factors. The importance given to behaviour may be because parents, teachers and society in general put pressure on pupils in terms of correct behaviour in the classroom. Since these pupils are not yet fully teenagers, they tend to adopt behavioural rules imposed by adults, doubting them less than when they are in a developmental phase where they confront adults more often.

As for the 8th grade, at the start of the year we find a dominant traditional vision (41%), followed by an innovative vision (26%). At the end of the school year and crossing traditional vision (TV) with behavioural rules (B), we find that only in the 8th grade is the sum of these two choices inferior to the percentage of those who choose an innovative vision (IV). Therefore, it is in this school grade that we find most of the innovative answers at the end of the school year, that is, this was the year in which the change from traditional vision (TV) to innovative vision (IV) was clearest. The fact that these students are already teenagers, some of whom deeply wish to be seen as equal among adults, may have contributed to adopt a strong vision of the pupil's role as a more autonomous person with a more active part in building his/her own knowledge.

At the start of the 9th grade, most pupils have a traditional vision (43%), followed by behavioural rules (28%). Actually, if we join these two aspects we reach the sum of 71%. This means the great majority of these pupils defend a position that respects the traditional didactic contract. As these pupils are in a grade in which they will be submitted to global assessment for the first time and at a time when moving on to secondary school is getting nearer, they may feel the need to conform to the system. This tendency shows up in two dimensions: the need to end compulsory education and, therefore, to stick by the rules of conduct that allow them to reach this end; the fact that they adopt a position corresponding to the most frequently adopted social representations of the pupil's role, which are those that are normally transmitted by the family environment and by society in general.

Final Remarks

Most pupils develop from a traditional vision (TV) to an innovative vision (IV). This means that when they engage in innovative classroom practices which obey a different didactic contract aiming to promote peer interaction, pupils' autonomy and a positive self-esteem, some students are sensitive to these new personal and social experiences internalising an innovative social representation of their role.

The main conclusion we reach from these results is that there is a relation between innovative classroom practices and an innovative vision of the role of the pupils themselves in the classroom. In fact, the personal and social experiences pupils have influence social representations of their role, which agrees with the most recent research.

Note

1 Data are part of the project *Interaction and Knowledge* supported by IIE-Instituto de Inovação Educacional, in 1996 and 1997, and by CIEFCUL-Centro de Investigação em Educação da Faculdade de Ciências da Universidade de Lisboa. Thanks to Sofia Cardoso for helping with the translation and to all pupils/teachers involved in this work.

References

Davis, B. (1997). Listening for differencies: An Evolving Conception of Mathematics Teaching. *Journal for Research in Mathematics Education*, *28*(3), 355-376.

Rooney, J. (1998). Teaching Influence on Life-Long Perceptions of Mathematics, *Teaching Mathematics and its Applications*, *17*(1), 12-17.

Tillema, H. H. (1998). Stability and Change in Student Teachers' Beliefs about Teaching. *Teachers and Teaching: theory and practice*, *4*(2), 217-228.

Tillema, H.H. & Knol, W.E. (1997).Collaborative Planning by Reacher Educators to Promote Belief Change in their Students. *Teachers and Teaching: theory and practice*, *3*(1),29-45.

55

Neglect with Love

RIJKJE DEKKER, University of Amsterdam, Netherlands

In our research we analysed two teachers' roles: a teacher who stimulates discussion between students during their work on mathematical problems and a teacher who gives students small hints to stimulate their mathematical learning. We found out that the first teacher is more effective in relation to the learning of mathematics than the second teacher.

Dans nos recherches nous avons analysé deux rôles de professeur: un professeur qui stimule la discussion entre les élèves pendant leur travail aux problèmes mathématiques et un professeur qui donne les élèves des petites suggestions pour stimuler l'apprentissage mathématique. Nous avons trouvé que le premier rôle est plus effective en ce qui concerne l'apprentissage mathématique que le deuxième rôle.

Two teachers

"I am not going to help you, but I want you to discuss a lot. I want you to show your work to each other, to explain your work, because that makes you learn, to give criticism to each other, because that makes the work better."

With these words the 'process-teacher' makes her role to her students very explicit. She knows that the problems she has given to the students who work in threes are constructed in such a way that the discussion in the small groups will stimulate raising the level in the students' discussion. She also knows that the fact that these students work in threes, mixed according to the levels of the students, will mean that the best students are spread over the class and all students can profit from their input. In this way, she has made the groups workable. She also knows that her students know that she has high expectations of them and that she is always curious about what they will produce. But she will not influence the groups with her help. Her only concern is that the small groups discuss and that all students participate in this discussion. For the rest she will *neglect them with love*.

Beginning with the words, "I am here to assist you", the 'product-teacher' gives the start for his students to work in triples on the problems specially made for independent learning in small groups. During the work he stays a bit at a distance as he is used to do with his students. He doesn't want to disturb the work in small groups with his presence. But when there are questions he comes to help. He looks and analyses their products and gives small hints to help them progress. Sometimes if they do not understand the hint, he becomes more explicit with his help than he wants to.

Two different teachers, both of whom are aware that for productive independent learning in small groups very good learning materials are required and also that the help of the teacher should be minimised. But both minimise their help in different ways. The 'process-teacher' concentrates on the quality of the interaction in the small groups and the participation of all group members in the discussion. The 'product-teacher' concentrates on the quality of the products of the students and his hints are focussed on raising the quality.

In our research we compared the two teacher-roles and we found that the 'process-teacher' is more effective in relation to level raising in all students than the 'product-teacher'. We expected this, because we assumed that the process-help would raise the quality of the interaction and that the interaction would have a positive effect on the level raising of the students. We have made this relationship between interaction and level raising explicit in the process model we have developed, presented and described (1998). Nevertheless we were impressed by the quality of the hints of the 'product-teacher' and found this role a more normal one. The teaching of the 'process-teacher' seems more counter-intuitive - there is this person in the class with all her knowledge and then the students cannot profit! Since when do we pay teachers to neglect their students?

Discussion in the working group

In my presentation I clarified the role of the process-teacher more in detail. I have focused on the effect of the role on the quality of the interaction between students and on the level raising in all students. We discussed a table with pre-and post-test scores which shows that the progress in the 'process-students' is greater than in the 'product-students'. Some found the groups of students too small to draw a strong conclusion. We also analysed graphs which showed steady progress in almost all the 'process-students' and progress and fallback in the 'product-students'. The graphs were more convincing for the participants, because they revealed more clearly the effect of the teaching on the individual students.

We discussed more in detail what we understand and recognise in the role of both teachers and the difficulties to give the right help at the right time, without disturbing the students' own thinking. We also concluded that for the mathematical activities that evoke this learning, thinking and discussion, a supportive environment for the students is a prerequisite. Students should feel confident to take learning risks, and we know how important the teacher is for that!

An old picture without a teacher

We concluded that the role of the 'process-teacher' is not a new one. Some of us recognise the role if we think of ourselves as parents. But also in education especially in some primary schools there is a long tradition of the observing teacher who gives activities to the children at the right time. Look for instance at the following picture of a Montessori-class in Amsterdam:

It was taken fifty years ago. Parents who were not satisfied with the traditional school of their children founded the school. They started their school in a living room as you can discover in the picture. The children all work in small groups, mainly pairs and maybe even of different age, as is usual in a Montessori setting. They all are active with learning materials. You can even discover some mathematics in it. But in contrast to other photograph of classes in that time, where is the teacher? And to be honest, did you miss her on the photo? Probably not, because eventually school is for students and their learning and both are clearly in the picture!

References

Dekker, R. & Elshout-Mohr, M.: 1998, 'A process model for interaction and mathematical level raising', *Educational Studies in Mathematics* 36, 303-314.

Dekker, R., Elshout-Mohr, M. & Pijls, M.H.J.: 1998, 'Interaction, self-regulated learning and the process of level raising', in P. Abrantes, J. Porfírio & M. Baía (eds.), *The interactions in the mathematics classroom - Proceedings of CIEAEM 49*. Escola Superior de Educação de Setúbal, Setúbal, pp. 27-34.

Freudenthal, H.: 1978, *Weeding and sowing*. Reidel, Dordrecht.

Van Hiele, P.M.: 1986, *Structure and insight*, Academic Press, Inc., Orlando.

Wood, T.: 1996, 'Events in learning mathematics: Insights from research in classrooms', *Educational Studies in Mathematics* 30, 85-105.

56

A Mathematical Travel Around the World

JOAQUIM GIMÉNEZ, XAVIER VILELLA, Vilatzara Group, Spain

Nous présentons une expérience réalisée avec des écoliers de 12-13 ans qui rentrent à l'école secondaire espagnole. Cette expérience revèle la possibilité de travailler avec un groupe hétérogène. Elle permet également de reconnaître certaines caractéristiques du niveau mathématique et des problèrmes des élèves.
Le travail en groupe part de l'idée d'un voyage virtuel dans differents pays. Nous présentons dans chaque pays des problèmes mathématiques différents. Ce travail montre que les élèves peuvent travailler ensemble, même dans le cas de problèmes d'un certain niveau de difficulté, comme par exemple celui des échanges de coordonnées polaires-cartésiennes.

1. Presentation

The Spanish school system places the first course of mathematics for compulsory Secondary School (12-13 years old students) in a different centre than a Primary School. Students have new teachers, usually one for each subject instead of the general primary teacher. Thus, the main aim of this work is to present a diagnostic perspective. Our idea is to conserve diversity and heterogeneity in the group and never divide the group during compulsory classes according to achievement 'levels'. The students are involved in open tasks promoting the possibility of recognising students' own achievement levels, projects, oral presentations, and group activities. Collaborating and generating conflicts were considered important in all activities. As travelling is usual in our country, the methodology used the idea of "visiting" different countries as a preparation for a real travel to, for example, Mexico, USA, China, Egypt, Greece, and the North Pole. Historical contextualisations were used as naturally as possible, as a stimulus in order to understand aspects of the mathematical past as a "tourist guide".

2. Activities and results

The activities proposed discoveries in order to solve mathematical problems in a realistic way. Visiting 'Al Jaguar's land', the main aim is to know as an archeologist, the date of a "estela" in which it is expected that comparisons should be made between the decimal system to maya numeration. Natalia (12 years old) explained what she understood about the Mexican visit: "Mayas count by means of digits as we count. One of the main differences among the counting systems is that they counted by groups of twenty instead of ten... They made 'jumps' of positions. When they arrived to 19, they put it differently for 20. They put one point on a 'second place'... She also illustrated the fact with a representation.

Many teachers report that 60% of the students are not able to give this kind of answers. Natalia was considered as a member of the 'lower group'. Thus, in our mind, the main aim is to conserve the general heterogeneous group and to consider how we can improve mathematical knowledge by means of our activities.

Here we present some curricular aspects: numerational systems (Mexico), big numbers, estimation, views and 3D developments (Chicago), magic squares and operations (China), fractions (Egypt), areas (Greek Islands), coordinates (North Pole).

Students were confronted with 'simple problems' but always presented in a 'new and surprising way'. The Mayan talk was introduced by a video; Chicago was visited from the air simulating the flight arrival, ...Greek Islands were presented by touristic views, and asking for the 'mayor' island. (Note that in Spanish language 'mayor' provokes a discussion because we use the same name for 'biggest and the largest'.) North Pole travel simulation was conducted on the beach. Students were confronted with three different representations : circles with North Pole as a centre, a big plastic spherical view of a Earth, typical planisphere on a sheet of paper. Distance problems and changing from polar to cartesian coordinates problems were used and solved.

The assessment process is the result of a moderation process in which improved aims were considered, and the results of a project group task was included. We conducted a systematic register of abilities, revisted portfolios and completed a process grid on mathematics achievement.

3. Some general conclusions.

- Strategies and discoveries: we found originality of answers, unexpected computational abilities, use of counter-examples, using mathematics argumentation and confidence with mathematical terms.
- Mathematical vocabulary: students improved their mathematical vocabulary. Different representations and interpretating were accompanied by rigorous discussions leading to negotiation on mathematical meanings.

The main conclusion is that we convinced our colleagues that it is possible to work mathematically with an heterogeneous group!

57

Body and Health in Teaching Mathematics for10 - 12 Year Old Children

MARIA LEGUTKO, ELŻBIETA URBAŃSKA, Pedagogical Academy Cracow, Poland

Le corps attire l'intérêt des enfants à partir du plus jeune âge. Chaque enfant trouve fascinant de se mesurer et de comparer ses dimensions avec celles des autres. Les enfants s'intéressent à tout ce qui concerne leur vie quotidienne. Nous donnons ici quelques exemples de problèmes qui jouent sur cette curiosité naturelle des enfants et qui sont présentés à des élèves de 10 à 12 ans dans le cadre de l'enseignement des mathematicsématiques.

Children from early grades take interest in their bodies. It is fascinating for them to measure their weight, to measure the length around their necks, around their wrists and so on. This natural interest can be used in mathematics teaching. Mathematics topics as fractions, ratios, percentage, elements of statistics may be taught by relating them to children's interest in their bodies. It is good for the learning process to be related to the child's everyday experiences. In such a way mathematics can be made simple, interesting and relevant.
Here are examples of mathematics problems, which can be solved by 10 - 12 years old children during mathematics lessons.

I. Body measurements

1. In former times people used feet, elbows, palms or fingers for measuring. Measure the length of your foot, your elbow, the width of your palm and the width of your finger.
2. Estimate approximately how many palms make one elbow. How many fingers make one palm?
3. Measure the length of your desk using your elbow and then using your palm. Compare the results.
4. Mark said he is 6 feet and 2 inches tall. How many centimetres is that? (Assume that

1 foot equals about 30 centimetres and 1 inch - 2.54 cm.)

5. Work out how tall you are in feet. Measure how tall you are in elbows.

II. Reading and interpreting the data from graphs and tables

1. The temperature changes of a healthy human body within 24 hours are marked on this graph.

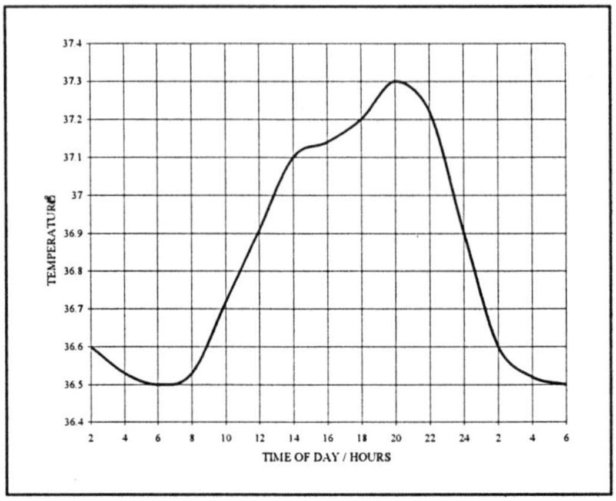

a) At what time a human body has the lowest temperature and when the highest? Do you know when do patients in hospital have their temperature taken?
b) What is the biggest temperature difference within 24 hours?
c) Within how many hours does the growth of a human body's temperature take place?
d) At what time does a human body have a temperature of 36.6 Celsius degrees?
e) Between which hours are the temperature above 37 Celsius degrees?

2. Below there are tables showing norms of the growth of weight and height in subsequent years of life.

age	boys		girls	
10	135 cm	8 mm	133 cm	8 mm
11	139 cm	9 mm	140 cm	7 mm
12	146 cm	2 mm	148 cm	6 mm
13	152 cm	0 mm	152 cm	1 mm

age	boys		girls	
10	31 kg	40 dag	31 kg	20 dag
11	34 kg	50 dag	35 kg	60 dag
12	38 kg	40 dag	43 kg	10 dag
13	42 kg	90 dag	43 kg	30 dag

1. Measure your height and weight. Read from the table the height and weight typical for your age. What is the difference between your height and weight and the data from the table?
2. Present the data from the table on a histogram.

3. Below there are formulas according to which the approximate height and weight of children above 7 years of age can be estimated.

HEIGHT =	THE NUMBER OF YEARS OF AGE	X	5 + 80	[cm]
WEIGHT =	THE NUMBER OF YEARS OF AGE	X	3	[kg]

Use the formulas to make estimation for a particular age and check it with the tables.

III. Percentage calculations

1. The percentage amounts of water, protein and fat that can be found in a human body are given in the table below.

	water [%]	protein [%]	fat [%]
Babies	70	12	7
Children	65	14	8
Adults	60	15	10

a) Estimate how many kilos of protein is there in a body of an infant who weighs 4 kilos.
b) How many kilos of water is there in your body?
c) How many kilos of fat is there in a body of a male weighing 100 kilos?

2. The table below shows the percentage of various ingredients in certain products.

Products	Ingredients [% the weight]			
	water	protein	fat	sugar
wheat bread	40	8	1	50
cheese	40	27	27	0
butter	18	0,8	80	0,8
egg	73	13	11,6	0,8
ham	67	21	8	0
milk	89	3	3	4,5

a) Ann had 50g of bread, 100g of cheese, 10g butter and a glass of 200g milk for breakfast. Tom had 200g of bread, 50 g of ham, 10 g of butter, 1 egg (60g) and half a glass of milk for breakfast.

Estimate how much water (in grams) each of the children had for breakfast.
Which of the children ate more protein?

IV. Fractions

The chart below shows the appropriate amount of sleep needed in 24 hours for a person according to age.

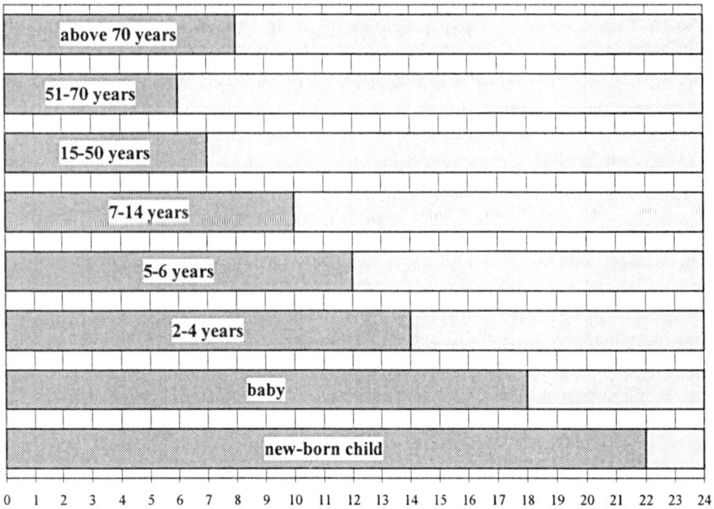

The appropriate amount of sleep during the night (within 24 hours) for person according to age

a) What fraction of day and night should a person spend on sleeping at a given age? Present the data from the chart in a table form.
b) At what age does a man need to sleep more than 1/4 of a day and night? At what age a man need to sleep least?
c) Estimate how many hours of your life you have already slept away?
d) Estimate and write down using fractions what proportion of your life you have slept away?
e) Is the sentence "The older a man is the least sleep he needs" true?

The tables presented above have been taken from The Small Encyclopaedia of Health, PWN Warszawa, 1964

58

The Anthyphairetic Nature of Plato's Dialectics

STELIOS NEGREPONTIS, Department of Mathematics, Athens University, Greece

Editor's Notes

This was a substantial lecture and the editors felt that any reduction of the full paper would lead to a distortion in the flow of the author's carefully constructed propositions. We print here the synopsis of the lecture and the readers may wish to contact the author for the full text.

$\theta\varepsilon\alpha\ \sigma\kappa\varepsilon\delta\alpha\sigma{}'\eta\varepsilon\rho\alpha,\ \varepsilon\iota\sigma\alpha\tau o\ \delta\varepsilon\ \chi\theta\omega\nu$

Odysseia N 352

Par ce travail on decrit, de facon breve mais assez detaillée, l'interpretation anthyphairetique de la dialectique de Platon. Le cadre de cette interpretation est le schema dichotomique qui apparait dans le Xe livre des *Elements* d'Euclide, suivant lequel tous les couples des grandeurs homogènes (α, β), avec $\alpha > \beta$, ils se divisent en deux classes, la classe I d'anthyphairèse infinie et la classe $\mathbf{F}$ d'anthyphairèse finie. En plus, la classe des couples des segments (α, β) de I, elle se divise encore en deux classes, celle des couples des carrés (α^2, β^2) qui appartiennent aussi a I (le mal infini euclidien) et celle des couples des carrés qui appartiennet a $\mathbf{F}$ (le bon infini euclidien). Dans le *Philèbe* (23b-25e) et autres dialogues de Platon, la dichotomie fini-infini prend la même forme avec la dichotomie eucliedienne. Les voluptés (éros aussi) se qualifient commes espèces d'infini et elles se distinguent (par exemple dans le *Philèbe* 31a-35d) en bonnes et mauvaises voluptés (le bon et le mauvais infini platonicien). L'analyse du bon infini euclidien et du bon infini platonicien dans tous les dialogues dialectiques de Platon (par exemple que c'est Tout en Un, ou la Division et la Collection) ainsi que l'analyse des definitions que donne Platon dans le *Sophiste* et dans le *Politique* avec la Division et la Collection, nous conduisent a la conlusion que le Bien ou l' Etre Platonicien et le Bon Infini Euclidien s'identifient par l' anthyphairèse palindromiquement periodique, propriété qui caracterise les nombres irrationnels quadratiques.

Plato dictates: let no one enter who is ignorant of geometry.

All ancient followers and commentators of Plato were, in fact, in good knowledge of geometry.

Bertrand Russell writes: 'It is noteworthy that modern Platonists, almost without exception, are ignorant of mathematics, in spite of the immense importance that Plato attached to arithmetic and geometry, and the immense influence that they had on his philosophy.' (*A History of Western Philosophy,* 1945).

My claim, which I will try to establish in the full paper as best as possible, is that the dialectical Platonic dialogues, namely Phaedon, Menon, Kratylos, Sumposion, Politeia, Theaetetos, Parmenides, Sophistes, Phaedros, Politikos, Timaios, and Philebos, contain nothing that in not directly related to anthyphairesis ('Euclidean algorithm', continued fractions in modern terms), mostly to the eventually periodic anthyphairesis of quadratic irrationals; and that there is no way to understand Plato, who can only be understood in one way, no matter what the efforts, if one does not take into account this particular 'geometry'.

Euclid's *Elements,* at least in content, were essentially completed during Plato's lifetime in the Academy; even after the prevailing of Eudoxian over Theaetetian theory of ratios, an event that greatly reduced interest in anthyphairesis, Theaetetean Book X. (certainly containing only a limited part of what must have been known on anthyphairesis) is a necessary key to unravel Plato; but conversely Plato himself, especially the *Politikos*, will also turn out to be, as we shall see, a necessary guide for rescuing from oblivion some of the supreme achievements of the Greek geometers.

Anthyphairesis *(antbupbaeresis,* continued fraction expansion, in modern terms) is the fundamental discovery of the Pythagoreans, for testing the incommensurability *(assumetria)* or the commensurability *(summetria)* of two magnitudes (as developed in Propositions 1-8 of Book X of Euclid's *Elements*), a method that has its roots in the study and development of harmony and musical scale.

The effective application of anthyphairesis, transferred from harmony to geometry, as a criterion for incommensurability especially for quadratic irrationals, presupposes knoweledge of the equivalence of the equality of ratios of magnitudes with the equality of the corresponding anthyphaireses (a crucial and nontrivial result described only in Aristotle's the *Topika*).

But the significance of anthyphairesis is by no means restricted to the history of geometry and mathematics (where it was studied by Zeuthen, Becker, van der Waerden, Fowler). According to a discovery of mine (since December 1996), *the totality of Plato's dialectics is (nothing more and nothing less but) precisely a transfer of the method of antbypbairesis from geometry to a pbilosopbical level.* I am presently preparing a systematic exposition of this discovery (missed by all Platonists of modern era, i.e. since circa 1500).

Some of the main results can be stated very briefly as follows:

(i) The method of division and collection *(diaeresis kai sunagoge*), introduced in the *Phaedros*, with which Plato defines the Sophist *(sopbistes)* and the Angler *(aspalieutes)* (in the *Sophistes*), and the Statesman *(politikos)* and Weaving *(upbantike)* (in the *Politikos*), amounts to nothing else and in fact precisely constitutes an application of the criterion of the re-appearance of the same ratio (logos), with which periodicity (and hence infinity) is instituted in the relevant (divisive process of) continued fraction expansion.

(ii) More specifically, with the two divisions in the *Politikos*, a precise knowledge of the following theorem is described: the continued fraction expansion of every quadratic irrational (an irrational that is a square root of a rational number) is eventually *palindromically* periodic. Up to now this has been considered to be a result proved for the first time by E.Galols, in 1829. But the seemingly inevitable knowledge of this theorem by Plato, is combined with the realization that the development of all the tools needed for its proof (essentially the conjugacy of the binomial *(ek duo onomaton)* and the apotome *(apotome)* lines), can be found in the Theaetetean Book X of the **Elements**.

Furthermore it is probable that the treatment of quadratic equations, in Propositions VI.28, 29 of the *Elements*, is closely related to anthyphairesis, so that the theorem stating, in equivalent modern terms, that the continued fraction expansion of a real number is eventually periodic occurs if and only if the real number in question is the root of a quadratic rational polynomial was, in its essential content, known to the Greek geometers, known in fact to Theaetetos.

(iii) The parable of the cave (in the *Politeia*), the Socratic midwifery (in the *Theaetetos*), the theory that knowledge is recollection (in the *Phaedon*, and in in the *Menon*, via the boy-slave exhibition), the immortality of the soul are all based on periodic anthyphairesis. The Platonic theory of Ideas, the problem of the One and the Many *(ben kai polla)* (in the *Parmenides* and the *Philebos*), the definitions of knowledge: as right opinion *(ortbe doxa)* and logos; or, as not only name *(onoma)* but logos as well (in the *Sumposion*, the *Theaetetos*, and elsewhere), and the truly amazing definition of Numbers (given in the *Parmenides*, incidentally in full accordance with Aristotle's description of Forms as Numbers in the *Meta ta Phusika*) are essentially reflections of the fractal-type self-similarity of the (eventually) periodic continued fractions.

(iv) The nature of the Good and of the Divine as a One and Indivisible *(adiaereton)* and without parts *(ameres),* and at the same time, as an Infinitely Divisible *(apeiros diaereton, katakekermatismenon),* and Everywhere Present *(pantacbou paron)* (properties, rigorously established and in no way contradictory, characteristic in fact of the fractal-type self-similarity nature of periodic anthyphairesis) was especially emphasized in the philosophical theology of Plotinus and formed the back-bone of Christian theology.

In conclusion, and as a result of the missing link provided by the above-described revelation of the role of anthyphairesis in Platonic dialectics, it can now be fairly asserted and established that the initial harmonic and mathematical *anthyphaeretic* principles of the Pythagoreans continue to be active, and in fact ever present, in our era, not only or even principally, in explicit and recognisable form through Mathematics, but most importantly and widely implicitly, through the ramifications of Platonic philosophy and through Christian theology, unsuspected by students and practitioners, alike.

Historical Note

The anthyphairetic content of Plato's dialectics was originally conceived during my stay as a Visiting Professor at the Department of Mathematics of Cyprus University, during September-December 1996. It then passed, up to now, through several stages of development and improvement, witnessed in the texts and lectures listed below.

(Distributed manuscript)

The anthyphaeretic phusis of Plato's dialectics I (Preliminary Version), March 1997, Athens, Greece, 176 pages.

(Invited Lectures)

Sixth International Conference on Didactics of Mathematics, March 20-21,1998, Rhodes,

Greece

(to be published in Proceedings of the Conference);

International Conference on the Teaching of Mathematics, July 3-6, 1998, Pythagorion, Samos, Greece;

International Conference Knots in Hellas '98, August 9-16,1998, Delphi, Greece;

Workshop on Didactics and History of Mathematics, 5-9 September, 1999,Paros.

(Seminars and Lectures)

Lectures at the *Univerity of Cyprus*, Leucosia, December 1996 (to be published in Proceedings of the Philosophy Department Seminar, under title *Plato's dialectics under the anthyphairetic scrutiny*, in Greek) and October 1997; *University of the Aegean*, Rhodes, December, 1996; *Athens University*, Athens, February 1997 and November 1997; *University of Trieste*, December 1997; *University of Crete*, Rethymno, May 1998 and March 1999; *National Technical University*, Athens, May 1999.

59

An *Apple* for the Teacher, a *Pentium* for the Pupil - but why?

ADRIAN OLDKNOW, University College Chichester, UK

Many countries have experienced national and regional projects and programmes to incorporate micro-electronic technology into education. The purpose of this talk is to explore some of the possible motives (political, economic, social, administrative, educational...) behind these moves and to see which, if any, may be of benefit to either mathematics teachers or mathematics learners or both. The talk will be illustrated with excerpts from materials in mathematics which have been produced in connection with various government programmes in the UK over the past 20 years.

Of course the technology is also changing the world in which today's school students will live and (maybe?) work. This, presumably, also has implications for the mathematical knowledge, skills and understanding which students should develop while learning (maybe at school?). However the extent to which the content, as opposed to the delivery, of mathematics programmes may be influenced by technology is a contentious issue in many countries. At its extreme we could conjecture a government project which developed excellent virtual-reality interactive software to help improve a student's ability to use an abacus - since, of course, electronic calculators would be prohibited on the grounds that their batteries might run down!

Nombreux sont les pays qui ont mis en place des projets et des programmes nationaux et régionaux destinés à intégrer la technologie micro-électronique dans l'éducation. L'objet de cet exposé est d'explorer quelques unes des motivations possibles (politiques, économiques, sociales, administratives, éducatives...) àl'origine de ces opérations et de voir celles, le cas échéant, qui pourraient être d'un profit quelconque soit pour les professeurs de mathématiques, soit pour les étudiants en mathématiques, soit les deux. L'exposé sera illustré par des documents extraits de matériels de mathématiques qui ont été élaborés en relation avec différents programmes gouvernementaux mis en place au Royaume-Uni au cours des 20 dernières années.

Bien entendu, la technologie fait aussi évoluer le monde dans lequel lesélèves d'aujourd'hui vivent et travaillent (peut-être ?). Il est également possible de penser que ceci a aussi des implications au niveau des connaissances, des compétences et de la compréhension mathématiques queles étudiants devraient acquérir lorsqu'ils étudient (peut-être à l'école ?). Toutefois, l'ampleur éventuelle de l'influence de la technologie sur le contenu, par opposition à la forme, des programmes de mathématique est une question controversée dans de nombreux pays. A l'extrême, nous pourrions faire des hypothèses sur un projet gouvernemental qui a développé un excellent logiciel interactif de réalité virtuelle pour aider à améliorer la capacité d'un étudiant à utiliser un boulier – dans la mesure où, bien entendu, les calculettes électroniques seraient interdites sous prétexte que leurs piles pourraient tomber en panne !

Introduction

First let me say that I am delighted to be taking part in this important conference which is being held in the venue where I began my higher education teaching career over 25 years ago. This was of course a major landmark in my life, but insignificant compared with that which was to arrive just a couple of years' later - the production of the "silicon chip" and its impact on education. So I want to take this opportunity to review what has happened in UK education over the past 20 years or so, while drawing, where I am able, parallels and contrasts with similar developments in other countries. Of course I should immediately qualify the term "UK" - since, although the Kingdom may indeed be United, for education we now have effectively 4 autonomous regions: England, Scotland, Wales and Northern Ireland. So I guess it is safer if I concentrate on what has happened, and is happening, in England in the period 1979-1999. As politics will feature quite large I had better explain that the Government appoints a range of ministers (some of whom are called `Secretaries of State') who are in charge of a team of civil servants, known as a Department. In the time span of this talk, education has been first in the Department of Education and Science (DES), then the Department for Education (DFE) and finally in the Department for Education and Employment (DfEE).

Phase 1: A skills shortage and a political response

Potential implications of the development of integrated circuits on chips of silicon wafers were brought to the attention of James Callaghan's Labour Government by its Advisory Council for Applied Research and Development (ACARD) in 1978. As well as pointing to structural changes in the overall nature of work, employment and macro-economics, that report listed a number of government departments which would need to make responses, including Education. However the first ministry to get involved with educational projects was the Department of Industry (DoI). It had diagnosed a severe shortage of electronic engineers and product designers capable of applying the so-called "new technologies" in designing new products. Most of its educational strategy was targeted at Further (16+) and Higher (18+) Education.

However it also set up its own educational branch, with quite a sizeable budget, to support wider educational developments. Nationally, one of the earliest manifestations of this was its support for a group of educational software developers based at the College of St. Mark and St. John, Plymouth, who called themselves ITMA - Investigations into Teaching with a Microcomputer as an Aid.

At that time the term `microcomputer' had been recently been coined to contrast with the `mainframe' computers found in colleges and universities. Examples include the Radio Shack's TSR-80, Clive Sinclair's ZX80, and Steve Job's famous Apple. In the UK a group of local education authorities, led by Inner London, had made an agreement with the Oxford-based Research Machines (RM) company, set up by the Austrian engineer Mike Fischer with the business advice of Mike O'Reagan. This led to the first purpose built UK educational microcomputer, the RM 380Z. This had a separate keyboard, outputs for plugging into standard B&W TV sets and monitors and external storage of programs on cassette tapes - and cost over £1000. Its main use was for supporting the new range of examination syllabuses in Computer Science/Studies.

ITMA worked on producing a range of educational software for secondary, and later primary, schools. Two of the early ones were a number program called `*Jane*', a game using co-ordinates, called `*Pirates*' and a time-graph program called `*Eureka*'.

About the same time my institution put in an unconventional, but successful, proposal to the DoI for funding to equip our first computer laboratory with US made Commodore PET micros costing £648 each. These had an integrated design with just a single power lead emerging from the casing - and had a massive 16K memory! They enabled us to offer some of the earliest courses for teachers on using the micro as a classroom tool - for subjects other than Computer Science. One of my own early tasks was to convert ITMA's *Jane* program to run on the Pet. Unfortunately I cannot now show you that program running as I no longer have serviceable versions of the hardware of the time! However the pedagogical basis of that, and many other, programs does indeed bear the test of time. I can show you the basic idea using a modern hand-held graphic calculator and OHP display (at a present-day cost of £120).

[Example of JANE program on TI-83]

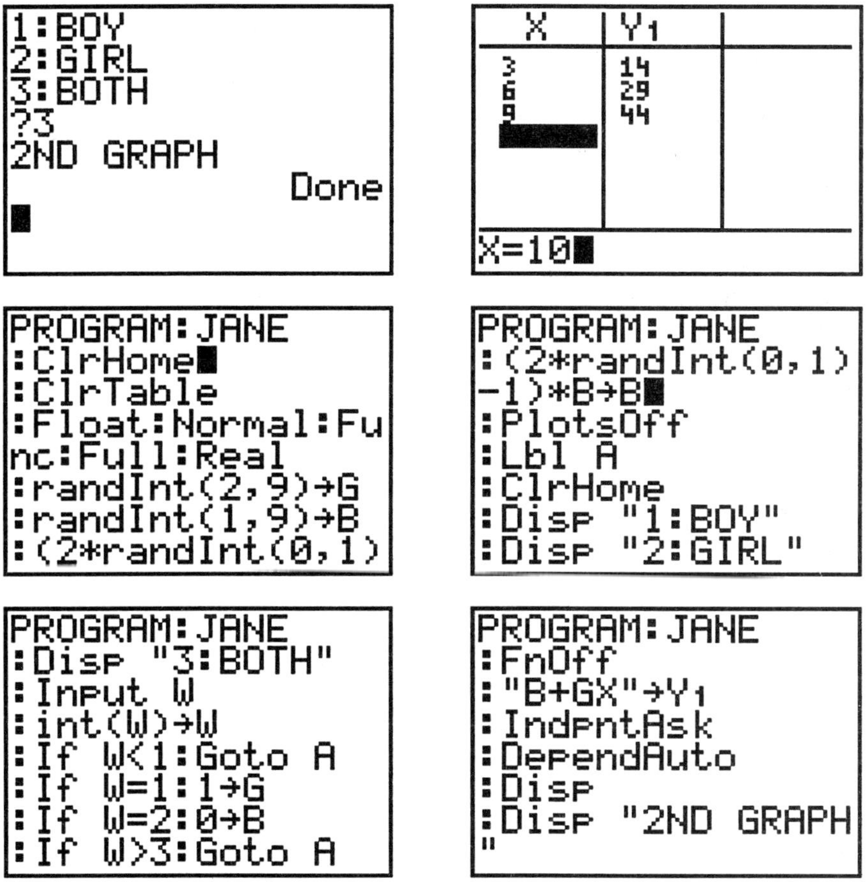

Also about that time Arthur Engel's seminal book `Elementary Mathematics from an Algorithmic Standpoint' had just been published in German by Klett This provided a wealth of mathematical ideas for students and teachers to explore even within the very limited computing capacity of that first generation of micros.

In the warm summer of 1979 the government's inspectors of schools, the HMI, were running a 6-day A-level statistics course here at Bishop Otter Campus. One of my contributions was a workshop using the BASIC random number generator on the PET for probability simulations - I really felt, then, that I was at the cutting edge. However the chief HMI for mathematics, Dr. Trevor Fletcher, also came to run a workshop on simulation. He produced a bag of 10 TI programmable calculators and showed us how to use algorithms from an other of Engel's works to generate pseudo-random numbers and to carry out many of the same sorts of simulations I had been using on the PETs. The main difference was that Trevor was able to equip the whole workshop using 10 calculators which cost the same as one of the computers. (A theme which will reappear below.)

This was just a couple of months after the Department for Education and Science (DES), under the Labour minister Shirley Williams, announced its response to the ACARD report. It planned to form a Microelectronics Education Project for Schools and Colleges with a funding of £2.5 million. Within a few months she, and her party, were out of government - and in came Margaret Thatcher's Conservative government on a platform of reduced public expenditure and reduced central control. Thus the MEP programme stayed on ice under threat of death.

However, after intensive lobbying by industrialists, the `Iron Lady' performed one of her rare U-turns because of the intensified skills shortage. Thus, in 1980, the MEP began work within the 11-18 sector, with an emphasis on 14-18. It had 4 major foci: (i) electronics, (ii) computer studies, (iii) office practice and (iv) the computer as an educational tool. So there followed 2 dormant years for mathematics while the emphasis lay on control technology, CADCAM, data-loggers, xy-plotters and word-processing.

Phase 2: Creating a market for UK-made hardware

One key plank of Conservative party policy was `privatisation' and support for UK businesses. She `adjusted' various Government departments, including a more powerful Department of Trade and Industry (DTI). They persuaded the British Broadcasting Company (BBC) to launch an ambitious programme of `computer literacy' aimed at families. In order to support this the DTI produced a very high specification for the hardware and software for a home microcomputer: the BBC micro. A number of UK firms tendered for the right to produce it, and the winner was Acorn Computers of Cambridge, set up by the Austrian engineer Hermann Hauser with the business advice of Chris Currie. This micro had 32K RAM and plugged directly into domestic colour TV sets and audio cassette recorders.

At that time, the summer of 1981, I had my sabbatical at the UK's Computer-Aided Design Centre (CADC) in Cambridge. Here I worked on a variety of algorithms for CAD with powerful main-frame computers - but in my spare time I also implemented some of those algorithms on my own BBC micro. One product of this was a program called `*Glass*' which emulated a CAD program designed for the Dartington Glass company, but which also made the user practice the use of co-ordinates.

In order to provide a secure market for British made micros the DTI announced a scheme for computers for schools (RM, BBC and Sinclair) linked to a short training programme supported by materials and software, called the INPUT pack, produced through MEP. Initially this provided a micro, and a trained teacher, for every secondary school - and then this was extended to primary schools. This scheme was in fact, educationally, well ahead of its time. The teacher was trained both to operate the computer, and to deploy it in a variety of educational contexts. The software reflected several areas of the curriculum, including maths, and the range of applications included simple robotics using a device called the "BBC Buggy". Again I cannot show you exactly the same software or devices, but I can demonstrate the ideas using the same modern hand-held technology I used just now for *Jane*. One of the programs included was my own *Glass* program which I have since adapted for the TI-83.

[Example of Glass on TI-83]

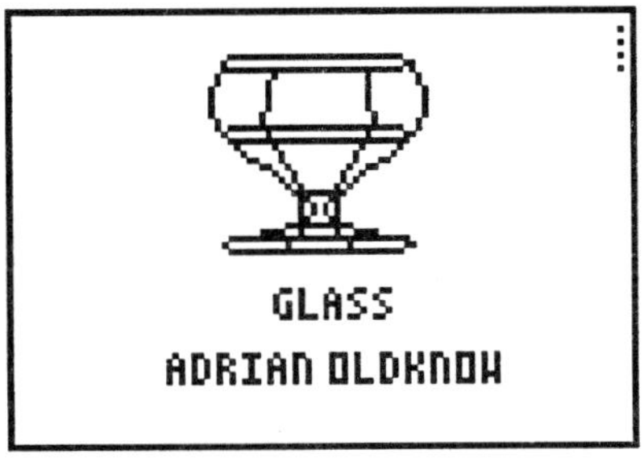

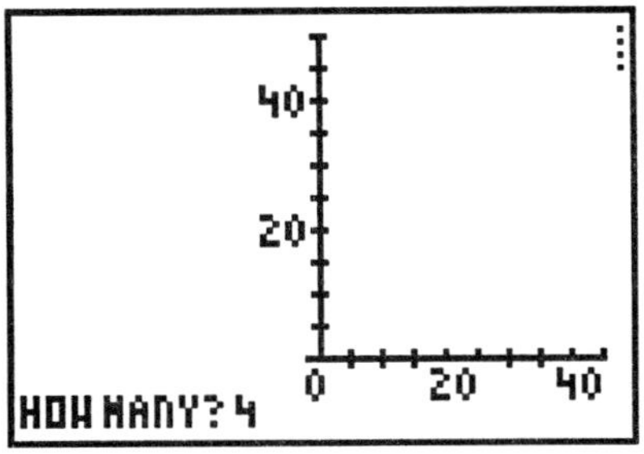

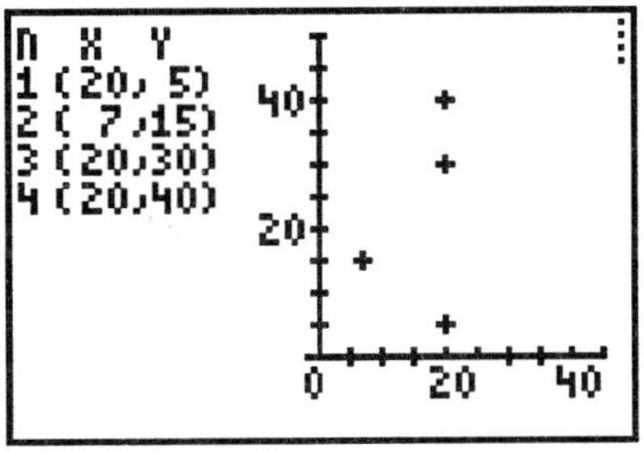

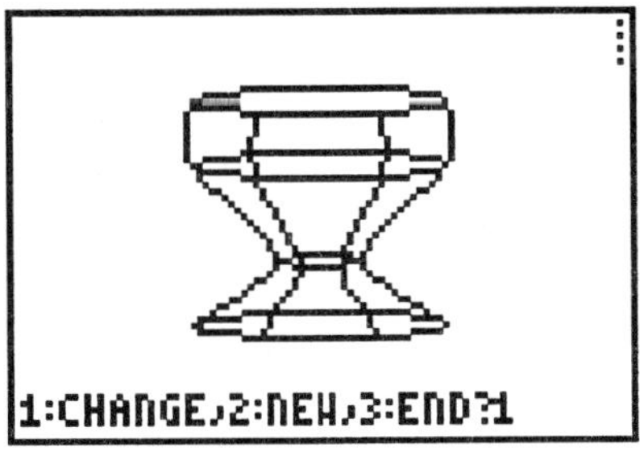

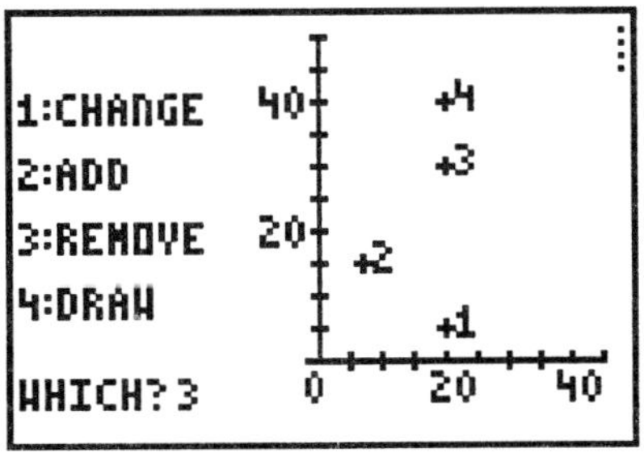

In the UK, before 1980, we used to have subjects called `Technical Drawing' and `Craft' (woodwork and metalwork). One spin off of the new technologies was the introduction of new syllabuses called `Craft, Design, Technology' (CDT) - which included other materials, such as plastics, and a variety of control mechanisms including electronics, hydraulics, pneumatics etc. It was through CDT that the idea of feedback and control first entered the school curriculum. The VELA data-logger developed by MEP was a versatile, but bulky, device suitable for remote data-capture in the field. A number of floor-robots and turtles had been developed for use with *Logo*. The development of devices like the BBC Buggy brought the data-sensing and control technology ideas together. As before, the pedagogical ideas long outlive the actual physical embodiment - so I can illustrate the point with a modern equivalent, which I call the CBME (Calculator Based Mars Explorer). This uses the TI-83 graphic calculator as the microcomputer, controlling a versatile data-logger called the TI-CBL (Calculator Based Laboratory). This receives inputs from a light sensor, and also a motion detector (the TI-CBR: Calculator Based Ranger). Depending on the incoming data the CBL controls various digital output lines to set a relay to switch the electric motor to run forwards, backwards or to stop, to flash a light and to sound a buzzer. Of course a major difference here is that the `micro' is now part of the buggy!

[Example of CBME]

Phase 3 - Creating a commercial base of UK written educational software

Early in 1983 MEP began to change its foci somewhat. The two major changes were to extend the project to primary schools, and to increase the emphasis on the use of microcomputers as teaching aids within subjects such as mathematics. This was not, though, for wholly educational reasons! Software developed by groups of educationalists with MEP support was to be made available for commercial exploitation by interested educational publishers. Thus, for example, an enterprising secondary school set up its own MEP funded software house, called Fiveways Software - directed by Tony Clements. He recruited bright students to spend a so-called `gap' year, between passing A-levels and going to university, to produce curricular software for the RM 380Z and BBC micro. These were published commercially by Heinemann. They took my *Glass* program and adapted it to make a CADCAM package controlling a small hot-wire lathe, turning parts from expanding polystyrene. They also produced an excellent program to help users read a Vernier gauge on a micrometer. Now I haven't even tried to reproduce this since the manual micrometer, with its ingenious, but complicated, Vernier gauge was quickly rendered redundant by the digital micrometer, using exactly the same kind of micro-processor which was at the heart of the classroom micro. So although a major effect of the widespread application of micro-electronics has been to displace routine processing activities, the same cannot always be said of the associated techniques of the school curriculum.

Phase 4: Improving effectiveness of teachers

The Cockcroft report on Mathematics teaching came rather too early for microcomputers to make a substantial contribution - although much was said on the topic of calculators. By way of compensation the DES supported a sixth-month investigation in 1982/3 by Trevor Fletcher HMI on the actual and potential use of microcomputers in mathematics. With MEP's increased curricular emphasis they held a number of subject and phase conferences. Trevor Fletcher chaired the mathematics group which produced the so-called `Pendley Manor Report' in May 1983. Here is a quotation about software:

> "Just as a calculator has to be on hand if arithmetic is to be taught to best advantage so a computer will be needed if algebra, geometry, statistics and other branches of mathematics are to be taught to best advantage."

And another about hardware:

> "The development of a small, low cost, portable computer for use by individuals would greatly assist the implementation of many of the ideas discussed elsewhere in this paper. Colour and large amounts of memory would not be as important as a good graphics capability and ease of use. The development of a large display screen which would be read easily by a full class in normal classroom lighting would greatly assist lessons in which the microcomputer is used by the teacher for demonstration and class discussion.... The teaching of mathematics requires relatively high provision of relatively simple machines.. but they do need good graphics facilities."

Unfortunately nothing came of our attempts to lobby DTI, CBI etc. to persuade a UK firm to make such a machine - though they are now, of course, common place! Following the Pendley Manor conference the MEP set up a number of subject panels - and I was very happy to be chair of its mathematics panel. One of our major tasks was to commission the writing and dissemination of the `Secondary Mathematics with a Micro In-service pack", which was designed to support school-based in-service work, and contained a range of free software including a graph-plotter (*FGP*), a version of Logo (*Dart*) and a simple spreadsheet (*Spread*). At the same time Anita Straker had become director of MEP's Primary project and created similar packs for primary school mathematics, Logo, control technology etc.

Phase 5: Sorry, no IT policy - more important things on the agenda

After 1985 the `great white heat of technological revolution' was soon displaced, for education at least, by a reforming zeal for education, under a variety of banners such as `back to basics', `greater accountability', `restoring the educational gold standard' and `weeding out the bad teachers'. Very quickly a wide range of sweeping reforms were introduced in education - including a national curriculum and a system of national tests. Information technology (IT) was very much put on the back burner and was all but written out of the first published mathematics national curriculum.

Of course small groups, such as within the subject associations (MA/ATM), examination groups (MEI/SMP), LEAs (Smile) and curriculum developers (Shell/Chelsea) continued to develop educational software but with declining financial support. As the IBM PC was developed, and Microsoft's operating systems took hold, so the UK was effectively powerless to update its once great stock of small, but well-focused, curriculum software. The culture of `let them eat spread-sheets' began to take root. But another revolution also began in 1985 with the development of the first so-called graphic calculators by Hewlett-Packard (HP28G) and Casio (fx7000g). These were just the kind of products which the Pendley Manor report was crying out for. Thus, for example, in the next couple of years the SMP 16-19 developers began to take note, as did the writers of the new, ill-fated, Nuffield A-level mathematics.

Phase 6 - What can we do with end-of-year under-spent money?

Government spending is regulated within financial years ending on April 5th. Any money unspent by a government department by mid-March has to be returned to the Treasury. In 1993 the then Department for Education (DfE) had about £2.5 million under-spent and decided to give it to its National Council for Educational Technology (NCET) to support an investigation into the application of portable microcomputers for curricular use in primary and secondary schools. In a seminal change of heart the DfE included graphic calculators within the allowable list of hardware, which also included lap-tops, palm-tops and personal organisers. Of course the money was only made available for purchases of hardware, and a very small amount of supporting software, with no money at all for teacher-support during the lifetime of the project: April 1993 - March 1994. Around 350 projects were supported with about 30 in mathematics. Thus valuable experience was gained about the relative merits of particular types of hardware. For the first time groups of secondary schools were also equipped with substantial numbers of graphic calculators (over 100 in some cases). Following an inspection of the project, the then chief mathematics HMI, Kath Cross wrote:

> "The most successful work was where pupils were given a machine for the period of the project...Pupils were valuing the Portables project because it
> - gave them access to a very powerful tool
> - provided IT facilities at home where pupils could explore what interested them
> - gave equality of opportunity to those who did not normally have IT facilities at home
> - gave interesting access to ways of doing mathematics
> - allowed girls, in particular, to explore IT and mathematics away from the public gaze.".

Phase 7 - Wrong way - go back!

With the advent of the National Curriculum, IT had come within the orbit of a new subject area called `Design Technology' (D&T), but with its own set of Attainment Targets. As secondary schools purchased networks of computers so the support for IT in the curriculum grew, and with it a new kind of teacher called the `IT co-ordinator'. However, in 1993, the government had a rethink about teaching the use of IT at Key Stage 4 (14-16) and decided that it must be applied to particular curriculum subjects. Relatively small amounts of money were made available to schools in 1994-5 and 1995-6 to purchase some hardware and provide some training for teachers in IT use in maths, science, technology and geography. Centrally DfE support was provided though a number of Curriculum IT Support groups (CITS), and I was again happy to chair the mathematics group. One major product of this was the IT Maths pack. The mathematics group also worked with a number of schools on pilot work, first on the use of dynamic geometry software (Cabri/Sketchpad), and then on data-logging and modelling (TI-83/CBR/CBL).

[Example of the TI-83/CBR for distance-time graphs and TI-92 for geometry]

pupils using CBR to find distances

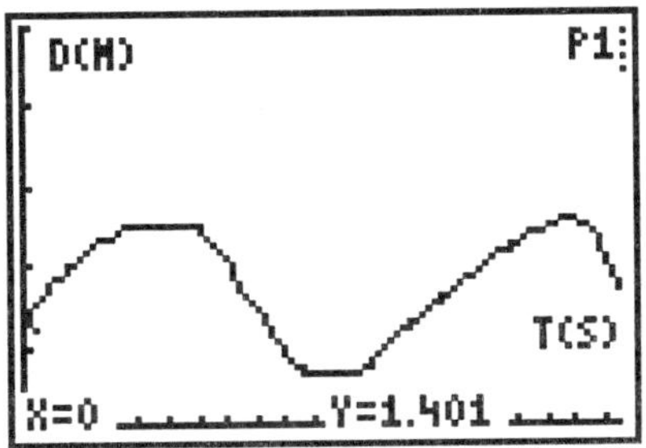

a distance time graph captured with a CBR

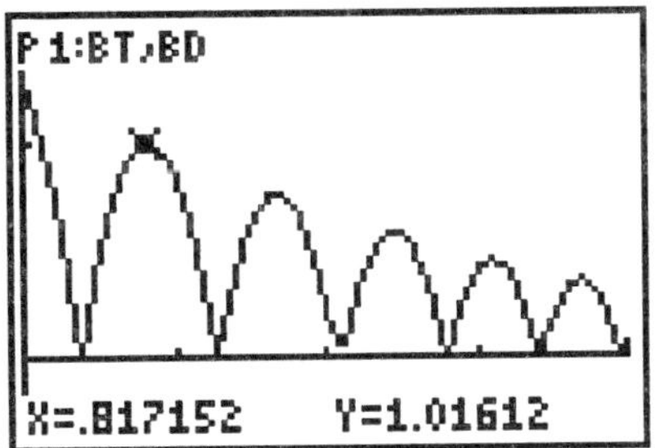

displacement-time graphs for a bouncing ball

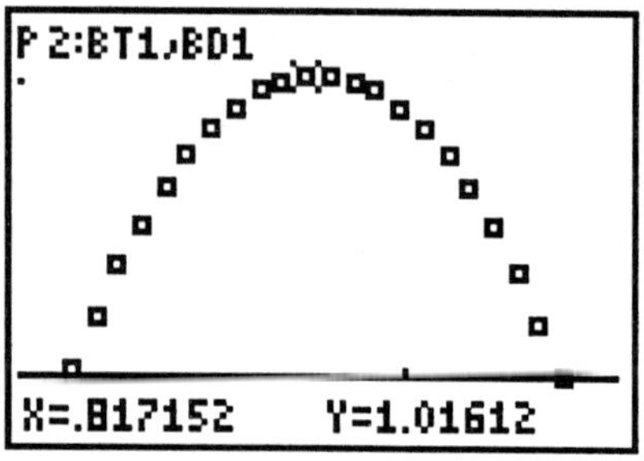

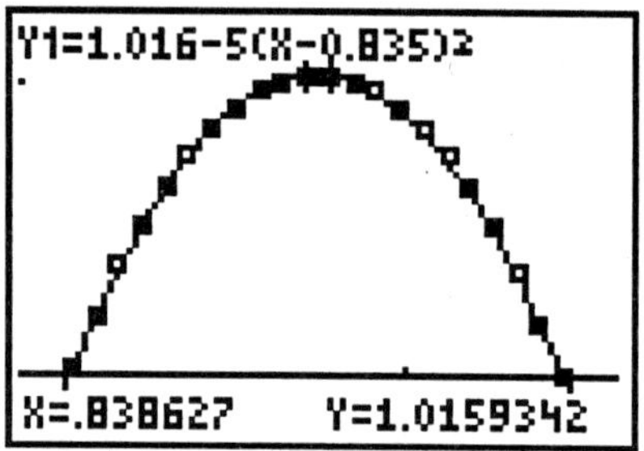

a single bounce modelled by a quadratic

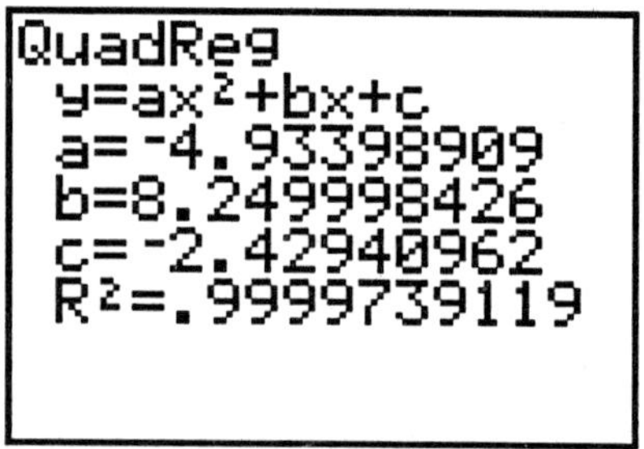

a regression calculation for the bounce

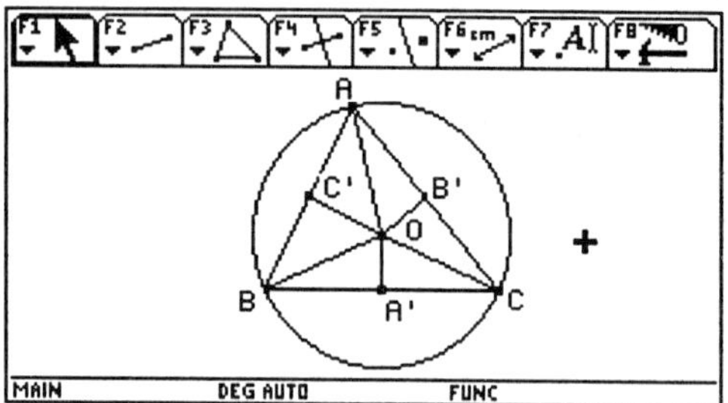

The geometry application on a TI-92

Phase 8 - Political novelty - the third way - rise and stay risen

During the last Conservative government of John Major, the leadership of the Labour party unexpectedly fell to Tony Blair. Seeking a thoroughly modern image, Mr. Blair put his weight behind high-technology developments and began a series of discussions with the IT industry and telecommunications providers. This led to a very glossy paper on the so-called `Educational Super-Highways' - a theme also embraced by the Conservatives. When Labour came to power in 1997 they put in train a number of reforms. One was to rename the DfE as the Department for Education and Employment (DfEE) with David Blunkett as Secretary of State. The Conservatives had made much political capital out of improving basic standards in schools, and the incoming government certainly did not want to be seen to be reversing this - so they continued with greater zeal on the path of `get the basics right'. With the publication of the TIMMS results, and the relatively low performance of England vis-à-vis anti-calculator countries such as Japan, Korea and Taiwan, a new culture of `computers good, calculators bad' took root in the DfEE. Sir Ron Dearing, former chief executive of British Telecom (BT) has coined the phrase ICT (for Information and Communication Technology), and, in 1998 the NCET was reformed as the British Educational and Communications Technology Agency (BECTa).

Now, for the first time we have what might be an integrated policy for the introduction and support for the curricular use of ICT. The main planks are:

8.1 **School equipment**: the DfEE makes money available to schools for a variety of projects through its `Standards' fund. In the name of the National Grid for Learning (NGfL) it is directing £700+ million of state, and local, money into schools over four years (1998-2002) for ICT and related purchases. (But few, if any, LEAs/Head-teachers know anything about using it to support mathematics.)

8.2 **Equipping teachers**: the DfEE has passed end of year money for NCET/BECTa to allocate multimedia laptops to teachers, heads and deputies. Chancellor Gordon Brown's last budget proposals imply cheap loans, tax relief and VAT exemption for teachers buying their own ICT. (But we are not yet sure what will qualify, and when.)

8.3 **Training**: the government is using cash raised from the National Lottery to support projects in health, education and the environment via Chris Smith's New Opportunities Fund (NOF). £230 million is being spent on training (nearly) all teachers (including part-timers) over the next 3-4 years to use ICT in teaching their subject(s) - English, Maths and Science in the case of Primary schools. LEAs and schools were circulated with details of the scheme in March. TTA have helped NOF identify around 30 groups who have approval to train teachers from April 1 1999. Most of these groups offer training for secondary mathematics. The TTA has produced materials to help teachers identify their training needs (on paper and on a set of CD-Roms) - and trainers will have to tailor their provision to these identified needs, enabling teachers to reach stringent output targets. Although the scheme covers teachers of A-level (16-18)in maintained secondary schools it does not apply to their peers in the FE sector. Many of the groups have not even started writing their mathematics materials. A second round of bids is now underway to increase the regional and subject cover of the trainers.

8.4 **Curriculum**: the current review of the National Curriculum being undertaken by the Qualification and Assessment Authority (QCA) was intended by Mr. Blunkett to make the orders both slimmer, and more up-to-date in their use of ICT. Except, of course, for English and Mathematics at KS1/2 (5-11) where they must conform to the National Literacy and Numeracy Strategies. Currently, though, ICT is significant by its absence from these strategies. There is also a review of the A/AS curriculum in mathematics but ICT is also hard to find.

8.5 **Assessment**: QCA say that the NC must be settled before attention is given to assessment. National tests at 7, 11 and 14 (SATs) have papers with and without calculators, but, now that teaching of calculator use is mandatory at KS2 (8-11), will these skills actually be tested? Similarly for any other use of ICT? How will the GCSE groups respond for examinations at 16? Is there a case to be made for making coursework compulsory now on the strength of ICT? What, if any, will be the assessment of ICT in A/AS maths? How will this compare this with e.g. the International Baccalareat , and 16-19 curricula in many other countries where ICT use is both compulsory and assessed? (Many European countries make the use of graphic calculators compulsory within their upper secondary schools for all students.) Perhaps the new Free Standing Mathematics Units (FSMU) will have some impact (at least post-16)? How will the post-16 sector cope with the introduction of Key Skills of ICT and maths (including the training issue)?

8.6 **Content** (DfEE/BECTa): The NGfL contains the pilot Virtual Teacher Centre (VTC). It is not yet clear what, if any, support this will offer for mathematics teachers, nor how "new content" be generated. (Nor what it should consist of for mathematics.) There is money (≥15%) of the Standards Fund ICT (see 2 above) for "content" which includes purchase of software, and also time for groups of teachers to write their own - but no attempt has been made to allow for co-ordination, e.g. by professional associations, in putting this "cottage industry" into good effect for the benefit of particular subjects.

Conclusion

The UK has had several phases of ICT activity in education, and some of inactivity. So far it has not yet mooted the idea of ICT as a way of displacing teachers - although the take-up of so-called Interactive Learning Systems (ILS), such as *Successmaker*, may be a worrying trend at a licence fee of c£1500 per station. The current emphasis of the strategy is very much teacher based. It promotes the use of ICT to enhance teaching and learning in curriculum subjects and aims to enable teachers to judge when, when not and how to use ICT in their planning and delivery. The splitting up of DfEE responsibilities between its agencies: BECTa (for ICT), Ofsted (for inspection and advice), QCA (for the curriculum and assessment), the Standards Unit (for the National Numeracy Strategy) and TTA (for in- and pre-service teacher education) means that there is plenty of scope for cracks to appear in the implementation - but with a vigilant and committed community of mathematics educators to keep the situation monitored, I remain optimistic that my next 3 years of retirement will be the most stimulating yet!

References

Advisory Council for Applied Research and Development (1978) *The Applications of Semi-Conductor Technology* (London: HMSO)

Advisory Council for Applied Research and Development (1979) *Technological Change: Threats and Opportunities for the United Kingdom* (London: HMSO)

Barclay, T. (1989) MBL to Model: Combining real world data with theoretical models. In Blum, W. et al (eds.) *Applications and Modelling in Learning and Teaching Mathematics* (Chichester: Ellis Horwood) 357-360

Ball, D. et al (eds.) (1987) *Will Mathematics Count*? (London: CET)

Burrill, G. (1992) The Graphing Calculator - a tool for change. In Fey, J. & Hirsch, C. (eds.) *Calculators in Mathematics Education* (Reston VA: NCTM) 14-22

Cockcroft, W. (chair) (1982) *Mathematics Counts* (London: HMSO)

Cornu, B. (1992) Computers as an aid to teaching and learning mathematics. In Cornu, B. & Ralston, A. (eds.) *The influence of computers and informatics on mathematics and its teaching* (Paris: UNESCO) 25-32

Cross, K. (1995) IT in the Mathematics Curriculum - an HMI view, *Maths DiGEST* (3)3

Department for Education and Employment (1997) *Connecting the Learning Society* (London: DfEE)

Department for Education and Employment (1997) *Preparing for the Information Age* (London: DfEE)

Department for Education and Employment (1997) *A Review of Software for Curriculum Use* (Coventry: NCET)

Duguet, P. (1989) National Strategies and their Extension to the International Level. In *Education and Informatics* (Paris: Unesco) 283-290

Engel, A. (1984) *Elementary mathematics from an algorithmic standpoint* (Keele: KMEP)

Evans, C. (1979) *The Mighty Micro - the impact of the computer revolution* (London: Gollancz)

Fletcher, T. (1983) *Microcomputers and Mathematics in Schools* (London: DES)

Fraser, R. (1987) Having Fun. In Johnson, D. & Lovis, F. (eds.) *Informatics and the Teaching of Mathematics* (Oxford: North Holland) 142-145

Goldstein, G. (1997) *Information Technology in English Schools* (London: OFSTED)

Gosling, W. (1978) *Microcircuits, Society and Education* (London: CET)

Hubbard, G. (1978) *Microelectronics: Their Implications for Education and Training* (London: CET)

Joseph, K. (1984) *New Information Technologies in Education* - speech given at EC seminar, Newcastle

Learning Schools Programme (1999) *Mathematics NOF ICT training CD-Rom* (Milton Keynes: Open University)

Mann, W. & Tall, D. (1992) *Computers in the Mathematics Classroom* (Leicester: Mathematical Association)

National Council for Educational Technology (1995) *The IT Maths Pack* (Coventry: NCET)

National Council for Educational Technology (1998) *Portable Multimedia Computers* (Coventry: NCET)

Oldknow, A. (ed.) (1985) Mathematics and Microcomputers - A Pendley Manor Report, *Mathematics in Schools* 14 (2) 26-28

Oldknow, A. (1998), Personal computing technology: use and possibilities. In Tinsley, D. & Johnson, D. (eds.) *Information and Communication Technologies in School Mathematics* (London: Chapman and Hall) 89-97

Oldknow, A. & Taylor, R. (1989) Mathematical Activity generated through hand-held graphical calculators. In Malone, J., Burkhardt, H. & Keitel, C. (eds.) *The Mathematics Curriculum: Towards the year 2000* (Perth WA: Curtin University) 275-280

Oldknow, A. & Taylor, R. (1998) *Data-logging and modelling in mathematics and science* (Coventry: BECTa)

Ruthven, K. (1990) The influence of graphic calculator use on translation from graphic to symbolic forms, *Educational Studies in Mathematics* 21 (5) 431-450

Ruthven, K. (1995) Pressing On - Towards considered calculator use. In Burton, L. & Jaworski, B. (1995) *Technology in Mathematics Teaching* (Bromley: Chartwell-Bratt) 231-256

Stradling, R., Sims, D. & Jamison, J. (1994) *Portable Computers Pilot Evaluation Report* (Coventry: NCET)

Teacher Training Agency (1999) *ICT Identification of your training needs - CD-Roms* (London: TTA)

Teacher Training Agency (1999) *The Use of Information and Communications Technology in Subject Teaching: Identification of Training Needs - Secondary Mathematics* (London: TTA)

Taylor, R. (1995) *The use of personal technology in motivating and developing pupils' understanding of mathematics in Hampshire* - paper given at ICTMT-95, Edinburgh

Vickers, M. (ed.) (1988) *Microcomputers & Secondary Teaching* (Edinburgh: OECD)

Waddington, J. & Wigley, A. (1985) *Secondary Mathematics with a Micro In-service Pack*, (Hatfield: MEP)

60

Mathematical Culture and the Awareness of Seeing in Mathematics Education

ANTONI PARDALA, Rzeszów University of Technology, Poland

La culture mathematique et la conscience de vue dans l'enseignement des mathematiques
Dans l'article je presente le caractere evolutionnaire du phenomene"voir" et de la croissance d'une conscience de vue en rapport avec le caractere evolutionnaire des mathematiques, de sa philosophie et de son enseignement et avec la culture mathematique. D'autre part, j'exprime la necessite de reflechir sur la relation entre les mathematiques et la culture. Le probleme essentiel dans le processus favorisant le developpement de la culture, dans le processus de la creation et de la transmission de la science en general (y compris celle des mathematiques) est la presentation de la creation de nos predecesseurs et le complement et "l'impregnation" de cette science par des idees modernes. Les tendences d'une penetration des mathematiques dans le domaine de l'art sont la manifestation de la culture mathematique et vice versa. En continuant cette reflexion, je rappelle le besoin de garantir a la generation moderne des etudiants la connaissance des elements de la culture geometrique formee de l'humanite, son apport fondamental et son importance dans le developpement de la culture.

1. Introduction

"The renewed and still increasing interest from the science disciplines (including mathematics didactics) in the problem of 'seeing' may be accounted for the fundamental importance of 'seeing' is not only for theoretical reasons but also for practical purposes because of the following reasons:

a) the overwhelming amount of information reaches human brain through the eyes;
b) there are great differences in perception and understanding of words and concepts e.g. between the understanding of the word 'strong-minded' and the expression 'range between 69% and 98%';

c) the knowledge of the mechanisms of spatial seeing became more and more indispensable in many fields applying visualization of a three-dimentional information, e.g. in mathematics, technology, micro-surgery, molecular chemistry;
d) modern stereograms can be useful tools for testing human spatial seeing capacity, for instance T. Tyler's auto-random-dot stereogram (1979), M. S. Terrel and R. E. Terrell (1994).

The growing impact of information and communication technologies on education in general has become a global fact and is penetrating education systems and their social context. That is why the modern education systems should offer pupils more opportunities of enriching their experience and knowledge about : how they see what they see. In this context C. Wheatstone's (1838) words are still relevant" ...no other problem related to seeing has ever been so much discussed as the one why objects seen by two eyes are perceived as single." The problem of how to explain the mechanism of seeing, imagination, awarness of seeing, mathematical seeing - the "see" phenomenon in general - has always seen an object of interest for scientists since antiquity (Demokryt, Arystoteles, Galen, Hipokrates and others) until modern times (W Demidow (1979), G. D. Glejzer (1984), B. Parzysz (1991), A. Pardala (1995) and others). In this paper I present the evolution of the ideas and attitudes of the researchers of the 'to-see phenomenon' and their results in the physiological, cultural-sociological, psychological and philosophical aspects. The evolutionary nature of the 'see' phenomenon and the development of the 'seeing' awareness is also related to the evolutionary nature of mathematics itself, its philosophy, its teaching and mathematical culture. Here I reveal the most essential theses of I. Lakatos, R.L. Wilder and R.L. Hersh, who are the representatives of the contemporary trends in mathematics philosophy. R.L. Wilder (1981), for example, treats culture, in particular mathematical culture, not as a body which comes to being, develops and dies but as an evolutionary species. His main thesis is: mathematics is a cultural system; mathematical knowledge belongs to the cultural tradition of a society; mathematical activity is of social nature. Against the background of the outlined directions and present trends in mathematics philosophy, I reveal the importance of intuition in the development of mathematical thought, in creating pictures about mathematics. An analysis of the statements made by some outstanding mathematicians and mathematics didacticians, where intuition (mathematical or geometric) was mentioned, allowed me to 'spot' some of its features which I propose to use for a didactic description of intuition.

I refer here to geometry and I would like to remind you of its culturogenic importance and fundamental contribution to the knowledge of the world, the development of human personality, application and development of mathematical culture. In developing a geometric/mathematical culture, the 'see' phenomenon in mathematical education of pupils and students creates a research area which I define as: ***the development of the mathematical culture of pupils and students under different conditions of their mathematical education - theory, problems and propositions.***

2. Mathematical culture in mathematics and mathematical education

In his review article, J. Waszkiewicz(1993) ponders on the 'place of mathematics in culture' and how future mathematicians and teachers of mathematics can be made aware of the status of mathematics in culture. In the summary of the article he points to, "other reasons why the links between mathematics and culture are worth consideration and why others should be encouraged to think about it, too." He means, among others things, 'exciting research problems' and a wider peripheral areas of mathematics which he calls 'paramathematics'.

I shall not make an attempt at defining *mathematical culture* but shall confine myself to revealing some of its characteristics and facets in the context of the development of mathematics and mathematical education. The understanding of mathematics and mathematical culture has evolved in the course of time. No doubt a feature of mathematical culture is the awareness of its limitations and means it has commanded and can make use of at a given stage of its development. A. Kolany (1999, p.7) writes, "...it is not negligible, regarding a mathematician`s culture, if it is necessary or not to use non arithmetic methods to prove e.g. Fermat's hypotheses". In other words, even if Wiles's proof of the above mentioned hypothesis is correct, one should think if it is possible to prove it by arithmetic methods. Further on, A. Kolany considers the awareness of the following mathematical limitations: axiomatisation; incompleteness; unsolvability; computational complexity and undefinability of the truth. He also takes into account the awareness of such means as examples of unprovable theorems in a theory though not contradictory to it (Goodstein and Paris's theorem) and elementary character (in the logical sense) of some mathematically considered theories. The views on the nature of mathematics which appear now and then affect the mathematical education of children, pupils and students. The mathematical knowledge they acquire during their education is a vital component of culture in general as well as a desirable component of a modern man's culture. In particular, due to its links with the reality around us, mathematics also provides aesthetic impressions, some pictures of its *roots* and abstracted objects. According to H. Steinhaus(1956): 'mathematics is universal and there is nothing alien to it'.

On the other hand, an important aspect of the culture – the process of construction and handing down knowledge in general (including mathematics) - reveals the achievements of our predecessors and completing and saturating the passed on knowledge with contemporary ideas. Within the scope of mathematical knowledge, it is inextricably linked with the quality of mathematical culture represented by both its givers and receivers - creators, educators and users of mathematics. Mathematical culture can therefore be: (1) not formed; (2) at the initial formation stage; (3) firmly fixed; (4) well developed; (5) perfect. At the same time mathematical culture should still be understood as a component of culture in general with its specific ability of looking structurally at the world, the reality, and noticing mathematics where the others may not see it, J. Górnicki(1998).

The history of mathematics irrefutably confirms that *look and see* the encouragement of, or mathematical experimenting (now with the use of computers) was at the heart of Mandelbrot's set, one of the most popular objects of modern mathematics which appeared in 1979. It excites admiration for its artistic value and mathematical structure which still remains to be fully understood. It is not out of place to add that in 1994 the French mathematician, J.C.Yoccoz, was awarded Field's medal for the results of his research into its local uniformity in 1989 - 1990. Some manifestations of mathematical culture are also the tendencies of mathematics penetrating art and the presence of its canons (e.g. golden cut, perspective) in architecture. On the other hand, currently, there is a tendency for art to penetrate mathematics by means of computer graphics, among other things.

I discuss in detail some cultural - sociological, philosophical and didactic - aspects of 'seeing' awareness in mathematical education in my book, A. Pardala (1995, p.21 - 59). A mathematics teacher's important role is to show the pupils that the mathematical knowledge which is being passed on to them has also its roots and links with the outside, with other fields of knowledge and culture in its broader sense. To continue this thought, let me recapitulate by emphasizing the necessity of making the present generation of pupils acquainted with the elements of the already attained geometrical culture of mankind, its fundamental contribution and culturogenic function.

3. The necessity of showing the contribution and culturogenic importance of school geometry

In discussions about school geometry and teaching it, evaluating its status among school mathematics divisions, its contribution and culturogenic importance for cognition generally and the development of a man's personality and finally its application, two aspects are considered most frequently: the accumulated knowledge and the peculiarities of geometrical cognition; and the culture which it inspired and created. On the one hand, some amount of geometrical knowledge is indispensable for modern man to function normally in our physical space and participate in processes occurring around him/her (e.g. teaching oneself, work). This amount of knowledge is, on the other hand, part of a universal culture. Geometry differs from other sciences and subjects in having the following features : it is one of the methods of studying the world; it is a reflection of the way 'homo sapiens' think.

According to I.F.Szarygin and L.N.Jergan¿yjewa (1992, p.7) "... geometry classes contribute to the development of intuition, imagination and other important qualities vital for any creative process. Geometry portrays quite a number of qualities characteristic for humanities and is in a particular sense the most humanistic among nonhumanities. Geometry commands enormous means necessary for emotional and aesthetic development of man". That is why underestimating the geometric content (including so called visual and intuitive) may be one of the causes of the identified and examined phenomenon of 'antigeometric syndrom', A. Pardala (1995). On the other hand, reducing the syllabus of geometry and teaching it for strictly scientific, mathematical and purely geometrical purposes makes such teaching less effective, aggravates pupils' aversion to geometry and extends the range of 'antigeometric syndrome'. This has been confirmed, among other experiences, by the Polish negative experience of teaching Bourbaki mathematics (geometry). At the same time, in order to ensure the socially expected level of geometry in school teaching it is necessary to restructure and re-evaluate the concept of a school geometry course and its role in the modern world as well as the parallell functioning practice of geometric education offered to children, teenagers and students and future mathematics teachers. Their 'geometric (mathematical) seeing' should be developed, diagnosed and extrapolated. In particular, their training should include or make a more extensive use of historical, biological, philosophical and other aspects of geometry. It should embrace the beauty of symmetry and asymmetry and appropriate teaching content, tasks and problems used should be selected. These should include problems of everyday life and geometry in the natural and built environment. However, the question is how to reduce the number of '*discontinuities*' in passing on the definite geometric culture of mankind which have been established in the teaching practice of school geometry. In this context, the recommendations of D. Hilbert, H. Poincare and other eminent mathematicians are still relevant. They emphasized the necessity of intuitive and visual method in geometrical education, and mathematical cognition, a stage preceding the inductive - deductive method of teaching geometry. There appears a grave problem here. How to organize geometrical education of children and school youth so as not to 'lose': what humanity has already achieved in respect of geometry; and what the pupil knows and has acquired so far. It is also vital how to augment the pupil's needs and expectations of further and more comprehensive, more abstract understanding of what he has already become acquainted with. To sum up the above considerations, I notice another research area for mathematics which I define as: **developing the links between mathematics and culture, developing pupils' and students' mathematical culture during their mathematical education.**

References

Асмус В.Ф.(1965); Проблемы интуиции в философии и математике ; Москва 1965
Davis P.J., Hersh R. (1981); The Mathematical Experience, Boston 1981
Демидов В. (1979); Как мы видим то, что видим; Изд. Знание Москва 1979
Глейзер Г.Д.(1979); Методы формирования и развития пространственных

представлений школьников в процессе обучения геометрии; Автореферат дис. док. пед. наук ; Москва 1984 , 45с

Fiszbein E. (1978); Intuition and Mathematics Education; Paper for the second annual conference of the International Group for the Psychology of Mathematics Education, Osnabruc 1978

Freudenthal H.(1966); Rola intuicji geometrycznej we wspó³czesnej matematyce, Wiadomoœci Matematyczne 1966, IX, N1

Górnicki J. (1998); Kilka scen z ¿ycia spiral, czyli o reinkarnacji i klonowaniu w matematyce, Matematyka, Spo³eczeñstwo, Nauczanie N 21, WSRP Siedlce 1998, s.35 -47

Hilbert D., S. Cohn - Vossen (1956); Geometria pogl¹dowa, PWN Warszawa 1956

Kolany A. (1999); Kultura matematyczna = œwiadomoœæ œrodków, œwiadomoœæ ograniczeñ; Matematyka, Spo³eczeñstwo, Nauczanie N 22, WSRP Siedlce 1999, s. 7 -9

Krygowska Z. (1981); Koncepcje powszechnego matematycznego kszta³cenia w reformach programów szkolnych z lat 1960 - 1980, WN WSP Kraków 1981

Lakatos I. (1976); Proofs and Reutations. The Logik of Mathematical Discovery, The British Journal for the Philosophy of Science 14(1963 - 64), Cambridge 1976

Parzysz B.(1991); Representation of Space an Students' Conceptions at High School Level, Educational Studies in Mathematics, 1991, 22, N 6

Pardala A. (1995); WyobraŸnia przestrzenna uczniów w warunkach nauczania szkolnej matematyki. Teoria, problemy, propozycje; WO FOSZE Rzeszów 1995

Pardala A. (1996); Problems and Background for Further Investigation of the Phenomenon "to see", Training and Development of "Mathematical Vision" of Pupils in Learning Mathematics, Proceedings CIEAEM 47, Freie Universitat Berlin, Germany 1996, p.402-404

Steinhaus H. (1956); Kalejdoskop matematyczny, PZWS Warszawa 1956

Terrell M.S., Terrell R.E. (1994); Behind the Scenes of a Random Dot Stereogram, The American Mathematical Monthly, Vol. 101, N 8 1994, p.715 - 724

Wilder R.L.(1981); Mathematics as a Cultural System, Oxford 1981

Waszkiewicz J.(1993); O œwietoœci, harmonii Wszechœwiata i rewolucji naukowej, czyli o miejscu matematyki w kulturze; Matematyka, Spo³eczeñstwo, Nauczanie N 11, WSRP Siedlce 1993, , s. 2 - 10

Шарыгин И. Ф., Ерганжиева Л. Н. (1992), Наглядная геометрия. Учебное пособие для 5 - 6 классов, МИРОС , КПИ МАРТА, Москва 1992

Якиманская И. С. (1989, редактор), Возрастные и индивидуальные особенности образного мышления учащихся, Москва Изд. Педагогика 1989

61

The Surprising Use of Mathematics in Certain Professions

RENATO J.C. VALLADARES, Universidade Santa Úrsula - Rio de Janeiro - Brasil.

Nous avons en ce moment la forte conviction que les Mathématiques sont fondamentales pour plusieurs professions dans notre société. Personne ne nie leur importance pour les ingénieurs, les économistes, les statisticiens ou les physiciens. Mais nous sommes moins convaincu du rôle des mathématiques dans d'autres professions.
Notre recherche révèle que la réalité professionnelle ne justifie pas une telle restriction. Les mathématiques sont présentes dans de nombreuses professions qui fontappel à des méthodes, techniques et ressources mathématiques, ou à un langage mathématique et à façon mathématique de penser. Cette étude a dévoilé des cas surprenants.

There is a strong conviction in society that mathematics is fundamental for several professions. Nobody consciously denies its importance for engineers, economists, statisticians or physicists. However, in regard to other professions, this conviction is reduced or even disappears.
Our research has shown that such reduction is not justified, since we have found a remarkable presence of mathematics in many different professions that employ methods, techniques and mathematics resources or even use mathematics language or mathematical ways of thinking. In certain cases, this use can be surprising, as we can see in this study.

Introduction

In the present text the author continues the research presented in (Valladares, 1977). There, the resources and the mathematical way of thinking were identified in daily life situations and in the execution of several activities. This research was influenced positively by the reading of (Lieber, 1946), where the identification of Mathematics as a component of the citizen's average culture is made explicit.

Mathematics and the News

To realise the importance of mathematics for the professionals in communication, consider the following pieces of news published in some newspapers in the metropolitan area of Rio de Janeiro, Brazil.

i) "... the car was forced to use its power to overcome an inclination of approximately 70 degrees ...".

The team responsible for the publication of the newspaper did not realise that there was a mistake in the news, for an automobile can never overcome a 70-degree inclination. If anyone in the team had used the necessary geometrical sensibility, the error would have been avoided and the reader would be better informed.

ii) A journalist reporting about "botequins", a kind of popular bar common in the metropolitan area of Rio de Janeiro, wrote that "we observe that the tiles are placed in lozenges". In contrast to the preceeding news item, the reporter has used her geometrical sensibility, by popularising the mathematical rigour of the word "lozenge". She has associated this word with illustrations used by many mathematics authors in illustrating their books in the chapters about lozenges. Those who have studied these books, when they read the news, would immediately know that the tiles are placed with one diagonal in the vertical position. In this case the journalist has achieved her goal by using her geometrical sensibility to write the news.

iii) "... in the 'Barriguda' farm, with 4,900 hectares..."
This piece of news does not inform elements of comparison for the reader to assess the size of the farm. In this case, the people responsible for publishing the news lacked mathematical sensibility to notice that a number is an abstract notion when it does not quantify something that the reader knows in an order of grandeur s/he can deal with. So, for the average urban citizen (typical reader of this newspaper) the fact that a farm measures 1,000; 5,000 or 10,000 hectares has little meaning. The news should be complemented, by a comparison with familiar contexts such as a soccer field or a park. It is common to observe the same kind of problem in news about great sums of money, when the newspapers report great transactions involving many millions of dollars to the average citizen, accustomed to much smaller quantities. In this case, it is helpful to make comparisons with objects such as cars costing thousands of dollars.

iv) "... It measures more than three fields of Maracanã and it weighs seven times more than the *Titanic.*".
News concerning a platform of petroleum, where the opposite of the previous news is observed. In this case, there are clarifying comparisons on the order of scale of the size and of the weight of the platform, when they are compared with the size of the Maracanã soccer field and the weight of the *Titanic.* For the typical readers of this newspaper, these are very well-known references. However, the news fails by not reporting these dimensions in usual units of measure, expressed in the decimal metric system, which is the usual system in Brazil.

v) "... The municipal park of Nova Iguaçu measures 1,1 thousand hectares, which is equal to 10 parks of Flamengo or the size of the neighborhood of Copacabana.".
This news is already very well formulated, for the quantitative information. Comparing it with the previous two, we can see that it expresses the area of the park in hectares, which is the usual unit of measure and then, to clarify to the reader the order of size, it makes comparisons with a park and a neighborhood placed in Rio de Janeiro. Both are very good references for the typical reader of this newspaper.

vi) "... the consultant George Freund said that it took his team 40,000 hours preparing the evaluation of Telebrás. If we take into consideration that the team worked for three months, we can see that many hours are missing. In 90 days, we can work 2,160 hours at most ..."

In this case, the people responsible for the news had no mathematical sensibility to realize that the 40,000 hours mentioned were calculated by multiplying the number of officials by the number of hours worked. Once more, the reader was informed incorrectly due to the mathematical insensibility of the reporter.

Mathematics and Law

Consider the following legal provision which rules the construction of residential condominiums in a certain city.

vii) "... small villages and collections of houses must have free areas with a minimum of 10% of the whole area ... Free areas must permit the drawing of a circle with a radius of at least 2.50m all over the surface ..."

The way this law is written, it does not allow that a land measuring $1{,}000m^2$ may have a 10m side square as free area. This is because a circle with a radius of 2.50m, centred in any point of the area whose distance to the side is less than 2.50m can not be drawn within the area. This, however, does not take place in reality, as we have had the opportunity to verify it.

Since the purpose of the law is to avoid a free area reduced to small fragments, or containing parts that are too narrow, it is obvious that a free square area with 10m side is acceptable. However, we must take into consideration that the law was badly drawn up, due to lack of geometric sensibility on the part of the people who formulated it. This can account for dubious interpretations which may be used in an absolutely unpredictable way. In this case, the mathematical insensibility of the legislators was prejudicial to the city residents.

Mathematics and Advertisements

Consider the following advertising texts that appeared on TV and in newspapers.

viii) A cable TV, after mentioning many of the services it offers, instead of stating the monthly price, mentioned only the daily price of the services. Of course this price was obtained by dividing the monthly price by 30. This made the cost look much smaller, encouraging people to apply for the services offered. In this way, the team who created this advertisement made use of the notion of proportion to make the cost look much smaller, although preserving the veracity of the information. Naturally, to conceive this text it was necessary not only to have the knowledge of division but also a major notion of proportion and the way this notion is perceived by people in general.

Comparing with the news about Barriguda farm (iii) we can see that while they lacked mathematical sensibility to clarify a fact, here they used the mathematical resource as a subterfuge to deviate the attention from a fact they wanted to omit. So, without even discussing the ethical considerations involved, we can see that in (iii) the journalist was not able to use mathematics to illustrate a piece of information and improve the quality of his work. Here, on the other hand, we can see exactly the opposite. The publicity person advantaged his work by exploiting this knowledge, and hiding something it wasn't convenient to show up.

ix) An advertisement of a brand new car emphasized the beauties of the announced model, saying that it had rear-lights cut in diagonal. Besides calling attention to the difference between this model and the other ones, the geometrical reference gave a clear impression that this difference gave added value to the car. Just as in the report on the "botequins" (ii), the advertisers had sensibility to soften the mathematical rigidity that characterizes the word diagonal and popularising the notion to accomplish a better return.

The texts discussed above illustrate that activities connected to journalism, publicity and law make use of more mathematics than we imagine. This is a small sample for illustrating the necessity of mathematics in almost all occupations. However, from the texts presented here, we conclude that other professions have different perceptions of mathematical knowledge. It is necessary for them to understand the basis of the mathematics they use.

Discussions in the Classroom

Our role, as mathematics teachers, is to inform the society and, particularly, the students and their families about the situations described above. A good way to disseminate this information is to take these discussions into the classroom. This implies that some classes could start with applications and lead to learning mathematics. As an example, I will describe some situations suggested in an extension course for mathematics teachers. Some teachers have used these suggestions with their pupils and obtained good results.

The texts presented in (i) and (ii) can be presented in the classroom, for discussion. The teacher can ask if pupils identify the positive or the negative mathematical aspects that were used, emphasizing the form in which these aspects clarify or obscure the text. By discussing examples with correct and incorrect uses of mathematics with pupils, teachers can enable pupils to appreciate the importance of using mathematics correctly and appropriately.

To complement these activities, the teacher can propose many optional tasks, such as asking the students to contact the editors of the newspaper in example (i) to ask what the correct inclination of the slope was when the car was tested. Another option is to ask the seller of the automobile about the maximum inclination that this car can tolerate. After obtaining the information, the correct angle can be compared with the one announced, establishing, in this way, the "size" of the newspaper error. The teacher can also ask the students to go to a bathroom or a kitchen with tiles on the walls, to see if the tiles are "placed in lozenges" or not.

In the same way, the texts (iii), (iv) and (v) can be compared to each other, in a classroom. This comparison will clarify for the students, that quantitative information that involves order of grandeur out of the usual, besides being formulated in usual units of measure, should also contain comparison elements, because in this way, the people who receive the information will understand better.

The teacher can also propose that the pupils correct the information which is badly formulated. For instance, the news about Barriguda farm could be discussed in the classroom and the pupils could be invited to re-formulate the news by looking more closely at where they live to make comparisons.

The teacher can suggest that his/her pupils seek situations where Mathematics is being well or badly used. This search can be made in almost every situation, such as newspapers, TV programmes, media, legal provisions, declarations of personalities and many other situations that life offers. After identifying the mathematics (or the lack of it) the subject should be discussed and the positive aspects should be emphasized. In the text (viii), for instance, the advertising has used mathematics to accomplish its objectives.

Another interesting classroom approach is to ask pupils to correct any false use of mathematics. For example, when finding a text badly formulated, the teacher can ask that the students to reformulate it. For instance, the students can propose a new composition for the legal text in (vii). This can be even more interesting if the students send the reformulated text to the City Hall for advice.

Students being asked to correct mathematics is an interesting but a challenging proposal. In a course concerned with teacher improvement, we have made some attempt to use this approach. We have also found that the geometry syllabus is not limited to the usual metric subjects in the school programmes. It connects with basic topology that involves the inclusion of sets. However, these topics are presented in an integrated way and include reality, which awakens the students' interest. This interest facilitates the teaching/learning processes.

Returning to text (ii), we see that the word "lozenge" had its mathematical sense altered to inform the position the tiles were set. A similar fact happened to the word "diagonal" in the text (ix). In the same way the expression "working hour" had a different meaning from the usual one, in text (vi). So the several uses of a word end up altering its meaning. In mathematics, this also happens. Certain words acquire a new meaning, which causes problems at times in the teaching/learning processes. This is, for instance, the case of the word "height". In general it is associated to the vertical position but in Geometry, this word means a dimension that is independent of the position. So, the teacher using the texts above, can verify that in several situations of life, the words acquire different meanings. This verification will certainly help a teacher to convince his/her pupils to accept a similar fact in mathematics. For example, a teacher can carry two tiles to the room. Reading the text (ii), he asks two pupils to place the tiles on the blackboard, one tile in "lozenge." Then the teacher emphasizes that regardless of the position, both tiles should have the same area. Finally s/he asks the group to calculate the areas to verify this fact. To calculate the area of the tile "in lozenge", the pupils should measure its height in a non-vertical position, otherwise they will need to use more complicated formulas to accomplish this calculation. Then the pupils will see in practice that liberating the height from the vertical position brings some advantages in Geometry.

References

Lieber,Lillian 1946, La Educación Matemática del Hombre de la Calle, Ibéria Editores, Barcelona.

Valladares, Renato 1997, As Noções Matemáticas no Cotidiano, 1° Encontro de Educação Matemática do Rio de Janeiro

List of Participants
Liste de Participants

ABERKANE, Younes, FRANCE
ABRANTES, Paolo, PORTUGAL
ABREU, Guida de, UK
ADDA, Josette, FRANCE
AHMED, Afzal, UK
ALEGRIA, Maria Inês, PORTUGAL
ALMEIDA, Maria, PORTUGAL
AMIT, Miriam, ISRAEL
ARMSTRONG, Peter, UK
ASCOLI BARTOLI, Maria Terese, ITALY
AXAEUS, Leif, SWEDEN
AZCARATE, Carmen, SPAIN

BACCARIN, Raffaella, ITALY
BAIA, Mario, PORTUGAL
BAREŠOVÁ, Monika, CZECH REPUBLIC
BASSIGNANA, Gabriella, ITALY
BASSO, Milena, ITALY
BAZAN, Maria Chiara, ITALY
BAZZINI, Luciana, ITALY
BENCIVENNI, Ilaria, ITALY
BERGE, Liv, NORWAY
BERTOLETTI, Angelo, SWITZERLAND
BISHOP, Alan, AUSTRALIA
BOAVIDA, Ana Maria, PORTUGAL
BOSCH, Erik, NETHERLANDS
BOURDAGE, Nicole, CANADA
BRUNHEIRA, Lima, PORTUGAL
BURGOS-THOMAS, Michelle, UK

CALDER, Penny, UK
CAMPOS CAMPOS, Yolanda, MEXICO
CARNEIRO, Jose-Paulo, BRAZIL
CE'SAR, Margarida Silva, PORTUGAL
CEBOLA, Graca, PORTUGAL
CEIA, Ma'rio JM, PORTUGAL
CERQUETTI-ABERKANE, Francoise, FRANCE
CHIONIDOU-MOSKOFOGLOU, Maria, GREECE
CHOJDAK, Marta, POLAND
CHOUCHAN, Nicole , FRANCE
CIVIL, Marta, USA
CLARKSON, Philip, AUSTRALIA
CODETTA RAITERI, Adalberto, ITALY
CONTRERAS, Luis, SPAIN
CORDEIRO, Maria José, PORTUGAL
CRITCHLEY, Peter, UK

DALLANOCE, Silvia, ITALY
DARBY, Mike, UK
DE WIT, Paul, NETHERLANDS

DEKKER, Rijkje, NETHERLANDS
DELGADO, Catarina, PORTUGAL
DUARTE, Isabel Paula, PORTUGAL
DUARTE, Jose,
DUARTE, Jose Manuel, PORTUGAL

EASTERBROOK, Trevor, UK
EVANS, Warwick, UK

FACENDA, Anna Maria, ITALY
FAGNANT, Annick, BELGIUM
FAVILLI, Franco, ITALY
FELTRESI, Marina, ITALY
FENWICK, Chris, UK
FIGUEIRA, Elisa, PORTUGAL
FITZ SIMONS, Gail, AUSTRALIA
FLOWER, Jean, UK
FLOWER, Rosemary, UK
FONSECA, Helena, PORTUGAL
FONSECA, Sonia, PORTUGAL
FOSTER, Alan, UK
FOURNARAKIS, Philippos, GREECE
FRANKENSTEIN, Marilyn, USA
FRIED, Michael, ISRAEL

GALBRAITH, Peter, AUSTRALIA
GECELE, Afra, ITALY
GELLERT, Uwe, GERMANY
GEMIN, Ruth, NETHERLANDS
GIMENEZ, Joaquim, SPAIN
GORDO, Fatima, PORTUGAL
GORGORIO, Nuria, SPAIN
GORIS, Tom, NETHERLANDS
GREENLAND, Peter, UK
GRUGNETTI, Lucia, ITALY
GUEVARA, Fernando, SPAIN

HAHN, Corinne, FRANCE
HAINES, Chris, UK
HANUŠOVÁ, Jana, CZECH REPUBLIC
HARBER, Denise, UK
HARMER, Di, UK
HARTZ, Viggo, DENMARK
HAVIARIS, Petros, GREECE
HEINST, Marie, UK
HENNING, Herbert, GERMANY
HÉRAUD, Bernard, CANADA
HERMANS, Victor, NETHERLANDS
HILL, Christine, UK

INCHLEY, Catherine, UK
IVANOV, Oleg, RUSSIA

JABLONKA, Eva, GERMANY
JAQUET, François, SWITZERLAND
JONES, David, UK

KAFOUSSI, Sonia, GREECE
KALAVASSIS, François, GREECE
KAPULNIK, Esther, ISRAEL
KARGIOTAKIS, ,
KARLSSON, Fredrik, SWEDEN
KARP, Alexander, RUSSIA
KASLOVÁ, Michaela, CZECH REPUBLIC
KAZADI, Corneille, CANADA
KEITEL, Christine, GERMANY
KLAKLA, Maciej, POLAND
KLOPP, Monique, LUXEMBOURG
KLOPP, René, LUXEMBOURG
KLYMCHUK, Sergiy, NEW ZEALAND
KNIJNIK, Gelsa, BRAZIL
KNIPPING, Christine, GERMANY
KRAEMER, Jean-Marie, NETHERLANDS
KUBINOVA, Marie, CZECH REPUBLIC

LAKOMA, Ewa, POLAND
LEGUTKO, Maria, POLAND
LINARDAKIS, Panayotis, GREECE
LOUZOUN, Danielle, ISRAEL
LUELMO, Maria-Jesus, SPAIN

MADDALOSSO, Mirella, ITALY
MALÉ, Milla, SWITZERLAND
MALHEIRO, Luis, PORTUGAL
MARTIN, John, UK
MASON, Helen, UK
MATOS, Joao Filipe, PORTUGAL
McARTHUR, A. Greig, AUSTRALIA
MEERHOF, Kasper, NETHERLANDS
MITSOULLIS, Christos, GREECE
MOGENSEN, Peter, SWEDEN
MOLINARI, Fiorenza, ITALY
MONARI, Teresa, ITALY
MOREIRA, Candida,
MORENO, Luis, MEXICO
MORINI, Carlo, ITALY

NAVARRO DE MEDICUTI, Teresa De Jesus, MEXICO
NEGREPONTIS, Stelios, GREECE
NELSON, Rebecca, UK

NOVOTNA, Jarmila, CZECH REPUBLIC

OLDFIELD, Bernard, UK
OLDHAM, Elizabeth, REPUBLIC OF IRELAND
OLDKNOW, Adrian, UK
OLIVERO, Federica, UK
OSTIUI, Lidia, SWITZERLAND

PAIVA, Ana Luisa, PORTUGAL
PALHA, Sonia, PORTUGAL
PAOLA, Domingo, ITALY
PARDALA, Antoni, POLAND
PASCHOS, Theodoros, GREECE
PERRAULT, Stephanie, CANADA
PERRY, Judith, ISRAEL
PETIT OLIVELLA, Carlota, SPAIN
PICCOLI, Anna Maria, ITALY
PIJLS, Monique, NETHERLANDS
PINEL, Adrian, UK
PLANAS, Núria , SPAIN
PLATER, Carol, UK
PODRAZA, Iwona, POLAND
POIRIER, Louise, CANADA
PORFIRIO, Joana, PORTUGAL
PRESMAG, Norma, USA

RAAIJMAKERS, Marianne, NETHERLANDS
RADNAI SZENDREI, Julianna, HUNGARY
RIZZA, Angela, ITALY
RIZZO, Domenico, ITALY
RODRIGUEZ, Marian, UK
RUTHVEN, Ken, UK

SADHRA, Avtar, CANADA
SANTOS, Leonor, PORTUGAL
SANTOS, Madalena, PORTUGAL
SATIANOV, Pavel, ISRAEL
SCHOPFER, Evelyne, SWITZERLAND
SCREVE, Rene, BELGIUM
SELWYN, Jasper, UK
SIXTO, Romero, SPAIN
SMITS, Emile, BELGIUM
SONDEREGGER, Marlies, SWITZERLAND
SPILIMBERGO, Francesca, ITALY
STATHOPOULOU, Charoula, GREECE
SWAEN, Marco, NETHERLANDS

TESTA, Claudia, ITALY
TOURIGNY, Catherine, CANADA

URBANKSA, Elzbieta, POLAND

VALENTI, Maria Christina, ITALY
VALLADARES, Renato José da Costa, BRAZIL
VAN DER KOOIJ, Henk, NETHERLANDS
VIEIRA, Ana, PORTUGAL
VILELLA, Xavier, SPAIN
VINOGRADOVA, Natalya,

WALDER, Bernard, SWITZERLAND
WEITZMAN, Guela, ISRAEL
WIDSTROM, Magnus, SWEDEN
WILLIAMS, Honor, UK

YOGUI, Christina, UK

ZELTSER, Igor, ISRAEL

Horwood Series in Mathematics & Applications

TEACHING AND LEARNING MATHEMATICAL MODELLING: Innovation, Investigation and Application

Editors: S.K. HOUSTON, The University of Ulster, Northern Ireland; W.BLUM, The University of Kassel, Germany; IAN HUNTLEY, The University of Bristol, England; N.T.NEILL, The University of Ulster, Northern Ireland

ISBN- 1-898563-29-2 416 pages 1997

Sponsored by the organising committee of International Conferences on the Teaching of Mathematical Modelling and Applications (ICTMA), this book contributes to teaching and learning mathematical modelling in universities throughout degree study, colleges of technology, teachers' training colleges, high schools and sixth form colleges.

Contents: Reflections and investigations; Assessment at undergraduate level; Secondary courses and case studies; Tertiary case studies; Tertiary courses.

"The greatest value would be for people in postsecondary contexts conceptualising courses centred around mathematical applications and modelling" - *The Mathematics Teacher* (Barry E. Shealy, Buffalo, USA)

"Of great value to those teaching mathematical modelling in high schools, colleges, and universities" - *Choice*, American College Library Association (D.V. Chopra, Wichita State University, USA)

"Deals with assessment, particularly at undergraduate level, secondary education and case studies of good practice with examples of courses and how they are taught in a variety of countries including Russia, the Netherlands, the USA and the UK. Concludes with descriptions of ideas relating to undergraduate modelling courses" - *Zentralblatt für Mathematik und ihre Grenzgebiete/Mathematics Abstracts,* Germany

MATHEMATICAL MODELLING: Teaching and Assessment in a Technology-Rich World

P. GALBRAITH, University of Queensland, Brisbane, Australia; W. BLUM, The University of Kassel, Germany; G. BOOKER, Griffith University, Brisbane, Australia; IAN D .HUNTLEY, University of Bristol, England

ISBN 1-898563-42-X 368 pages Hardback 1997

This book contributes to the teaching, learning and assessing of mathematical modelling in this era of rapidly expanding technology. It addresses all levels of education, from secondary schools through teacher training colleges, colleges of technology, universities, and state and national departments of mathematical education and research groups.

Contents: A Theme; Issues and alternatives in assessing modelling; B Theme: Technologically enriched mathematical modelling; C Theme: Real world: Models and applications; D Theme: Applications and modelling in teaching and learning; E Theme: Applications and modelling in a system or national context.

MATHEMATICAL ANALYSIS AND PROOF
DAVID S. G. STIRLING, Senior Lecturer in Mathematics, University of Reading

ISBN 1-898563-36-5 256 pages 1997

Contents: Setting the scene; Logic and deduction; Mathematical induction; Sets and numbers; Order and inequalities; Decimals; Limits; Infinite series; Structure of real number system; Continuity; Differentiation; Functions defined by power series; Integration; Functions of several variables.

"A fine line between accuracy and exactitude. David Stirling treads it carefully ... a thorough a comprehensive introduction ... very much in the classical mould but written in a chatty style with the common student misunderstandings in mind. It should be in your undergraduate reference library" - *The Mathematical Gazette* (K.L. McAvaney, Deakin University, Geelong, Australia)

"Get down to serious analysis at the level of Walter Rudin ... standard analytic topics are treated ... the level is roughly that of Bartle, and Stirling makes an effort to explain the plans of attack for certain proofs as well as presenting them" - *Choice*, American College Library Association, USA (D. Robbins, Trinity College, CT)

"The book can be said to be self-contained ... one of the better ones I have seen to date ... I will definitely be recommending the text without hesitation ... I would encourage other lecturers to give it serious consideration as a potential teaching aid" - *Mathematics Today* (Peter Larcombe, University of Derby)

DELTA FUNCTIONS: A Fundamental Introduction to Generalised Functions
R.F. HOSKINS, Department of Mathematical Sciences, De Montfort University, Leicester

ISBN: 1-898563-44-6 250 pages 1999

This book, from a well-respected authority, provides modules for advanced undergraduates and postgraduates reading applied mathematics, theoretical physics and electrical (signal processing) and mathematically-based mechanical engineering. It deals with generalised functions in an easy way, making it accessible to a broad audience of scientists and engineers.

Contents: PART I: GENERALISED FUNCTIONS: Summary results from elementary analysis; Properties of the delta function and its derivatives; Applications to linear systems theory, Laplace transforms and fourier analysis; PART II: DELTA FUNCTIONS: A Simple Form of NSA; Representations of delta functions as internal non-standard functions; Other types of generalised function; Distribution.

"I found this a good book (first edition) to teach from and the students can actually read it" - Professor H. Westcott Vayo, Department of Mathematics, University of Toledo, USA

MODELLING AND MATHEMATICS EDUCATION: ICTMA 9
J.F. MATOS, University of Lisbon; S.K. HOUSTON, University of Ulster; W. BLUM, University of Kassel; S.P. CARREIRA, University of Lisbon

ISBN: 1-898563-66-7 | 300 pages | Hardback | 2000

This book records the 1999 Lisbon Conference of ICTMA (the International Conference on Mathematical Modelling & Applications). It contains the selected and edited content of the conference and makes a significant contribution to mathematical modelling which is the significant investigative preliminary to all scientific and technological applications, from machinery to satellites and docking of spaceships.

Contents: Weak derivatives; Problems of research on teaching and learning of applications and modelling; Enacting possible worlds: making sense of (human) nature; There is more to mathematical modelling than just producing a model; The metaphorical nature of mathematical models; The secondary school curriculum for mathematical modelling and applications.

FUNDAMENTALS OF UNIVERSITY MATHEMATICS, Second edition
COLIN McGREGOR, JOHN NIMMO and WILSON W. STOTHERS, Department of Mathematics, University of Glasgow

ISBN: 1-898563- | 540 pages | Hardback | 2000

A unified course for first year mathematics, bridging the school/university gap, suitable for pure and applied mathematics courses, and those leading to degrees in physics, chemical physics, computing science, or statistics. The treatment is careful, thorough and unusually clear, and the slant and terminology are modern, fresh and original, in parts sophisticated and demanding some student commitment. Fresh ideas for teachers, students, and tutorials. 300 worked examples, rigorous proofs for most theorems, 750 exercises with answers. Problems and solutions for all topics.

Contents: Preliminaries, functions & inverse functions; Polynomials & rational functions; Induction & the binomial theorem; Trigonometry; Complex numbers; limits & continuity; Differentiation - fundamentals; Differentiation - applications; Curve sketching; Matrices & linear equations; Vectors & three dimensional geometry; Products of vectors; Integration - fundamentals; Logarithms & exponentials; Integration - methods and applications; Ordinary differential equations; Sequences & series; Numerical methods.

"The borderline between school and university mathematics is always a tricky one. This book sits firmly on the university side of the borderline ... if you are looking for a first year university text you should certainly look at this one" -
The Mathematical Gazette (Keith Selkirk, Nottingham) – First edition